内容简介

本教材全面地总结了我国目前形成一定规模的主要养殖经济鱼类的生物学特性,比较系统地阐述了鱼类人工繁殖、苗种培育、食用鱼养殖,鱼类增殖和资源保护的理论与技术,介绍了各种类型增养殖水域的水环境特征、养殖用水和废水净化处理技术以及活鱼运输和鱼类安全越冬的方法,还对我国自然水域与鱼类资源开发利用所面临的环境污染问题与资源衰退问题,自然水域合理放养的水产养殖容量问题进行了讨论。本教材融理论基础、应用技术、生产实践于一体,反映了国内外鱼类增养殖学科发展水平及新技术和新方法。

全书共分9章,内容包括:绪论、主要养殖鱼类的生物学、养殖水域污染与控制、鱼类人工繁殖的生物学基础、鱼类的人工繁殖技术、鱼类苗种培育、食用鱼养殖、鱼类资源增殖与保护、活鱼运输和鱼类越冬。

本书主要供高等农业院校水产养殖专业教学使用,也可供相关专业的师生参考,还可以为水产增养殖生产管理及科学研究机构提供理论指导。

全国高等农林院校"十一五"规划教材

全国高等农业院校优秀教材

鱼类增养殖学

申玉春　主编

中国农业出版社

主　编	申玉春	（广东海洋大学）
副主编	刘文生	（华南农业大学）
	朱春华	（广东海洋大学）
参　编	马徐发	（华中农业大学）
	尹海富	（东北农业大学）
	甘　炼	（华南农业大学）
	祁保霞	（内蒙古民族大学）
	张　辉	（东北农业大学）
	杨　淞	（四川农业大学）
	刘秋狄	（集美大学）
	戴振炎	（湖南农业大学）
审　稿	熊邦喜	（华中农业大学）
	叶富良	（广东海洋大学）

前 言

鱼类增养殖是水产养殖专业的主要教学内容之一，以往这部分教学内容分散在两个专业四门课中，即淡水渔业专业的"池塘养鱼学"、"内陆水域鱼类增养殖学"、"名特优水产养殖"，以及海水养殖专业的"鱼类学与海水鱼类养殖"课程。为适应培养 21 世纪水产养殖复合型人才的需求，扩大知识面和适应面，国内各水产院校将原淡水渔业与海水养殖两个专业合并为水产养殖专业，独立开设了"鱼类增养殖学"课。随着课程体系和教学内容改革的不断深入，编写具有不同特色，适应新世纪水产养殖创新型人才培养需要的"鱼类增养殖学"教材是当务之急。为此，我们组织有关院校的教师编写了这本《鱼类增养殖学》教材。

本教材编写分工如下：申玉春编写绪论、第一章，并进行全书统稿；祁保霞编写第二章；戴振炎编写第三章；甘炼和刘文生共同编写第四章；朱春华编写第五章；马徐发编写第六章的第一节、第二节和第三节；杨淞编写第六章的第四节和第五节；刘秋狄、申玉春编写第七章；张辉编写第八章；尹海富编写第九章；第六章的第六节由朱春华、杨淞和申玉春共同编写。

华中农业大学博士生导师熊邦喜教授、广东海洋大学叶富良教授在百忙中对书稿进行了认真、仔细的审阅，并提出了许多宝贵的修改意见，在此向两位教授表示衷心的感谢。

本教材编写过程中，得到各参编院校领导的大力支持，特别得到广东海洋大学教材建设基金的资助；在统稿过程中得到广东海洋大学研究生陈作洲、齐明、王彦、白丽蓉的协助，做了大量的校勘工作，在此一并表示衷心的感谢。编写过程中，我们参考和引用了大量的有关鱼类增养殖方面的研究文献和资料，在此向这些著作的作者表示诚挚的谢意。

本教材编写过程中虽经多次修改和完善，但由于编者水平有限，书中错漏和不妥之处在所难免，敬请广大读者批评指正，以便进一步修订，使本教材臻于完善。

申玉春
2008 年 3 月于湛江

目　　录

前言

绪论 ·· 1
    一、鱼类增养殖业 ·· 1
    二、鱼类增养殖学 ·· 1
    三、我国鱼类增养殖业发展简史 ··· 2
    四、新中国成立后我国鱼类增养殖业的主要成就 ·· 3
    五、世界水产养殖业发展现状 ·· 5

第一章　主要养殖鱼类的生物学 ··· 7
  第一节　养殖鱼类生物学基础 ·· 7
    一、鱼类栖息环境 ·· 7
    二、鱼类的食性 ··· 10
    三、鱼类的生长 ··· 14
    四、鱼类繁殖习性 ·· 16
  第二节　鲤形目的主要养殖鱼类 ·· 20
    一、青鱼 ·· 20
    二、草鱼 ·· 21
    三、鲢 ··· 21
    四、鳙 ··· 22
    五、鲤 ··· 23
    六、鲫 ··· 23
    七、鲮 ··· 24
    八、鲂 ··· 24
    九、长春鳊 ··· 26
    十、鳤 ··· 26
    十一、翘嘴鲌 ·· 27
    十二、蒙古鲌 ·· 28
    十三、泥鳅 ··· 28
    十四、胭脂鱼 ·· 29
    十五、短盖巨脂鲤 ·· 30

第三节　鲈形目的主要养殖鱼类 ... 30
一、石斑鱼 ... 30
二、军曹鱼 ... 32
三、眼斑拟石首鱼 ... 33
四、真鲷 ... 34
五、黑鲷 ... 35
六、平鲷 ... 35
七、黄鳍鲷 ... 36
八、斜带髭鲷 ... 36
九、花尾胡椒鲷 ... 37
十、星斑裸颊鲷 ... 38
十一、紫红笛鲷 ... 38
十二、红笛鲷 ... 39
十三、大黄鱼 ... 39
十四、卵形鲳鲹 ... 40
十五、鮸状黄姑鱼 ... 41
十六、中华乌塘鳢 ... 41
十七、花鲈 ... 42
十八、尖吻鲈 ... 43
十九、大口黑鲈 ... 44
二十、罗非鱼 ... 45
二十一、鳜 ... 47

第四节　鲇形目的主要养殖鱼类 ... 48
一、长吻鮠 ... 48
二、南方鲇 ... 49
三、斑点叉尾鮰 ... 50
四、革胡子鲇 ... 50
五、斑鳢 ... 51
六、黄颡鱼 ... 51

第五节　鲽形目的主要养殖鱼类 ... 52
一、牙鲆 ... 52
二、大菱鲆 ... 53

第六节　鲻形目的主要养殖鱼类 ... 53
一、鲻 ... 53
二、鲅 ... 54

第七节　鲑形目的主要养殖鱼类 ... 55
一、虹鳟 ... 55

二、大麻哈鱼 ………………………………………………………………………… 55
　　三、银鱼 ……………………………………………………………………………… 56
　　四、池沼公鱼 ………………………………………………………………………… 57
　第八节　鲟形目的主要养殖鱼类 ………………………………………………………… 58
　　一、中华鲟 …………………………………………………………………………… 58
　　二、俄罗斯鲟 ………………………………………………………………………… 60
　　三、施氏鲟 …………………………………………………………………………… 60
　　四、匙吻鲟 …………………………………………………………………………… 61
　第九节　鲉形目的主要养殖鱼类 ………………………………………………………… 62
　　一、许氏平鲉 ………………………………………………………………………… 62
　　二、大泷六线鱼 ……………………………………………………………………… 63
　第十节　其他目的主要养殖鱼类 ………………………………………………………… 63
　　一、鳗鲡 ……………………………………………………………………………… 63
　　二、黄鳝 ……………………………………………………………………………… 64
　　三、河鲀 ……………………………………………………………………………… 65
　　四、鳢 ………………………………………………………………………………… 67
　　五、遮目鱼 …………………………………………………………………………… 68
　　六、海马 ……………………………………………………………………………… 69

第二章　养殖水域污染与控制 …………………………………………………………………… 72
　第一节　养殖水域污染 …………………………………………………………………… 72
　　一、养殖水域污染特点 ……………………………………………………………… 72
　　二、污染物来源与分类 ……………………………………………………………… 74
　　三、水体富营养化 …………………………………………………………………… 75
　　四、赤潮 ……………………………………………………………………………… 79
　第二节　养殖水域生态环境调控 ………………………………………………………… 81
　　一、养殖用水的物理处理 …………………………………………………………… 82
　　二、养殖用水的化学处理 …………………………………………………………… 85
　　三、养殖用水的生物处理 …………………………………………………………… 87

第三章　鱼类人工繁殖的生物学基础 …………………………………………………………… 92
　第一节　鱼类的性腺发育规律 …………………………………………………………… 92
　　一、生殖细胞的发育和成熟 ………………………………………………………… 92
　　二、卵巢、精巢的形态结构和分期 ………………………………………………… 94
　　三、鱼类性成熟的年龄和性周期 …………………………………………………… 95
　第二节　中枢神经与内分泌系统在鱼类繁殖中的作用 ………………………………… 96
　　一、中枢神经系统在鱼类繁殖中的作用 …………………………………………… 96

二、内分泌系统在鱼类繁殖中的作用 ………………………………………………… 96
　第三节　环境因素对鱼类性腺发育的影响 ……………………………………………… 97
　　一、营养 …………………………………………………………………………………… 98
　　二、温度 …………………………………………………………………………………… 98
　　三、光照 …………………………………………………………………………………… 98
　　四、水流 …………………………………………………………………………………… 98
　　五、盐度 …………………………………………………………………………………… 99

第四章　鱼类的人工繁殖技术 …………………………………………………………… 100
　第一节　概述 ……………………………………………………………………………… 100
　　一、鱼类人工繁殖概况 …………………………………………………………………… 100
　　二、鱼类人工繁殖原理 …………………………………………………………………… 101
　　三、鱼类人工繁殖的生物学指标 ………………………………………………………… 102
　第二节　鱼类人工繁殖的主要设施 ……………………………………………………… 103
　　一、水质净化处理设施 …………………………………………………………………… 103
　　二、产卵设施 ……………………………………………………………………………… 103
　　三、孵化设施 ……………………………………………………………………………… 105
　　四、增氧与控温设施 ……………………………………………………………………… 107
　　五、其他辅助设施 ………………………………………………………………………… 108
　第三节　亲鱼培育 ………………………………………………………………………… 108
　　一、亲鱼的选择 …………………………………………………………………………… 108
　　二、亲鱼的培育 …………………………………………………………………………… 109
　第四节　人工催产 ………………………………………………………………………… 113
　　一、亲鱼成熟度鉴定 ……………………………………………………………………… 113
　　二、催产激素 ……………………………………………………………………………… 114
　　三、催产方法 ……………………………………………………………………………… 116
　　四、产卵设施的准备 ……………………………………………………………………… 119
　第五节　产卵与受精 ……………………………………………………………………… 120
　　一、自然产卵、受精 ……………………………………………………………………… 120
　　二、人工授精 ……………………………………………………………………………… 121
　　三、影响受精的主要因素 ………………………………………………………………… 122
　第六节　孵化 ……………………………………………………………………………… 123
　　一、受精卵的孵化 ………………………………………………………………………… 123
　　二、孵化管理措施 ………………………………………………………………………… 125
　　三、影响孵化的环境因子 ………………………………………………………………… 126

第五章　鱼苗、鱼种的培育 ……………………………………………………………… 129
　第一节　鱼苗、鱼种的生物学 …………………………………………………………… 129

一、鱼苗、鱼种的分期及形态 ……………………………………………………… 129
　　二、鱼苗、鱼种的食性与摄食 ……………………………………………………… 131
　　三、鱼苗、鱼种的生长 ……………………………………………………………… 138
　　四、鱼苗的质量鉴别 ………………………………………………………………… 141
第二节　鱼苗的培育 …………………………………………………………………… 142
　　一、静水土池塘鱼苗培育 …………………………………………………………… 142
　　二、室内水泥池鱼苗培育 …………………………………………………………… 151
第三节　鱼种的培育 …………………………………………………………………… 156
　　一、室外土池塘鱼种培育 …………………………………………………………… 156
　　二、室内水泥池鱼种培育 …………………………………………………………… 161
　　三、网箱鱼种的培育 ………………………………………………………………… 162

第六章　食用鱼养殖 …………………………………………………………………… 164

第一节　池塘养鱼 …………………………………………………………………… 165
　　一、概述 ……………………………………………………………………………… 165
　　二、池塘的基本条件 ………………………………………………………………… 167
　　三、鱼种 ……………………………………………………………………………… 170
　　四、混养 ……………………………………………………………………………… 171
　　五、放养密度 ………………………………………………………………………… 174
　　六、轮捕轮放 ………………………………………………………………………… 177
　　七、池塘管理 ………………………………………………………………………… 180
　　八、池塘养鱼的主要模式 …………………………………………………………… 188

第二节　水库、湖泊养鱼 …………………………………………………………… 196
　　一、合理放养的涵义 ………………………………………………………………… 197
　　二、放养对象的选择 ………………………………………………………………… 197
　　三、鱼种放养规格 …………………………………………………………………… 199
　　四、鱼种质量 ………………………………………………………………………… 199
　　五、鱼种放养密度 …………………………………………………………………… 200
　　六、养殖周期 ………………………………………………………………………… 202
　　七、养殖生产管理 …………………………………………………………………… 203
　　八、苗种来源与培育 ………………………………………………………………… 204

第三节　海水港湾、鱼塭养鱼 ……………………………………………………… 204
　　一、港养的场地选择 ………………………………………………………………… 205
　　二、港塭的类型与建造 ……………………………………………………………… 205
　　三、港塭的清整与纳苗 ……………………………………………………………… 207
　　四、港塭养殖的管理 ………………………………………………………………… 209

第四节　网箱养鱼 …………………………………………………………………… 210

一、网箱养鱼的特点 ... 212
　　二、网箱养鱼高产原理 ... 212
　　三、淡水网箱养鱼 ... 213
　　四、浅海浮筏式网箱养鱼 ... 220
　　五、深水抗风浪网箱养鱼 ... 226
　第五节　工厂化养鱼 ... 235
　　一、工厂化养鱼概述 ... 235
　　二、工厂化养鱼的主要类型 ... 236
　　三、工厂化养鱼的设施 ... 236
　　四、工厂化养鱼的生物学技术 ... 239
　第六节　水产养殖容量 ... 242
　　一、水产养殖容量的内涵 ... 242
　　二、水产养殖对自然水域生态环境的影响 ... 243
　　三、水产养殖容量的研究方法 ... 245
　　四、水产养殖容量的扩充 ... 247
　　五、不同水域的养殖容量 ... 248

第七章　鱼类资源增殖与保护 ... 250
　第一节　我国自然水域与鱼类资源 ... 250
　　一、我国自然水域资源 ... 250
　　二、我国自然鱼类资源 ... 256
　　三、水域与鱼类资源开发利用面临的问题 ... 259
　第二节　鱼类资源的保护与利用 ... 261
　　一、禁渔区和禁渔期 ... 262
　　二、负责任渔业 ... 264
　　三、人工鱼礁 ... 266
　第三节　鱼类资源增殖 ... 270
　　一、经济鱼类的人工放流 ... 270
　　二、经济鱼类的引种（移殖）驯化 ... 272

第八章　活鱼运输 ... 279
　第一节　影响运输鱼类成活率的因素 ... 279
　　一、鱼的体质 ... 279
　　二、水质环境 ... 280
　　三、运输密度 ... 281
　第二节　运输的准备和运输工具 ... 281
　　一、运输的准备 ... 281

二、运输工具 ··· 281
第三节　活鱼运输方法 ·· 282
　　一、封闭式运输 ··· 282
　　二、开放式运输 ··· 284
　　三、湿法运输 ·· 286
　　四、低温无水运输 ·· 287
　　五、化学试剂在鱼类运输中的应用 ·· 288

第九章　鱼类越冬　290

第一节　越冬池的环境条件 ·· 290
　　一、水文和物理状况 ··· 290
　　二、水质化学状况 ·· 291
　　三、底质状况 ·· 292
　　四、生物状况 ·· 292
第二节　越冬鱼类的生理状况 ·· 293
　　一、摄食与肠道充塞度 ·· 293
　　二、鱼类体重的变化 ··· 293
　　三、鱼体组织成分变化 ·· 293
　　四、鱼类的耗氧速率 ··· 293
第三节　鱼类越冬死亡的原因 ·· 294
　　一、越冬鱼类规格小、体质差 ··· 294
　　二、越冬池耗氧因子多引起缺氧 ·· 294
　　三、水温太低引起鱼类代谢失调 ·· 294
　　四、病害与营养不良 ··· 295
第四节　鱼类越冬技术 ·· 295
　　一、温水性鱼类越冬 ··· 295
　　二、热带鱼类越冬 ·· 299

主要参考文献 ·· 301

绪　　论

我国内陆水域湖泊、河流、水库和池塘星罗棋布，总面积约 1.76×10^5 hm^2，其中河流 6.7×10^4 hm^2，湖泊 6.9×10^4 hm^2，水库 2.0×10^4 hm^2，池塘 2.0×10^4 hm^2；海域幅员辽阔，水深 15 m 以内的浅海、滩涂面积达 1.3×10^5 hm^2，海岸线长 32 000 km。我国自然水域鱼类资源丰富，出产鱼类有 3 000 多种，其中海水鱼类 2 200 种，淡水鱼类 800 种。我国地处温带、亚热带，气候温和，雨量充沛，非常适合于进行鱼类增养殖生产。

一、鱼类增养殖业

鱼类增养殖业包括养殖和增殖两个部分。鱼类养殖是将鱼放入水体中并加以适当管理，促使其生长发育繁殖，最终培育成满足市场需求的食用鱼的过程；鱼类增殖是指对天然水域（江河、湖泊、水库、海湾和浅海等）鱼类资源进行繁殖保护以及鱼苗、鱼种人工放流，增加鱼类资源数量的过程。

鱼类养殖业包括人工繁殖（含亲鱼培育、催产、孵化）、苗种培育、食用鱼养殖、运输和越冬等生产环节。依据经营方式和资源投入量的多寡，可将鱼类养殖分为精养、半精养和粗养三大类型。精养（集约化养殖）是指在单位水体中投入的人力、物力较多，是单产较高、风险较大的全人工投饵和施肥与强化管理的养殖方式。我国的静水土池塘多采用这种养殖方式。在精养中，又依投入人力、物力的不同而分为不同类型，如流水养鱼、网箱养鱼和工厂化养鱼等属高度精养（即高度集约化养殖）又称设施养殖。粗养是指在单位水体中投入较少的人力、物力，是单产较低的鱼类养殖方式。一般指不投饵、不施肥、只进行放养或放流和一般看护、捕捞等管理的养殖方式。我国大多数水库、湖泊、滩涂、围堰、港湾养殖属于这种类型。半精养（半集约化养殖）在管理强度和人力、物力投入上介于上述两者之间，一般指小型湖泊、水库、港湾等只施肥不投饵的养殖方式。

鱼类增殖业主要包括经济鱼类的人工繁殖和放养，以补充、替代或改造鱼类的自然繁殖能力；移殖驯化新的鱼类，优化水体鱼类区系组成；保护和改良水体中经济鱼类的栖息和繁殖条件；合理捕捞利用自然水域中的鱼类资源等。

二、鱼类增养殖学

鱼类增养殖业的发展促进了鱼类增养殖学科的建设，我国相继建立了池塘养鱼学、内陆水域鱼类增养殖学、海水鱼类养殖学等学科。这三门学科的基础理论和研究方法基本相同，因此可以统称为鱼类增养殖学。鱼类增养殖学就是研究淡水、海水经济鱼类的生物学特性及其与养殖水域生态环境关系的学科。该学科以研究养殖对象的生态、生理、个体发育和群体生长为基础，以提供合适的养殖水域和工程设施为前提。在人工控制的条件下，研究经济鱼类的人工繁殖、苗种培育、养殖和增殖技术。其目的是保护和合理开发我国各类天然水域和鱼类资源，提高单位面积鱼产量，为人类提供优质的鱼体蛋白质。从学科性质来说，它是一门实践性很强的应用科学。

三、我国鱼类增养殖业发展简史

我国的鱼类养殖业历史悠久，技术精湛，是世界上养鱼最早的国家。殷墟出土的甲骨卜辞，有"贞其雨，在圃鱼"，"在圃鱼，十一月"等文字，说明我国殷商时代就进行鱼类的圃养。

春秋战国时代（公元前460年左右），我国养鱼史上的始祖范蠡就著有《养鱼经》，是世界上最早的一部鱼类养殖著作。《养鱼经》对鲤养殖的池塘条件、人工控制下的鲤繁殖方法、养鱼的密度以及捕鱼的时间与数量等重要生产环节都有明确的叙述，可以看出当时我国池塘养鲤业已经积累了丰富而宝贵的经验。书中还特别强调了养鱼的经济收益，指出"治生之法有五，水畜第一"，可见很早以前我国劳动人民就已经知道池塘养鱼是一项投资小、收益大的生产行业。

汉代（公元前206—公元220年），养鲤业更加普遍盛行，除在池塘中养殖外，还发展到大水面中养殖。《西京杂记》、《武帝本纪》、《三辅故事》中都记载了在长安昆明池等大水面养鱼的史实。

魏、晋、南北朝、隋（公元220—618年），曹操《四时食制》"郫县子鱼，黄鳞赤尾，出稻田，可以为酱"。长江捕鱼带动商业发展，郭璞《江赋》记载，"舳舻相属，万里连樯，溯洄沿流，或渔或商"。在东海之滨的上海，还出现一种叫"沪"的渔法。渔民在海滩上植竹，以绳编连，向岸边伸张两翼，潮来时鱼、虾越过竹枝，潮退时被竹所阻而被捕获。

唐代（公元618—907年），一方面，唐代皇帝姓李，"鲤"与"李"同音，因而鲤鱼跳上龙门，成了皇族的象征。于是养鲤、捕鲤、卖鲤、食鲤均为皇族最大的禁忌，违者必处以重罚。此禁忌达300年之久。另一方面由于生产力的发展，人民不满足于单品种鱼类的养殖，开发其他鱼类的养殖已成为必然趋势。草鱼、青鱼、鲢、鳙的养殖逐渐发展。从单一养殖种类转到多种鱼类混养，是我国养鱼历史上的一个重大转折，使我国的养鱼业跨进了一个新的发展阶段。

宋朝（公元960—1279年），在长江和珠江用张网捕草鱼、青鱼、鲢、鳙的鱼苗运输到各地进行养殖，已很发达。据周密的《癸辛杂记》记载，从长江张捕的鱼苗已运销到江西、福建和浙江等地。说明鱼苗的张捕、运输和养殖已经相当发达，养殖地区也相当广阔。宋人所著《京口寻》记载，"鲻鱼头扁而骨软，惟喜食泥，色黑故名"。说明沿海咸淡水养殖开始发展。宋代还开始中国特有的观赏鱼——金鱼的养殖。在北宋初年，人们将橙黄色鲫放养在放生池内。到南宋，进入家养时期，宋高宗在杭州德寿宫中建有养金鱼的鱼池。

明朝（公元1368—1644年），我国的养鱼业有了很大进展，养鱼技术更全面，生产经验更丰富。黄省曾的《养鱼经》和徐光启的《农政全书》，对养鱼的全过程，包括鱼池的构造、放养密度、混养、轮养、投饵施肥、鱼病防治等均有详细的论述，对养殖草鱼、青鱼、鲢、鳙的方法记载得更为完整。这时，我国的池塘养鱼已从粗养逐步向精养发展。我国劳动人民开始探索海水或半咸水鱼类的养殖技术。如彭大翼在《山堂肆考》记载"凡海鱼，多以大噬小，惟鲻鱼不食其类"。

清朝（公元 1644—1911 年），养鱼以长江三角洲和珠江三角洲最为发达。养殖技术主要在鱼苗饲养方面有一定发展。在屈大均的《广东新语》中，对鱼苗的生产季节、鱼苗习性、鱼苗的过筛分类方法和运输，都有较详细的记载。

清朝后期及民国时期，我国劳动人民深受帝国主义的侵略和封建主义、官僚资本主义的压迫和剥削，鱼类增养殖业没有得到应有的发展。新中国成立前，我国淡水渔业产量只有 15 万 t。

四、新中国成立后我国鱼类增养殖业的主要成就

1. 水产养殖业的发展　自中华人民共和国成立以来，淡水养殖和海水养殖得到长足的发展，但各个历史时期发展极不平衡，可概括分为三个发展阶段：恢复发展阶段、波浪式缓慢发展阶段、持续快速发展阶段。各个发展阶段海淡水养殖产量变化见表 0-1。

表 0-1　我国海、淡水养殖产量变化情况统计分析（万 t）

年　份	1949	1957	1980	1985	1990	1995	2000	2005
淡水养殖	10	56.5	90.2	237.9	445.9	940.8	1 517	2 010
海水养殖	1	21.4	44.4	70.9	162.4	412.3	1 061	1 230
养殖合计	11	77.9	134.6	308.8	608.3	1 353.1	2 578	3 240
水产总量	52.40	346.9	449.7	705.0	1 237.1	2 517.2	4 279	4 750

（1）恢复发展阶段（1949—1957 年）　淡水养殖面积由不足 $2.0 \times 10^5 \ hm^2$ 扩大为 $1.05 \times 10^9 \ hm^2$；养殖种类主要限于鲢、鳙、草鱼、青鱼、鲤等鲤科鱼类和虹鳟。海水养殖面积由 $1.67 \times 10^4 \ hm^2$ 扩大为近 $10^5 \ hm^2$；养殖种类较少（10 多种），主要是牡蛎和海带。该阶段养殖业的特点是恢复发展速度较快，海水养殖产量占养殖总产量比例较低，但发展速度与淡水养殖业相近；海淡水养殖种类皆较少，但养殖面积扩大较快。

（2）波浪式缓慢发展阶段（1958—1981 年）　淡水养殖面积扩大为 $2.88 \times 10^9 \ hm^2$，养殖区域由长江与珠江流域扩展到华北、东北、西北地区；四大家鱼人工繁殖技术获得成功，总结出"八字"养鱼经验，养殖种类除鲢、鳙、草鱼、青鱼、鲮、鲤传统养殖种类外，尚移殖开发和引进了团头鲂、细鳞斜颌鲴、罗非鱼等。海水养殖面积由 $10^5 \ hm^2$ 左右，扩大为 $1.32 \times 10^8 \ hm^2$；养殖种类由 10 余种增加到近 30 种。该阶段养殖业发展速度缓慢，年产量不稳定且呈波浪式，年均增长率低，海水养殖增长速度略快于淡水养殖，海水养殖种类的增加多于淡水养殖。

（3）持续快速发展阶段（1982 年至今）　淡水养殖面积由 $3.05 \times 10^9 \ hm^2$ 增长为 $4.95 \times 10^9 \ hm^2$（1997 年）；淡水养殖种类增加到 50 余种；海水养殖面积由 $1.61 \times 10^8 \ hm^2$ 增加为 $9.32 \times 10^8 \ hm^2$（1997 年）；海水养殖种类增多至 40 余种。海水养殖占水产养殖总产量的比例逐年增大，1997 年达 20% 以上，迎来了海水养殖业发展的第四次浪潮——海水鱼类养殖的大发展。在养殖方式上，除池塘、港湾与网箱养鱼外，还发展了工厂化养鱼、深水抗风浪网箱养鱼。

2. 鱼类增养殖的科技成就

（1）鱼类遗传育种研究　我国鱼类杂交育种共进行了 3 个目、5 个科、18 个属、25 种鱼间

的远缘杂交和8个鲤种内经济杂交组合，计112个组合，其中鲤种内杂交的效果最好。构建了大麻哈鱼、黄盖鲽、黑龙江鲤基因文库，分离和克隆了大麻哈鱼生长激素基因，合成了鲤生长激素基因启动子；把人的生长激素基因转移到鲫、泥鳅及鲤等受精卵中，获得生长快的泥鳅、鲫。

（2）鱼类种质资源及保存技术　查明三水系鲢、鳙、草鱼种群间存在明显的遗传和生长差异，长江水系鲢、鳙比珠江水系鲢、鳙生长快是遗传因子所致，而性腺发育与成熟年龄的差异主要受环境因素影响；确立了青鱼、草鱼、鲢、鳙、团头鲂、兴国红鲤、散鳞镜鲤、方正银鲫、尼罗罗非鱼和奥利亚罗非鱼等10种淡水鱼种质鉴定技术，并提出种质标准参数；建立了草鱼、青鱼、鲢、鳙和团头鲂种质资源天然生态库，14种淡水鱼类种质资源人工生态库、10种不同的淡水鱼类精液冷冻保存库和淡水鱼类种质资源数据库人工智能信息系统。

（3）鱼类资源增殖与保护　20世纪60年代以来，我国已引进鱼类40余种，多数已形成产业化规模。如罗非鱼、斑点叉尾鮰、加州鲈、匙吻鲟、美国红鱼等。鱼类移殖驯化工作取得较好效果的有团头鲂、银鱼和池沼公鱼等。禁渔期和禁渔区制度得以实施，海洋人工鱼礁建设有较大的发展。

（4）鱼类生殖生理与人工繁殖技术　系统深入地进行了主要养殖鱼类性腺的发育规律与其有关的内分泌器官发育规律和机能、精子卵子生物学以及胚胎发育形态生态学等应用基础理论研究，并取得系列研究成果。在此基础上，鲢、鳙、草鱼、青鱼人工繁殖相继获得成功，并研究完善亲鱼培育、催情产卵和受精卵孵化等综合技术；成功合成促黄体素释放激素类似物与高效鱼类催产合剂马来酸地欧酮等鱼类催情药物，进一步推动了鱼类人工繁殖的迅速发展。

（5）鱼苗、鱼种生物学及其培育技术　阐明了主要养殖鱼类摄食器官形态和数量性状、胚后发育规律及其摄食方式、适口饵料与食物组成的变化规律，鱼苗、鱼种的生长规律，清塘后浮游生物发生和演替规律。研究并确立了池塘水质培养、调控综合技术和投喂人工配合颗粒饲料等综合驯养技术，建立了苗种培育操作规程。

（6）养鱼池生态学与食用鱼养殖技术　提出"水、种、饵、密、混、轮、防、管"八字精养法。阐明了精养高产鱼池明水期生态系统结构与功能特点，阐明了我国传统池塘养鱼高产高效的生态学理论。阐明温度、盐度、碱度、食物等主要生态因子对养殖鱼类存活与生长发育的影响。阐明提高养殖鱼类在不同盐度和碱度等条件下成活率和生长率的机理。提出了合理的鱼种放养和生产模式。

（7）稻田养鱼生态系与综合技术　阐明了稻田养鱼的稻鱼生态系统结构与功能以及稻鱼互利结构理论。目前，我国稻田养鱼由依靠稻田中天然饵料养鱼的传统方式，发展到人工投饵养鱼，由平板式稻田粗放式发展为多种形式的稻田养鱼模式，由稻鱼双元复合结构，发展为稻、萍、鱼、菇、菜等多元复合种养结构，从单纯稻田养鱼，向稻田养鱼、虾、蟹、蛙等名优水产品发展，稻田养鱼面积不断扩大，单产和经济效益、生态效益不断提高。

（8）冰下水体生态系与鱼类安全越冬技术　系统开展了我国北方地区越冬池冰下水体生态系统结构与功能特点及冰下鱼类安全越冬机理与综合技术研究，阐明了冰下水体的光照、水温、溶氧等水化学状况和生物群落等生态系统结构及其变化规律，系统阐明了利用生物增氧促进冰下鱼类安全越冬的机理，提出鱼类安全越冬的管理措施，大幅度提高了鱼类越冬成活率。

（9）鱼类养殖种类与养殖方式　海、淡水鱼类养殖的种类结构和养殖方式都发生较大变化。

总趋势是养殖种类中名优种类的比例逐年增大，传统养殖方式不断进行改革完善，高度集约化的工厂化养殖方式兴起并逐步产业化。

五、世界水产养殖业发展现状

根据联合国粮农组织统计，2004年水产养殖和捕捞渔业向全世界提供了约1.06亿t食用鱼，人均供应量16.6kg（活体鲜重），达到历史新高。中国依然是最大的生产国，2004年中国渔业产量为4 750万t（捕捞产量和养殖产量分别为1 690万t和3 060万t），人均食用鱼28.4kg，总产量中，水产养殖占43%。世界水产养殖对鱼类、甲壳类、软体动物和其他水生动物全球供应量的贡献继续增长，从1970年占总重量的3.9%到2000年的27.1%，再到2004年的32.4%。水产养殖继续比所有其他食用动物生产领域更快地增长。在世界范围内，该领域自1970年以来平均年增速为8.8%，而同期捕捞渔业只有1.2%，陆上肉类养殖生产系统只有2.8%。水产养殖产量远超过人口增速，来自水产养殖的人均供应量从1970年的0.7kg增加到2004年的7.1kg，年平均增长率为7.1%。过去半个世纪，世界水产养殖（食用鱼和水生植物）显著增长。从20世纪50年代早期的不足100万t，增加到2004年的5 940万t，产值703亿美元。产量年增6.9%，产值年增7.7%。近年世界水产品总量变化情况见表0-2。

表0-2 近年世界水产品总量变化（百万t）

年份	1996	1997	1998	1999	2000	2001	2002	2003	2004	2005
淡水养殖	15.9	17.5	18.5	20.1	21.4	22.4	23.9	25.2	27.2	28.9
海水养殖	10.8	11.1	12	13.3	14.2	15.1	15.9	16.7	18.3	18.9
养殖总量	26.7	28.6	30.5	33.4	35.6	37.5	39.8	41.9	45.5	47.8
淡水捕捞	7.4	7.5	8	8.5	8.8	8.8	8.7	9	9.2	9.6
海水捕捞	86.1	86.4	79.3	84.7	86.8	84.2	84.5	81.3	85.8	84.2
捕捞总量	93.5	93.9	87.3	93.2	95.6	93	93.2	90.3	95.0	93.8
水产总量	120.2	122.5	117.8	126.6	131.2	130.5	133	132.2	140.5	141.6

2004年，在世界水产品总量中，亚洲和太平洋区域的国家占世界产量的91.5%和产值的80.5%。中国的产量占世界水产养殖总产量的69.6%和总产值的51.2%。产量排在前十名的国家分别是：中国、印度、越南、泰国、印度尼西亚、孟加拉国、日本、智利、挪威和美国（表0-3）。在全球范围内，约97.5%的养殖鲤科鱼类、99.8%的水生植物、87.4%的对虾和93.4%的牡蛎来自亚洲和太平洋区域。55.6%的养殖鲑科鱼类来自西欧北部区域。

表0-3 近年世界主要国家水产养殖产量（鱼类、甲壳类和软体动物）（万t）

年份	中国	印度	越南	泰国	印度尼西亚	孟加拉国	日本	智利	挪威	美国	其他地区	合计
2004	3 061.4	247.2	119.8	117.3	104.5	91.5	77.6	67.5	63.8	60.7	535.4	4 546.7
2002	2 776.7	219.2	51.9	64.5	91.4	78.7	82.8	54.6	55.4	49.7	465.1	3 990
2000	2 458.1	194.2	51.1	73.8	78.9	65.7	76.3	39.1	49.1	45.6	417.8	3 549.7

2004 年世界水产养殖主要种类分别是淡水鱼类、软体动物、水生植物、海淡水洄游鱼类、甲壳类、海洋鱼类（表 0-4）。其中鲤和其他鲤科鱼类产量远远超过其他种类总产量，占鱼类、甲壳类和软体动物总产量的近 40%（1 830 万 t）。单个种类最高产量是长巨牡蛎（*Crassostrea g gas*，440 万 t），其次为三种鲤科鱼类，白鲢（*Hypophthalmichthys molitrix*，400 万 t）、草鱼（*Ctenopharyngodon idellus*，390 万 t）和鲤（*Cyprinus carpio*，340 万 t）。

表 0-4　近年世界水产养殖主要种类产量（万 t）

种类	淡水鱼类	软体动物	水生植物	海淡水洄游鱼类	甲壳类	海洋鱼类	其他水生动物
2002	2 193.8	1 178.4	1 153.7	250	213.1	120.1	15.5
2004	2 386.7	1 392.7	1 324.3	368	285.2	144.7	38.1

2004 年世界水产养殖水生动、植物种类达到 240 多个，显示水产养殖物种丰富的多样性。世界水产养殖鱼类、甲壳类和软体类的大部分水产养殖产量来自淡水环境（产量的 57.7% 和产值的 48.4%）。海水养殖占总产量的 36.5% 和占总产值的 35.7%。发展中国家鱼类、甲壳类和软体动物水产养殖产量的增长超过了发达国家的相应增长。除对虾外，2004 年发展中国家大部分水产养殖的产量为杂食、草食性鱼类或滤食性种类。与此相比，发达国家养殖产量的约 3/4 鱼类为肉食性种类。从 1970—2004 年，全球水产养殖业提供的人均食用鱼供应量增加了近 10 倍，即从 0.7 kg 上升到 7.1 kg。在过去 30 多年里，世界水产养殖业的发展逐步扩大，集约化程度提高，养殖技术也得到长足的发展。

第一章 主要养殖鱼类的生物学

教学一般要求

掌握：鱼类对栖息环境和食性的普遍要求以及鱼类生长和繁殖共性特点；具体养殖鱼类的可识别特征、栖息习性、适温性、适盐性、食性和繁殖习性。

理解：主要养殖鱼类在自然条件和人工养殖条件下的生长特点。

了解：主要养殖鱼类的分类地位、自然地理分布和经济价值。

第一节 养殖鱼类生物学基础

一、鱼类栖息环境

地球上水的总量约 1.39×10^9 km³，主要分布在海洋，约占总水量的 97%，淡水约占 2.5%，在这丰富的海淡水水域中生活着多种多样的水生生物，鱼类是其中的一大类群。它们与水域环境保持着密切的关系，一方面把周围环境作为自身的生活条件，一方面鱼类本身又作为周围环境的一部分而影响环境。

（一）鱼类与非生物环境的关系

鱼类生活在水中，除了对水域环境条件有所要求外，影响鱼类生存的生物因素和非生物因素还很多，就非生物因素来讲，有温度、盐度、酸碱度、溶解氧、水流、水压等。

1. 水温 鱼类是变温动物，体温几乎完全随着环境温度变化而变化。多数鱼类体温与其周围的水温相差不超过 0.1～1℃，只有金枪鱼相差达 10℃以上。在适宜温度范围内，当水温上升时，鱼的体温随之而升高，体内的生理过程加快。这符合范霍夫定律，即温度每升高 10℃，生理过程的速度加快 2～3 倍。水温与鱼类生理活动强度密切相关。如鱼类的摄食强度、消化吸收率、生长率、胚胎发育速率以及性成熟年龄等都受水温的直接影响。水温对鱼类产卵期的到来具有决定性意义，例如草鱼、青鱼、鲢、鳙在春季水温 18℃以上才开始产卵，大麻哈鱼的产卵水温则在 12℃以下。可以将所有鱼类按照对温度的适应能力划分为 4 类：热带鱼类、温水性鱼类、冷水性鱼类和冷温性鱼类。

（1）**热带鱼类** 对水温要求高，适宜在较高的水温中生活，其生存温度为 10～40℃，生长、发育的适宜温度为20~30℃，但不同种类略有差异。常见的热带鱼类有：遮目鱼（8.5~42.7℃）、罗非鱼（>11℃）、鲮（>7℃）、短盖巨脂鲤（12~40℃）、黄鳝（5~32℃）、胡子鲇（4~34℃）、石斑鱼（14~32℃）、军曹鱼（16~29℃）、真鲷（9~30℃）、卵形鲳鲹（16~36℃）、中华乌塘鳢（15~32℃）等。此外有金枪鱼、鲣、鲭及珊瑚礁中的一些鱼类。

（2）温水性鱼类　温水性鱼类要求在温带水域中生活，其生存水温为0.5~38℃，摄食和生长适宜水温为20~32℃，繁殖适宜水温为22~26℃，低于10℃摄食量下降，生长缓慢，15℃以上摄食量逐渐增加。我国淡水鱼类和近海的一些经济鱼类多属这种类型，如鲢、鳙、草鱼、青鱼、鳊、鲂、鲤、鲫、鲴、泥鳅、鳗鲡、眼斑拟石首鱼、鲻、鲮、小黄鱼、大黄鱼等。

（3）冷水性鱼类　冷水性鱼类要求在较低水温条件下才能正常生活，如大麻哈鱼、虹鳟、太平洋鲱、江鳕、香鱼、公鱼和大银鱼等。虹鳟的生存温度为0~25℃，适宜生长温度为12~18℃，最适生长温度为16~18℃，低于8℃或高于20℃食欲减退，生长减慢，超过24℃即停止摄食，甚至死亡。

（4）冷温性鱼类　水温的适应能力介于温水性鱼类和冷水性鱼类之间，牙鲆、大菱鲆、黑鲪和大眼狮鲈等属冷温性鱼类。牙鲆存活温度为1~33℃，适宜生长温度为17~23℃。大菱鲆存活温度为0~30℃，适宜生长温度为10~24℃。黑鲪适宜温度为8~25℃，5~6℃停食，致死温度为1℃。

根据鱼类对温度变化的耐受能力的不同，将鱼类分为广温性鱼类和狭温性鱼类两种类型。以上4种类型中，以温水性鱼类的适温幅度最广，称为广温性鱼类，它们对于温度变化的适应能力较强，分布地区较广。热带和亚热带性鱼类以及冷水性鱼类适温幅度较窄，称为狭温性鱼类，它们的分布明显地受到各地水温的制约。

2. 盐度　溶解于水中的各种盐类，通过渗透压对鱼体产生影响。鱼类对盐度的适应范围广，从纯淡水直到盐度为47的海水中均有鱼类分布。根据鱼类对盐度的适应情况，可将鱼类分为4大类群。

（1）海水鱼类　只适应生活于盐度较高的水域，终生生活在海洋内。海水的盐度一般为16~47，而海水硬骨鱼类体液盐分浓度一般比海水低，属于低渗性溶液。海水软骨鱼类与硬骨鱼不同，它们另具适应海水生活的代谢特点，其血液中所含的盐分稍高于海水硬骨鱼类，但血液中含有多量尿素，属微高渗透性溶液。

（2）淡水鱼类　只能适应极低的盐度，终生生活在淡水中。一般淡水的盐度为0.2~0.5。淡水鱼类体液中盐分的浓度，通常要比水环境高，属于高渗透压溶液。

（3）洄游性鱼类　它们对盐度的适应有阶段性，属这一类型的鱼类又可分为两种情况：①溯河鱼类。一生的大部分时间在高盐度的海水中生活，在生殖时期由海水经过河口区进入淡水水域产卵，如大麻哈鱼、鲥等。②降海鱼类。一生的大部分时间在淡水中生活，生殖期由江河下游至河口区，进入海中产卵，如鳗鲡。

（4）河口性鱼类（又称咸淡水鱼类）　它们适应于河口咸淡水水域，水的盐度在5~16之间。有一些海水鱼类在一定的阶段进入河口区生活，有一些淡水鱼类也能生活于河口区的低盐区段。如刀鲚、凤鲚及银鱼中的部分种类。

鱼类生活水域的盐度差异甚大，各种鱼类能够在不同盐度的水域中正常生活，与其具有完善的生理调节机制有关，但这种调节作用只能局限于一定盐度范围内。在不适宜的盐度范围内，鱼类即使能够生存，也不能正常生长。草鱼、青鱼、鲢、鳙等在盐度3以上的水中不能正常繁殖，而黑鲷在盐度3以上的水中，性腺才能正常发育和有较高的成熟率。过河口鱼类追求适宜的盐度是决定其洄游路线的重要因素。按鱼类耐受盐度变化适应能力的大小，可将鱼类分为广盐性鱼类和狭盐性鱼类两类。狭盐性鱼类包括绝大多数淡水鱼类和海水鱼类，如青鱼、草鱼、鲢、鳙、鲤、鲫、鳜、鲷、牙鲆、石斑鱼等；广盐性鱼类包括洄游性鱼类、河口性鱼类的鱼以及少数淡水鱼类和海水鱼类，如罗非鱼、大麻哈鱼、虹鳟、鲈、遮目鱼、鲻、鲮、河鲀、眼斑拟石首鱼等。

3. **溶氧** 溶解氧在养殖生产中的重要性，除了表现为对养殖生物有直接的影响外，还对饵料生物的生长，对水中化学物质存在形态有重要的影响，因而又间接影响到养殖生产。一般来说，环境条件适宜时，水中溶氧量达 5 mg/L 以上时，多数养殖鱼类摄食强度大，饲料系数低，生长快；溶氧量低于 2~3 mg/L 时，摄食强度降低，生长缓慢，饲料系数升高；溶氧量低于 1~2 mg/L 时开始浮头，直至死亡。

4. **酸碱度（pH）** 海水的 pH 通常在 7.85~8.35 的范围内，内陆水域则变化幅度较大。各种鱼类有不同的 pH 最适范围，一般鱼类生存 pH 范围为 4~10，四大家鱼为 4.4~10.2，鲤、鲫为 4.2~10.4；鱼类多偏于适应中性或弱碱性环境，在 pH 为 7~8.5 范围水中生长良好。在酸性水体内，鱼类血液中的 pH 下降，使一部分血红蛋白与氧的结合完全受阻，因而降低其载氧能力，导致血液中氧分压变小。

5. **光照** 光对鱼类具有直接和间接的多方面影响。

（1）光与鱼类的视觉器官 栖息在不同生境的鱼类，由于光线强弱不同，眼的大小和构造发生适应性变化。生活在光线很弱的水底层的鱼眼一般较小，如泥鳅等。生活在只有微弱光线的洞穴中的鱼，眼往往退化，如黄鳝。生活在中上层的鱼类，通常眼十分发达。但在海洋弱光层（水下 80~400m）生活的一些鱼类却具有比较发达的眼，以弥补光度的不足，如一些发光鲷。

（2）光对鱼类摄食的影响 有一些鱼类依靠视觉在白昼摄食，而另外一些鱼类如鲇、鳗、黄鳝等则在夜间摄食，光的强弱成为这些鱼摄食的信号。

（3）光对鱼类胚胎发育的影响 浮性卵在光线充足的条件下才能正常发育，在暗处卵的发育将延缓，例如将比目鱼卵放在黑暗环境中，它的胚胎发育会延迟 1~2 d。鲑鳟鱼类则需在无光照的条件下发育，光线会延缓鱼卵的发育，如将大麻哈鱼卵放在有光处发育，要比无光处慢 4~5 d，过度的光照甚至造成鱼卵死亡。

（4）光对鱼类繁殖的影响 按照鱼类产卵的季节，可将鱼类分为长日照与短日照发育两大类型，光周期能够促进或延迟性腺的成熟。例如美洲红点鲑属短日照类型，如果在 10~11 月产卵后，翌年 1 月中旬至 4 月底用比自然光线长的人工光照射后，再遮断自然光，缩短光照时间，结果在 7 月份提前产卵。

6. **肥度** 多数海水鱼类，除遮目鱼、鲻、鲮外都喜清水，而大多数淡水养殖鱼类（除鳜、草鱼、青鱼和鲑鳟等鱼类外）则有较强的适应肥水的能力。鲢、鳙、白鲫、鲻喜欢生活在肥水中，草鱼、青鱼和鲑鳟等鱼类喜欢栖息在较瘦的微流水中。鲤、鲫、鲮既可以生活在有机质丰富的肥水中，也可生活在流动的清水中。

（二）鱼类的栖息习性

鱼类栖息水层是对生活习性与食性的一种适应。按照栖息水层的不同，养殖鱼类可以分成3大类：中上层鱼类、中下层鱼类和底层鱼类。这种划分是相对的，实际上鱼类的栖息水层依季节、水温、鱼的年龄、规格、生理状况和饵料分布等因素而变化。

1. 中上层鱼类　鲢、鳙通常栖息在水体的中上层，鲢在上层，鳙稍下。鲢性情活泼、暴躁，善跳跃，有的能跃出水面 1 m 多高。鳙性温顺，行动迟缓，易捕捞。鲈、鲻、鲛属浅海上中层鱼类，喜欢栖息于沿海近岸、浅海湾和江河入口咸淡水区。

2. 中下层鱼类　草鱼、青鱼、团头鲂、三角鲂、短盖巨脂鲤等多为中下层鱼类。草鱼多在水体中下层活动，觅食时则在上层活动。团头鲂和三角鲂适应栖息于底质为淤泥、有沉水植物的敞水区。鲴和短盖巨脂鲤等喜欢栖息于静水或微流水中，尤其是水草繁茂的湖泊、河流或水库的岩缝中。

3. 底层鱼类　鲤、鲫、鲮、泥鳅、黄鳝、胡子鲇、乌鳢、牙鲆、大菱鲆、真鲷、黑鲷、石斑鱼、六线鱼等均属底层鱼类。

二、鱼类的食性

（一）鱼类食性的变化

鱼类的食性在整个生活过程中不是固定不变的，随年龄、季节和栖息环境的不同而发生变化。

1. 鱼类食性在不同发育阶段（或年龄）产生变化　鱼类从小到大与不同的发育阶段相适应，存在一个食物的系列变化。鱼类在生命周期的早期阶段都以卵黄囊中的卵黄为营养维持生命；进入混合营养期后，就要依靠外源性饵料为食。仔鱼（8～17 mm）阶段均摄食小型浮游动物，如轮虫、原生动物等；随着鱼体的生长，至稚鱼（17～70 mm）食性开始分化，到幼鱼、成鱼食性完全分化。也有一些鱼类食性过渡阶段不十分明显，例如鲢开始以摄食小型浮游动物为主，随着鳃耙和肠管的发育，食物中浮游植物的比例逐渐增大，而后以摄食浮游植物为主。有些鱼类的食物系列比较复杂，研究鱼类的食物变化，对苗种培育十分重要。例如，鲈仔鱼开口时摄食轮虫，持续至孵出后 75 d 左右；孵出 30 d 后摄食甲壳类幼体和浮游甲壳类，持续到 125 d 左右；孵出 50～70 d 后吃小虾；孵出 75 d 后以小鱼为主，兼食小虾；孵出 130 d 后以鱼虾类为主。

2. 食性的季节变化　水域中的理化因子存在季节变化，由此必然影响到饵料生物的生长繁殖，饵料生物也呈现有规律的季节消长，从而导致鱼类食性的季节变化。例如在摇蚊大量繁殖的季节，鲤主要摄食摇蚊幼虫，而当摇蚊幼虫化蚊飞离水体后，鲤改以水底的蠕虫、腐屑和浮游甲壳类等为主要食物。

3. 栖息场所不同引起的食性变化　不同栖息场所中生物组成的情况存在差异，因而鱼类在不同栖息场所的食物组成也不会相同。洄游性鱼类在更换栖息场所时，食性发生变化。例如洄游性的鲑鳟类在海中生活时主要摄食小鱼，生殖季节在淡水中往往以水生昆虫为主或很少摄食。中华鲟在长江中上游生活时，主要摄食水生昆虫幼虫及植物碎屑等，当洄游至长江口咸淡水中时，主要食物是虾、蟹和小鱼。

(二) 鱼类的摄食方式

鱼类的摄食方式和食性密切相关。同一食性的鱼类摄食方式不完全相同，还和摄食鱼类的生态特性及环境特点有关。

滤食性鱼类依靠鳃耙过滤进入鳃腔的水流滤取水中的食物，大多数以浮游生物为食。鱼类依靠鳃耙结构的特点，被动地选择不同大小的食物。鲢、鳙、匙吻鲟等属于此类。有一些小型鱼类如鳑鲏等则是主动摄食浮游动物。

草食性鱼类用咽喉齿切断水草或陆生植物，例如草鱼随着生长，口唇的角质化程度加强以及咽喉齿的成熟，可用以咬断植物。摄食附着生物的鱼类，如鲴类用锐利的角质缘刮取附着藻类，东方鲀类则用板状齿咬下附着的贝类。摄食底栖生物的鱼类，有的用挖掘的方式取食，如中华鲟用吻部掘出底泥后吸取摇蚊幼虫等小型动物。

捕食鱼虾的凶猛鱼类，多采取直接追捕吞食的方式，例如鳡能很快发现食物和追上食物，并且有紧紧咬住食物的口部结构。有些凶猛鱼类则采取伏击方式，例如鲇、乌鳢、狗鱼等，平时潜伏在底部或草丛中，当食物对象进入伏击区内时，一跃而出先把食物横向咬住，然后从头倒吞下去。海中的鮟鱇用背鳍鳍条变成的"钓竿"引诱食物游至口上方，而后突然张口吞下，它的牙齿可向口内倒伏，所以食物一经吞下就没法逃脱。产于印度、东南亚一带的射水鱼能在水中从口射出水珠，准确地击中岸边水草上的昆虫，当空中的昆虫一落水就被它吞食，这是十分特殊的摄食方式。

(三) 鱼类的食性类型

1. 滤食性鱼类 滤食性鱼类主要靠鳃耙、鳃耙管、鳃弧骨、腭褶组成的滤食器官滤食水中的浮游生物和有机碎屑。

鲢、鳙为典型的以浮游生物为食的滤食性鱼类。其鳃耙细长密集，形成了一个类似浮游生物筛网的组织，滤取通过口腔中的浮游生物。鳙的鳃耙间距为 $57\sim103~\mu m$，侧突起间距为 $33.7\sim41.25~\mu m$；鲢的鳃耙间距为 $33.75\sim56.25~\mu m$，侧突起间距为 $11\sim19~\mu m$。鳙的耙间距和侧突起间距均约为鲢的 2 倍。大多数浮游植物的体积小于 $57~\mu m\times33~\mu m$，而大多数浮游动物的体积大于 $103~\mu m\times41~\mu m$。因此，浮游植物和浮游动物同水一起进入鳙的滤食器官中，大多数的浮游植物通过该器官被排出体外，而大多数的浮游动物被滤集在滤食器官中。所以，鳙肠管中的食物组成主要是浮游动物（浮游动物与浮游植物的个数比为 1∶4.5，但两者体积之比则是浮游动物较大）。同水一起进入鲢口腔中的浮游动、植物都被滤集在鳃耙沟中。由于一般水体中的浮游植物个数多于浮游动物，并且由于鲢鳃耙更致密，对水流的阻力相应增大，滤水速度较鳙慢，故滤取水中浮游动物的相对数量比鳙少，因此鲢肠管中的食物以浮游植物为主（浮游植物与浮游动物个数比为 248∶1，体积比也是浮游植物大）。

白鲫和尼罗罗非鱼的主要摄食方式也是滤食，兼有吞食能力。白鲫、尼罗罗非鱼的鳃耙数目、长度、过滤网面积比鲢、鳙的小，腭褶也较矮，因此，滤食效率要比鲢、鳙低。但尼罗罗非鱼的上颌可以自由伸缩，食谱广，颌齿发达，捕食能力较鲢、鳙和白鲫强。

匙吻鲟是大型滤食性鱼类。主要食物是浮游动物，体长小于 0.20~0.25 mm、体宽小于 0.10~0.12 mm 的无节幼体、桡足类和轮虫等不能被滤食。鳃耙上的黏液有使已滤进的食物成团的作用，而没有黏附食物颗粒进而改变其大小的作用。

遮目鱼以蓝藻、绿藻及硅藻等浮游和底栖藻类为饵料。斑鲦主要摄食硅藻类，此外还吃少量原生动物等。鲻则以海底和岩石上附着的底栖藻类及有机碎屑等为食。鲮的成鱼以硅藻为主，有机碎屑次之，兼食少量桡足类、沙蚕等，幼鱼阶段以摄食桡足类为主。

2. 草食性鱼类 草食性鱼类的主要饵料是水草。典型草食性鱼类主要有草鱼、团头鲂和鳊等。草鱼的鳃耙短而少，咽齿强壮，呈梳状，角质垫发达，切割有力。草鱼吃草时先把草吞入口中送入咽齿，靠咽齿周围的肌肉和躯干肌肉的收缩力，与角质垫相研磨把草切成小块后吞入消化管中。草鱼只能消化利用被磨碎的细胞质内的原生质。草鱼的消化管有黏膜褶，分泌的黏液多，再生能力强。常见草鱼粪便外包有很厚的一层膜，这是对粗糙水草的一种生理适应。在自然条件下，草鱼以吃水草为主。在人工养殖条件下，也食颗粒饲料。草鱼的抢食能力比鲤、青鱼和团头鲂强，混养时须注意。团头鲂和鳊的食性与草鱼相似，团头鲂也吃海绵和软体动物，甚至也捕食小鱼虾。

3. 杂食性鱼类 鲤、鲫、鲮、鲻、鮻、遮目鱼、鲷、罗非鱼、泥鳅、鮰、鳗鲡和黄鳝等均属杂食性鱼类，但其摄食方式和食物组成各不相同。

（1）鲤、鲫和罗非鱼　鲤、鲫是典型的杂食性鱼类，鲤偏动物性，鲫和罗非鱼偏植物性。鲤的咽齿呈臼状，与角质垫相压磨，可把较硬的食物压碎、磨细。在自然条件下，鲤主要以摇蚊幼虫、螺、幼蚌等底栖动物和有机碎屑为食。鲤的前筛骨特别发达，与上、下颌骨相配合形成管状伸向前下方，适于插入泥中掘食。口腔底部具舌后器官（位于咽底），其背面和腹面布满了味蕾（高达 820 个/mm^2）和黏液细胞，适于在淤泥中辨别食物。鲫和银鲫主要摄食有机腐屑、底栖硅藻、水草和植物种子等，也吃少量的螺、摇蚊幼虫、水蚯蚓和枝角类、桡足类等，还喜食人工饲料，但抢食和摄食能力不及鲤。罗非鱼食性很杂，主要摄食浮游动物、浮游植物、有机碎屑、水生植物和底栖动物。罗非鱼的胃较发达，胃液 pH 小于 2，能消化吸收其他鱼类不能利用的蓝藻（如微囊藻）。

（2）鳗鲡、胡子鲇、鮰、泥鳅　以摄食底栖动物为主的杂食性鱼类。在自然条件下，胡子鲇主要捕食水中的小鱼、虾、水生昆虫、底栖动物、腐尸和植物嫩叶等。鳗鲡以动物性饵料为主，主要捕食小鱼、虾、蟹、田螺、底栖动物、水生昆虫、高等水生植物碎屑及藻类等。泥鳅的食性很杂，凡是水中和泥中的小型动物、植物及有机碎屑等都是泥鳅的饵料。鮰主要摄食个体较大的生物，如底栖生物、水生昆虫、大型浮游动物和有机碎屑。

（3）鲮、鲻、鮻、鲷、黄鳝　其共同特点是底栖刮食、吸食、滤食。鲮是吞食兼滤食，利用上、下颌的角质边缘在水底的岩石等物体上舔刮附生的硅藻、绿藻和丝状藻，也食人工饲料。食物组成和消化性与鲢相似，相对肠长比鲢长。鲻、鮻上下颌具有极细的齿，齿无咀嚼功能。鳃耙细密，能滤食微细食物。摄食时，头部略向水中低沉，前颌伸出使口平张，头向两侧摇动，将底层表面沙泥腐殖质、底栖生物吞入口腔内，经鳃耙过滤后送入咽中，再进入肌肉发达的胃部。遮目鱼口小，无齿，鳃耙致密，肠道较长，为植食性为主的杂食性鱼类，成鱼主要摄食藻类和有机碎屑。鲷栖息于水体中下层，以低等植物、有机碎屑和底栖生物为食。体长 2 cm 以下的幼鱼主要摄食浮游动物。2 cm 以上时，随着下颌角质化，逐渐转以食腐殖质、植物碎屑和藻类为主。黄鳝喜食活饵，主要以小鱼、小虾、水生昆虫为主要食物，特别喜欢吃蚯蚓、蝇蛆等；动物性饲料不足时，也吃瓜类、浮萍、丝状藻类及有机碎屑。黄鳝视觉退化，嗅觉发达，昼伏夜出，多在傍晚和夜间出洞以嗅觉觅食，摄食方式为啜吸式噬食和吞食，以啜吸式为主。黄鳝平时在洞穴内将头部伸出洞口，当有食物靠近口边时，就张开大口猛力一吸将食物吸入口中。

4. 肉食性鱼类 肉食性鱼类又可分为伏击式猎食性、追捕式掠食性和吮吸式猎食性。

（1）伏击式猎食性 鳢是典型的伏击式猎食肉食性鱼类。乌鳢平时潜伏在浅水水底水草较多的地方或隐藏物附近，密切注视周围动静，一旦看准鱼、虾等猎物，便静静由水底潜行靠近，然后以迅速猛冲的姿势张开大口将猎物捕获。乌鳢在猎饵的同时，排出鳃上腔内的空气，咽下食物后立刻向水面伸出吻端，吸入空气。乌鳢主要以沿岸的小鱼、虾和其他动物为食。牙鲆和大菱鲆营底栖生活后，主要以伏击方式摄食鱼类、头足类和甲壳动物，常栖息于银鱼、沙丁鱼较集中的海域。

（2）追捕式掠食性 鳜、鲷、石斑鱼、鲀、鲈类、黄鱼、黑鲷和六线鱼等均为掠食性鱼类。鲈主要摄食鱼类、甲壳类、头足类、单壳类和双壳类等。鲷、石斑鱼、鲀、黄鱼、黑鲷和六线鱼等主要以底栖甲壳类、软体动物、棘皮动物、小鱼和虾蟹为食。鳜是典型掠食肉食性凶猛鱼类，其一生以活鱼为食。混合营养期的鱼苗即开口摄食其他活鱼苗，没有活鱼，即使饿死也不食人工饲料（养殖需要驯化）。随着鳜鱼苗的生长，除食活鱼外，还兼食虾类和少量蝌蚪。在天然水体中，鳜在体长 30 cm 以下时，主要以捕食虾类为主；30 cm 以上时，鱼在整个食物中的比例大大超过虾类。

（3）吮吸式猎食性 除成体匙吻鲟的口不能伸缩，以浮游生物为食外，大部分鲟靠口膜的伸缩吸吮来捕食动物性为主的食物。幼鱼以底栖无脊椎动物为主要食物，如甲壳动物、摇蚊类和毛翅目幼虫及水蚯蚓等；较大些的幼鱼和成鱼多以小鱼、底栖动物为食，有的种类也食某些高等植物的碎屑、藻类和泥沙中的有机物质。白鲟和达氏鲟为凶猛的食鱼、虾、蟹鱼类。根据鲟科鱼类的摄食方式，一般认为它们是依靠触须觅食，但对中华鲟触须表面结构的电镜观察和鲟对水底不同刺激物反应的行为学研究表明，中华鲟主要依靠吻部腹面的近距离或接触型电觉器官——罗伦氏囊来觅食，而视觉和嗅觉等远距离感觉器官在摄食中的作用不大。因此，在配合饲料中添加某些能产生微弱生物电的成分或采取某种措施使配合饲料能放出微弱的生物电，均能提高饲料的利用率。海马用管状的细口来吮吸食物。海马的天然饵料主要是小型甲壳动物，如糠虾、毛虾、钩虾、麦秆虾及其幼体。

（四）鱼类食性的稳定性和可塑性

鱼类食性的稳定性是指在环境食物因素改变的情况下，鱼类仍具有保持原来营养特性的能力。可塑性则是指在环境因素的影响下，鱼类改变自己营养特性的能力。各种鱼类的食性既有稳定性，又有可塑性。一般肉食性鱼类稳定性高，可塑性只表现在捕食的种类因环境特点而不同。杂食性鱼类可塑性较高，稳定性较低，它们的食性可因季节、环境等因素而发生变化，但当各种饵料生物大量繁殖的时候，它们的主要食物仍表现出一定的稳定性。例如青海湖裸鲤在夏秋季保持杂食性的特点，而在其他月份可塑性很大，出现分别以动物性和植物性为主的食性类群。

（五）鱼类的摄食节律

大多数鱼类存在摄食昼夜节律，有的在白昼摄食，有的则在夜间摄食，还有一些鱼类全天摄食。这和光照强度、水温、溶氧以及饵料生物的昼夜移动有关。依靠视觉发现食物的鱼在白昼摄食；依靠味觉、嗅觉发现食物的，常在夜间摄食，例如鲇。全天摄食的鱼没有昼夜的摄食节律，但水中的溶氧与摄食有关，如果晚上溶氧不足，它们就不会吃食。

（六）鱼类的摄食量

鱼类的摄食量可分为日摄食量与一次摄食量。通常用食物重量（干重或湿重）占体重的百分数来表示。食物的类别以及饵料的营养价值和鱼类的生理状况与摄食量有关。日摄食量和水温有密切关系，在鱼类的适温范围内，随着水温的升高，日摄食量增加。日摄食量与体重有密切关系，随着鱼类体重的增加，日摄食量的百分值下降。鱼类的摄食量还与性腺的成熟状况有关，接近产卵期的鱼，摄食量减少或停止摄食。

三、鱼类的生长

（一）鱼类的生长特点

1. 鱼类生长遗传性 鱼类个体的大小、生长速度以及一生中生长速度的变化特点，由种的遗传特性所决定。世界上大型海洋鱼类，如鲸鲨可以长到 20~25 m，重达 8 700 kg；大中型淡水鱼类，如鳇体长可达 4~5 m，体重 1 000 kg；最小的一种鰕虎鱼长度只有 7.5~11.5 mm。

2. 鱼类生长的阶段性 鱼类一生各个发育阶段的生长特性不同，生长具有明显的阶段性。通常鱼类一生的生长可划分为 3 个阶段。

（1）生长的旺盛阶段 在性成熟之前，由于性腺尚未大规模发育，取得的营养除维持代谢消耗之外，大多用于生长，因而此阶段生长最快；在此阶段早期，体长增长比较突出，而后表现为体重的增加明显，例如鲢从孵出至 2 龄，体长增长迅速，至 3 龄时体重增加显著。

（2）稳定生长阶段 当鱼类达到性成熟后，鱼体性腺大规模发育，所摄取的大部分营养用于性腺发育。与前阶段相比，体长增长的百分值大幅度下降，而体重增长的绝对值则占优势。此阶段的年限因种类而不同，有些鱼类延续的年限较长。

（3）衰老阶段 此时对所摄取的营养，吸收和利用率都很低，在生殖机能衰退的同时，体长和体重的增长都极差。例如湖口地区的鲤在性成熟前（1、2 龄）生长最快，生长指标最大（雌鱼为 12.9）；性成熟后的生长稳定阶段（3~6 龄），生长指标明显降低（雌鱼为 7.8）；当进入衰老阶段（7~9 龄以后），生长缓慢，生长指标很低（雌鱼为 2.1）。

3. 鱼类生长的延续性 高等脊椎动物在性成熟后不长的时间，体长（高）达到最大值，生长停顿。鱼类则不同，它们在性成熟后相当长的时期内，生长仍以明显的速度进行着。即使已进入衰老阶段，如果食物充足，环境条件适合，仍能继续生长，虽然生长的速度很慢，但生长仍在延续，直到衰老死亡。例如长江上游的齐口裂腹鱼至 6 龄时，雄鱼体长为 31.4 cm，而后生长一直延续，每年都有少量的增长，到 14 龄时体长为 50 cm。

4. 鱼类生长的周期性 鱼类的生长在一年中有明显的周期性变化。出现这种周期性变化的原因包括两个方面：一方面是气候的季节变化对于生长的影响，因为鱼类是变温动物，它们的生理活动受水温的影响极大。在水温适宜的季节，鱼类摄食强度大，对食物的吸收利用率高，生长旺盛。在适温范围的上下限，鱼类生长缓慢甚至停顿。此外由于气候的季节变化，鱼类饵料生物的数量与质量发生季节变动，因而对鱼类的生长产生间接的影响。另一方面，当鱼类进入性成熟阶段，生理活动因性周期的变化而周期变动。当性腺处于大规模发育的季节时，吸收的营养很少用于体躯的生长，所以即使外界环境条件适于生长，鱼体生长仍受到很大的影响。当生殖活动完成，体质得到恢复或者性腺尚未进入大规模发育时期，鱼类的生长得到加强。因此在性成熟之前，鱼类主要受气候的季节变化影响，生长出现季节周期的变动，而性成熟鱼生长的周期变动则要受季节和性腺发育周期的双重作用。

5. 鱼类生长的性别差异 一般雄鱼比雌鱼性成熟早，因而生长速度提前减慢，所以雄鱼个体通常比雌鱼要小些。例如湖口地区青鱼 1～6 龄雌、雄鱼的平均体长存在明显的差别。也有少数鱼类雄鱼比雌鱼生长快。如尼罗罗非鱼，由于雌鱼具有口腔护卵的习性，所以雌鱼的生长比雄鱼差，同龄个体雌鱼小。这种性别差异并不是绝对的，和环境中的饵料条件有关，例如鲫在饵料条件中等或恶化时，雄鱼明显地比雌鱼的生长差，反之食物保障良好时，这种生长上的差别并不显著。

6. 鱼类生长优势明显 陆生动物运动需要克服地心的吸引力、风的阻力、摩擦等物理和机械的限制，必须保持一定的大小，四肢断面积需要有一定比例，肌肉和骨骼强度也需要相应增大，基础代谢率较高。鱼类生活在密度大的水介质中，限制鱼类达到最大规格的上述物理和机械因子比陆生动物弱得多，基础代谢率低，因此有明显的生长优势。

7. 在相同条件下，天然鱼苗比人工繁殖鱼苗生长速度快 一是天然鱼苗在恶劣的自然条件下孵化、发育过程经过了优胜劣汰，活下来的生命力强；人工繁殖鱼苗在良好的人工环境条件下孵化、发育没有经过自然选择过程；二是遗传漂变及近交等使原来的野生种类丧失了一些遗传变异，导致同质性的提高，适应力下降；三是加性遗传方差的失去和有害隐性基因的增多。例如，长江水系鲢、鳙、草鱼鱼苗的生长速度比人工繁殖的同种鱼的生长速度快 5%～10%。

（二）影响鱼类生长的因素

鱼类生长受内在的遗传基础和外在的生活条件所制约。内在的遗传基础是决定鱼类生长发育速度的重要前提，而外在适宜的生活环境条件为鱼类快速生长提供有力保障。外界因子通过内在因子而发生作用。影响鱼类生长的重要外界因素有饵料、温度、光照、水质化学因子、水体大小等。

1. 饵料 食物的供应可能是影响生长的最主要因子，只要食物的数量充足，质量合适，在适宜生存的理化环境条件下，鱼类可以达到最快的生长。如果营养水平仅能维持机体的生命活动，那么只能维持它的生命，而不会正常的生长。

2. 温度 温度能改变代谢速度，鱼是变温动物，其代谢强度在适温范围内与温度成正相关。提高温度必然导致维持需要量的增加，由于鱼更加活泼，摄食更多的食物。生长速度决定于鱼类在维持所需要的能量之外，能否消化吸收更多的饵料。每种鱼都有其最适宜生长的温度范围，在养殖生产上要抓住各种鱼类的适温季节，进行强化培育，以充分发挥鱼的生长潜力。

3. 光照 光线刺激，通过视觉器官和中枢神经，影响内分泌器官特别是脑垂体的活动，从而影响鱼类的生长、发育。较长时间的光照，不一定能取得较好的生长效果。如在适宜的环境条件下进行实验的虹鳟，温度为 11.5℃，而每天用标准光照射 12 h 或 18 h，反而比每天照射 6 h 生长慢。光照与鱼类生殖腺的发育有一定关系，通过控制光照和温度的方法，可控制鲻的生殖腺发育，使它的卵巢在非繁殖季节能很好地发育起来，使鱼提早产卵。

4. 化学因子 鱼类对水质（特别是 pH）的适应有一定范围，超出这个范围，不仅生长受到阻碍，而且还会有死亡的危险。养鱼池一般都要求保持 pH 在中性或弱碱性。鱼在水中活动，必须不断地进行气体交换，这样才能维持它们的生命活动。因此，水中含氧量的多少，会影响到鱼的生长，氧气不足时，生长会缓慢。水中盐类总浓度必然影响鱼的渗透压调节，不适的水体盐度会阻碍鱼类生长。

5. 水体的大小 容纳鱼的总容积的大小，可以影响鱼的生长。实践证明，在同样的养殖条件下，大水体里生活的鱼要比小水体里的长得快，有"宽水养大鱼"说法。大水体中氧气充足、饵料丰富，栖息、活动场所广阔。

四、鱼类繁殖习性

（一）鱼类的性别差异

鱼类一般都是雌雄异体（gonochorism），在鲱、鳕、黄鲷、狭鳕等少数鱼类中发现有雌雄同体（hermaphroditism）现象，甚至还有自体受精能力。黄鳝、剑尾鱼、石斑鱼、某些鲷类等少数种类尚有性逆转现象，即性腺的发育从胚胎期一直到性成熟期表现为雌性（雄性），经第一次繁殖后，性腺内部发生了改变，逐渐转变成雄性（雌性）鱼。

雌雄异体鱼类，少部分通过外形可以区分雌雄，表现为两性异形，如雄银鱼的臀鳍上方有一排横列的大鳞；雄泥鳅的胸鳍约与头长相等，腹鳍后缘抵达肛门，雌鱼则不然；雌、雄鳜的生殖孔分别为横形和圆形；罗非鱼雌鱼有 3 个泄殖孔等。多数鱼类表现为雌雄同形，只有进入生殖期时，雄鱼常出现某些与繁殖活动有关的第二性征，生殖期结束后即消失或复原，其中较明显和引人注目的是婚姻色（nuptial color）、珠星（nuptial organ）等。婚姻色的出现都是由于生殖腺分泌的性激素在血液中作用的结果。珠星是雄鱼表皮细胞特别肥厚和角质化的产物，外观为白色坚硬的锥状体，主要分布在吻、颊、鳃盖及胸鳍上，而香鱼和雅罗鱼的珠星几乎可遍及全身。雄性棒花鱼在生殖期间，全身变黑，背鳍也变得比平时更为宽大。

（二）鱼类的生殖方式

1. 卵生 为大多数鱼类的生殖方式。鱼类将卵产至体外，行体外受精，胚胎发育在体外进行，胚胎发育过程中完全依靠卵内的营养物质。少数卵生鱼类，卵子产出后又受到亲体的保护，但受精卵并不在母体的生殖系统中发育，与母体更无营养关系。

2. **卵胎生** 受精卵在雌体生殖道内发育，发育中主要依靠卵黄营养，与母体没有营养关系，或母体生殖道主要只提供水分和矿物质，最终由母体产出仔稚鱼。如花鳉科的鱼类（孔雀鱼、玛俐鱼、珠帆玛俐鱼、月光鱼和剑尾鱼等）亲鱼性腺发育成熟后，其雄鱼臀鳍略细长，特化为交接器，平时朝向尾方，与身体平行，当交配时，则伸向躯体前方，从而插入雌鱼生殖孔内，完成体内受精。

3. **胎生** 某些板鳃鱼类的胚体与母体有血液循环上的联系，胚胎发育所需的营养不仅靠本身的卵黄，而且也依靠母体来供给。胚胎发育所在的输卵管壁上有一些突起与胚体连接，形成类似胎盘的构造，母体就是通过这一组织将营养送给胚体。这与哺乳类的胎生类似，称为假胎生。

（三）鱼类卵的性质

根据鱼卵的密度以及有无黏性和黏性强弱等特性，可以将鱼卵分为4种类型：浮性卵、沉性卵、漂浮性卵、黏性卵。

1. **浮性卵** 卵的密度小于水，它的浮力通过各种方式产生，许多鱼类的卵含有使密度降低的油球，如鲻、鲮；有的鱼卵卵径很大，卵粒小，但卵黄周隙很大，便于漂浮。这样鱼卵产出后即漂在水面，随着风向和水流而移动。我国主要海产经济鱼类如大黄鱼、小黄鱼、带鱼、真鲷、石斑鱼、鳗鲡、眼斑拟石首鱼、鲻、大菱鲆、牙鲆等鱼产的卵属此类型。

2. **沉性卵** 卵的密度大于水，卵黄周隙较小，产出后沉于水底，一些产于石砾砂底的鱼卵即如此，如海鲇的卵为沉性，卵径 11.7 mm，重 0.98 g，油球很小，卵子产于沿岸沙质浅水，海鲇科的卵系硬骨鱼类卵中之最大者，含有大量卵黄。产沉性卵的主要养殖鱼类有：大麻哈鱼、鳟、鲴、罗非鱼、鲀等，其中有许多种类具有筑巢或挖坑产卵的习性。

3. **漂浮性卵**（半浮性卵） 它的特性介于浮性卵与沉性卵之间，卵的密度稍大于水，卵产出后即吸水膨胀，有较大的卵间隙。这种卵在静水中下沉，稍有流水即能浮于水面，青鱼、草鱼、鲢、鳙、鳡和短盖巨脂鲤等的卵属于这种类型。

4. **黏性卵** 卵的密度大于水，卵膜有黏性，黏附在水生植物或其他附着物上。鲤、鲫、鳊、鲂、鲷、泥鳅、银鱼、胡子鲇、鲟、燕鳐、六线鱼、太平洋鲱、松江鲈、鰕虎鱼等均产黏性卵。黏性卵具有次级卵膜或卵膜丝，产出后遇水就有黏性，附着在水草、木桩或岩石等附着物上。人工繁殖这类鱼类需要提供鱼巢。

有些鱼卵的特性介于两种类型之间，卵膜微黏性。如咸淡水生活的鲮，鱼卵在盐度15以上的海水中呈浮性，在盐度8～10的半咸淡水中悬于水的中层，在淡水中则沉于底部，在人工繁殖中常利用这一特性，调节水的密度，使鱼卵处于半沉浮状态，以利于流水孵化。

（四）鱼类的产卵场和产卵条件

1. **敞水性产卵类型** 大多数鱼类属此类型，它在水层中产卵，卵在水中处于悬浮状态下发育，多为浮性卵，也有半浮性卵。它们的产卵场的位置比较稳定，那里的地形和水文条件，如水流、水温、水的深度等特点，常是产卵所必需的条件。如鲢、草鱼、青鱼、鳙的产卵场通常位于江面宽窄相间的江段，涨水时同一流量的水流从宽的江面进入狭窄江段，就产生地段性的流速增加，形成适于亲鱼产卵的条件。再如小黄鱼产卵期成群游向河口附近、潮流较急的浅海产卵。

2. 草上产卵类型 这类鱼产黏性卵，卵产出后黏附或缠绕在植物性附着物上发育，而不致脱落到水底窒息死亡，鲤、鲫、团头鲂等属于此类。产卵场所植物性附着物的存在是产卵的主要条件。

3. 石砾产卵类型 这类鱼产出的卵粒，有的沉于水质澄清、有石砾底质的场所，例如大麻哈鱼产卵至水底后，又用石砾掩盖卵粒，以防流水的冲击；有的卵具黏性或弱黏性，可黏附于植物根部或砂粒表面，在底部发育，如棒花鱼和一些红点鲑。中华鲟卵黏附在石砾上孵化。

4. 喜贝性产卵类型 将卵产在软体动物的外套腔内或蟹类等动物的甲壳内，卵能在呼吸条件差的情况下发育，如鳑鲏等。

（五）鱼类的生殖季节

1. 春夏季产卵类型 我国亚热带和温带地区的气候特点是四季变化比较明显，分布在该纬度带的鱼类，大多数在温暖的春夏季产卵，主要产卵期为4~8月，纬度带偏低的地区产卵较早，北温带则较晚。这类型的鱼卵一般较小，孵化较快，仔稚鱼生活在水温较高、饵料丰富的环境中，生长发育速率较快。

2. 秋冬季产卵类型 属此类型的鱼大多是起源于高纬度带的冷水性鱼类，有的在秋季产卵，如大麻哈鱼、乌苏里白鲑等；有的在冬季产卵，如江鳕和河鲈等。也有一些温水性鱼类在秋季产卵，如香鱼、中华鲟等，它们的仔稚鱼进入海中觅食。冷水性鱼类的卵径较大，孵化期较长。

鱼类生殖季节持续时间的长短和产卵鱼群的组成状况及产卵时期外界条件的变化（如水温升降、洪水大小等）有关。一般从生殖季节开始至结束，持续1~2个月，但大多数个体进行生殖的盛期一般集中在15~20 d。

（六）鱼类的产卵类型

1. 一批产卵类型 此类型鱼类卵巢中卵母细胞的发育基本同步，即至生殖季节同时成熟。其中有些种类一批成熟一次产出，例如草鱼、青鱼、鲢、鳙是典型的一批产卵鱼类，卵一次集中产出。有些种类的卵母细胞虽一批成熟，但是要断续、反复多次产出，麦穗鱼、鳑鲏等都属于这一类型。

2. 分批产卵类型 此类型鱼类卵巢中卵母细胞的发育不是同步的，卵母细胞分批成熟分批产出，例如鲤、鲫等是典型的分批产卵鱼类，当第一批卵母细胞在早春成熟产出后，发育较迟的卵母细胞加速发育，当雨季到来水位上涨时，又进行第二次生殖，第二批卵母细胞成熟产出，有的情况下还可能有第三批或更多的批次。

（七）鱼类的生殖行为

体内受精的鱼类，雌、雄进行交尾，例如软骨鱼类（鲨、鳐和黑线银鲛）在生殖时，雄鱼用鳍脚交尾受精。体外受精的鱼类，有的也出现类似交尾的动作，如泥鳅在生殖时，雄鱼卷绕雌鱼；有的一雌一雄追逐嬉戏，雄鱼用头部冲撞雌体，至极度兴奋时雌鱼产卵，雄鱼排精；有的雌、雄成群追逐产卵排精完成受精过程。

1. 鱼类筑巢 有些鱼类具有筑巢或选择特定场所产卵的习性，例如黄颡鱼、棒花鱼、罗非鱼等，产卵前在水底挖掘巢穴；乌鳢在水草中营筑环状的巢；斗鱼在产卵前由雄鱼不断从水面吞入空气，然后吐出气泡，聚集成气泡浮巢；刺鱼雄鱼用肾脏分泌的黏液，将水草根茎碎片胶合成鸟巢状，巢有进、出口可供亲鱼出入；沙鳢在背风湖湾内选择石洞、破瓦罐或蚌壳作为产卵的巢穴；大麻哈鱼上溯到江河进入产卵场后，雌鱼用身体特别是尾部的运动，在石砾底质的河底挖出1个巨大的产卵坑，一般要6～7 d才能挖成，产卵坑直径有1～2 m。将卵产在坑内，卵受精后雌鱼用砂石将卵覆盖。

2. 亲体保护 许多鱼类在产卵以后，有护卵、护幼的习性。营筑巢产卵的鱼类，亲体大多护卵、护幼。这对卵和仔稚鱼成活率的提高有很大作用。担任保护的亲鱼性别因种类而不同，有的是由雌鱼或雄鱼一方担当，也有双亲共同担负。刺鱼、棒花鱼、斗鱼将卵产在巢中后，雄鱼在附近护巢，其他鱼接近鱼巢时，就猛烈加以驱逐。仔鱼孵出后仍受雄鱼保护，直到能自由游动和自力防卫时为止。海龙、海马类的护卵和护幼工作由雄性担任，雄性的腹部有育儿囊。雌性突出的输卵管将卵排入育儿囊、袋的同时，雄性进行排精。受精卵留在囊内，一直到孵出后，幼体还在囊中生活一段时间，然后离开雄鱼。罗非鱼受精卵含在雌鱼口腔内孵化，仔鱼孵出后仍处于雌鱼的保护下，待卵黄囊消失后，具有一定游泳能力时，才开始离开雌鱼口腔，外出游动，一遇敌害，立即返回雌鱼口中。14 d后幼鱼同成鱼一样能自由游泳摄食，才完全脱离雌鱼而独立生活。

(八) 鱼类的繁殖力

鱼类的繁殖力一般是指怀卵量，即雌鱼在产卵前卵巢内的成熟卵粒数。在统计怀卵数量时，通常只统计成熟的卵粒，不计算较小的卵母细胞。

鱼类的繁殖力可区分为绝对繁殖力和相对繁殖力。绝对繁殖力是指一尾雌鱼的怀卵总数；相对繁殖力是指与单位体重（千克或克）相应的怀卵量。卵的计数一般都采用重量取样法，即先称卵巢全重，然后在卵巢的不同部位取样，每份样品的重量视卵的大小而定，一般在1～5 g之间。用几份样品卵数的平均值计算出卵巢中的卵数，即求得绝对繁殖力；据此除以体重，得到相对繁殖力。

(九) 鱼类的生殖洄游

鱼类的生殖洄游又称为产卵洄游。当鱼类性腺发育趋近成熟时，由于体内激素的刺激，产生生殖要求，因此鱼类集合成群，并依照种在历史上已形成的习性寻找并游向适合产卵条件的场所，这就发生了生殖洄游。生殖洄游的特点是鱼类往往集成大群，在性激素的刺激和外界条件的影响下引起产卵要求，并表现为强烈急速的奔向产卵场的运动。洄游的时期、方向和路线虽会因环境的变化而有所变更，但由于长期形成的种有关产卵要求的属性，这些特性保持着相对稳定性。按产卵场的不同，生殖洄游有3种类型。

1. 由外海向浅海、近岸的洄游 大多数海洋鱼类如大黄鱼、小黄鱼、鲐等在早春从外海越冬场向浅海或近海洄游产卵。

2. 溯河生殖洄游

(1) 过河口性鱼类的溯河生殖洄游　这类鱼在海洋中生活长大，至繁殖期从海洋进入江河产卵，在洄游中要从海水跨越到淡水中，在生理上经历巨大调整。例如大麻哈鱼在海洋中生活3～4年达到性成熟时集群进入江河，溯河逆流而上，克服重重障碍，到达出生地产卵繁殖。亲鱼产卵后大多疲惫不堪，体力消耗殆尽而死去。鲟、鲥、鲚、香鱼等平时生活在近海河口区，至生殖期游到江河中产卵，有的产卵场就在江河中下游，也属此类型。

(2) 淡水鱼类的溯河生殖洄游　草鱼、青鱼、鲢、鳙等淡水鱼类平时在江河干支流及湖泊中生活，至繁殖期在江河干流中集群上溯到中上游产卵场生殖。这些鱼类又可称为半洄游鱼类。

3. 降海生殖洄游

(1) 过河口性鱼类的降海生殖洄游　这类鱼平时在淡水中生活，至繁殖期在淡水江河集群游入海洋产卵。它们在洄游途中生理上的变化与溯河鱼类相反。例如鳗鲡在淡水中生长，当达到性成熟年龄时，在江河中集群后作降海洄游，此时性腺进入大规模发育，入海后游向远离大陆的外海产卵，产后亲鱼也大多死亡。幼鳗孵化后，逐渐向亲鳗栖息的江河进行溯河洄游，此时的幼鳗周身透明，头细，体似柳叶状，故名柳叶鳗，经过生长和变态才成鳗形的线鳗。渔民在掌握了鳗鲡的周期性洄游规律后，每年初春于长江下游捕捞鳗鲡鱼苗进行养殖。

(2) 由江河游向河口、近海的降海洄游　在淡水中生活的河鲀、松江鲈和三刺鱼等在生殖时降海游到河口或浅海产卵。

第二节　鲤形目的主要养殖鱼类

一、青　鱼

青鱼（*Mylopharyngodon piceus*），隶属鲤科、雅罗鱼亚科、青鱼属。每百克鱼肉含蛋白质19.5 g、脂肪5.2 g。分布于我国东北部、中部、东南部地区的江河中，封闭的水库湖泊没有自然分布。

1. 形态特征（图1-1）　青鱼体形延长，呈圆筒形，尾部稍侧扁，前腹部圆而无腹棱。鳃耙疏短。咽齿1行，4/5，呈臼齿状，咀嚼面光滑。体被较大的六角形圆鳞。体呈青黑色，背部较深乌黑色，腹部较浅灰白色。雄鱼胸鳍鳍条较粗大而狭长，自然张开呈尖刀形；雌鱼胸鳍鳍条较细短，自然张开略呈扇形。生殖季节雄鱼胸鳍内侧及鳃盖上出现追星。

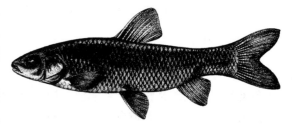

图1-1　青鱼（*Mylopharyngodon piceus*）

2. 生态习性　温水性淡水鱼类，栖息于江河、湖泊、水库的中下层。生活极限温度为0.5～35℃，适宜生长温度为15～32℃，最适生长温度为24～28℃。主要食螺、蚬及蚌等，也吃虾类和水生昆虫，在幼苗阶段则以摄食浮游动物为主。

3. 生长速度　长江中的1龄青鱼体重达0.46 kg，2龄为2.9 kg，3龄为7.6 kg，4龄为12.8 kg，5龄为16.6 kg，6龄为20.2 kg，7龄为23.3 kg。以3～4龄增长最快。在池塘养殖的条件下，第 1 年可长到 50~150 g，第 2 年 500~750 g，食用鱼规格为 2~5 kg，养殖周期 2~4 年。最大个体约 70 kg。

4. 繁殖习性 长江流域雌鱼通常 4~5 龄，体重 15 kg 左右达到性成熟，雄鱼一般比雌鱼早一年性成熟。在长江、西江、珠江的产卵期为 4~6 月，东北地区稍迟。水温达 16~18℃，性成熟的亲鱼洄游到江河中逆流而上，在水流湍急、流速达 1.3~2.5 m/s、流态紊乱的江段产卵。产卵最适水温为 22~28℃，低于 18℃则不产卵。体重 18 kg 怀卵量 150 万粒，25 kg 怀卵在 200 万粒以上。刚产出的卵淡青色，卵径 1.5~1.9 mm，卵膜薄而透明，无黏性。卵在流水中受精后呈半漂浮状态，随波逐流孵化。水温 22~23℃时 35 h 鱼苗出膜。

二、草 鱼

草鱼（*Ctenopharyngodon idellus*），隶属鲤科、雅罗鱼亚科、草鱼属。每百克鱼肉含蛋白质 17.9 g、脂肪 4.3 g。分布于我国东北部、中部、东南部地区的江河中，封闭的水库湖泊没有自然分布。

1. 形态特征（图 1-2） 体型延长，呈圆筒形，略侧扁，前腹部圆而无腹棱，背鳍和臀鳍均无硬刺。鳃耙疏短。咽齿两行，5，2（3）/2，4；齿侧扁呈梳状，齿冠有栉齿，两侧为锯齿状，具横沟纹。体被较大的圆鳞。体呈茶黄色，背部青灰略带草绿，腹部色浅淡黄色，各鳍浅灰色。

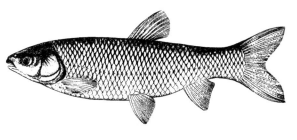

图 1-2 草鱼（*Ctenopharyngodon idellus*）

2. 生态习性 温水性淡水鱼类，生活于水体的中下层。最适生长温度为 24~28℃。以水生植物及江湖岸边被淹没的陆生植物为食。在人工养殖的条件下，摄食豆饼、糠饼、麦麸等。草鱼净增 1 kg，需要摄食水草 60~80 kg。

3. 生长速度 长江中 1 龄草鱼体重为 0.78 kg，2 龄为 3.6 kg，3 龄为 5.4 kg，4 龄为 7.0 kg，5 龄为 8.1 kg。食用鱼规格为 1~1.5 kg，养殖周期为 2~4 年。目前发现最大个体 35 kg。

4. 繁殖习性 性成熟年龄，长江流域雌鱼 4 龄、体重 6 kg，珠江流域比长江流域早一年，黑龙江流域一般比长江流域晚 1~2 年。6~12 kg 草鱼怀卵量为 30 万粒。草鱼不能在静水中产卵。生殖期为 4~7 月，比较集中在 5 月间，当水温稳定在 18℃左右时，草鱼才大规模产卵。卵受精后，因卵膜吸水膨胀，卵径可达 5 mm，顺水漂流。在水温 20℃时，40 h 仔鱼孵出。

三、鲢

鲢（*Hypophthalmichthys molitrix*），隶属鲤科、鲢亚科、鲢属。分布于我国东北部、中部、东南部地区的江河中，但长江三峡以上及封闭的水库、湖泊没有自然分布。每百克鱼肉含蛋白质 17.9 g、脂肪 4.3 g。

1. 形态特征（图 1-3） 体长而侧扁。自胸鳍基部到肛门具有腹棱，腹缘呈刀刃状。胸鳍末端不超过腹鳍基部。口腔后方具螺旋形的鳃上器官。鳃耙特化，同侧鳃耙彼此相连呈海绵状膜质片，鳃耙细而致密，有利于滤取微细食物。咽齿1行，4/4。体被细小的圆鳞。体背部稍带青灰，体侧及腹部呈银白色。雄鱼第1鳍条上明显生有一排骨质细小栉齿，用手抚摸，有粗糙、刺手感觉。

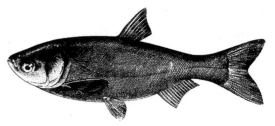

图1-3 鲢（*Hypophthalmichthys molitrix*）

2. 生态习性 温水性淡水鱼类，栖息于水体中上层，喜在浮游生物丰富的水体中生活，行动敏捷、性情急躁。食性以浮游植物为主，浮游动物为辅。鲢肠道中浮游动物和浮游植物数量比为1∶248。鲢还可吞食大量有机碎屑（在大量施肥的池塘中，肠内有机碎屑比例占50%～60%）、细菌和溶解有机物（通过胶体的絮凝作用形成食物团）以及人工投喂的豆饼、糠、麸等商品饲料。

3. 生长速度 长江中1龄鲢体重达0.49 kg，2龄为2.03 kg，3龄为3.5 kg，4龄为5.31 kg，5龄为7.62 kg，6龄达10.76 kg。黑龙江和珠江流域的鲢个体较小。在池塘养殖条件下，其生长比在天然水体中慢。食用规格为0.5～1 kg，养殖周期为2年。目前发现最大个体可达40 kg。

4. 繁殖习性 性成熟年龄，长江流域雌鱼4龄，体重5 kg，珠江流域早一年成熟，黑龙江流域则迟1～2年。雄鱼比雌鱼早一年成熟。生殖期为5～6月。当水温达18℃以上，江水上涨或流速加快时，在有急流水的河段繁殖，卵漂浮性，4.5～8.4 kg的鲢怀卵量为63万～120万粒。卵径4.0～6.0 mm，卵黄径1.5～1.7 mm。胚胎孵化适宜温度为22～26℃，经35 h仔鱼孵出。

四、鳙

鳙（*Aristichthys nobilis*），隶属鲤科、鲢亚科、鳙属。分布于我国东北部、中部、东南部地区的江河中，但长江三峡以上及封闭的水库、湖泊没有自然分布。每百克鱼肉含蛋白质17.9 g、脂肪4.3 g。

1. 形态特征（图1-4） 体长而侧扁，头大而圆，头长约为体长的1/3。自腹鳍基部到肛门具有腹棱。胸鳍长，末端超过腹鳍基部1/3～2/5。口腔后上方具螺旋形鳃上器官。鳃耙排列细密如栅片，但彼此分离。咽齿1行，4/4。体被细小的圆鳞。体色稍黑，背部稍带金黄色，腹部银白色，体侧有不规则的黑色斑纹。雄鱼的第1鳍条上缘生有向后倾斜的锋口，用手向前抚摸有割手感觉。

2. 生态习性 温水性淡水鱼类，栖息于水的中上层，但越冬期要进入水体的最深部位。性温顺，行动迟缓，易捕捞。食性以浮游动物为主，也摄食部分大型浮游植物，肠内浮游动物与植物

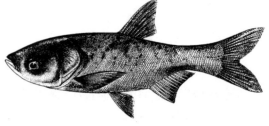

图1-4 鳙（*Aristichthys nobilis*）

的数量比为 1 : 4.5。

3. **生长速度** 长江中 1 龄鳙体重 0.27 kg,2 龄为 2.60 kg,3 龄为 10.10 kg,5 龄为 13.50 kg,6 龄为 16.60 kg,7 龄为 20.0 kg,8 龄为 21.5 kg。以 3 龄体重增长最快。在池塘养殖条件下生长稍慢,食用规格为 0.5～1 kg,养殖周期为 2 年。目前发现最大个体 50 kg。

4. **繁殖习性** 性成熟年龄,长江流域雌鳙 5 龄,体重 10 kg,珠江流域 4 龄。繁殖季节 5 月中旬到 6 月上旬。体重 8 kg 的亲鱼卵巢重达 1.5 kg,怀卵量 108 万粒。产漂流性卵,卵膜透明,卵径 5.0～6.5 mm,卵黄径 1.5～1.7 mm,卵黄呈浅黄色。水温 19.4～21.2℃,历时 40 h 孵出。

五、鲤

鲤（*Cyprinus carpio*）,隶属鲤科、鲤亚科、鲤属。世界上遍及欧亚美等各大洲。鲤肌肉中水分、蛋白质、粗脂肪和灰分含量分别为 76.3%、16.91%、5.98% 和 1.18%。

1. **形态特征**（图 1-5） 鲤体高侧扁,口角有须两对,吻须长约为颌须的一半。鳃耙短,略呈三角形。咽齿 3 行,1,1,3/3,1,1,呈臼齿状,齿面上有 2～5 条沟纹。体被较大的圆鳞。体色背部暗黑色,腹部浅灰色,体侧鳞片后缘具黑斑,交合成网纹状。

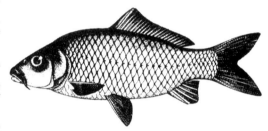

图 1-5 鲤（*Cyprinus carpio*）

2. **生态习性** 温水性淡水鱼类,栖居在水草丛生的浅水区,以及水体的底层。喜弱光,适应能力强,能耐寒、耐碱、耐低氧。食性为杂食偏动物性,幼鱼以食浮游动物为主,体长 20 mm 以后转食小型底栖无脊椎动物,成鱼以各种底栖动物为主要食物,也食水草和藻类。

3. **生长速度** 人工养殖条件下,当年鱼可长到 250～800 g,2 龄鱼体重 1 200～1 500 g,3 龄鱼体重 2 000 g。鲤寿命长,部分个体可存活 50 年,目前发现的最大个体重 40 kg。

4. **繁殖习性** 鲤性成熟年龄为 2 冬龄。怀卵量从 8 000 多粒直至 200 多万粒不等。繁殖季节是 3～5 月份。在岸边浅水区水草稀疏处产卵受精,卵径 1～1.15 mm,卵膜薄,有黏性,受精卵黏附于水草或其他物体上发育孵化。水温 20℃时,91 h 孵出鱼苗;25℃时,48 h 孵出鱼苗。

六、鲫

鲫（*Carassius auratus*）,隶属鲤科、鲤亚科、鲫属。在我国自然分布有 2 个种和 1 个亚种,即鲫、黑鲫和银鲫。鲫分布广泛,除青海、西藏和新疆北部没有外,遍布全国各地。鲫变异性较大,金鱼就是鲫的变种。鲫肌肉水分、蛋白质、粗脂肪和灰分含量分别为 74.75%、16.28%、2.64% 和 1.64%。

1. **形态特征**（图 1-6） 体高侧扁。头大,眼小,无

图 1-6 鲫（*Carassius auratus*）

须。鳃耙细长，排列紧密。咽齿 1 行，4/4，第 1 齿锥形，后 3 齿侧扁。体被较大的圆鳞。体色背部银灰色，腹部银白色，各鳍为灰色。雄性个体胸鳍较尖长，末端可达腹鳍基部；雌性个体胸鳍较圆钝，不达腹鳍基部。

2. 生态习性　鲫适应性强，喜栖居在水草丛生的浅水区。在我国南方全年都能摄食，在黑龙江流域 12 月完全停止摄食。鲫食性为杂食性和广食性，主要以水生植物碎屑、硅藻、丝状藻以及大型浮游动物为食。

3. 生长速度　在自然水体中，1 龄鱼体重 71.6～95 g，2 龄鱼体重 159～177 g，3 龄鱼体重 582 g。最大个体可达 1.5 kg。在人工养殖条件下，生长速度明显加快，一般 1 龄鱼体长可达到 15～20 cm。

4. 繁殖习性　在华东、华南地区鲫 1 龄性成熟，生殖期最早在 3～4 月，水温达到 15℃ 时即可产卵，一直可持续到 7 月上旬。一般 1 冬龄鲫怀卵量为 1 万～2.8 万粒，2 冬龄鱼为 2 万～5.9 万粒。在浅水湖或河湾的水草丛生地带分批产卵，卵呈黏性，卵黏附于水草或其他物体上发育。卵径 0.65～1.65 mm。在水温为 (20±1)℃ 情况下，受精后 63～75 h 仔鱼孵化出膜。

七、鲮

鲮 (*Cirrhina molitorella*)，隶属鲤科、野鲮亚科、鲮属。主要分布在两广、福建、台湾和云南部分地区，封闭的水库湖泊没有自然分布。肉质细嫩、味鲜美、产量大、单产高。

1. 形态特征（图 1-7）　体型延长侧扁，呈纺锤形，腹部较圆而无腹棱，口下位，呈弧形，上颌角质化。具上颌须两对。咽齿 3 行，5，4，2/2，4，5，齿形侧扁，齿面狭而平直。鳞片中等大小，尾鳍分叉较深。胸鳍基部后上方有 8～15 个鳞片具宝石蓝色，连成一块菱形彩斑。鱼体背部青灰色，腹部银白色，背鳍淡灰，其余各鳍的末端赭红。

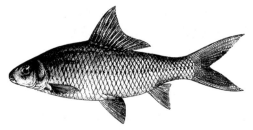

图 1-7　鲮 (*Cirrhina molitorella*)

2. 生态习性　暖水性淡水底层鱼类，性活泼而善跳。适宜生长水温 18～32℃，低于 13℃ 时停食，7℃ 以下死亡。杂食性，主要摄食藻类、有机碎屑、浮游生物，也喜舐刮水底岩石上的附着物。

3. 生长速度　鲮生长慢，体重，1 龄鱼 70 g，2 龄鱼 250 g，3 龄鱼 350 g，4 龄鱼 500 g。天然水体中 1 kg 以上者常见，最大个体可达 4 kg。池塘养殖食用多以 0.3～0.5 kg 重的个体上市。

4. 繁殖习性　鲮一般 3 龄达性成熟，体重 0.5 kg，平均繁殖力为 9 万粒卵。产卵季节 4～9 月间，繁殖习性与四大家鱼相似。成熟卵子直径为 1.28～1.76 mm，呈鲜艳的橘黄色，具有光泽和弹性。在涨水期，江河中成熟的亲鱼成批来到一定的江段，发情、追逐、产卵，并发出"咕咕"的求偶响声，卵呈悬浮性，顺水漂流。孵化适宜水温一般在 22～29℃ 之间。

八、鲂

鲂类有团头鲂、三角鲂、广东鲂和长体鲂等，其中团头鲂个体大，生长快。

(一) 团头鲂 (*Megalobrama amblycephala*)

隶属鲤科、鲌亚科、鲂属。原产于湖北梁子湖、武昌东湖和江西鄱阳湖，1972 年以后引到全国各地。每百克可食部分含蛋白质 20.8 g、脂肪 15.8 g、碳水化合物 0.9 g、热量 9.18 MJ、钙 155 mg、磷 195 mg、铁 2.2 mg。

1. **形态特征**（图 1-8） 体高而侧扁，呈长菱形，腹棱不完全，仅限于腹鳍基部至肛门之间，尾柄长度小于尾柄高。头短小，口端位。咽齿 3 行，2，4，4/5，4，2。鳃耙短，外侧 12～16，内侧 22～24。体被较大的圆鳞。体色背部黑灰色，腹部灰白色。

2. **生态习性** 温水性淡水中下层鱼类，喜栖于底质为淤泥、生长有沉水植物的敞水区，在水温低于 8℃，开始进入冬眠的状态。在含盐量较高的水体中能良好生长。团头鲂为草食性鱼类，幼鱼以枝角类及其他小型甲壳类为主要食物。

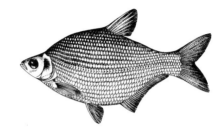

图 1-8 团头鲂 (*Megalobrama amblycephala*)

3. **生长速度** 团头鲂 1 冬龄体长 16～18 cm，体重 100～200 g，2 冬龄体长 30 cm，体重 300～500 g，3 冬龄体长 39 cm，体重 700～1 000 g。在人工养殖情况下，当年培育成大规格鱼种，次年体重 400～500 g。目前发现最大个体 4 kg。

4. **繁殖习性** 性成熟年龄 2～3 龄，体重 500 g 以上。4 龄雌鱼怀卵量为 30 万粒。繁殖期一般比鲤稍迟，比家鱼稍早。在长江中下游地区自然产卵多在 4 月中旬到 5 月中旬进行。产黏性卵，卵径 1 mm。20～25℃时 44 h 鱼苗出膜；25～27℃时 38 h 出膜，鱼苗出膜后 3～4 d 即可取出鱼巢。

(二) 三角鲂 (*Megalobrama terminalis*)

隶属鲤科、鲌亚科、鲂属。主要分布于黑龙江水系。

1. **形态特征**（图 1-9） 三角鲂体呈菱形，头小，口端位，上下颌表面角质化。咽齿 3 行，2，4，4/5，4，2。腹棱自腹鳍基部至肛门。背部青褐色，体侧灰黑色，腹部银白色。

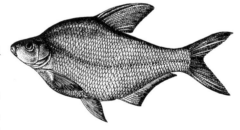

图 1-9 三角鲂 (*Megalobrama terminalis*)

2. **生态习性** 温水性淡水中下层鱼类，喜在沙泥质和生有沉水植物的敞水区肥育。三角鲂以水生植物为食，也吃水生昆虫、小鱼、虾和软体动物等。

3. **生长速度** 三角鲂生长速度比团头鲂快。1～3 龄生长最快，4～5 龄稳定生长。当年鱼体重可达 80～150 g；2 龄鱼体重 300～600 g；3 龄鱼体重 800 g；最大个体可达 5 kg 以上。

4. **繁殖习性** 性成熟年龄一般为 3 龄，体重 1 kg 左右。产卵期为 6～7 月份，产卵时要求有一定的缓流。卵浅黄色，具黏性，一般黏附于砾石上孵化，卵径 1.2～1.3 mm，卵膜吸水膨胀程度较小。体重 3.5 kg 的雌鱼，怀卵量为 30 万粒。水温持续在 16.5～18℃时，受精卵 76 h 孵化出膜，水温 23～26℃时，40 h 孵化出膜。

九、长春鳊

长春鳊（*Parabramis pekinensis*），隶属鲤科、鳊亚科、鳊属。全国各地自然水域均有分布。其肉质细嫩，富含脂肪，每百克肉含蛋白质 18.5 g，脂肪 6.6 g。

1. **形态特征**（图 1-10） 体型侧扁，呈长菱形。腹棱完全，自胸部至肛门之间。咽齿 3 行，2，4，4/5，4，2，齿面斜截。体被较大的圆鳞。体背部青灰色，带有浅绿色光泽，体侧银灰色，各鳍边缘灰色。

2. **生态习性** 温水性中下层淡水鱼类，栖息于江河、湖泊及其附属水体的水生植物繁茂区。草食性，苗种阶段主要摄食浮游动物和藻类，成鱼以食高等水生植物为主。

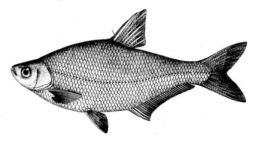

图 1-10　长春鳊（*Parabramis pekinensis*）

3. **生长速度** 在自然条件下，1 龄鱼体长 27 cm，体重 160 g；2 龄鱼体长 27.5 cm，体重 270 g；3 龄鱼体长 30 cm，体重 460 g；4 龄鱼体长 33 cm，体重 525 g。在池塘养殖条件下生长较快，当年能长到 400～500 g。目前发现最大个体 2 kg。

4. **繁殖习性** 长江流域 2～3 龄性成熟，体重 150 g；黑龙江流域 4 龄成熟，体重 320 g。在有流水的湖泊或河流中产卵。生殖季节 4～8 月，6～7 月为繁殖盛期。怀卵量 2.8 万～9 万粒。产漂流性卵，卵透明、淡青色，卵径 0.9～1.2 mm，吸水膨胀后卵径 3.5～4.7 mm。

十、鲴

鲴类指鲴亚科的鱼类，常见种类有细鳞鲴、银鲴、圆吻鲴、黄尾鲴和扁圆吻鲴等，其中细鳞鲴生长最快，养殖最多。鲴鱼肉质细嫩，其含肉率为 82.60%，肌肉中蛋白质 17.90%、脂肪 1.40%、水分 79.32%、灰分 1.21%。

（一）细鳞鲴（*Xenocypris microlepis*）

隶属鲤科、鲴亚科、鲴属。在我国大多数江河湖泊中均有分布，其饵料来源广泛，可作为混养对象增加单位面积产量。

1. **形态特征**（图 1-11） 体型侧扁延长，腹部稍圆。口下位，呈弧形，下颌的角质缘发达，鳃耙薄，呈三角形。咽齿 3 行，2，4，6/6，4，2。主行齿侧扁，外侧两行纤细，用于刮取食物。腹棱明显，

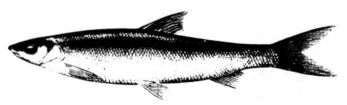

图 1-11　细鳞鲴（*Xenocypris microlepis*）

其长度约等于肛门至腹鳍基后端的距离。体背部灰黑色，腹部银白色，尾鳍橘黄色。

2. **生态习性** 温水性中下层淡水鱼类，杂食性，全长 2 cm 以上夏花鱼种，除摄食少量浮游生物外，以腐殖质有机碎屑、底生硅藻和摇蚊幼虫等为主要食物。

3. **生长速度** 天然水体中，1 龄体重 150～200 g，2 龄 500 g。人工养殖 1 冬龄全长 23 cm，体重 112 g，2 冬龄全长 34 cm，重 470 g，3 冬龄全长 43 cm，重 650 g，4 冬龄全长 45 cm，重 710 g。

4. **繁殖习性** 雌鱼 2 冬龄性成熟，体重 415～1 100 g。生殖季节为 4～6 月。繁殖水温 18～27℃，最适宜产卵水温为 20～25℃。怀卵量每千克体重平均 20 万粒。卵呈浅黄色，具黏性，黏附于沿岸淹没区的杂草上。卵径 0.8～1.2 mm。孵化适宜水温 20～28℃，水温 20～25℃ 时，35～45 h 仔鱼孵出。

(二) 圆吻鲴（*Distoechodon tumirostris*）

隶属鲤科、鲴亚科、圆吻鲴属。分布于湘江、闽江、钱塘江、长江等水系。

1. **形态特征**（图 1-12） 体略侧扁，吻钝，向前突出。下颌有发达的角质缘，下咽齿两行，数目不稳定。腹部圆，无腹棱。体背青灰色，腹侧银白色。

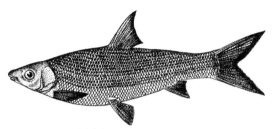

图 1-12 圆吻鲴（*Distoechodon tumirostris*）

2. **生态习性** 温水性中下层淡水鱼类，杂食性，在自然条件下，主要摄食周丛生物，如丝状硅藻、蓝绿藻、有机碎屑、水生昆虫等。在人工养殖下，食物广泛，可摄食配合饲料。

3. **生长速度** 在养殖条件下，圆吻鲴一年可长到 100～150 g，两年达 300～500 g。

4. **繁殖习性** 性成熟年龄为 2 年，产卵期为 5～9 月，5 月份为产卵高峰期，产卵水温为 18～25℃。属分批产卵类型，黏性卵。适宜孵化水温 20～28℃，低于 15℃ 不能孵化。当水温 18.5～20.5℃ 时，50 h 开始破膜，70 h 全部破膜。水温 24～27℃ 时，只需 50～60 h 破膜完毕。刚出膜鱼苗全长 5.5 mm，喜卧水底，3 d 后能平游。

十一、翘 嘴 鲌

翘嘴鲌（*Culter alburnus*），隶属鲤科、鲌亚科、鲌属。广泛分布于全国各水系的干、支流及其附属湖泊中。每百克鱼肉含蛋白质 18.6 g，脂肪 4.6 g、钙 37 mg、磷 166 mg。

1. **形态特征**（图 1-13） 体长而侧扁，头后背部稍隆起，体背部接近平直。口上位，且向上翘，口裂几乎成垂直。眼大，位于头的侧上方。咽齿 3 行，2，4，4/5，3（4），2。体背略呈青灰色，两侧银白，各鳍灰黑色。

2. **生态习性** 温水性中上层淡水鱼类，游泳迅速，善跳跃。肉食性凶猛鱼类，主要以鱼

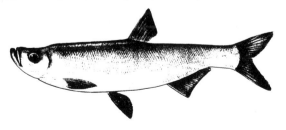

图 1-13 翘嘴鲌（*Culter alburnus*）

类为食。

3. 生长速度 个体大,生长快,最大个体可达 10~15 kg。人工养殖条件下,当年鱼可长到 0.5 kg。1、2 龄鱼处于生长旺盛期,3 龄以上进入生长缓慢期,雌鱼比雄鱼生长快。

4. 繁殖习性 雄鱼 2 冬龄性成熟,雌鱼 3 冬龄性成熟。具有明显的溯河产卵习性,6 月中旬至 7 月中旬为生殖盛期。产卵场在水库上游和湖泊上风近岸,适宜产卵水温 22~30℃,水流速 0.1~1.5 m/s。怀卵量为 15 万~20 万粒/kg。卵为漂流性,具黏性、浅黄色,卵径 0.7~1.1 mm。卵在水中漂流孵化或黏附在湖泊近岸浅滩的水生植物、砾石上发育。水温 22~26℃时经 48 h 孵出仔鱼。

十二、蒙 古 鲌

蒙古鲌(*Culter mongolicus*),隶属鲤科、鳊亚科、鲌属。主要分布于黑龙江、黄河、大运河、长江等干、支流及其附属的湖泊。每百克肉含蛋白质 18.6 g、脂肪 4.6 g。

1. 形态特征(图 1-14) 体长而侧扁,头后背部稍隆起且较扁平,头部锥形,头长稍大于体高。口裂向上稍倾斜。咽齿 3 行,2,4,4(5)/5,3(4),2。体背部青灰色,腹部银白色。雌雄区别:生殖季节,雄鱼头部及胸鳍外侧有珠星出现。

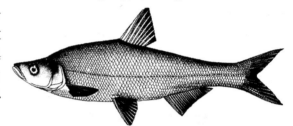

图 1-14 蒙古鲌(*Culter mongolicus*)

2. 生态习性 温水性中上层淡水鱼类。生存水温 1~38℃,最适温度 18~32℃。不耐低氧,溶解氧含量低于 2mg/L 时出现缺氧浮头,甚至窒息死亡。肉食性凶猛鱼类,主要捕食小鱼和虾,0.75 kg 重的个体可吞食 12cm 左右的鲢、鳙种。

3. 生长速度 最大个体 3 kg,体长 35 cm,常见个体 0.25~0.75 kg。自然条件下,当年鱼体长 10~15 cm,体重 0.2~0.25 kg,2 龄鱼体长 20~22 cm,体重 1.0~1.5 kg。池塘养殖条件下,1 龄体重为 1.0~1.5 kg,2 龄鱼体的体重 1.5~2.0 kg,3 龄鱼体重 2.5~3.0 kg。

4. 繁殖习性 2 龄性成熟,体重在 1 kg 以上。产卵时间 5~7 月,以 6 月为产卵高峰期。亲鱼集群于水草丛生的浅水处追逐、交配、产卵。适宜繁殖水温 22~28℃,低于 22℃或高于 28℃难于产卵繁殖。个体怀卵量在 2~39 万粒之间。沉性卵具黏性,卵黏附在石块、水草或其他物体上之上进行孵化。卵径 1.0 mm。水温 24~25℃时经 48 h 仔鱼孵出。

十三、泥 鳅

泥鳅(*Misgurnus anguillicaudatus*),隶属鳅科、泥鳅属。分布甚广,除西部高原区外,我国自南到北各水系都有分布。肌肉中蛋白质含量占干重 90.3%、赖氨酸含量占干重 0.063%。

1. 形态特征(图 1-15) 体细长,前段稍圆,后段侧扁。头尖,眼小,口亚下位,唇发达,有口须 5 对。鳞小,埋于皮下,背鳍和腹鳍相对,尾鳍圆形,基部有一圆形黑点。体灰黑,并杂

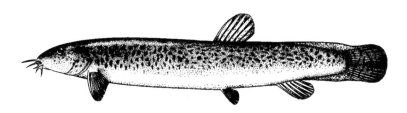

图 1-15 泥鳅（*Misgurnus anguillicaudatus*）

有许多不规则的黑色斑点，体色一般因其生活环境不同而有所差别，腹部颜色较浅，体表黏液丰富。

2. **生态习性** 温水性底层淡水鱼类，多栖息于静水及水体有软泥的底层。生长适宜水温 15～30℃，最适生长温度 25～27℃，水温超过 30℃ 或低于 15℃ 时，食欲减退，生长缓慢；水温 5℃ 以下，或 35℃ 以上，以及天旱少水时，会潜入泥层中进行"休眠"。只要土壤中稍有湿气能湿润皮肤，就能够维持生命。除用鳃和皮肤呼吸外，还能进行肠呼吸。杂食性，贪食，多在夜晚摄食。

3. **生长速度** 当年泥鳅日生长速度为 0.188 cm，孵化后 1 个月体长 3.5 cm，体重 0.4 g；孵化后 9 个月，体长 9 cm，体重 5～6 g；第二年 10～12 cm，体重 10～15 g。

4. **繁殖习性** 2 冬龄性成熟。成熟的雌鳅个体大于雄鳅。产卵期 5～7 月，18℃ 以上开始繁殖，适宜水温 25～26℃。雌鳅怀卵量 5 000～7 000 粒。产卵时雄鱼紧紧卷住雌鱼，压着雌鱼腹部，使卵向体外排出，与此同时雄鱼排出精子进行体外受精。产卵场在清水缓流浅滩、水沟、浅水带、水田、水草禾苗根处。卵黄色、圆形，微黏性，卵径 1.2～1.5 mm。在水温 20～28℃ 时，2 d 仔鱼可以出膜。

十四、胭 脂 鱼

胭脂鱼（*Myxocyprinus asiaticus*），隶属亚口鱼科、胭脂鱼属。主要分布于长江干、支流及其附属湖泊，是国家二类重点保护动物。胭脂鱼外形美观，体色艳丽，极具观赏价值。

1. **形态特征**（图 1-16） 胭脂鱼体高而侧扁，头短，吻端圆，口下位，呈马蹄状，唇发达，富肉质，唇上密布细小乳头状突起。背鳍高大鳍基长，末端接近尾鳍，尾鳍叉形。在不同的生长阶段，其体型、体色变异很大。稚鱼身体细长，体色半透明或灰白色；幼鱼（5～25 cm）体侧有 3 条横纹，眼圈有黑斑似熊猫；成鱼体型变短，背部明显隆起；性成熟后，身体呈胭脂红色、粉红色或青紫色，体侧黑斑逐渐隐没，尾鳍上叶转为红色，其他各鳍呈灰黑色，故得名胭脂鱼。

2. **生态习性** 温水性中下层淡水鱼类。生存水温 0～42℃，适宜生长水温 18～22℃。在

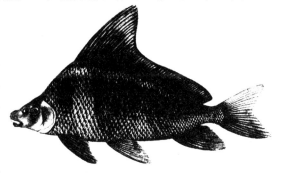

图 1-16 胭脂鱼（*Myxocyprinus asiaticus*）

自然条件下，主要以动物性饵料和水体底泥中的有机质为食。人工养殖条件下，可投喂配合饲料。

3. 生长速度 胭脂鱼 1 龄鱼体重 0.5～1 kg，3 龄鱼体重 3～4 kg。最大个体可达 50 kg。

4. 繁殖习性 性成熟年龄雌鱼为 6 龄，雄鱼 5 龄。不能在池塘中自然繁殖，溯河洄游到江河上游繁殖。繁殖季节 3～4 月，水温 13℃以上，适宜繁殖水温 18～20℃。产卵期，亲鱼体色艳丽，躯体两侧各具有一条胭脂红色纵纹。卵具黏性，为沉性卵，成熟卵橘黄色，卵径 1.8～2.0 mm，吸水膨胀后卵径 3.8～4.0 mm，受精卵黏附于水底石块或水生植物上孵化。水温 18～20℃，经 6～7 d 孵出。

十五、短盖巨脂鲤

短盖巨脂鲤（*Colossoma brachypomum*），又名淡水白鲳，隶属脂鲤科、巨脂鲤属。原产于南美亚马孙河流域。鱼体鲜重粗蛋白含量 17.68%～18.76%，脂肪含量 4.89%～5.65%。

1. 形态特征（图 1-17） 体侧扁，椭圆形，口内上颌具切割型指状小齿 2 行。体被细小圆鳞。鱼体呈现白身、红鳍、黑尾、银鳞四色相配，显得极为美观，具观赏性。

2. 生态习性 暖水性中下层杂食性淡水鱼类，喜群居群游，耐低氧，水中溶氧量低至 0.48 mg/L 仍可生存。水温降至 12℃时，大部分鱼体失去平衡，降至 10℃时开始死亡，致死温度为 8℃，16℃以上时才能正常摄食，最适生长温度为 28～30℃。

图 1-17 短盖巨脂鲤（*Colossoma brachypomum*）

3. 生长速度 在人工养殖条件下，1 龄鱼个体 0.5～0.75 kg，体长 5 cm 的鱼种，养殖 3 个月，体重可达 1 kg，最大个体重达 20 kg。

4. 繁殖习性 雌鱼 3 龄性成熟，雄鱼稍迟。一年多次产卵，繁殖季节 5～10 月，最适繁殖水温 25～28℃。初产雌鱼，每千克体重产卵 8 万～10 万粒，第二年每千克体重产卵 10 万～15 万粒。卵为半浮性，无黏性，在静水中下沉。卵径 1.06～1.11 mm。受精卵在水温 27～29℃，22 h 孵化出鱼苗。

第三节 鲈形目的主要养殖鱼类

一、石 斑 鱼

石斑鱼属（*Epinephelus*）鱼类隶属鮨科、石斑鱼亚科。广泛分布于印度洋和太平洋的热带、亚热带海域。全世界约有 100 余种，我国沿海有 52 种，主要分布于南海及东海南部。野生赤点石斑鱼肌肉中粗蛋白和粗脂肪含量分别为 92.54% 和 1.54%。石斑鱼中经济价值较高的种类有斜带石斑、赤点石斑、青石斑、六带石斑、云纹石斑、宝石斑、巨石斑、鞍带石斑等。

1. 形态特征

（1）斜带石斑鱼（*Epinephelus coioides*）（图1-18）　体呈长椭圆形，侧扁而粗壮，前鳃盖具钝角。头和体背呈棕褐色，鱼体和鳍条的中部密布橙褐色或红褐色的斑点。体侧有5条不规则的、间断的黑斑，于腹部分叉，第1条黑斑在背鳍棘的下方，最后一条黑斑在尾柄上。

图1-18　斜带石斑鱼（*Epinephelus coioides*）

（2）赤点石斑鱼（*Epinephelus akaara*）（图1-19）　体呈长椭圆形，侧扁而粗壮，鳃盖后缘有3个棘，前鳃盖骨后缘锯齿状。鱼体呈棕褐色，头、体、奇鳍分布许多橙黄色斑点（浸制标本变白色），体侧无纵带和横带，背鳍、胸鳍、尾鳍上半部黄色，尾鳍下半部褐色。

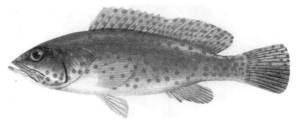

图1-19　赤点石斑鱼（*Epinephelus akaara*）

（3）青石斑鱼（*Epinephelus awoara*）（图1-20）　体呈长椭圆形，稍侧扁。体被细栉鳞。体背棕褐色，腹侧浅褐色，全身均散布有橙黄色斑点，体侧有5条暗褐色横带，第1和第2条带紧密相连，第3和第4条带位于背鳍鳍条与臀鳍鳍条之间，第5条带位于尾柄。腹鳍胸位，尾鳍圆形。各鳍均为灰褐色，背鳍鳍条部边缘及尾鳍后缘黄色。

图1-20　青石斑鱼（*Epinephelus awoara*）

（4）六带石斑鱼（*Epinephelus sexfasciatus*）（图1-21）　体呈棕色，体侧有6条褐色横带，带间排列整齐，带的宽度大于两带之间的距离，第1条带位于背鳍前缘和胸鳍基部之间，第4和第5条带位于背鳍鳍条与臀鳍鳍条之间，第6条带位于尾柄前缘。背鳍、臀鳍浅黄色，腹鳍、胸鳍灰褐色，尾鳍圆扇形，有众多不规则黑斑点。

图1-21　六带石斑鱼（*Epinephelus sexfasciatus*）

（5）云纹石斑鱼（*Epinephelus moara*）（图1-22）　体侧有6条暗棕色斑带，除第1与第2带斜向头部外，其余各带均自背部伸向腹缘，各带下方多分叉，体侧和各鳍上皆无斑点。

（6）宝石石斑鱼（*Epinephelus areola-*

图1-22　云纹石斑鱼（*Epinephelus moara*）

tus)（图 1-23） 胸鳍上具赤色条斑，其他各鳍及体表满布赤色宝石状斑点，尾鳍浅凹形，边缘呈白色。

2. 生态习性 石斑鱼为热带中下层肉食性鱼类，常栖息于珊瑚礁、石缝、洞穴、岩礁等光线较暗的地方，具夜行性，利用嗅觉伺机觅食。不同种类的石斑鱼对温度、盐度的适应性不同。适于石斑鱼生长的水温为 16～31.5℃，

图 1-23 宝石石斑鱼（*Epinephelus areolatus*）

最适水温 20～29℃，水温低于 16℃停止摄食，水温 11℃时较小的个体死亡。斜带石斑鱼可以忍受较低的水温（5.5℃）。广盐性，在盐度为 10～34 的水体中均可生长，最适盐度 20～33。石斑鱼属肉食性鱼类，吞食，性凶猛，以鱼、虾、蟹和头足类等为食。鱼苗阶段有互相残食现象，稚鱼阶段尤为严重。

3. 生长速度 石斑鱼的生长速度因种类不同而不同。6 cm 的鞍带石斑鱼苗经 7 个月的养殖可长到 1 000 g，第 2 年可长到 3 000～6 000 g。全长 5 cm 的斜带石斑鱼苗，经 1 年养殖可达 500 g 以上。5～8 cm 的赤点石斑鱼苗，经 2 年养殖达到 500 g。

4. 繁殖习性

（1）性逆转 石斑鱼与许多鲷科鱼类一样，属雌雄同体（hermaphrodite）、雌性先熟型（proto gyny），从发生性分化开始，先表现为雌性性别，长到一定大小即发生性转变，转化成雄性。不同种类发生性转变的年龄不同，一般从雌性转变为雄性的年龄为 4～6 龄。

（2）雌雄区别 雌鱼腹部从前至后依次为肛门、生殖孔和泌尿孔 3 个孔，生殖孔暗红色向外微张，自开口处有许多细纹向外辐射。雄鱼只有肛门和泌尿生殖孔 2 个孔。鞍带石斑鱼在产卵前 1 个月，雄鱼体侧背部转变成黑褐色，腹部发白。

（3）产卵类型与卵的性质 石斑鱼为分批产卵类型，2～3 龄雌鱼初次达到性成熟，4～6 龄转变成雄性。性成熟周期 1 年。每年 4 月中旬至 6 月初进入生殖盛期，水温超过 21.5℃时开始产卵，产卵高峰期水温为 24～27℃，水温超过 29～30.5℃产卵基本结束。个体产卵量在 10 万～200 万粒之间。在盐度为 30～33 的海水中，受精卵呈浮性，未受精卵和死卵呈沉性。赤点石斑鱼成熟的卵无色透明，圆球形，卵径（750±30）μm，卵膜薄而光滑，油球 1 个，居卵正中央，油球直径（150±10）μm。受精后约 5 min，卵膜吸水膨胀，形成狭窄的卵周隙，卵径变为（770±20）μm。

（4）孵化期 点带石斑鱼水温 25.5～28.5℃、盐度 33 时，孵化时间为 21 h 53 min；斜带石斑鱼在水温 25～28℃、盐度 28～33 时，孵化时间为 24 h；鞍带石斑鱼水温 25～28℃、盐度 28～33 时，孵化时间为 22～26 h。

二、军曹鱼

军曹鱼（*Rachycentron canadum*），隶属军曹鱼科、军曹鱼属。分布于地中海、大西洋、印度洋、太平洋（东太平洋除外）等热带水域。含肉率 68.7%，背肌肉蛋白质含量为 21.2%、脂

肪含量为 5.5%。

1. 形态特征（图 1-24） 体延长，近圆筒形，头扁平，宽大于高。鱼体被细小的圆鳞。体背部黑褐色，腹部灰白色。体侧具 3 条黑色纵纹，第 1 条是沿背鳍基部的黑色纵带，第 2 条是自吻端至尾鳍基部的黑色纵带，第 3 条是自胸鳍基部至臀鳍基部的浅褐色纵带，各带之间为灰白色。

图 1-24　军曹鱼（*Rachycentron canadum*）

2. 生态习性　热带中下层肉食性鱼类，适宜生长水温 23～29℃，水温低于 19℃ 停止摄食，水温低于 16℃ 或高于 34℃ 开始死亡。广盐性，盐度 4～35 之间有明显的索饵活动，食用鱼养殖的适宜盐度为 10～35。在自然海区，幼鱼主要摄食枝角类、小型甲壳类、虾蟹类、小鱼等。成鱼则以食鱼为主，鱼占其食物总量的 80%。养殖仔稚鱼以枝角类、丰年虫等为食，6～9 cm 幼鱼投喂肉糜或碎鱼肉，1 个月以后可摄食鱼块，3 个月后可投喂整条小鱼。

3. 生长速度　军曹鱼生长速度极快，当年鱼苗养殖 6 个月，体重达 3～4 kg，养殖 1 周年，体重达 6～8 kg。当年鱼苗生长速度见表 1-1。

表 1-1　军曹鱼的生长速度

（陈毕生，1999）

月　龄	1	2	3	4	5	6	7	8
体长（cm）	5～8	17	28	37	48	57	68	78
体重（g）	8	86	520	960	1 800	2 600	3 500	4 200

4. 繁殖习性　性成熟年龄为 2 龄，雄鱼体重 7 kg 以上，雌鱼体重 8 kg 以上。在生殖季节，雌鱼背部黑白相间的条纹会变得更为明显，腹部突出，而成熟雄鱼条纹不明显或消失，腹部较小。相对怀卵量每千克体重为 16 万粒。军曹鱼产卵适宜温度为 24～29℃。广东湛江地区 4 月下旬至 6 月上旬为主要产卵期。受精卵透明略带淡黄色、圆形，浮性。受精卵膜吸水后略膨胀，卵径 1.35～1.41 mm，油球径约 0.39 mm。每千克卵粒数约 50 万粒。水温 24～26℃，30 h 仔鱼孵出。

三、眼斑拟石首鱼

眼斑拟石首鱼（*Sciaenops ocellatus*），又名美国红鱼，隶属石首鱼科、拟石首鱼属。原产墨西哥湾和美国西南部沿海。肌肉蛋白质占鱼体湿重的 19.1%、脂肪含量为 0.57%。

1. 形态特征（图 1-25）　体呈纺锤形，

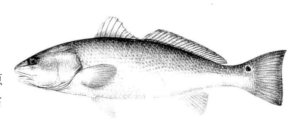

图 1-25　眼斑拟石首鱼（*Sciaenops ocellatus*）

两侧微红色,腹中部两侧呈粉红色(地方名美国红鱼的由来),下腹部白色,尾黑色,尾鳍基部侧线上方有一黑色圆斑。

2. 生态习性 溯河性近海广温、广盐性鱼类。生存水温4~33℃,最适生长水温25~30℃,繁殖最适水温25℃。可在淡水、半咸水及海水中很好地生长,最适盐度范围为20~35。卵和仔鱼只能生活在盐度25~32的海水中。肉食性为主的杂食性鱼类,在自然水域中主要摄食甲壳类、头足类、小杂鱼等。饲料不足,自相残杀现象比较严重,体长超过3 cm后,有所缓解。

3. 生长速度 20℃以上生长迅速,日增重3.4 g以上。在北美自然海区,当年鱼可达500~1 000 g;在台湾,养殖1周年可达1 000 g,翌年可达2 000 g;在青岛,体长0.8 cm的鱼苗养殖1周年体重达500 g;在浙江象山港,体长3 cm的鱼苗,1周年可长至1 400 g以上。相同年龄的雌鱼比雄鱼大。

4. 繁殖习性 在自然水域中雌雄鱼的性成熟年龄分别为4龄、3龄,养殖条件下推迟1年。繁殖期为水温高于20℃的夏末秋初,盛期9~10月。繁殖期雌鱼体色开始变深,呈黑褐色,胸鳍颜色变浅,雄鱼侧线上方变深而鲜艳,呈红棕色。卵分批成熟、分批产卵,一般每次产卵量5万~200万粒,每次产卵间隔时间10~15 d。受精卵为浮性、圆形,无色透明。受精卵吸水后膨胀,卵周隙约为卵径的1%,卵径860~980 μm,90%以上的卵含有1个透明的油球,少数含有2个以上油球,油球直径240~300 μm。水温25~27℃、盐度28~30,24 h孵出仔鱼。

四、真 鲷

真鲷(*Pagrosomus major*),隶属鲷科、真鲷属。真鲷分布于印度洋北部沿岸至太平洋中部、夏威夷群岛。我国四大海区均有分布。鱼体蛋白质含量16.3%、脂肪含量11.2%。

1. 形态特征(图1-26) 鱼体侧扁,呈长椭圆形,自头部至背鳍前隆起。鱼体被中等大小的圆鳞或弱栉鳞。体呈淡红色,背部散布若干蓝绿色斑点,游泳时闪现蓝光,腹部银白色。雌雄区别:雌鱼腹部从前至后依次为肛门、生殖孔和泌尿孔3个孔;雄鱼只有肛门和泌尿生殖孔2个孔。

2. 生态习性 真鲷为近海暖水性底层杂食性鱼类。适温范围9~30℃,最适水温18~28℃。

图1-26 真鲷(*Pagrosomus major*)

养殖适宜盐度17~31。盐度低于16对真鲷生长不利。主要摄食底栖甲壳类、软体动物、棘皮动物、小鱼、虾和藻类等。

3. 生长速度 人工养殖条件下,生长速度较快,1周年体重可达500 g,体长27 cm;一年半体重为900 g,体长30 cm;3龄鱼体重达1 300~1 400 g,体长37~40 cm。

4. 繁殖习性 性成熟年龄辽宁、山东沿海5~6龄,福建沿海2~3龄,广东沿海1~2龄。自然海区的产卵群体以3龄以上个体占优势。产卵水温为16~18℃。繁殖季节广东沿海为11月底至翌年2月上旬,福建沿海10~12月,辽宁、山东沿海5~7月。分批产卵类型,产卵盛期每千克雌亲鱼一次可产卵8万~10万粒。个体怀卵量在50万~100万粒之间。产浮性卵,圆球形,无色透明,卵径为910~1 030 μm,油球直径190~230 μm。孵化适宜水温为15~17.5℃,高于30℃或低于10℃,则受精卵不能孵化。在水温18℃时,经50 h孵化出仔鱼。

五、黑 鲷

黑鲷(*Sparus macrocephalus*),隶属鲷科、鲷属。分布于北太平洋西部,我国沿海均产,以黄渤海较多。鱼体蛋白质含量为17.9%、脂肪含量为2.6%。

1. 形态特征(图1-27) 体侧扁,呈长椭圆形。侧线起点处有一黑斑。鱼体青灰色掺杂黄色,腹部较淡,体侧有若干条褐色横带。胸鳍黄色,背鳍基底黄色、边缘暗灰色,尾鳍黄色、边缘青灰色。

2. 生态习性 广温、广盐性肉食性海水鱼类,生存的温度极限为3.5~35℃,开口摄食水温为6℃,20℃以上生长良好。生存盐度为4~35,生长适宜盐度为10~30。成鱼以贝类、多毛类和小鱼虾等为主要食物,有时也摄食一些海藻。

图1-27 黑鲷(*Sparus macrocephalus*)

3. 生长速度 在自然海区2龄鱼体长18.7 cm,3龄22.4 cm,4龄24.5 cm,5龄26 cm。人工养殖,当年鱼苗年底体重250 g,第2年体重达到500 g以上。

4. 繁殖习性 雌雄同体,雄性先熟,到一定年龄及大小时,由雄性转化为雌性。体长1 cm的幼鱼为雄性,15~20 cm为雌雄同体,25~30 cm则大部分转为雌鱼。具有生殖能力的最小型雄鱼体长17 cm,体重145 g,雌鱼体长19.4 cm,体重236 g。适宜产卵水温14.5~24℃。繁殖期山东沿海为5月份,江苏沿海为4~5月。分批成熟,分批排卵。个体怀卵量约150万粒左右。卵子圆形,浮性,卵径为0.87~1.21 mm,油球直径为0.20~0.23 mm。在水温19℃时,经40~45 h孵化出仔鱼。

六、平 鲷

平鲷(*Rhabdosargus sarba*),隶属鲷科、鲷属。分布于红海、阿拉伯海、印度、日本、朝鲜、菲律宾和我国的东南沿海近岸海域。肌肉蛋白质含量13.60%、脂肪含量2.05%。

1. 形态特征(图1-28) 体呈长椭圆形,侧扁,背缘隆起,腹缘圆钝。体被薄栉鳞。体呈银灰色,腹面颜色较淡,体侧有许多淡青色纵带,其数目和鳞列相当。腹鳍和臀鳍颜色略黄,尾鳍上下叶末端尖,大部为深灰色,下缘呈鲜艳的黄色。

2. 生态习性 热带、亚热带浅海底层杂食性鱼类,适应性广,抗病力强。幼鱼时,

图1-28 平鲷(*Rhabdosargus sarba*)

生活于河口水域，随着成长而逐渐向深海移动。主要以双壳类、虾、蟹、虾蛄、藤壶及海藻等为食。

3. **生长速度**　1龄鱼体长159 mm，重131 g；2龄鱼体长208 mm，重293 g；3龄鱼体长250 mm，重508 g。

4. **繁殖习性**　雌雄同体，雄性先熟，到一定年龄及大小时，由雄性转化为雌性。雄鱼体长范围为160~300 mm，雌鱼体长范围为210~340 mm。适宜产卵水温13.5~21.3℃，繁殖期在福建沿海为12月至翌年1月，广东沿海为11月下旬至2月上旬，阿拉伯沿海为4~6月，日本沿海为5月份。2龄鱼怀卵量为15万粒，分批产卵。受精卵为无色透明，浮性卵，圆球形，卵径800~1 200 μm，油球直径180~260 μm。在水温20.0~21.8℃、盐度32条件下，经33 h孵化出仔鱼。

七、黄鳍鲷

黄鳍鲷（*Sparus latus*），隶属鲷科、鲷属。广泛分布于红海、阿拉伯海、朝鲜、日本和我国东南沿海。其肌肉粗蛋白、脂肪、灰分、水分含量分别为21.10%、1.31%、1.50%、74.40%。

1. **形态特征**（图1-29）　体呈长椭圆形，侧扁，腹缘圆钝。体被薄栉鳞。体青灰而带黄色，体侧有若干条灰色纵带，沿鳞片而行。背鳍、臀鳍的一小部分及尾鳍边缘灰黑色，腹鳍、臀鳍的大部及尾鳍下叶黄色。

2. **生态习性**　为浅海暖水广盐性底层鱼类，生活于近岸海域及河口湾。生存的极限温度8.8~32℃，生长最适温度17~27℃。在盐度4~33的水中都能正常生活。杂食性鱼类，仔鱼以动物性饵料为主，成鱼以植物性饵料为主，也摄食小型甲壳类。性较凶，仔鱼期因饥饿而同类互残。

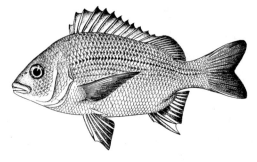

图1-29　黄鳍鲷（*Sparus latus*）

3. **生长速度**　在自然条件下，1龄鱼体长169 mm，体重153 g；2龄鱼体长219 mm，体重329 g；3龄鱼体长262 mm，体重565 g。人工养殖1周年，体重可达200 g以上。

4. **繁殖习性**　雌雄同体，雄性先熟，到一定年龄及大小时，由雄性转化为雌性。雄鱼性成熟年龄为1龄，最小体长145 mm，体重115 g；雌鱼为3龄，最小体长223 mm，体重350 g。生殖季节10~11月，适宜繁殖水温19~21℃，1~2月鱼苗大量出现于咸淡水交汇处。个体相对怀卵量每克体重740~5 756粒。卵浮性、圆形，无色透明，卵径0.69~0.87 mm，油球直径0.22~0.23 mm。在水温21~23℃、盐度31条件下，经30 h 35 min孵出仔鱼。

八、斜带髭鲷

斜带髭鲷（*Hapalogenys nitens*），隶属石鲈科、髭鲷属。分布于中国、日本和朝鲜沿海。

1. 形态特征（图 1-30） 体长椭圆形，高而侧扁，头部背缘几乎呈直线状。吻端下部生有细密小髭。体被小栉鳞。背鳍鳍棘部与鳍条部只在基部相连，中间有深缺刻。背鳍前方具一向前倒棘，第 4 鳍棘最长，鳍条部边缘呈圆形。体背部黑褐色，腹部淡褐色，体侧有 3 条黑色斜行宽带。

2. 生态习性 为近海中下层肉食性鱼类。适应水温为 8~35℃，最适生长水温 22~28℃，低于 13℃ 摄食减少，低于 6℃ 开始死亡。适盐范围

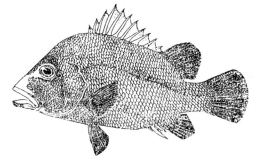

图 1-30 斜带髭鲷（*Hapalogenys nitens*）

15~35，最适盐度 26~32。在自然海区主要以小型鱼类、甲壳类为食物。在人工养殖条件下，喜食新鲜或冰冻杂鱼、虾、蟹及鱿鱼等。

3. 生长速度 全长 4.0~5.0 cm 鱼苗，海水网箱养殖 8 个月，体长 19.0~24.0 cm，体重 350~750 g；养殖 20 个月，体长 25.5~34 cm，体重 550~1 300 g；养殖 32 个月，体长 26.0~40.0 cm，体重 800~2 200 g。

4. 繁殖习性 适宜产卵水温 19~23℃，繁殖期辽宁、山东沿海 8 月份；福建、广东沿海 10~12 月。1 龄性腺成熟，雌鱼最小成熟个体体长 23.5 cm，体重 525 g；雄鱼最小成熟个体体长 22 cm，体重 450 g。体重 1.7 kg 的雌鱼，怀卵量 100 万粒。卵浮性、圆球形，透明，微黄色，卵径 875~1 000 μm，油球 1 个，油球直径 178~230 μm，卵黄间隙为 18~22 μm。在水温 19.8~22.0℃、盐度 28 条件下，受精卵经 35 h 45 min 孵出仔鱼。

九、花尾胡椒鲷

花尾胡椒鲷（*Plectorhynchus cinctus*），隶属石鲈科、胡椒鲷属。分布于印度、越南、中国和日本沿海。

1. 形态特征（图 1-31） 体长椭圆，侧扁而高；体被细小栉鳞。鱼体侧具黑色宽斜带 3 条，第 1 条自头后部下弯，经胸鳍基底向后方斜行至臀鳍起点；第 2 条自背鳍第 4 至第 8 鳍棘部向后弯曲，与第 1 条平行，伸达尾柄部；第 3 条在背鳍鳍条部基底下方。在第 2 条斜带上方，以及背鳍、臀鳍、尾鳍上均散布许多大小不一的黑色圆点，状似散落的黑胡椒，故名花尾胡椒鲷。

2. 生态习性 广温、广盐、杂食性、浅海底层鱼类。生长适宜水温 20~28℃，最适水温 20~25℃。在盐度为 5~35 水体中生长良好，幼鱼经驯化可在淡水中生活。主要摄食鱼、虾及甲壳类等。

图 1-31 花尾胡椒鲷（*Plectorhynchus cinctus*）

3. 生长速度 3 cm 的种苗养殖 1 周年，体重达 600 g，养殖 2 年为 1 500 g。

4. 繁殖习性 性成熟年龄 3 龄以上，分批产卵。体长 40 cm 以上雌鱼，产卵量 150 万粒以

上。产卵水温 23～28℃，繁殖期 3～6 月。卵为圆形、透明、浮性卵，受精卵直径为 820～900 μm，油球直径为 230～270 μm。孵化适宜水温 19～25℃，最适水温 21～24℃；适宜盐度 12～34，最适盐度 24～32。水温 20～23℃、盐度 32～33 条件下，胚胎发育历时 35～36 h 孵出仔鱼。

十、星斑裸颊鲷

星斑裸颊鲷（Lethrinus nebulosus），隶属裸颊鲷科、裸颊鲷属。分布于印度洋和大西洋西部，我国主要产于南海和东海南部。

1. **形态特征**（图 1-32） 体型为长卵圆形、侧扁，体背面狭窄，腹面圆钝。背鳍 1 个，鳍棘平卧时部分可折叠于背部浅沟内。星斑裸颊鲷体被较大薄鳞，体呈草黄色，腹部乳白色，体侧各鳞具蓝色斑点，宛若群星闪烁，故得名。鳃盖边缘红色，尾鳍有褐色斜形横条纹。

2. **生态习性** 暖水性海水鱼类。适温范围 15～40℃，最适生长温度 25～35℃，低于 10℃ 难以生存。适宜盐度范围为 20～35。主要以底栖甲壳类、软体动物、棘皮动物、小鱼及虾蟹类为食。

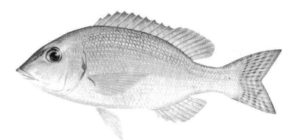

图 1-32　星斑裸颊鲷（Lethrinus nebulosus）

3. **生长速度** 人工养殖 1 年可达到 0.5 kg。自然条件下一般体长 15～40 cm，体重 150～400 g。

4. **繁殖习性** 3～4 龄性成熟。怀卵量 50 万～300 万粒。产前雌鱼体色开始变得鲜红艳丽；雄鱼则在头部及体两侧形成明显的星斑。繁殖期 6～8 月，产卵最适水温 27～30℃。浮性卵、球形、无色透明，卵直径（798±15）μm，油球直径（168±4）μm。水温 21.9～23.0℃ 时受精后 25 h 仔鱼孵出。

十一、紫红笛鲷

紫红笛鲷（Lutjanus argentimaculatus），隶属笛鲷科、笛鲷属。分布于太平洋中西部、印度洋、我国南海及东海。

1. **形态特征**（图 1-33） 体长椭圆形，侧扁。鱼体紫红色。背鳍鳍棘部、臀鳍、腹鳍淡黑色；背鳍鳍条部及尾鳍红褐色；胸鳍淡红褐色，基部内侧黑色。

2. **生态习性** 暖水性中下层肉食性鱼类，广盐性，栖息于近海、河口半咸水及淡水水域。摄食生长适宜水温为 24～27℃，水温 12℃ 以下死亡。

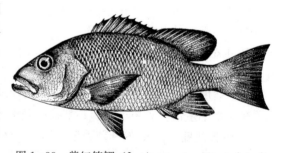

图 1-33　紫红笛鲷（Lutjanus argentimaculatus）

3. **生长速度** 养殖条件下，1龄鱼体重410～550 g，2龄鱼体重1 250～1 500g，3龄鱼体重2 200～3 000 g，4龄鱼体重3 000～4 000 g。

4. **繁殖习性** 雌雄同体，雄性先熟，到一定年龄及大小时，由雄性转化为雌性。2龄鱼均为雄性，3龄出现性别转化，雌、雄性比为1∶4，4龄性别转化基本完成，雌、雄性比为1∶2～3，雌鱼占养殖群体数量的30%。繁殖季节为水温20℃以上的4～7月份，属分批产卵类型，4龄雌鱼怀卵量70万～100万粒。受精卵圆球形，透明，浮性卵，卵径780～830 μm，油球直径140.07 μm，卵黄间隙40.0～40.82 μm。水温26.5～30.5℃、盐度27.9～33.5时，经15～17 h仔鱼孵出。

十二、红笛鲷

红笛鲷（*Lutjanus sanguineus*），隶属笛鲷科、笛鲷属。分布于红海、非洲东岸、印度、菲律宾和日本。我国的台湾海峡、琼州海峡、海南岛、北部湾等海域均出产，以北部湾产量最高。

1. **形态特征**（图1-34） 体长椭圆形，稍侧扁，体被中大栉鳞。背鳍2个，并连续，尾柄上缘有一暗色鞍状斑点。鱼体具鲜艳红色，腹部色稍浅，背鳍、臀鳍和尾鳍边缘具或宽或窄的黑边。

2. **生态习性** 暖水性中下层杂食性鱼类。栖息于水深30～100 m泥沙或岩礁底质海区。适宜水温17.6～27.2℃，最适宜水温20～26.3℃，水温低于12℃时间过长，会被冻死。适盐范围32～35。主要摄食鱼、虾、头足类等。

图1-34　红笛鲷（*Lutjanus sanguineus*）

3. **生长速度** 1龄鱼体长为277 mm，2龄鱼为315 mm，3龄鱼392 mm，4龄鱼431 mm，5龄鱼444 mm，6龄鱼467 mm。在人工养殖条件下，3 cm长的鱼苗经过10个月的养殖，体长可达350～500 mm。

4. **繁殖习性** 分批产卵类型，由3月份开始，延续到7月，4月份大量产卵，6月份达到产卵高峰。体长300 mm的雌体平均怀卵量36万粒。产浮性卵，圆球形，卵膜稍厚，具弹性，光滑无色，卵径860～920 μm。在水温29～30℃、盐度32的海水中，经15～16 h仔鱼孵出。

十三、大 黄 鱼

大黄鱼（*Pseudosciaena crocea*），隶属石首鱼科、黄鱼属。主要分布在我国沿岸近海，北起黄海南部，经东海、台湾海峡，南到南海雷州半岛以东均有分布。

1. **形态特征**（图1-35） 体延长，侧扁。体侧下部各鳞常具一金黄色腺体；鱼体

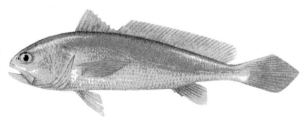

图1-35　大黄鱼（*Pseudosciaena crocea*）

背面和上侧面黄褐色,下侧和腹面金黄色。大黄鱼与小黄鱼外形较相似,区别是大黄鱼背鳍起点至侧线间有鳞8~9列,而小黄鱼为5~6列,大黄鱼第2臀鳍棘长大于或等于眼径,而小黄鱼则小于眼径。大黄鱼尾柄长与尾柄高之比(3.4~3.7)大于小黄鱼(2.7~3.4)。

2. **生态习性** 广温、广盐杂食性鱼类,水温适应范围为8~32℃,最适生长水温为18~25℃,水温低于14℃或高于30℃时,摄食明显减少。适应盐度范围3.5~32.5,最适盐度范围17~28。成鱼主要摄食各种小型鱼类、虾类、蟹类、虾蛄类。幼鱼主食桡足类、糠虾幼体等。人工育苗中可见到2 cm的幼鱼吞食1 cm的稚鱼。

3. **生长速度** 经18个月的人工养殖,体重可达300~500 g。自然条件下福建闽南地区大黄鱼的生长状况列于表1-2。

表1-2 天然水体中大黄鱼的生长速度

年 龄	1	2	3	4	5
体长(cm)	24.9	36.0	42.0	45.8	47.1
体重(g)	138	628	1 022	1 253	1 361

4. **繁殖习性** 浙江近海性成熟年龄雄鱼为3龄,雌鱼为3~4龄;广东硇洲近海1龄有性成熟个体,大量性成熟2~3龄。大黄鱼在同一海区有两个生殖期,春季产卵盛期,南海为3月,闽浙为5月;秋季产卵盛期,南海为11月,浙江北部为9月。在生殖季节,海区表层水温一般为18~23℃,盐度为27~29。大黄鱼为分批产卵类型,一般分2~3次。雌鱼的怀卵量,一般为10万~110万粒。卵浮性,球形,卵径1.19~1.55 mm,卵膜光滑,有一无色油球,直径为0.35~0.46 mm。受精卵在水温18℃时,50 h孵出仔鱼。

十四、卵形鲳鲹

卵形鲳鲹(*Trachinotus ovatus*),隶属鲹科、鲳鲹亚科、鲳鲹属。广泛分布于大西洋、印度洋、太平洋热带和温带海域,在我国分布于南海、东海和黄海。

1. **形态特征**(图1-36) 体高而侧扁,体长为体高的1.67~2.31倍,尾柄短细,尾鳍叉形。背部蓝青色,腹部银白色,奇鳍边缘浅黑色。在海水中各鳍呈现金黄色,经阳光照射会呈现红色反光。

2. **生态习性** 暖水性中上层洄游鱼类。适温范围为16~36℃,最适生长水温22~28℃,水温降至16℃以下时,停止摄食,14℃以下死亡。广盐性鱼类,适盐范围3~33。肉食性鱼类,初孵仔鱼以桡足类幼体为主要食物;幼鱼摄食水蚤、多毛类、小型双壳类;成鱼以端足类、双壳类、软体动物、蟹类幼体、小虾和鱼等为食。

3. **生长速度** 在养殖条件下,当年鱼苗年底体重可达400~500 g(表1-3)。

图1-36 卵形鲳鲹(*Trachinotus ovatus*)

第一章 主要养殖鱼类的生物学

表 1-3 卵形鲳鲹各年龄的体长、体重

(麦贤杰,2005)

年龄组	体长(mm)	体重(g)	年绝对增长量(g)
Ⅰ	270 (230~310)	643 (400~950)	643
Ⅱ	368 (320~400)	1 520 (950~2 000)	877
Ⅲ	467 (424~504)	2 756 (2 250~3 300)	1~236
Ⅳ	500 (480~520)	3 669 (3 300~4 050)	913

4. 繁殖习性 离岸大洋性产卵鱼类,性成熟年龄7~8龄,产卵期海南三亚海域为3~4月,广东大亚湾海区为5月,福建沿海为5~6月,台湾沿海从4~5月开始,持续到8~9月。怀卵量为40万~60万粒。卵浮性、无色,卵径950~1 010 μm,油球直径220~240 μm。在水温20~23℃、盐度28的条件下,经过36~42 h孵化出仔鱼。

十五、鮸状黄姑鱼

鮸状黄姑鱼(*Nibea miichthioides*),隶属石首鱼科、黄姑鱼属。主要分布在我国浙江、福建、广东等亚热带海域。鮸状黄姑鱼肉味鲜美,鳔具有较高的药用价值。

1. 形态特征(图1-37) 鱼体长侧扁,体背侧灰橙色,腹面银橙色。体侧上半部具褐色条纹,胸鳍、腹鳍和臀鳍橙黄色。

2. 生态习性 适温范围8~32℃,最适水温18~28℃,当水温降到8℃以下死亡。适盐范围14~33.5,最适盐度18~30。肉食性凶猛鱼类,不挑食,摄食小型鱼类、虾类、软体动物等。

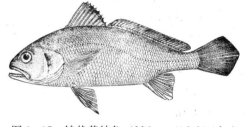

图1-37 鮸状黄姑鱼(*Nibea miichthioides*)

3. 生长速度 体长3~5 cm的鱼苗养殖20 d后,体长可达到35 cm以上,体重可达到400~600 g。1周年体重为600~1 650 g,2周年体重为2 500~3 800 g,3周年体重可达到5 750~7 900 g。

4. 繁殖习性 性成熟年龄为3龄。雌雄区别主要依据尿殖孔的外形特征,雌鱼呈半圆形,雄鱼呈尖形。繁殖期为4~6月。产卵要求水温18~25℃,盐度14~33.5。3龄鱼产卵量90万~130万粒。鮸状黄姑鱼属于分批产卵类型,产卵2~4次,每次间隔10 d。受精卵为圆球形,浮性卵,卵径0.97~1.00 mm,油球径0.23~0.27 mm。在水温20~23℃、盐度26~30时,受精后24 h 35 min仔鱼孵出。

十六、中华乌塘鳢

中华乌塘鳢(*Bostrichthys sinensis*),隶属塘鳢科、乌塘鳢属。分布于斯里兰卡、印度、泰国、中国、日本、菲律宾、印度尼西亚、澳大利亚等国家和地区。

1. 形态特征(图1-38) 体延长,前部略呈圆柱状,后部侧扁。体呈褐色,或有暗色斑纹,腹面淡褐色。尾鳍基底上端有一带白边的大的黑色眼状斑。第1背鳍褐色,中央部有一淡色

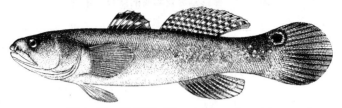

图 1-38 乌塘鳢（*Bostrichthys sinensis*）

纵带；第 2 背鳍有暗褐色纵带 6～7 条。尾鳍亦有暗色横带纹。

2. 生态习性 暖水性浅海咸淡水鱼类。栖息于泥沙或洞穴中，有避光嗜暗的特性。最适生长盐度范围为 5～15。适宜生长水温为 20～32℃，水温低于 15℃时，一般留在洞穴中，不外出觅食，水温 10℃以下死亡。鳃上腔中有可直接呼吸空气的鳃上器官，耐干性强，可采用干法长途运输。仔稚鱼阶段则以轮虫、桡足类等浮游生物为食；成鱼主要摄食小型蟹、虾、鱼、贝类和配合饲料。

3. 生长速度 池塘养殖中华乌塘鳢的体长（L）与体重（W）呈幂函数增长的回归方程为 $W=0.033\ 7L^{2.678\ 1}$，相关系数 $r=0.984\ 9$。在自然条件下中华乌塘鳢各年龄生长速度表 1-4。

表 1-4 自然条件下中华乌塘鳢的生长速度

（麦贤杰，2005）

年 龄	1	2	3	4
平均体长（mm）	83.5	137.0	172.7	291.3
平均体重（g）	10.6	51.2	106.8	173.6

4. 繁殖习性 初次性成熟年龄为 2 龄，性成熟雄鱼体长范围为 108～186 mm，雌鱼体长范围为 107～213 mm。繁殖季节为 4～10 月，以 5～6 月和 9～10 月为繁殖高峰期。怀卵量为 1.5 万～3 万粒。具有雌雄配对习性，即一个洞里只有一雌一雄两尾鱼，未发现集群繁殖行为。雌鱼在洞内产卵，卵子排出后遇水即黏附于洞壁，同时雄鱼射精。卵受精后黏附在洞壁或其他物体上发育孵化。受精卵直径在 0.92～1.08 mm 之间。水温 19.5～29.5℃、盐度 15～17 时，经 144 h 30 min 仔鱼孵出。

十七、花 鲈

花鲈（*Lateolabrax japonicus*），隶属鮨科、花鲈属。花鲈广泛分布于太平洋西北沿海，在我国沿海有丰富的天然种苗资源。每百克鱼肉含蛋白质 17.5 g、脂肪 3.1 g。

1. 形态特征（图 1-39） 体延长，侧扁。体被小栉鳞，2 个背鳍仅在基部相连。体背部青灰色，腹部灰白色。体背侧及背鳍棘散布有若干黑色斑点。

2. 生态习性 广温、广盐、肉食性凶猛鱼类，

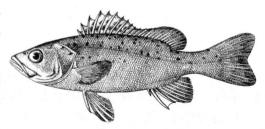

图 1-39 花鲈（*Lateolabrax japonicus*）

多生活于近岸浅海中下层或河口咸淡水处,也直接进入淡水湖泊中生活,可进行淡水养殖。生存极温为−1~38℃,适宜水温为18~32℃,最适水温为25~30℃。贪食、食量大,一次摄食量可达体重的5%~12%,主要以鱼虾类为食,人工养殖条件下,可摄食适口的冰鲜野杂鱼块。

3. **生长速度** 体长3 cm的鱼苗,经过2年的养殖,体长可达400 mm,体重达2 000 g。花鲈的生长速度见表1-5。

表1-5 花鲈的生长速度
(麦贤杰,2005)

年 龄	1	2	3	4	5	6	7
体长(cm)	27.97	42.63	51.50	58.00	63.57	68.67	71.85
体重(g)	309	1 190	2 008	2 690	3 280	4 016	4 438

4. **繁殖习性** 雄鱼2龄性成熟,最小体长457 mm;雌鱼3龄性成熟,最小体长500 mm。产卵期为10月至翌年1月。产卵水温14~24℃,海水盐度18~25。体长510~610 mm的花鲈怀卵量为18万~23万粒。花鲈属分批产卵鱼类,产过一批卵后,在适宜的环境条件下,性腺仍能发育成熟,进行第二次产卵。卵浮性,卵径1.35~1.44 mm,油球1个,直径为0.35~0.38 mm。在水温15℃时,经4 d仔鱼孵出。

十八、尖 吻 鲈

尖吻鲈(*Lates calcarifer*),隶属尖吻鲈科、尖吻鲈属。尖吻鲈广泛分布于太平洋和印度洋。

1. **形态特征**(图1-40) 体延长,侧扁,背缘稍呈弧形,腹缘平直。体被较大的栉鳞,尾鳍呈扇形。成鱼体上侧部为茶褐色,下侧部为银白色。幼鱼阶段体侧有3~4条黑色斑带。

2. **生态习性** 热带广盐性肉食性洄游鱼类,栖息于与海洋相通的河流、湖泊、河口和近海等半咸水水域。仔鱼(15~20日龄,全长4.0~7.0 mm)分布于河口沿岸咸淡水水域;稚鱼、幼鱼在淡水中生活;3~4龄的成鱼到盐度30~32的海水中肥育,性腺发育成熟产卵繁殖。水温低于15℃,停止摄食,水温下降至10~13℃时死亡。在天然水域中以鱼类、虾蟹类、贝类和蠕虫等为食。幼鱼(1~10 cm)食物中浮游植物约占20%,其余为小虾和小鱼等;成鱼食物中甲壳类(虾和小蟹)占70%,小鱼占30%。尖吻鲈的生态习性见图1-41。

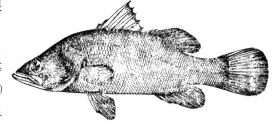

图1-40 尖吻鲈(*Lates calcarifer*)

3. **生长速度** 生长呈S形曲线,幼鱼期生长较慢;体重20~30 g时,速度加快,2~3龄体重可3 000~5 000 g;体重4 000 g时,生长速度又逐

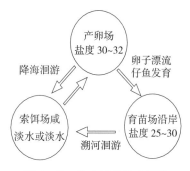

图1-41 尖吻鲈的生态习性
(麦贤杰,2005)

渐减慢（表 1-6）。人工养殖条件下，鱼苗养殖一年可达 500 g。

表 1-6 尖吻鲈各年龄体长和体重

（麦贤杰，2005）

年 龄	1	2	3	4	5	6	7	8	9	10
平均体长（cm）	32.8	45.4	56.6	66.3	75.0	82.5	89.2	95.1	100.2	104.8
平均体重（kg）	0.4	1.1	2.1	3.4	4.9	6.5	8.2	10.0	11.7	13.4

4. 繁殖习性 降海产卵鱼类，性成熟的个体（3~4 龄）从内陆水域洄游至河口，进入盐度为 30~32 的海区，性腺发育成熟并产卵。亲鱼产卵时间同涨潮同步。卵子和幼体随潮流漂至河口，并在该处发育和溯河洄游生长。

雌雄同体，雄性先熟，到一定年龄及大小时，由雄性转化为雌性。尖吻鲈从仔鱼长至 3~4 龄（51~70cm）发育为雄性，达 6 龄时（85~95cm）时，出现性转化，绝大多数变成雌性。并非所有的雄鱼都变成雌鱼，也存在一定数量的原始性雌鱼。

繁殖高峰期在 4~8 月，在我国海南、湛江、阳江、台山沿海，每年 5~6 月间可见到尖吻鲈鱼苗出现。体重 5.5kg 的雌鱼，怀卵量 270 万~330 万粒。尖吻鲈个体大小与怀卵量的关系见表 1-7。成熟卵母细胞的直径为 400~500μm。受精卵为浮性卵，圆形无黏性，集中呈淡黄色，散开水中几乎透明，卵径为 680~770μm，油球直径 240~260μm。水温 28~29℃ 的条件下，受精后 15h 10 min 孵化出仔鱼。

表 1-7 尖吻鲈怀卵量与个体大小的关系

（麦贤杰，2005）

全长（cm）	体重（kg）	怀卵量（百万粒）
70~75	5.5	2.7~3.3
76~80	8.1	2.1~3.8
81~85	9.1	5.8~8.1
86~90	10.5	7.9~8.3
91~95	11.0	4.8~7.1

十九、大口黑鲈

大口黑鲈（*Micropterus salmoides*），又名加州鲈，隶属棘臀鱼科（又名太阳鱼科）、黑鲈属。原产于北美洲的淡水水域，20 世纪 80 年代初引入我国广东、湖南、湖北等地推广养殖。

1. 形态特征（图 1-42） 体侧扁呈纺锤形，口大，口裂后缘超过眼后缘。体被细小栉鳞。体色为淡的金黄带黑色，头部、背部散布密集黑色斑，排列呈带状，从吻端开始直至尾鳍基部。鳃盖上有 3 条黑斑呈放射状排列。

2. 生态习性 温水性杂食性鱼类,生存水温1～36℃,最适生长水温20～30℃。在淡水及盐度低于1的咸淡水中均能很好地生长。以肉食为主的杂食性鱼类,掠食性强。在自然水域中,以水生昆虫、虾、小鱼和蝌蚪等为食。人工养殖条件下,可摄食配合饲料,饲料缺乏时会相互残食。

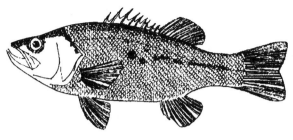

图1-42 大口黑鲈(*Micropterus salmoides*)

3. 生长速度 大口黑鲈生长较快。仔鱼26日龄全长可达33.8mm,体重0.51g。在我国南方当年鱼苗年底体重可达500～750g。目前发现的最大个体长75cm,重9.7kg。

4. 繁殖习性 1冬龄性成熟,繁殖期为3～6月,水温15～26℃。在池塘中可自然产卵繁殖。有挖窝筑巢产卵习性,分批产卵,卵黏性,圆球形,淡黄色,内有金色油球,吸水后卵径1.2mm。卵沉在巢穴底孵化,雄鱼护卵、护幼直至鱼苗可以平游。水温24～26℃时,经30h仔鱼孵出。

二十、罗非鱼

罗非鱼是指丽鱼科、罗非鱼属(*Tilapia*)和口孵属(*Oreochromis*)以及刷齿属(*Sarotherodn*)的鱼类,3属鱼类有100种以上。罗非鱼广泛分布于非洲大陆的淡水和沿海咸淡水水域。尼罗罗非鱼每百克鱼肉含蛋白质20.5g,脂肪6.93g。2005年我国罗非鱼产量达到104万t。

1. 生态习性 热带广盐杂食性鱼类,适温范围为20～35℃,生长最适温度为25～32℃,16℃以下停止摄食,12～14℃以下开始卧底死亡。尼罗罗非鱼从淡水直接放入盐度为15的咸淡水中,仍正常生活;经过阶段性驯化,能忍受高达32的盐度。在高盐度(21.5以上)的海水中不能繁殖,同时生长速度减慢。食性广,水生昆虫、附生藻类、有机碎屑等都可以利用,并可利用其他鱼类不能利用的蓝藻。

2. 生长速度 尼罗罗非鱼生长迅速,孵出后40d,体重可达15～25g,8个月体重达到200～500g。雄鱼的生长比雌鱼快得多,特别是性成熟后,同年龄组雄鱼体重要比雌鱼重40%以上。

3. 繁殖习性 罗非鱼孵出2个月后,全长10cm以上就性成熟。水温20℃以上开始产卵,以后每隔3～4周产卵一次。产卵前有挖窝的习性,窝的大小因鱼体大小而不同,一般宽20～40cm,深10～20cm。卵为沉性卵,无黏性,鸭梨形,充满卵黄。卵长径为2.06～2.40mm,短径为1.53～1.80mm。雌鱼口腔孵化,水温25℃时,6～7d仔鱼孵出;30℃时,3～4d仔鱼孵出。刚孵出的鱼仍含在雌鱼口腔之中,常放出活动,遇敌时立即吸入口中。雌雄鉴别:对于6cm以上的罗非鱼可通过泄殖孔来判别,雄鱼腹部后方有肛门和泄殖孔2个孔,雌鱼腹部后方有肛门、生殖孔和泌尿孔3个孔。

4. 罗非鱼的主要种类

(1) 莫桑比克罗非鱼（*Tilapia mossambicus*）（图1-43）　体高而侧扁，呈长椭圆形。原产地在非洲莫桑比克，是我国最早引进的罗非鱼种类。生存温度范围是13~40℃。一般栖息于底层，当遇到声响时，就潜入水底的软泥中，静止不动，起捕率较低（在30%以内）。

(2) 尼罗罗非鱼（*Tilapia niloticus*）（图1-44）　尼罗罗非鱼体高而侧扁，呈长椭圆形。体色为黄褐色，体侧有黑色横带9条，其中7条分布于背鳍下方，尾柄上2条。尾鳍有垂直的黑色条纹8条以上。较耐低温，生存的极限温度7~41℃，最适生长温度为28~32℃。尼罗罗非鱼有互相残食的习性。

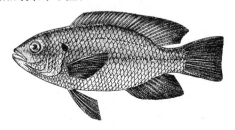 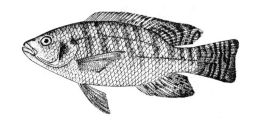

图1-43　莫桑比克罗非鱼（*T. mossambicus*）　　　图1-44　尼罗罗非鱼（*T. niloticus*）

(3) 福寿鱼　尼罗罗非鱼（♀）×莫桑比克罗非鱼（♂）杂交的后代，其全雄率可达90%。

(4) 吉富尼罗罗非鱼（图1-45）　吉富尼罗罗非鱼（简称吉富鱼），是由国际水生生物资源管理中心通过对4个非洲原产地的尼罗罗非鱼品系（埃及、加纳、肯尼亚、塞内加尔）和4个在亚洲养殖比较广泛的尼罗罗非鱼品系（以色列、新加坡、泰国、中国台湾）经混合选育获得的优良品系。生长速度快，起捕率高，耐盐性好，遗传性状较为稳定，但雄性率不高。

(5) 奥利亚罗非鱼（*Oreochromis. aureus*）（图1-46）　体侧有暗横带9~10条，鳞片中央的色素较四周深。奥利亚罗非鱼可耐受的临界低温为$(7.13±0.07)$℃，致死温度为$(3.95±0.24)$℃。纯种的奥利亚罗非鱼与尼罗罗非鱼杂交，雄性率稳定保持在95%以上。

图1-45　吉富罗非鱼　　　图1-46　奥利亚罗非鱼

(6) 奥尼鱼（图1-47）　奥尼鱼是尼罗罗非鱼（♀）×奥利亚罗非鱼（♂）杂交，而获得的子一代。奥尼鱼的生长速度比父本鱼快17%~72%，比母本鱼快11%~24%；适应的临界温度下限为8.25℃，致死温度为5.5℃。

(7) 彩虹鲷（又称红罗非鱼）（图1-48）　红罗非鱼是罗非鱼中杂交变异种。体色有粉红、红色、儒红、橙红、橘黄等。

第一章 主要养殖鱼类的生物学

图 1-47 奥尼鱼

图 1-48 红罗非鱼

二十一、鳜

鳜类通常指鮨科、鳜属的鱼类。该属有鳜（*Siniperca chuatsi*）、大眼鳜（*Siniperca kneri*）、斑鳜（*Siniperca scherzeri*）、波纹鳜（*Siniperca undulata*）、暗鳜（*Siniperca obscura*）、无斑鳜（*Siniperca roulei*）等种类。其中以鳜、大眼鳜和斑鳜个体较大，经济价值高。鳜除青藏高原外，我国所有江河湖库都有分布。含肉率 65.1%～69.3%，每百克鱼肉含蛋白质 17.56g，脂肪 1.5g。

1. 形态特征

（1）鳜（*Siniperca chuatsi*）（图 1-49）又名翘嘴鳜。体高侧扁（体长为体高的 2.7～3.1 倍）。体背部黄绿色，腹部黄白色。自吻端穿过眼眶至背鳍前下方有一条黑色带纹，第 5～7 背鳍棘下方有一条上下垂直全身最大的褐色斑带，体侧有大小不规则的褐色纹和斑块，奇鳍上数列不连续的棕色斑点连成带纹。

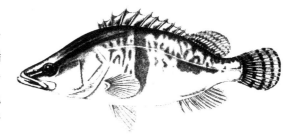

图 1-49 鳜（*Siniperca chuatsi*）

（2）大眼鳜（*Siniperca kneri*）（图 1-50）体高侧扁（体长为体高的 3～3.4 倍），背部呈弧形隆起。体背部褐黄色，腹部黄白色。自吻端穿过眼眶至背鳍前部有一条褐色带纹，第 4～7 背鳍棘下方有一条带纹包于背侧，体侧有许多褐色斑块。

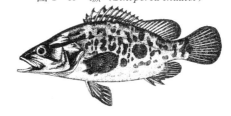

图 1-50 大眼鳜（*Siniperca kneri*）

（3）斑鳜（*Siniperca scherzeri*）（图 1-51）体高侧扁（体长为体高的 3.2～3.9 倍），背部隆起。体色棕绿，腹部色淡。背侧散布许多豹纹状斑块，斑块周缘间以白圈。各鳍灰色。奇鳍上有数列不连续的棕色斑带纹。

2. 生态习性 温水性底层淡水鱼类。最适生长温度为 18～25℃，水温低于 7℃时活动减弱。典型的肉食性凶猛鱼类。对饵料有较强的

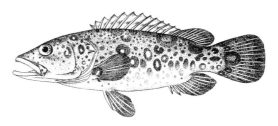

图 1-51 斑鳜（*Siniperca scherzeri*）

分辨能力，终生以活鱼、虾为主要饵料。鱼苗阶段能吞食相当于自身长度70%～80%的其他养殖鱼类的鱼苗。成鳜吞食的最大饵料鱼的长度为本身长度的60%，而以26%～36%者适口性较好。在人工养殖条件下，经人工驯养，也能少量摄食配合饲料。

3. 生长速度 养殖当年达到50～100g，第2年达500g，第3年长到1 000～1 500g（表1-8）。

表1-8 在自然条件下鳜的生长速度

湖泊	年龄	当年	1	2	3	4	5	6
梁子湖	体长 (cm)	13.9	25.5	35.4	41.2	46.4	54.2	60.5
	体重 (g)	—	460	1 070	2 300	3 080	3 750	—
洪泽湖	体长 (cm)	12.1	20.3	27	34.2	40.4	45.1	49.2
	体重 (g)	50	285	590	1 200	1 815	2 150	2 837

4. 繁殖习性 性成熟年龄，雄鱼1冬龄，雌鱼2冬龄。雌鱼泄殖区有由前向后排列的肛门、生殖孔、泌尿孔3个孔；雄鱼只有肛门和泄殖孔2个孔。长江流域5月中旬至7月初为繁殖期，北方较迟。产卵适宜水温21～23℃，在微流水中产卵。个体怀卵量1万～10万粒。受精卵径1.15～1.41mm，端黄卵，卵内有一个直径为0.43～0.55mm的油球，还有数个直径约0.1mm的小油球。卵的密度略大于水，半漂浮性，卵膜透明，微黏性。卵吸水后膨胀，卵膜外径可达1.74～2.13mm。在21～25℃条件下，受精卵经43～62h仔鱼孵出。孵出后48～60h开始摄食，此时鱼苗全长0.46cm。

第四节 鲇形目的主要养殖鱼类

一、长吻鮠

长吻鮠（Leiocassis longirostris），隶属鲇形目、鲿科、鮠属。全国各水系均有分布。含肉率83.1%，鱼肉蛋白质含量16.11%，脂肪1.01%。鳔肥厚硕大，约占体重的5%，新鲜时为银白色，可干制成名贵的鱼肚。湖北省石首出产的"笔架鱼肚"是享誉中外的名菜肴。

1. 形态特征（图1-52） 体呈长纺锤形，腹部圆。有短须4对，上下颌均具有锋利的齿。背鳍后方有一特别肥厚的脂鳍。体背部青灰色，个别个体呈淡红略带古铜色，腹部白色。雌鱼泌尿生殖乳突较短，一般在5mm以下，生殖期更短；雄鱼泌尿生殖乳突较长，一般在10～20mm，生殖期更长，可达到20～30mm，末端呈鲜红色。雄鱼胸鳍尖，硬刺外缘粗糙，内侧有一排强大的锯齿。

2. 生态习性 温水肉食性淡水鱼类，喜阴，畏光。白天不到水面活动，夜晚觅食。生存适宜水温为0～38℃，最适生长水温为24～28℃，

图1-52 长吻鮠（Leiocassis longirostris）

水温低于14℃停止摄食。食物主要有虾、水生昆虫、周丛生物、高等植物的碎片及藻类。在人工养殖条件下，摄食配合饲料。

3. 生长速度 在天然情况下生长较慢，养殖条件下生长较快（表1-9）。

表1-9 长吻鮠的生长速度

水 体	年 龄	1	2	3	4	5	6
长江	体长（cm）	13.7	28.6	42.4	56.7	63.1	70.8
	体重（g）	38.9	337.7	906.8	2 031	2 259	3 028
池塘	体长（cm）	12～25	30～40	40～50	50～58	60～68	70～80
	体重（g）	40～150	300～750	1 000～2 500	2 000～3 500	3 000～4 500	4 000～5 000

4. 繁殖习性 性成熟年龄为3～4龄，繁殖季节5～6月。在自然繁殖过程中，基本上实行"一夫一妻制"，在水流较缓的急流产卵，亲鱼有护卵的习性。个体怀卵量2万～20万粒。人工繁殖时，雄鱼不能挤出精液，需杀鱼取精。长吻鮠受精卵黏性，近圆形，无色透明，卵径为2.49～2.80mm。水温为24.5～27.5℃时，孵化需32～45h，水温为22.5～24℃时，经60h仔鱼孵出。

二、南 方 鲇

南方鲇（*Silurus meridoualis*），隶属鲇形目、鲇科、鲇属。分布于我国长江以南的各大江河水域中。肌肉中水分、蛋白质、粗脂肪和灰分含量分别为68.74%、12.55%、2.62%和1.56%。

1. 形态特征（图1-53） 南方鲇体长形，体色有青灰色带斑点和黄色无斑点两种，体表光滑无鳞，富有黏液。头部宽而扁平，胸腹部粗短，尾部长而侧扁，尾柄高不及体高的1/3，成鱼有2对须，幼鱼期有3对须。

图1-53 南方鲇（*Silurus meridoualis*）

2. 生态习性 温水性底层肉食性鱼类，营底栖生活，白天隐居，夜晚觅食。生存水温0～38℃，适宜生长水温18～32℃，耐低氧能力较强。主要摄食鱼虾及其他水生生物，能捕食相当于自身长度2/3的鱼体。同类相残现象严重，能吃相当于身体长2/3的同类。

3. 生长速度 南方鲇以1～3龄生长速度最快。在人工养殖条件下，当年的鱼苗到年底，体重可达600～1 500g，第2年2 250g，第3年4 000g。

4. 繁殖习性 4龄性成熟，雌鱼泌尿生殖乳突较短，一般在5mm以下，生殖期更短；雄鱼泌尿生殖乳突较长，一般在10～20mm，生殖期更长，末端呈鲜红色。产卵季节在3～6月，产卵水温为18～26℃，最适水温20～28℃。成熟卵呈圆球形，透明呈橙黄色，卵径1.8～2.5mm，沉性卵，遇水后产生强黏性，可黏在附着物上孵化。受精卵在水温22～23℃时，需50～60h孵出鱼苗；水温22～25℃时，受精卵40h孵出鱼苗。

三、斑点叉尾鮰

斑点叉尾鮰（*Ictalurus punctatus*），隶属鲇形目、鮰科、鮰属。斑点叉尾鮰原产于北美落基山脉东部，鱼肉中粗蛋白含量为18.2%，粗脂肪含量为0.43%，水分含量为75.7%。

1. 形态特征（图1-54） 体型较长，前部较宽，后部稍细长，口亚端位，有触须4对。背鳍后方具一脂鳍，尾鳍叉形。背部淡灰色，腹部白色，身体两侧有斑点。雄鱼泄殖孔位于肛门之后一个似肉状乳头的生殖突上。雌鱼具有位置较前的生殖孔和较后的排泄孔，两孔位于肛门之后的裂缝内。

图1-54 斑点叉尾鮰（*Ictalurus punctatus*）

2. 生态习性 适温范围0~38℃，最适生长水温为18~34℃，水温低于10~13℃时，停止摄食。原属肉食性鱼类，经多年养殖驯化，已转变为以植物性饲料为主的杂食性。

3. 生长速度 池塘中当年鱼的体长可长到19.5cm，2龄鱼体长可达32cm，3龄体长可达45cm，4龄体长可达57cm。雄鱼的生长速度快于雌鱼。

4. 繁殖习性 3~4龄性成熟，产卵季节为5~7月，适宜产卵水温20~30℃，最适水温为22~28℃。相对怀卵量每千克体重4 000~15 000粒。在江河、湖泊、水库等水体中均能自然产卵和受精。卵粒附着于鱼巢上并黏结在一起呈半球状卵块。雄鱼筑巢，在与雌鱼交尾后赶走雌鱼，并守护受精卵发育直至孵出鱼苗。鱼卵呈椭圆形，长径为3.481~3.493mm，短径为3.107~3.127mm。未受精卵吸水膨胀系数大于受精卵。受精卵与未受精卵遇水8~12min后均能产生黏性，卵粒互相黏合成卵块。在水温25.5~29℃条件下，经146h 56 min孵化出膜。

四、革胡子鲇

革胡子鲇（*Clarias lareza*），隶属于鲇形目、胡子鲇科、胡子鲇属。原是非洲尼罗河流域的野生鱼类。含肉率为56.03%，鱼肉粗蛋白含量79.48%、粗脂肪含量9.18%。

1. 形态特征（图1-55） 体延长，后部侧扁。头部扁平，有须4对。背鳍和臀鳍基长，胸鳍、尾鳍圆形。鱼体青灰色，腹部较浅。鱼体背部及体侧有不规则灰色和黑色斑块。

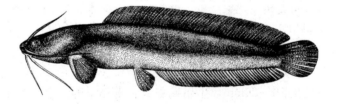

图1-55 革胡子鲇（*Clarias lareza*）

2. 生态习性 暖水性底层淡水鱼类，喜欢栖息在阴暗处，适宜生长温度为8~38℃，最适生长水温为18～35℃，水温低于12℃时停食，最低临界水温6.5℃。能在低氧环境中生存，离水后在保持体表湿润的情况下，仍可存活3d。杂食性鱼类，在人工养殖条件下，可摄食动物性饵料、植物性饵料和人工配合饵料。

3. **生长速度** 在池塘养殖条件下，当年鱼苗可长到0.5kg，第二年可长到1kg。

4. **繁殖习性** 性成熟年龄为1龄，一年可繁殖3～4次，繁殖季节为4～9月，适宜繁殖水温为22～32℃，最适水温为27～32℃，18℃时基本不产卵。雌鱼个体产卵量为2万～12万粒。卵具黏性，碧绿色，卵径1.2～1.5mm，附着于水草上孵化。水温30℃时，受精卵经20h孵化出仔鱼。

五、斑 鳠

斑鳠（*Mystus guttatus*），隶属鲇形目、鲿科、鳠属。斑鳠主要分布于我国珠江水系。

1. **形态特征**（图1-56） 体长而侧扁。头平扁，有须4对。胸鳍硬棘扁长，外缘有埋于皮下的细小锯齿，内缘的锯齿强大。体背部棕色，腹部黄色。体侧具有大小不等、不规则的蓝色斑点。

2. **生态习性** 以小型水生动物如水生昆虫、小鱼虾等为食。人工养殖，可投喂冰鲜野杂鱼。

3. **生长速度** 个体较大，体长为15～20cm鱼种，养殖到年底可长到1.2～2.0kg。

图1-56 斑鳠（*Mystus guttatus*）

在夏秋季，斑鳠1龄鱼平均每月可增重150g。常见个体1～2kg，最大10kg。

4. **繁殖习性** 性成熟年龄为7～8龄，成熟最小个体体重500g，体长400mm。在珠江水系产卵期为5～8月，6～7月是产卵盛期。属黏性卵，产卵场多在水流缓慢河底层的砂砾、岩石处。

六、黄颡鱼

黄颡鱼（*Pelteobagrus fulvidraco*），隶属鲇形目、鲿科、黄颡鱼属。除西部高原外，在我国各大水系均有分布，特别是在长江中下游的湖泊更是广为分布。

1. **形态特征**（图1-57） 头扁平，吻部钝圆，口裂大，须4对。背鳍和胸鳍具骨质硬刺，脂鳍短，后端游离。鱼体裸露无鳞，体背部为黑褐色至青黄色，腹部淡黄色。体侧面有2纵及2横黑色细带条纹相间，间隔成3块暗色纵斑块。

2. **生态习性** 温水性底层杂食性淡水鱼类，白天栖息于水体底层，夜间游到水体上层觅食。体长在

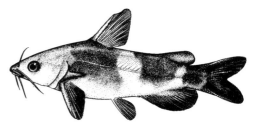

图1-57 黄颡鱼（*Pelteobagrus fulvidraco*）

5~8cm，主要的食物是浮游动物、水生昆虫等；体长10cm以上，主要食物有螺、小虾、鱼、摇蚊幼虫、植物根须和腐屑以及其他鱼类的卵等。人工条件下可以摄食人工配合饲料。

3. 生长速度　天然条件下生长较慢，一般当年只能长到6~10cm，体重2~5g，第2年长到50~100g；人工饲养条件下，当年一般可以长到50g以上。雄性个体明显比雌性个体生长快。

4. 繁殖习性　1龄性成熟，成熟个体体长8~10cm，体重5~12g。繁殖季节为4月中下旬至8月中下旬。在生殖期间可成熟2次，分批产出。产卵水温18~30℃，最佳水温24~28℃。绝对怀卵量为3 000~12 000粒。雄鱼具有筑巢及保护鱼卵和鱼苗的习性。雌鱼产完卵后即离开鱼巢觅食，雄鱼在巢的附近守护发育的受精卵和刚孵化出膜的仔鱼，直至仔鱼能离巢自由游动时为止。

第五节　鲽形目的主要养殖鱼类

一、牙鲆

牙鲆（*Paralichthys olivaceus*），隶属鲽形目、鲽亚目、鲆科、牙鲆属。广泛分布于朝鲜、日本、俄国远东沿岸海域以及中国沿海。鱼体含水率75.3%，每百克鱼肉含蛋白质19.1g，脂肪1.7g。

1. 形态特征（图1-58）　体扁平，呈卵圆形，体长为体高的2.3~2.6倍。双眼位于头部左侧，有眼侧被小鳞，具暗色或黑色斑点；无眼侧被圆鳞，呈白色。背鳍和腹鳍较长，尾鳍后缘呈双截形。

2. 生态习性　冷温水性底层肉食性鱼类，栖息于泥沙底质的海区。生长适宜水温为14~23℃，最适温度为21℃，在水温10℃以下或25℃以上停止摄食。冬季水温降到1.6℃以下，幼鱼几乎会全部死亡。广盐性

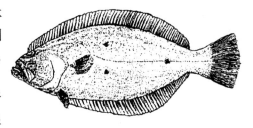

图1-58　牙鲆（*Paralichthys olivaceus*）

鱼类，能在盐度低于8的河口地带生活。肉食性，在天然水域，仔鱼摄食无脊椎动物的卵、桡足类幼体等；变态初期大量摄食昆虫类；营底栖生活时摄食糠虾和其他稚鱼；15cm的牙鲆捕食的主要天然饵料是鱼类。

3. 生长速度　在养殖条件下，满1龄雄性平均体重为555.2g，雌鱼平均体重为807.7g，雌鱼显著超过雄鱼的生长；养殖满2龄后，雌雄生长的差异更大，雌鱼增重率为111.6%，而雄鱼只有53.2%。

4. 繁殖习性　雌鱼4龄，雄鱼3龄性成熟；雌鱼腹部比雄鱼膨大，生殖孔在无眼侧，即贴底面，生殖孔圆形呈红色；雄性生殖孔在有眼侧。人工养成的亲鱼可以提前1年性成熟。繁殖季节，在黄渤海沿岸产卵期为4~6月，产卵水温10~21℃，最适水温15℃。属分批产卵型鱼类。体长50cm个体怀卵量为20万~50万粒。受精卵直径约为0.81mm，卵黄中有1个大的油球。受精卵在14~16℃、盐度29.9的海水中孵化，历时93h（1 395℃·h）完成整个胚胎发育过程。

二、大菱鲆

大菱鲆（Scophthalmus maximus），又名多宝鱼，隶属鲽形目、鲆科、菱鲆属。原产于大西洋东北部沿岸水域。鱼体含水量78.5%、蛋白质含量78.6%（干重）、脂肪含量15.8%、灰分含量4.74%。

1. **形态特征**（图1-59） 体呈菱形，扁平，整体又近似圆形。两眼位于头部左侧。体背面有少量角质鳞，呈深褐色，有隐约可见的黑色和棕色花纹，体色还可随环境而变化。腹面光滑无鳞呈白色。大菱鲆体型优美，幼鱼色彩绚丽，具观赏价值。

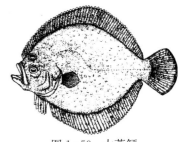

图1-59 大菱鲆
(Scophthalmus maximus)

2. **生态习性** 冷温水性底层鱼类。耐受的极端水温为0~30℃，适宜生长温度为10~24℃，最适养殖水温为15~19℃。水温高于24℃，低于4℃生长受到抑制。适盐性较广（12~40）。喜集群生活，互相多层挤压一起，除头部外，重叠面积超过60%，对生长、生活无碍。大菱鲆在自然水域中以小鱼、小虾、贝类、甲壳类等为食，喜集群摄食，饲料利用率高，饵料系数为1~1.2。

3. **生长速度** 在水温为15~19℃的工厂化养殖条件下，全长5cm的鱼苗养殖1年，体重可达800~1 000g，第二年体重可达1 800~2 200g，第3年体重可达3 800~5 000g。

4. **繁殖习性** 野生雌性3龄性成熟，体重2~3kg，体长40cm；雄鱼2龄性成熟，体重1~2kg，体长30~35cm。自然繁殖季节为5~8月。分批产卵类型，每千克体重怀卵量100万粒。卵呈圆球形，无色透明，卵径为0.98mm，油球径为0.13mm。在人工养殖条件下，一般不能自行排卵受精。受精卵置于微流水和微充气的水体中孵化，13℃需116h仔鱼孵出，15℃需96h仔鱼孵出。

第六节 鲻形目的主要养殖鱼类

一、鲻

鲻（Mugil cephalus），隶属鲻形目、鲻科、鲻属。分布于大西洋、印度洋和太平洋。我国有南鲻北鲅之称，是咸淡水鱼塘主要混养鱼类。鱼肉蛋白质含量22%、脂肪含量4%。

1. **形态特征**（图1-60） 体呈长纺锤形，稍侧扁，腹面钝圆。眼较大，脂眼睑特别发达。口下位，有绒毛状颌齿多行，呈带状排列。背鳍2个，分离。第1背鳍起点距吻端与至尾鳍基距相等；第2背鳍较大，与臀鳍相对。鱼体背部呈青灰色，腹面银白色，体侧上方具有数条暗色纵条纹。

2. **生态习性** 亚热带、温带浅海中上层

图1-60 鲻 (Mugil cephalus)

鱼类。栖息于浅海区及河口的咸淡水水域。广温性，适应水温为3～35℃，最适生长水温为12～25℃，水温下降到9℃时，表现不适，呈侧卧状态，致死温度为0℃。广盐性，在海水、半咸淡水和淡水中均能生活，适盐范围为0～40。杂食性鱼类，食物来源十分广泛。饵料主要有硅藻、丝状藻类、桡足类、多毛类、摇蚊幼虫、小虾以及小型软体动物。

3. 生长速度 鲻体长与体重存在指数相关，可用方程式：$W=1.2716 \times 10^{-5} L^{3.0695}$来表达。池养鲻体长与体重关系见表1-10。

表1-10 池塘养殖鲻各年龄鱼体长及体重

年　龄	1	2	3	4	5
体长（mm）	285.2	379.5	451.1	491.6	529.9
体重（g）	425.3	1 154.1	1 894.2	2 364.0	2 851.0

4. 繁殖习性 成熟雄性体长350～540mm、体重819～3 101g；雌性体长330～570mm、体重684～3 660g。体长340～500mm，体重750～2 450g的鲻个体怀卵量变化于48万～480万粒之间。产漂流性卵，卵在静水中则下沉。卵无色透明，具有1个微黄色的油球。成熟卵直径918～994μm，油球直径306～337μm。在水温20～22℃、盐度28～32，受精卵经48～50h孵化出膜。

二、鲅

鲅（*Liza haematocheila*），隶属鲻形目、鲻科、鲅属。分布于西北太平洋。我国沿海以黄渤海盛产，每百克肉含蛋白质18.9g，脂肪1.7g。

1. 形态特征（图1-61） 体细长，前部圆筒状，后部侧扁。口裂略呈人字形，下颌前端中央具一突起，可嵌入上颌相对的凹陷中。眼较小、红色，脂眼睑不发达。体被圆鳞，背鳍2个分离。头及背部灰青色，两侧淡黄色，腹部白色，体侧上方有数条黑色纵纹。

2. 生态习性 广温、广盐性海水鱼类。最适生长水温为12～25℃，水温低于-0.7℃时死亡。在海水、咸淡水及淡水中均能生存。体长

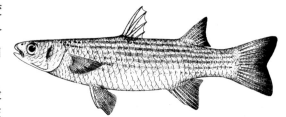

图1-61 鲅（*Liza haematocheila*）

20mm以内以浮游动物为食，20～60mm的稚鱼和幼鱼转向摄食底栖动物和附生生物，60mm以上转向以附生生物和有机碎屑等植物性饵料为主。

3. 生长速度 1龄鱼全长150mm，体重50g；2龄鱼全长200mm，体重200g；3龄鱼全长350mm，体重500g；4龄以后生长减慢。

4. 繁殖习性 性成熟年龄，雄鱼2龄，体长32.5cm，体重450g；雌鱼3龄，体长44cm，体重580g。体长45cm的雌鱼怀卵量113万粒。生殖季节4～6月。产卵于近岸河口港湾，有淡水流入的咸淡水交汇处，产卵场水温在15℃左右，盐度在20左右。最适孵化水温为15～22℃，水温低于12℃或高于25℃，胚胎则停止发育而夭折。成熟卵呈球形、透明，卵膜光滑，卵黄

为无色透明,具有多个微黄色油球,卵径 0.86~0.9mm。15~22℃时,受精卵孵化时间为 35~65h。

第七节　鲑形目的主要养殖鱼类

一、虹　鳟

虹鳟（Salmo gairdneri）,隶属鲑形目、鲑科、鲑属。分为陆封型、降海型、湖沼型等 3 种。虹鳟原产于北美洲太平洋沿岸。含肉率 75.61%,肌肉粗蛋白含量 21.11%、粗脂肪含量 3.53%。

1. **形态特征**（图 1-62）　体长侧扁呈纺锤形,吻圆、鳞小。背部和头顶部呈苍青色或棕色,体侧呈白色或灰色,腹部呈灰白色。鱼体及鳍分布有黑色斑点,有一脂鳍。性成熟鱼体沿侧线有一条宽而鲜艳的紫红色彩虹纹带,延伸至鱼尾鳍基部。

2. **生态习性**　冷水性鱼类,生活极限温度 0~30℃,最适生长水温 16~18℃,低于 7℃或高于 20℃时,食欲减退,生长减慢,超过 24℃摄食停止。以陆生和水生昆虫、甲壳类、贝类、小鱼等为主要食物,也吃水生植物的叶子和种子。在人工养殖条件下,能很好地利用配合饲料。

图 1-62　虹鳟（Salmo gairdneri）

3. **生长速度**　在人工养殖条件下,16℃时 1 年可长至 100~200g,2 年可达到 400~1 000g,3 年可达到 1 000~2 000g;9℃时 1 年可长至 40~50g,2 年达到 200~300g,3 年达到 800~1 000g。

4. **繁殖习性**　性成熟年龄,雄鱼 2 年、雌鱼 3 年。产卵水温 4~13℃,最适水温 8~12℃。在天然水域中,产卵场在有石砾的河川或支流中,雌鱼掘产卵坑,雄鱼护卵。个体怀卵量 10 000~13 000 粒,分批产出。沉性卵,受精卵卵径为 5.3~5.6mm。孵化适温范围 7~13℃,最适水温为 9℃。水温 7.5℃,受精卵孵出需 46d,积温为 343℃·d。

二、大麻哈鱼

大麻哈鱼（Oncorhynchus keta）,隶属鲑形目、鲑科、大麻哈鱼属。大麻哈鱼分布于北太平洋东、西两岸。我国以乌苏里江、黑龙江、松花江为最多。我国江河大麻哈鱼有 3 种：大麻哈鱼（Oncorhynchus keta）、马苏大麻哈鱼（Oncorhynchus masou）和驼背（细鳞）大麻哈鱼（Oncorhynchus gorbuscha）。该鱼肉呈红色,含蛋白质 14.9%~17.5%,脂肪 8.7%~17.8%,水分 61.4%。鱼卵晶莹透亮,富含磷酸盐、钙质及维生素 A、维生素 D,大麻哈鱼卵,是闻名国际市场的红鱼子,鱼皮可以制革。

1. **形态特征**（图 1-63）　体长而侧扁,呈纺锤形;口裂大,形似鸟喙,相向弯曲如钳状,使上下颌不相吻合,生殖期雄鱼尤为显著。生活在海洋时体银白色,入河洄游不久色彩则变得非常鲜艳,背部和体侧先变为黄绿色,逐渐变暗,呈青黑色,腹部银白色。体侧有 8~12 条橙赤色横斑条纹,雌鱼较浓,雄鱼条斑较大。

图 1-63　大麻哈鱼（*Oncorhynchus keta*）

2. 生态习性　冷水性凶猛肉食性鱼类,幼鱼吃底栖生物,成鱼主要以小型鱼类为食。

3. 生长速度　生长快,雌鱼快于雄鱼。乌苏里江 3~5 龄的生殖群体体长（61.81±5.57）cm,体重（2.86±0.94）kg；黑龙江 4~6 龄的鱼生殖群体体长（65.40±5.32）cm,体重（3.33±0.86）kg（表 1-11）。

表 1-11　乌苏里江与黑龙江中游大麻哈鱼生殖群体的生长推算表

（韩英, 2004）

体长（cm）	L_1	L_2	L_3	L_4
乌苏里江种群	29.35（26.12~32.78）	42.94（38.99~46.62）	52.81（49.14~57.31）	61.74（58.64~63.45）
黑龙江种群	26.67（23.80~29.52）	36.75（35.70~38.69）	44.34（42.84~46.67）	51.19（51.00~53.42）

4. 繁殖习性　溯河产卵洄游。栖息于太平洋北部,在海洋里生活 3~5 年后,在夏季或秋季成群结队进入黑龙江作生殖洄游,根据溯河时间可分为夏型和秋型两个生物群体,上溯进入中国境内的仅为秋型。大麻哈鱼沿江而上,日夜兼程,不辞辛劳,每昼夜可前进 30~35km,冲过重重阻隔,直到产卵场。进入淡水产卵场后生殖期间不再摄食。产卵场要僻静,水质澄清,水流较急,水温 5~7℃,底质为砂砾地。产卵期为 10 月下旬至 11 月中旬。产卵前雄鱼用尾鳍拍打砂砾,借水流的冲击,形成一个直径为 100cm,深 30cm 的圆坑,称为"窝子";雌鱼产卵于窝子内,同时雄鱼射出精液。成熟的卵呈晶莹的橘红色,直径为 5.6~6.5mm。雌鱼以尾鳍反复拨动砂砾,将卵埋好。亲鱼由于经过长途洄游,洄游其间又不再进食,加之筑窝子产卵,体力消耗殆尽,产卵后的大麻哈鱼,7~14d 即死亡。大麻哈鱼终生只繁殖一次,怀卵量在 4 000 粒以上。仔鱼长至 50mm,便开始降河下海,沿途摄食小型浮游生物。

三、银　鱼

鲑形目、银鱼科的鱼类主要分布在亚洲东部的中国、日本、越南和朝鲜半岛。我国共有 6 属 17 种。我国水库和湖泊增殖的种类有大银鱼、太湖短吻银鱼、近太湖新银鱼、寡齿新银鱼等。鲜银鱼全鱼蛋白质含量 10.75%,脂肪含量 1.37%;干银鱼的蛋白质含量 76.76%,脂肪含量 9.75%。

（一）大银鱼（*Protosalanx hyalocranius*）

1. 形态特征（图 1-64）　个体较大,成体体长多在 9cm 以上。鱼体属细长型,前部略呈圆筒形，后部呈侧扁状。头部较平扁，上、下颌内均有细齿。背鳍后有一小脂鳍，脂鳍与臀鳍基部相对，腹鳍与肛门之间的棱膜发达，尾鳍分叉。鱼体两侧近腹缘处有一列小黑点。

2. **生态习性**　广盐性、中上层适低温鱼类。体长5cm以下的大银鱼，以浮游动物为食；5～11cm开始摄食小鱼小虾；11cm以上完全以小鱼虾为食。

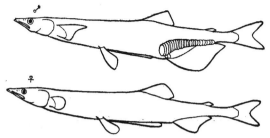

图1-64　大银鱼（*Protosalanx hyalocranius*）

3. **生长速度**　生命周期为1年。7月龄平均体长可达11cm。生长一年平均体长为12～15cm，最大体长可达25cm；生长一年平均体重为9～15g，最大体重50g。

4. **繁殖习性**　繁殖季节为当年12月至翌年2月。繁殖期间水温为2～12℃，雄鱼副性征明显，臀鳍肥大成扇形，心脏前端出现一红色圆点，颈部及胸腹部开始变成玫瑰红颜色，雌鱼没有副性征。个体绝对怀卵量3 190～43 580粒；相对怀卵量每克体重524～1 540粒。分批产卵，产黏性卵，卵密度略大于水，附着在水草或其他物体上孵化。受精卵为圆形，直径为0.85～1.02mm。当水温为0.9～10.1℃时，从受精卵至仔鱼孵出需810h。产卵后不再摄食，身体渐趋瘦弱，最终死亡。

（二）太湖新银鱼（*Neosalanx taihuensis*）

1. **形态特征**（图1-65）　鱼体细长，前部略呈圆筒形，后部侧扁。上下颌前端具小细齿。背鳍

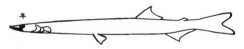

图1-65　太湖新银鱼（*Neosalanx taihuensis*）

位置较后，距细小的脂鳍和尾鳍较近。体无鳞，全身透明，死后鱼体为乳白色。

2. **生态习性**　终生定居生活于湖泊和水库之中，主要以浮游动物为食，也食少量的小虾和鱼苗。

3. **生长速度**　生命周期1年左右。1月龄鱼体长20mm，体重0.04g，6月龄鱼体长50～70mm，体重1.1～1.3g，9月龄鱼体长60～80mm，体重1.45～1.78g。

4. **繁殖习性**　半年即达性成熟，1冬龄亲鱼即能繁殖，生殖后不久便死亡。雄鱼臀鳍基部两侧各有一排较大的鳞片，雌性个体无臀鳞。太湖新银鱼有春季、秋季和冬季3个产卵群体，春季产卵群体在3～5月份繁殖，秋季产卵群体在9～11月份繁殖，冬季产卵群体在12月至翌年1月份繁殖。分批产卵类型，一生中至少产卵2次。个体绝对怀卵量为500～30 000粒。成熟卵呈圆形，在流水中呈漂流状态，在静水中为沉性。只要保证充足的溶氧，可以静水孵化。水温7～10.6℃，孵化期为232.8h。

四、池沼公鱼

池沼公鱼（*Hypomesus olidus*），隶属鲑形目、胡瓜鱼科、公鱼属。在日本、朝鲜、前苏联的远东地区以及美洲均有分布。在我国自然分布仅限于黑龙江中下游、乌苏里江和图们江中下游。

1. **形态特征**（图 1-66） 鱼体长稍侧扁，头长大于体高。口裂较大，上下颌具有绒毛状齿。背鳍较高，与腹鳍相对，有脂鳍。背部呈淡褐色或浅草绿色，体侧及腹部为银白色。

图 1-66 池沼公鱼（*Hypomesus olidus*）

2. **生态习性** 适温范围 0～28℃，最适水温为 10～22℃。可在盐度 6 以下的咸淡水中生活。主要以轮虫、单胞藻、桡足类和枝角类为食，食谱范围广。

3. **生长速度** 当年 10 月底，体长可达到 7～9cm，体重 3～6g。第二年春季，大部分池沼公鱼产卵后陆续死亡。

4. **繁殖习性** 1 龄性成熟，性成熟最小个体体长 5.5cm，体重 1.2g。适宜产卵水温为 4～16℃。3～5 月份当水温达 7～10℃时，由河口上溯至江河下游段，寻找底质砂砾的场所产卵，卵黏附于砂砾上。绝对怀卵量为 3 067～21 029 粒，相对怀卵量每克体重为 540～1 257 粒。卵黏性，黄色球形，含有大量卵黄，卵径 0.8mm。水温 10～18℃时，受精卵 14d 可孵化出鱼苗。

第八节 鲟形目的主要养殖鱼类

鲟鱼肉富含人体所必需的 8 种氨基酸和不饱和脂肪酸，鱼卵可加工成黑鱼子酱，品质极高。肌肉含蛋白质 17.1%、脂肪 3.54%，鱼卵含蛋白质 27.3%、脂肪 21%。鲟为广温性、广盐性鱼类。多数种类生存极限温度为 1～34℃，产卵水温为 10～19℃。对盐度的变化适应能力强，无论淡水还是海水种类，都在淡水中产卵，且进行较长时间的溯河产卵洄游。寿命长，个体大，性成熟晚，性成熟年龄变异大。最大个体体长 8m，体重 1 500kg，寿命 100 龄以上。雌鱼 12～33 龄性成熟，雄鱼 9～28 龄性成熟。生殖力高，通常怀卵量近百万粒，间隔几年繁殖一次。卵径大，卵径 2～2.4mm，孵化期长，水温 14～19℃，孵化时间需 5～8d，孵化积温 1 900～3 370℃·h。仔鱼主要以底栖无脊椎动物为食，成体多数为温和性肉食性，鳇为凶猛性鱼类，匙吻鲟为滤食性鱼类。

一、中华鲟

中华鲟（*Acipenser sinensis*），隶属鲟形目、鲟科、鲟属。中华鲟是国家一类保护动物，必须办理相关的审批手续后才能进行生产性养殖。

1. **地理分布** 主要生活在亚洲东部沿海的大陆架水域，如在中国辽宁海洋岛、山东石岛、浙江舟山、台湾基隆、海南岛东侧万宁县近海及韩国汉江口及南端丽水附近以及日本九州岛西侧等海域。产卵洄游期主要进入长江干流、西江、闽江；溯长江可达金沙江下游，葛洲坝水利枢纽建成后，仅能到达长江中游的宜昌。沿珠江可达广西浔江、柳江等。

2. **形态特征**（图 1-67） 鱼体呈梭形，前端略粗，向后渐细，腹部平直。体表有 5 行纵列骨板状大硬鳞，硬鳞行列间的皮肤在幼体时十分光滑。尾鳍歪形，上叶显著大于下叶，其上叶两侧有棘状硬鳞。体色在侧骨板以上为青灰色或灰黄色；侧骨板以下逐步由灰黄过渡到黄白色，腹

图 1-67 中华鲟（*Acipenser sinensis*）

部为乳白色。头部皮肤中有梅花状的感觉器——罗伦氏囊。

3. 生活史 溯河洄游性鱼类。幼鱼在海水中生长发育，性成熟个体于 7~8 月间由海进入江河，在淡水栖息一年性腺逐渐发育，至翌年秋季，繁殖群体聚集于产卵场繁殖。产卵以后，雌性亲鱼很快即开始降河。产出的卵黏附于江底岩石或砾石上面，在水温 17~18℃ 的条件下，受精卵经 5~6d 仔鱼孵出。刚出膜的仔鱼带有巨大的卵黄囊，形似蝌蚪，顺水漂流，约 12~14d 以后开始摄食。翌年春季，幼鲟渐次降河，5~8 月份出现在长江口崇明岛一带，9 月以后，体长已达 30cm 的幼鲟，陆续离开长江口浅水滩涂，入海肥育生长。

4. 食性 以摄食底栖动物为主的温和性肉食鱼类。开口后的仔鱼以水生寡毛类、水生昆虫的幼虫和枝角类为食；降河至长江下游常熟一带的幼鲟，以虾、蟹为主要食物；进入河口水域的幼鲟，食物以鱼类、沙蚕类、虾类为主，间或摄食蚬类和蟹类。中华鲟在海中的食物主要为鱼类、蟹类、虾类、贝类，其中以底栖鱼类和蟹类最多。比较贪食，亲鱼耐饥饿能力很强，在进入淡水繁殖的一年期间，上溯亲鱼在洄游途中完全停食，靠体内储藏的大量营养物质维持新陈代谢及其性腺发育。

5. 年龄和生长 人工养殖中华鲟，水温 14~29℃，11 月龄体重可达 3.5kg，14 月龄体重可达 5.0kg。在天然条件下生长速度见表 1-12。

表 1-12 中华鲟在自然水域中的生长速度

（肖慧，2000）

年龄	1	2	3	4	5
体长（cm）	57.6	75.7	91.3	106.8	119.8
体重（kg）	1.5	3.55	6.4	10.35	15.0

6. 繁殖习性 中华鲟从溯河进入淡水到产卵繁殖需要一年的时间，繁殖的间隔期可能为 5~7 年。雄鱼初次繁殖年龄 9~18 龄，雌鱼初次产卵年龄 14~26 龄。雄鱼最小性成熟个体体长 169~171cm，体重 38.5~50kg；雌鱼最小性成熟个体体长 213~239cm，体重 120~148kg。摄食肥育期间栖息于我国东南沿海及朝鲜半岛的西海岸，性成熟后，成熟亲鱼为了产卵而溯河进入淡水，选择河流上游具有石质河床的江段产卵。产卵场一般水流湍急，流态紊乱，底质为岩石或卵石。以前，长江中华鲟产卵场分布在长江上游和金沙江下游，集中在四川的屏山县至宜宾江段，约有 16 处。葛洲坝水利枢纽大江截流后，坝下形成了 2 个新的产卵场。秋季产卵，繁殖群体每年的 7~8 月溯河，在淡水中洄游、滞留一年，于翌年秋季 10 月中旬至 11 月中旬产卵繁殖。属一次产卵的类型，而雄鱼则可多次排精。雌鱼个体绝对怀卵量在 30.6 万~130.3 万粒之间变化。鱼卵产出后在急流中随水散布，数分钟后即具有黏性，黏附于岩石或砾石上面发育。成熟鱼卵卵径为 3.7~4.9mm。

二、俄罗斯鲟

俄罗斯鲟（Acipenser gueldenstaedti），隶属鲟形目、鲟科、鲟属。主要分布在里海、亚速海、黑海以及与之相通的河流。鲜肉中蛋白质和脂肪含量分别为15.14%和2.13%。

1. 形态特征（图1-68） 体呈纺锤形，吻短而钝，略呈圆形。4根触须位于吻端与口之间。体被5行骨板，在骨板行之间体表分布许多小骨板，常称小星。骨板色泽呈淡金黄色。体色背部灰黑色、浅绿色或墨绿色，体侧通常灰褐色，腹部灰色或少量柠檬黄色，幼鱼背部呈蓝色，腹部白色。

图1-68 俄罗斯鲟（Acipenser gueldenstaedti）

2. 生态习性 除洄游性种群外，部分是终生在淡水中生活的定栖性种群。在伏尔加河栖息有定栖性种群。在里海和黑海，俄罗斯鲟溯河洄游始于早春，在夏季中期和夏末达到高峰，结束于秋末。在伏尔加河，产卵洄游始于3月末或4月初，此时水温1～4℃，6～7月份，产卵群体达到高峰。当水温下降到6～8℃时溯河种群逐渐减少，至11月基本停止。春季洄游型当年产卵，洄游距离通常离河口仅100～300km；秋季洄游型翌年产卵，洄游距离河口数千公里。生长适宜温度为18～25℃，最适温度为20～24℃。成鱼主食软体动物、多毛类及鱼类。在多瑙河，幼鱼以糠虾、摇蚊幼虫为食。溯河洄游的鲟鱼在河中几乎不摄食，降海洄游的鲟鱼在河中摄食也很少。

3. 生长速度 在亚速海，1龄鱼全长为29.4cm；2龄鱼全长46.2cm，体重2kg；5龄鱼全长66.6cm，体重5.5kg；10龄鱼全长89.8cm，体重12kg。自然种群最大个体全长可达235cm，体重达115kg。人工养殖俄罗斯鲟水花，养殖4个月后，平均尾重达130g。

4. 繁殖习性 性成熟年龄，雄鱼11～13龄，雌鱼12～16龄。在伏尔加河雌鱼产卵间期4～5年，雄鱼2～3年。雌鱼重14～18kg，成熟系数14.1%。春季洄游型在5月中旬至6月初繁殖，雌鱼绝对怀卵量26.6万～29.4万粒，相对怀卵量每千克鱼体重1万粒，卵径（2×3）～（3.3×3.8）mm，卵粒重20.6mg。水温8.9～12℃，孵化时间约为90h。

三、施氏鲟

施氏鲟（Acipenser schrenckii），隶属鲟形目、鲟科、鲟属。主要分布于黑龙江水系，自黑龙江上游至俄罗斯境内的黑龙江河口均有，以黑龙江中游江段，松花江下游数量为多，乌苏里江较少。肌肉中水分、蛋白质、粗脂肪和灰分含量分别为72.4%、21.39%、5.60%和0.60%。

1. 形态特征（图1-69） 体长梭形，头尾部尖细。头部呈三角形，顶部较平。吻尖，平扁。口小，下位，横裂，口唇具花瓣状皱褶。吻腹面口前方有横列的须2对，等长，须基部前方若干疣状突，多数为7粒，故称之为七粒浮子。体被5行纵列骨板状硬鳞，各硬鳞上均具锐棘，鳞间皮肤粗糙。背鳍后位；胸鳍位近腹面，第一不分支鳍条长，略硬；臀鳍位于背鳍基部之后；歪型尾。头部及背侧灰褐色或黑褐色，腹面白色。

图69 施氏鲟（*Acipenser schrenckii*）

2. 生态习性 属河流定居型种类，主要栖息于黑龙江的中、下游及河口半咸水水域。生存温度为1～30℃，适宜生长水温17～25℃，最适温度为19.8℃。食性依鱼的年龄不同而异，幼鲟主要以底栖动物和水生昆虫为食；成鱼还摄食小型鱼类。人工养殖条件下，经驯化摄食人工配合饲料。

3. 生长速度 在黑龙江1龄个体全长25.5cm，体重66g；2龄个体全长44.9cm，体重243.8g。人工养殖条件下，水温12.8～27℃，养殖11月龄全长56.9cm，体重606g。在终年水温18℃的条件下，养殖2周年体重2 500g，3周年最大个体可达5 900g。表1-13列出了流水养殖施氏鲟生长情况。

表1-13 流水养殖施氏鲟生长情况

（水温20～27℃）

养殖时间	1.5个月	2个月	3个月	4个月
全长（cm）	9.3	18.3	28	34
体重（g）	3.2	25.2	86.3	161

4. 繁殖习性 最小性成熟年龄，雌鱼9～13龄，雄性7～9龄；生殖群体中雌性个体年龄15～35龄，全长106～182cm，体重7.5～43 kg，怀卵量10.2万～44万粒；雄性年龄14～24龄，全长130～150cm，体重11～18kg。5月底至7月中旬，水温达17℃时自然产卵。产卵环境为江河干流，水流平稳、水深2～3m、小石砂砾底质的江段处。卵为沉性卵，具黏性，成熟卵粒径3.0～3.6mm。

四、匙 吻 鲟

匙吻鲟（*Polyodon spathula*），隶属鲟形目、匙吻鲟科、匙吻鲟属。在北美洲广泛分布于中部和北部地区的大型河流中。我国于1991年从美国引进匙吻鲟受精卵，人工孵化鱼苗，试养成功。

1. 形态特征（图1-70） 形态奇特，有一个形如匙柄的长吻，似鸭嘴，约占体长

图1-70 匙吻鲟（*Polyodon spathula*）

的1/3，吻上有大量的感受器可分辨食物密度。体色为背部灰黑色，两侧渐浅，腹部灰白色，鳍灰黑色。刚孵出的仔鱼吻不明显，体长8～9mm，经1个多月养殖，吻才发育完全。

2. 生态习性　一种纯淡水鱼类，适温范围极广，在0～37℃水体中均能生存，适宜生长水温为20～28℃。终生以浮游动物为食，仔鱼开口饵料主要是小型枝角类，也摄食蛋黄、鱼粉等。在鳃耙未发育完全之前，摄食方式为吞食。饵料不足，幼鱼会捕食比其小的其他鱼苗，甚至会同类相互残食。

3. 生长速度　同龄雌性个体显著大于雄性。养殖条件下，当年鱼苗到年底，全长达50～60cm，体重达700～1 000g。2龄鱼全长达67～80cm，体重达2～3kg，3龄鱼体重达5kg以上。

4. 繁殖习性　最小性成熟年龄雄鱼7～9龄，雌鱼10～12龄；成熟雄鱼每年可排精，成熟雌鱼间隔3～5年产卵一次；成熟卵巢占体重15%～25%，体重11.4～25kg的雌鱼，卵巢重2.7～3.6kg；怀卵量148 000～507 000粒，平均每千克体重3 500粒。成熟卵子呈灰黑色，直径2.0～2.5mm。产卵季节在3月底至6月初，为间歇式产卵类型。当水温达到10℃左右时，匙吻鲟开始上溯，随水温升高，上溯速度加快，当水温接近15.6℃时，便可产卵和排精。受精卵黏附在石砾或其他物体上孵化，水温在16℃时，大约7d左右孵出鱼苗。

第九节　鲉形目的主要养殖鱼类

一、许氏平鲉

许氏平鲉（*Sebastes. schlegeli*），隶属于鲉形目、鲉科、平鲉属。分布于北半球温带海域。个体较大，肉味鲜美，具有较高的经济价值。

1. 形态特征（图1-71）　体长椭圆形、稍侧扁。眼后下缘有3条暗色斜纹，具眼前棘及眼后棘，眼后方有一枕棱。背鳍长，鳍棘与鳍条部之间有一深凹，腹鳍位于胸鳍基的后下方。体背部灰黑褐色，腹面灰白。体侧分布有不均匀的黑色斑点。

2. 生态习性　冷温性近海底层凶猛性鱼类。常栖息于近海岩礁地带、清水砾石区域的洞穴中，不喜光。

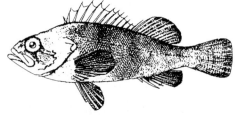

图1-71　许氏平鲉（*Sebastes schlegeli*）

在4～27℃均有摄食行为，生长适宜水温10～25℃。食物主要种类有对虾、鹰爪虾、细螯虾、幼蟹、各种幼鱼、鱼卵以及头足类等。十分贪食，摄食量颇大。

3. 生长速度　自然渔获物主要由1～6龄以上个体组成，以2龄幼鱼居多。在人工养殖条件下，4月初放养70g左右的鱼种，养殖9个月，可达300g以上的商品鱼规格。

4. 繁殖习性　性成熟年龄，雄鱼3龄，体长200mm；雌鱼4龄，体长250mm。属体内受精卵胎生鱼类，卵巢内卵子发育基本同步，属一次性产仔鱼类。产仔期为4～6月，盛期为5月上中旬，水温14～16℃。繁殖力高，体重1.5kg、体长310mm的待产亲鱼怀卵量达12.78万。成熟卵径1.25～1.29mm，受精卵1.29～1.33mm，受精卵在卵巢腔内完成胚胎发育，产出仔鱼体长5.7mm左右。

二、大泷六线鱼

大泷六线鱼（Hexagrammos otakii），隶属鲉形目、六线鱼科、六线鱼属。分布于黄海和渤海。鱼体蛋白质含量18.50%，脂肪含量4.80%，灰分含量3.00%。

1. 形态特征（图1-72） 体长椭圆形、稍侧扁。每侧侧线各有5条，第5条侧线自胸部沿腹中线到肛门前分成2条，止于尾鳍基侧下缘。背鳍长，鳍棘与鳍条部之间有一深凹，鳍棘部后上方有一大的棕黑色斑块。体黄褐色，色彩艳丽，自眼后至尾部背侧有9个灰褐色暗斑，臀鳍浅绿色。

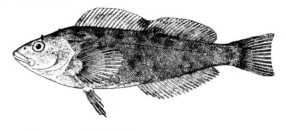

图1-72 大泷六线鱼（Hexagrammos otakii）

2. 生态习性 冷温水杂食性鱼类，栖息于近海底层岩礁。生存极限水温2～30℃，适宜生长水温8～20℃，水温超过24℃，成鱼停止摄食。主要以鱼、虾、蟹类、沙蚕类、蛤肉类、藻类等为食。

3. 生长速度 一般体长20～30cm，体重250～1 000g。体长与年龄的关系见表1-14。

表1-14 大泷六线鱼各年龄鱼体长

年 龄	1	2	3	4	5
体长（cm）	12.6	19.8	26.6	30.2	32.5

4. 繁殖习性 山东半岛沿岸产卵期为10月下旬至11月下旬，一次性产卵类型。卵多产于水深2～5m海底的海藻上，少数产于礁石上。产卵最适水温12～15℃，盐度为28～30，水深为10～40m，流速为0.5～1.5m/s，透明度为3～7m。个体产卵量为0.3万～2万粒。卵为圆球形，黏性卵，直径2.0～2.2mm，油球多而大小不一。亲鱼有护卵习性，卵产出后，雌雄亲鱼守护在卵区周围，驱赶游进卵区的各种鱼虾，此时不摄食，仔鱼孵出后，亲鱼才离开。最适孵化盐度31～32，水温8～10℃，孵化时间为25～30d，孵化率为90%。水温低于6℃，高于17.5℃不能孵化。

第十节 其他目的主要养殖鱼类

一、鳗鲡

鳗鲡通常指鳗鲡目、鳗鲡科鱼类。广泛分布于全球热带、亚热带和温带地区。鳗鲡中有经济价值的种类有20多种，目前已在我国进行人工养殖的鳗鲡主要有日本鳗鲡（Anguilla japonica）、欧洲鳗鲡（Anguilla anguilla）和美洲鳗鲡（Anguilla rostrata）。鳗蛋白质、脂肪和水分含量分别为11.44%、5.08%和77.94%，高度不饱和脂肪酸（HUFA）为18.9%。

1. 形态特征（图1-73） 鳗鲡各种类的形态特征大体相似，体细长呈蛇形，前部近圆筒状，后部稍侧扁。鳞片细小，长椭圆形，埋于皮下，呈席纹状排列。背鳍和臀鳍低而长，且与尾鳍相连，胸鳍短而圆，尾鳍圆钝。体表光滑，背部灰稍带绿色，体侧灰色，腹部白色。

2. **生态习性** 降河洄游性鱼类。幼鳗生活在大江中下游或通江湖泊中，达到性成熟的亲鳗，在每年秋冬季大批顺江河入海进行繁殖，亲鱼产后不久死亡。

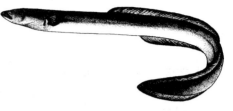

图1-73 日本鳗鲡（Anguilla japonica）

每年春季大批幼鳗从海中自河口进入江河、湖泊中生长肥育。生存水温范围为1～38℃，12℃以上开始摄食，生活的适宜水温为20～30℃，最适生长水温为25～27℃。可在0～35盐度内生长。鳗为杂食性鱼类，性凶残，贪食，喜暗怕光，昼伏夜出。食物主要为小鱼、虾、蟹及其他甲壳动物、水生昆虫，兼食水生植物。

3. **生长速度** 在自然水温条件下，当年体重0.16g的白仔鳗苗，到10月下旬可长到10～30g，第2年秋达到150～200g。人工养殖条件下，水温在25～28℃，鳗苗经过9个月养殖，可长到150～200g。同批鳗苗在养殖中，大小参差不齐，有时还有同类相残食的现象。

4. **繁殖习性** 只能在海水中繁殖，5龄左右亲鳗在降河洄游期间性腺发育成熟。从降河开始就绝食，体内的营养物质为性腺发育和生殖洄游所消耗。产卵和孵化都在水深400～500m的深海中进行。个体产卵量一般为700万～1300万粒，属一次产卵型，卵浮性，卵径1mm左右。水温16～17℃，5～7d仔鳗孵出，仔鳗不断升高水层，逐渐发育成体侧扁呈柳叶状的鳗苗，故称叶鳗或柳叶鳗。经一年左右时间在海洋中随波浪漂流到沿岸，这时逐渐变态成为细长透明的白仔鳗。再生长2～3个月，体色变黑，每尾重2～3g时，称为黑仔鳗。

二、黄 鳝

黄鳝（*Monopterus albus*），隶属合鳃目、合鳃科、黄鳝属。广泛分布于我国、日本和东南亚各国。含肉率65%，肌肉蛋白质含量18.8%、脂肪含量0.9%，含有丰富的不饱和脂肪酸。

1. **形态特征**（图1-74） 黄鳝鱼体呈圆筒状，蛇形，后段稍侧扁。上下颌有绒毛状的细齿。头大，眼小，被透明的皮质膜所覆盖。全身光滑无鳞，呈黄褐色，腹部橙黄，全身布满棕色斑点。

2. **生态习性**

(1) **底栖性** 为底栖性鱼类，适应能力较强，喜穴居生活，通常昼伏夜出。

(2) **冬眠性** 冬季有"蛰伏"习性，当水温下降到10℃以下时，便进入洞穴，进入冬眠状态。翌年春，水温回升到10℃以上时又出穴活动和觅食。生存水温极限4～40℃，最适生活水温16～28℃。

(3) **耐低氧** 口腔表皮能直接呼吸空气，所以能在水体溶氧条件很差的条件下生存，即使出水后，只要保持皮肤的湿润，仍可存活相当长的时间。

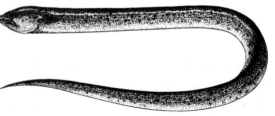

图1-74 黄鳝（*Monopterus albus*）

（4）食活性　肉食性鱼类，主要摄食浮游动物及水生昆虫，如枝角类、桡足类、摇蚊幼虫等，也捕食一些蝌蚪、幼蛙、小鱼、小虾及贝类等。对食物很挑剔，食物不适口不吃，不新鲜也不吃。

3. **生长速度**　黄鳝在自然条件下生长较慢（表1-15），最大个体仅70cm，重1.5kg。

表1-15　黄鳝的生长速度

年龄		当年	1冬龄	2冬龄	3冬龄	4冬龄	5冬龄	6冬龄	7冬龄
天然	体长(cm)	12.2~13.5	28~33	30~40	35~49	47~59	56~71	68~75	71~80
	体重(g)	6.0~7.5	11~17.5	20~49	58~101	83~248	199~304	245~400	392~752
池塘	体长(cm)	20	27~44	45~66					
	体重(g)	75	19~96	74~270					

4. **繁殖习性**　繁殖季节4~8月，以5~6月为产卵盛期。个体怀卵量在300~800粒之间，分批产卵。成熟卵金黄色，卵径2.5~4.0mm。在产卵前，黄鳝先在洞穴附近吐出泡沫巢，然后将卵产在泡沫巢里。受精卵借助泡沫的浮力在水面发育，28~30℃，经5~7d孵出鳝苗。

性逆转：雌雄同体，雌性先熟，到一定年龄及大小时，由雌性转化为雄性。一般在2龄前，体长38cm以内为雌性；3龄开始转入雌、雄同体阶段，以后逐渐转为雄性。当雌体产卵后，卵巢便逐渐变为精巢，到第二次成熟进行繁殖时，生殖腺排出的是精子。一般体长42cm以上的黄鳝为雄性，以后性别就不再发生转变。一般情况是体长在24cm以下的个体均为雌性；24~30cm个体雌性仍占90%以上；30~36cm的个体雌性占60%；36~38cm的个体雌性占50%；38~42cm的个体雄性占90%；42cm以上的个体几乎100%为雄性。

三、河　鲀

河鲀为鲀形目、鲀科、东方鲀属的鱼类，也称河豚。主要分布于中国、日本、朝鲜、前苏联远东太平洋区、菲律宾及印度尼西亚。河鲀鱼类肉味鲜美，营养丰富，历来被视为食物中的珍品，日本和朝鲜将其奉为"百鱼之首"，我国亦有"拼死吃河鲀"之说。处理不当或误食，易中毒死亡。《本草纲目》记载："河鲀有大毒，味虽珍美，修治失法，食之杀人"。毒素被提纯后，价格极其昂贵。养殖的暗纹东方鲀肌肉中粗蛋白和粗脂肪含量分别为21.1%和1.1%。

1. **形态特征**　体呈亚长椭圆形，尾部稍侧扁，头宽而圆，鼻突起呈卵圆形。背鳍1个与臀鳍相对，无腹鳍，尾鳍圆形或截形，有时稍凹入。鳔呈卵圆形或椭圆形。有气囊。体色花纹多种多样。

2. **生态习性**　亚热带、热带近海广盐性、杂食性鱼类。栖息于海洋的中下层，暗纹东方鲀进入淡水江河中产卵。当遇到外敌，腹腔气囊则迅速膨胀，使整个身体呈球状浮上水面，同时皮肤上的小刺竖起，借以自卫。河鲀生存极限温度为8~32℃，适宜生长水温为20~28℃，水温下降至12℃时停食。广盐性鱼类，暗纹东方鲀可在淡水中生活，其他种类适盐范围为5~45。河鲀食性杂，主要以鱼、虾、蟹、贝壳类和水生昆虫幼虫为食。摄食特点是将食物一边向嘴里衔一边退缩，同时品嘴里的食物，味道好则吞食，味道差吐出即逃。具有胀腹、闭眼、咬尾、呕吐、发声、相互残食等特异习性，咬伤的鳍可再生。

3. 生长速度 河鲀一般体长在10~30cm，大的可达63cm以上。自然条件下不同种类河鲀的生长速度见表1-16。

表1-16 自然条件下不同种类河鲀的生长速度

种 类	1龄鱼体长（cm）	1龄鱼体重（g）	2龄鱼体长（cm）	2龄鱼体重（g）
暗纹东方鲀	12~17	80~150	22~30	400~600
红鳍东方鲀	15~25	140~200	32	500

4. 繁殖习性 多数种类每年1~3月份从外海游至江河口咸淡水区域产卵，只有暗纹东方鲀在5~6月份溯河进入淡水中产卵，秋季水温下降降河游向深海区越冬；当年出生的幼鱼在江河或通江的湖泊中生活，到翌年春才回到海里，在海里长大至性成熟后再进入江河产卵。

5. 河鲀毒素（Tetrodotoxin，TTX） 河鲀毒素是一种神经毒素，120℃下1h才能被破坏，盐腌、日晒均不能破坏毒素。毒素主要存在于河鲀的性腺、肝脏、脾脏、眼睛、皮肤、血液等部位，卵巢和肝脏有剧毒，精巢和肉多为弱毒或无毒。但河鲀死后较久，内脏的毒素溶在体液中，时间一久，可以渗入肌肉。在熟制河鲀时，一定要严格细心地除去河鲀的内脏、眼睛，剔去鱼鳃，剥去鱼皮，去净筋血，用清水反复洗净。特别是用2%~5%碱液浸洗，更加安全。1尾3 150g的红鳍东方鲀，卵巢重600g，毒力为4 000IU，总毒量可达240万IU，可使12人食后致死。

6. 河鲀种类

(1) 暗纹东方鲀（*Takifugu obscurus*）（图1-75） 体背部棕褐色，体侧下方黄色，腹面白色。背侧面具不明显褐色横纹4~6条，横纹之间具白色狭纹3~5条。胸鳍后上方有一圆形黑色大斑，边缘白色。性成熟年龄，雄鱼为2~3龄，雌鱼为3~4龄；初次性成熟雌雄鱼最小体长20cm，体重245~341g。产卵期4~5月，个体怀卵量10万~60万粒。卵沉

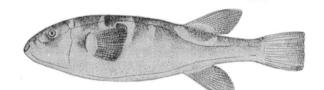

图1-75 暗纹东方鲀（*Takifugu obscurus*）

性，圆球形，卵黄均匀，淡柠檬黄色。未受精卵和受精卵遇水后5~10min均能产生黏性，在静水中能粘连成团，卵径1.118~1.274mm，油球较多，280~390个，油球径0.026~0.078mm。孵化水温18~24℃，受精卵历时200h仔鱼孵出。

(2) 红鳍东方鲀（*Takifugu rubripes*）（图1-76） 背面和上侧面青黑色，腹面白色。体侧在胸鳍后上方有一具白边的黑色大斑，斑的前方、下方及后方有小黑斑。性成熟年龄3~4龄，初次性成熟雌雄鱼最小体长36cm。产卵期11月至翌年3月，雌鱼相对怀卵量每千克体重10万~30万粒不等。卵沉性，球形，有黏性，卵径1 090~1 200μm，多油球，卵膜厚，表面有不规则的波状裂纹，卵黄无龟裂。孵化水温15~17℃时，约需10d

图1-76 红鳍东方鲀（*Takifugu rubripes*）

仔鱼孵出；水温 21~22℃时，约需 7d 仔鱼孵出。

四、鳢

鳢通常指鳢形目、鳢科、鳢属的鱼类。该属经济价值高的种类有乌鳢（*Channa argus*）、斑鳢（*Channa maculata*）和月鳢（*Channa asiatica*）。除青藏高原外，我国所有江河湖库都有分布。每百克鱼肉中含有蛋白质 19.8g、脂肪 1.49g，并富含人体所需的钙、磷、铁、锌等微量元素。

1. 形态特征　鳢科鱼类形态相似，体长而肥胖，稍侧扁，背腹圆。口大，斜裂，下颌骨具有尖锐的细齿。口角达眼后缘上方。背鳍和臀鳍鳍基长，胸鳍、尾鳍圆形。鳃上腔有发达的鳃上器官。

（1）乌鳢（图 1-77）　头部及背侧灰褐带绿色，腹部灰白色。头背面有七星状斑块，体两侧各有一条纵行近似"八"字样黑色条纹。

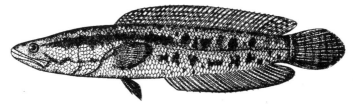

图 1-77　乌鳢（*Channa argus*）

（2）斑鳢（图 1-78）　背侧暗绿带褐色，腹部淡黄色。头背面有近似"八"字样的斑纹，体两侧纵行斑纹近圆形，尾基有 2~3 条弧形横斑。

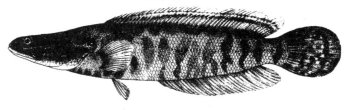

图 1-78　斑鳢（*Channa maculata*）

（3）月鳢（图 1-79）　头部及背侧橘黄色，腹部黄白色。背鳍有 4 列不连续的白色斑点，臀鳍有 3 列不连续的白色斑点（七星鱼），没有腹鳍。尾部有一圆形褐斑。

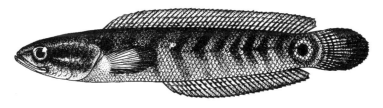

图 1-79　月鳢（*Channa asiatica*）

2. 生态习性 生存水温为0~40℃，生长适宜水温为15~30℃，水温降至12℃以下停止摄食。冬季有蛰居水底埋在淤泥中越冬的习性。水中缺氧时可将头露出水面，借助鳃上器官呼吸空气中的氧气，离开水时只要体表和鳃部保持一定的湿度，仍可生存较长时间。肉食性凶猛鱼类，在自然水域中以小鱼虾、蛙类及各种水生小动物为食。在人工养殖条件下可摄食配合饲料，有自相残食习性。

3. 生长速度 在鳢中，乌鳢个体最大，生长较快。在人工养殖条件下，当年个体重可达250g，翌年达500~1 000g。自然条件下，3种鳢的生长速度见表1-17。

表1-17 自然条件下鳢的生长速度

种 类	1龄鱼体长（cm）	1龄鱼体重（g）	2龄鱼体长（cm）	2龄鱼体重（g）
乌 鳢	14.2~19.2	115~428	24.0~28.0	350~760
斑 鳢	19.0~39.8	95~760	38.5~45.0	625~1 395
月 鳢	11.4~11.8	25.2~26.8	19.6~21.3	110~137.5

4. 繁殖习性 性成熟年龄2~4龄，产卵期4~7月，最适繁殖水温20~25℃。亲鱼有筑巢、护幼等生殖行为，鱼巢筑在水深1~2m的位置上，即雌鱼产卵前在水草茂盛的地方用口将水草围成团状的草堆，产卵一般在筑巢后2d进行，产卵时雌鱼先在鱼巢之下腹部向上仰卧，身体抽动排卵，雄鱼也同时靠近而射精。产卵后亲鱼都潜伏在巢的底下，保护受精卵，直到孵出的仔鱼离开鱼巢为止。雌鱼个体怀卵量1万~3万粒。卵浮性，球形，鲜黄色，卵径1.4~1.8mm。在水温24~27℃时，受精卵经37~42h孵化出仔鱼。

五、遮目鱼

遮目鱼（*Chanos chanos*），隶属鼠鳝目、遮目鱼科、遮目鱼属。分布于印度洋和太平洋，我国产于黄渤海、南海和东海南部。每百克肉含蛋白质13.5g，脂肪2.7g，国外称之为"奶鱼"。

1. 形态特征（图1-80） 体延长，稍侧扁，近纺锤形。眼大，脂眼睑发达，眼被完全遮盖，故名遮目鱼。口小，无齿，鳃耙细密，吻钝圆，上颌正中具一凹陷，下颌缝合处有一凸起，上下颌的凹凸相嵌。体被小圆鳞。尾鳍基部有2片大鳞，尾鳍深叉形。背部青灰色，腹部银白色。

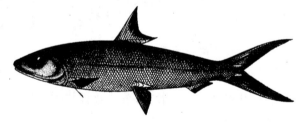

图1-80 遮目鱼（*Chanos chanos*）

2. 生态习性 暖水广盐性鱼类，平时栖息于深海，仅繁殖期游向近海水域。生存温度范围8.5~42.7℃，生长适宜水温24~35℃，12℃以下停止摄食，个别个体开始死亡。可在高盐度海水、近岸半咸水和内陆淡水中生长。最适盐度16~22，低于16或高于32生长缓慢。植食性，仔鱼主食硅藻，成鱼摄食浮游植物、高等水生植物和有机碎屑，也摄食小型甲壳类、软体动物、轮虫等。

3. 生长速度 生长迅速，鱼苗放养1个月后体长5~7cm；2个月后体长12~15cm；10个月后体长30～40cm,体重500～800g。最大个体体长1.5m,体重15kg。

4. 繁殖习性 性成熟年龄6～8龄,繁殖最低水温20℃,生殖季节在海南岛4～6月份及8～10月份两次,成熟亲鱼向近海水深5～20m开阔水面洄游,产卵场离海岸30km,水温26～31℃,盐度28～34.5,沙质或珊瑚底。怀卵量300万～540万粒。浮性卵,呈球形,卵径1.2mm。水温26～30℃、盐度30～34时,25～28h孵化出仔鱼。稚鱼向淡水洄游,在淡水中生活3～4年。

六、海 马

海马是海马属(*Hippocampus*)动物的总称。海马是一种奇异的小型海栖鱼类,体长5～30cm。因头部弯曲与躯体近直角似马头状,故被称为海马。海马大约有32种,中国有8种。分布于北纬30°与南纬30°之间的热带和亚热带沿岸浅水海域。素有"南方人参"之称。

1. 形态特征 海马头侧扁,口小,吻呈管状,头与躯干成直角形,头每侧有2个鼻孔,胸腹部凸出,由10～12个骨头环组成,尾部细长,可卷曲来钩住任何突出物体,以固定身体位置。全身完全由膜骨片包裹,有一无刺的背鳍,无腹鳍和尾鳍。雄海马腹部有育儿囊。

2. 生态习性 活动能力较差,仅靠背鳍和胸鳍不断波动,击荡海水起着推进作用来进行运动,游动速度为1～3m/min。广盐性,在盐度8～34均可生活,最适盐度20～32。适温性见表1-18。

表1-18 不同种类海马对水温适应情况(℃)

(麦贤杰,2005)

种 类	极限温度	适宜摄食水温	适宜繁殖水温	适宜幼苗生长水温
日本海马	5～36	9～34	17～33	18～32
大海马	8～34	12～32	19～32	20～31
斑海马	9～33	12～32	20～31	21～31

3. 食性 海马是一种专以小型甲壳动物为饵料的小型鱼类。主要饵料有桡足类、端足类和各种小型虾类。海马摄食方式是靠鳃盖和吻管的伸张活动,把食物直接吞入食道,再送至胃中。对饵料个体大小有一定的要求,海马个体大小不同,要求饵料大小也不一样,超过其吻径食物便很难吞食。

4. 生长 一般刚孵出的海马苗,体长0.9～1.0cm,不同种类的海马生长速度不同(表1-19)。

表1-19 不同种类海马生长速度

(麦贤杰,2005)

种 类	1个月体长(cm)	2个月体长(cm)	2周年体长(cm)	2周年体重(g)
大海马	4～5	7～8	21.5	19.8
三斑海马	6～7	9～10	17.4	12.2

5. 繁殖习性 海马雌雄异体。性成熟时,雄性个体尾部腹面的育儿囊皮质增厚,并充满血管。育儿囊是雄性个体最明显的副性征,但不是生殖器官,其作用是孵化卵和培育仔海马。性成

熟的雌性个体，在产卵期生殖孔发达突起形成乳头状，卵子成熟后，雌海马利用乳状突，将卵子送入雄海马的育儿囊内，卵子在育儿囊中受精，孵化发育成小海马。

(1) 性成熟年龄　最小性成熟个体因种类而异（表1-20）。

表1-20　不同种类海马性成熟时间和体长

（麦贤杰，2005）

种类	时间（月）	体长（cm）	种类	时间（月）	体长（cm）
日本海马	3～5	4.5～6.5	大海马	9～12	12～14
三斑海马	4～10	12～14	克氏海马	12	16～17

(2) 繁殖季节　海马繁殖水温为20～28℃；在人工控制条件下，水温20℃以上，其他条件适宜，一年四季均能繁殖。广东沿海养殖海马，繁殖季节为5～9月份，最高峰在6～7月份。

(3) 发情交配　达到性成熟的雌雄海马在繁殖季节互相追逐，急速游泳，雄海马用吻端撞击雌海马腹部。如果雌海马卵子已经成熟，便与雄海马双双靠近并列游于池底，雄海马不断用腹部碰撞雌海马生殖孔。当兴奋达到高潮时，雌雄海马身体紧密靠拢，腹部相对并向水面慢慢游动。此时，雄海马即将尾部弯向腹部，迫使育儿囊口张开，雌海马尾巴则向后翘，将生殖乳头对准育儿囊把卵排入囊内。雄海马在接受卵子的同时，排出精液使卵子受精。

(4) 繁殖能力　怀卵量低，生殖周期短，产卵频繁，受精卵在育儿囊中孵化，成活率高。雄性海马在排精后，当天又可再行排精。一年内繁殖次数，三斑海马6～7次，克氏海马2～3次，日本海马20余次。产苗量视种类和个体大小不一，变化幅度较大。三斑海马每次产苗量最少为42尾，最高为1 805尾，其中以500～1 000尾最为普遍。受精卵在水温26～28℃时，10～13d可孵出。

6. 海马种类

(1) 大海马（*Hippocampus kelloggi*）（图1-81）　体型最大，头冠较低，吻管较长，略短于头长的1/2。体环11个，尾环39～40个。头部的眶上、额部及鳃盖下部的刺状突较为明显。腹缘不突出，背鳍基底较长，鳍条数17～19，始于第10环，止于第2尾环末端。体呈黄褐色，有细小的白色斑点及线纹。我国台湾、粤东海域和海南岛均有分布，也见于朝鲜和日本海域。

(2) 刺海马（*Hippocampus histrix*）（图1-82）　体型较大，头冠较高，吻管长于头长的1/2，体环11个，尾环35～38个。头上各部的刺状突起特别尖锐，头冠上亦有4～5个尖锐小刺。躯干部腹缘略平，背鳍基底较长，鳍条数18，始于第10体环的中部，止于第2尾环的中部。体呈淡黄褐色，刺状突起的尖端呈黑色。在印度洋和太平洋分布颇广，偶见于广东沿海。

(3) 三斑海马（*Hippocampus trimaculatus*）（图1-83）　体型较大，头冠低小，吻管较短，短于头长的1/2。体环11个，尾环40～41个。头上各部刺状突起尖锐较发达。腹缘较突出。体黄褐色及至黑褐色，第1、4、7体环背方各有一黑色圆斑。三斑海马在我国福建、广东、海南岛均有分布。

(4) 管海马（*Hippocampus kuda*）（图1-84）　体型较小，头冠较低，吻管约等于头长的1/2。体环11个，尾环35～38个。躯干部腹缘较为突出。背鳍基底长，鳍条数17。体呈黑褐色，密被细小黑色斑点，且弥散有更为细小的银白色斑点。主要分布于印度洋和太平洋内，夏威夷群岛亦有分布。

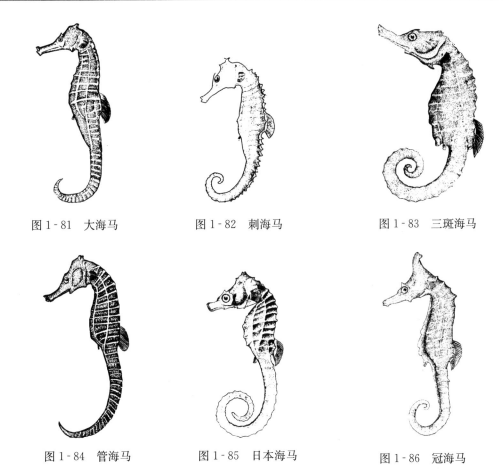

图1-81 大海马　　　　图1-82 刺海马　　　　图1-83 三斑海马

图1-84 管海马　　　　图1-85 日本海马　　　　图1-86 冠海马

(5) 日本海马（*Hippocampus japonicus*）（图1-85）　体型最小，头冠很低，吻管短小，长度仅为头长的1/3，体环11个，尾环37～39个。体部仅第1、7、11体环和第7、9、13尾环的背侧刺状突起比较明显。背鳍基底长，鳍条数15～18，始于第10体环，止于第2尾环的中部。体一般呈暗褐色，有不规则的浅色斑纹；背鳍有暗褐色纵带。分布于我国渤海、黄海、东海和南海北部海域。

(6) 冠海马（*Hippocampus coronatus*）（图1-86）　头冠特别隆起高大，吻管较长，稍短于头长的1/2。体环10个，尾环38～48个，体部仅第1、4、11体环和第4、10、14尾环的背侧刺状突起较明显。背鳍基底较短，鳍条数13～14，始于第9体环，止于第2尾环。体呈淡褐色，有暗色斑纹，背鳍亦有黑暗色纵带。冠海马主要分布于朝鲜和日本沿海，我国黄海和渤海也有分布。

第二章 养殖水域污染与控制

> **教 学 一 般 要 求**
>
> **掌握**：水体污染、水体富营养化、赤潮的概念；水体富营养化的指标与评价方法；养殖用水及废水处理的方法。
>
> **理解**：养殖用水及废水处理技术的原理。
>
> **了解**：水体污染物质的来源；主要养殖水域的污染特点；富营养化与赤潮形成原因和危害。

凡适宜水生经济动物生长、发育、繁殖的水域，统称为增养殖水域。增养殖水域生态环境好坏直接影响养殖鱼类的产量和质量，鱼水之情、鱼水关系包含着深刻的科学道理。一方面，水为各种水生经济动物提供了生长、发育、繁殖、栖息的立体空间，另一方面，水环境也是水生动物的代谢废物、残饵、尸骸等储存、积累、分解和转化的空间。

第一节 养殖水域污染

生态学理论认为，在自然条件下，生态系统的稳定，是由于它在结构与功能上都处于动态平衡，这就是生态平衡。当外来的因素引起某个生态因子远离平衡点时，生态系统内部通过物理、化学和生物的调节作用，可以使之重新回到平衡点，这就是系统的自我调节和自我维持。如果外力冲击强度超过了系统的自我维持范围（阈值），就会出现生态系统的功能紊乱，结构破坏。人类活动造成进入水体的物质超过了水体自净能力，导致水质恶化，影响到水体用途，就是水体污染。

一、养殖水域污染特点

1、河流污染特点

（1）污染程度随径流变化 河流的径污比（径流量与排入河流中污水量的比值）的大小决定了河流的污染程度。如果河流的径污比大，稀释能力就强，河流受污染的可能性和污染积蓄就小。河流的径流随季节而变化，河流的污染程度也相应地变化。

(2) 污染影响范围广　随着河水的流动，污染物质随之扩散，上游受污染很快就影响到下游。因此，河流污染影响范围不限于污染发生地区，还可殃及下游，甚至可以影响海洋。正因为河流稀释能力比其他水体大，人类就把河流作为废水的天然处理场所，任意向河中排放废水。但河水的稀释能力是有一定限度的，超过这个限度，河流就要遭受污染，一旦受污染影响范围广。

(3) 污染易于控制　河水交换较快，自净能力较强，水体范围相对集中，因此其污染较易控制。但是，河流一旦被污染，要恢复到原有的清洁程度，往往要花费大量的资金和较长的治理时间。如英国泰晤士河的治理，前后经过100多年，特别是20世纪50年代以来，运用环境系统工程，加强了技术措施与科学管理，河流水污染控制取得显著成效，绝迹百年的鱼群又重新洄游到泰晤士河中。

2. 湖泊（水库）污染特点

(1) 湖泊污染的来源广、途径多，污染物种类复杂　上游和湖区的入湖河道，可以携带其流经区域的各种工业废水和居民生活污水入湖；湖周农田土壤中的化肥、残留农药及代谢产物和其他污染物质可通过农田排水和降水径流的形式进入湖泊；湖中生物（藻类、水草、底栖动物和鱼类等）死亡后，经微生物分解，其残留物也可污染湖泊。几乎湖泊流域环境中的一切污染物质都可以通过各种途径最终进入湖泊，故湖泊较之河流来说，污染来源更广，成分更复杂。

(2) 湖水稀释和搬运污染物质的能力弱　湖泊由于水域广阔、储水量大、流速缓慢，故污染物质进入后，不易迅速地达到充分混合和稀释，相反却易沉入湖底蓄积，并且也难以通过湖流的搬运作用，经出湖河道向下游输送。即使在汛期，湖泊由于滞洪作用，洪水进入湖泊后流速迅速减慢，稀释和搬运能力远不如河流那样强。

(3) 湖泊对污染物质的生物降解、累积和转化能力强　湖泊里孕育着丰富的水生动植物、微生物等，可将有机污染物矿化分解为无机营养盐。例如酚可通过藻类、细菌或底栖动物的代谢水解成二氧化碳和水；含氮有机物可矿化分解为铵盐等而转化为无害物质。有些生物可吸收富集铜、铁、碘等元素，生物体内浓度比水体中的浓度可大数百倍、数千倍，甚至数万倍。这些都有利于湖水净化。但也有些污染物经转化成为毒性更强的物质，例如无机汞可被生物转化成有机的甲基汞，并在食物链中传递浓缩，使污染危害加重。

3. 我国地表水质污染特点

(1) 我国北方地区水体污染往往比南方严重，西部比东部严重　这是由于我国西部和北部降水量少，属缺水地区，河道流量小，稀释自净能力弱，以致水体易于污染。长江以南和东部沿海地区降水量大，河道流量大，特别是热带、亚热带的一些河流，如珠江流域，全年水量丰沛，稀释能力大，且由于水温高、溶氧丰富，水体自净能力较强，故污染物在较短时间或较短流程中就被降解。因此，长江、珠江等大江，虽然沿岸接纳大量的工业废水和生活污水，但污染一般还较轻。但是，经过大城市的江段污染仍然是严重的。

(2) 随各地降水量的多寡形成季节变化　一般在夏季为河流丰水期，此时河水流量大，稀释和自净能力都强，除了在暴雨初期造成局部水体污染物含量增多之外，丰水期水质状况总是比枯水季节好得多。在冬季和初春，我国许多河流处于枯水期，流量不大。特别在北方，许多河流虽不至于干涸，但水量少，流速极其缓慢，对污染物稀释能力小，加之冰冻及水温低，自净能力弱，致使枯水期的污染加重。

（3）**在我国大城市的工业区和人口密集区附近的水体污染较严重** 大城市人口稠密，工业和生活污染物多，水体污染严重。而且对非城区的河段和湖泊，农田排水和地表径流等面源污染造成的水体污染尤为严重。实际上，面源污染常常是河流和湖泊有机污染和富营养化的主要原因。

4. 海洋污染特点 随着人类工农业生产的发展、人口的不断增长，在生产和生活过程中产生的废弃物也越来越多。这些废弃物的绝大部分最终直接或经江河及大气间接进入海洋。这些物质的输入，使得海洋水体中正常的物质组成和能量分布的平衡关系受到严重影响。

（1）**污染源广** 除人类在海洋的活动外，人类在陆地和其他活动方面所产生的各种污染物，也将通过江河径流入海或通过大气扩散和雨雪等降水过程，最终汇入海洋。人类的海洋活动主要是航海、捕鱼和海底石油开发，目前全世界各国有近8万艘远洋商船穿梭于全球各港口，总吨位达5亿t，它们在航行期间都要向海洋排出油性的机舱污水，仅这一项估计向海洋排放的油污染每年可达百万吨以上。通过江河径流入海的含有各种污染物的污水量更是大得惊人。

（2）**持续性强** 一旦有污染物进入海洋，很难再转移出去，不能溶解和不易分解的污染物在海洋中富集，通过生物的浓缩作用和食物链传递，对人类造成潜在的威胁。

（3）**扩散范围广** 全球海洋是相互连通的一个整体，一个海域出现的污染，往往会扩散到周边海域，甚至扩大到邻近大洋，有的后期效应还会波及全球。比如海洋遭受石油污染后，海面会被大面积的油膜所覆盖，阻碍了正常的海洋和大气间的交换，有可能造成全球或局部地区的气候异常。此外石油进入海洋，经过各种物理化学变化，最后形成黑色的沥青球，可以长期漂浮在海上，通过海洋风成流的扩散传播，在世界大洋一些非污染海域里也能发现这种漂浮的沥青球。

（4）**防治难、危害大** 海洋污染有很长的积累过程，不易及时发现，一旦形成污染，需要长期治理才能消除影响，且治理费用较大，造成的危害会波及各个方面，特别是对人类产生的毒害作用，更是难以彻底清除干净。20世纪50年代中期，震惊世界的日本水俣病，是直接由汞对海洋环境污染造成的公害病，通过几十年的治理，直到现在也还没有完全消除其影响。污染易、治理难，它严肃地告诫人们，保护海洋就是保护人类自己。

二、污染物来源与分类

污染物的分类有多种方法，现就污染物的降解特性和污染物的成分进行分类。

（一）按污染物的降解特性分类

1. 非降解性污染物 该类污染物包括铝制品、汞盐、长链的苯酚化合物、DDT和次氯联苯等。在自然环境中这类物质不降解或降解很慢，也就是说，它们随着人为输入而在水体中逐渐积累起来。此类非降解性污染物不仅积累，而且还经常沿着食物链传递和富集。这类污染物一般通过移除和分离提取而减少，仅靠自然的降解过程来净化水体需要相当长的时间。非降解性污染物质在水中的增加，从开始就对生物的生产过程产生不利影响，使水体的生产力下降。

2. **降解性污染物** 这类物质包括生活污水、工农业副产品加工废物等。它们经自然过程能很快得到分解,或在机械系统中分解。热污染也可包含在这一范畴中,它经自然方式很快消释。这类物质少量进入水体会增加水体的能量或营养物,使水体的生产力增加。但输入的能量超过水体负荷能力时也会产生问题,如出现藻类水华、藻类突然大量死亡等。

(二) 按污染物的成分分类

1. **重金属污染物** 一般把密度大于 $5g/cm^3$、周期表中原子序数大于 20 的金属元素称为重金属,其中过渡性金属元素与污染的关系尤为密切。这些元素有 Hg、Cd、Pb、Cr、Zn、Cu、Co、Ni、Sn,还有类金属 As 等。其中以 Hg、Cd、Pb、Cr 和 As 的污染最为突出。

2. **非金属无机有毒污染物** 这类污染物主要有氰化物和氟化物。氰化物包括氰化钾、氰化钠、氰化氢等。这些氰化物主要来自电镀、矿石浮选、化工和炼焦等工厂排放的废水,氟化物主要来自含氟量较高的集水区。

3. **有毒有机物** 这类物质主要有酚类和有机农药。酚类化合物主要是苯酚和甲酚。其来源主要是焦化厂、煤气厂和合成酚类化合物的化工厂。常用的农药包括有机磷和有机氯农药,前者如敌百虫、敌敌畏、对硫磷(一六○五)、马拉硫磷、乐果等,后者如滴滴涕、六六六、毒杀芬、氯丹等。

4. **耗氧有机物** 这类物质包括蛋白质、脂肪、氨基酸、碳水化合物等。一般在生活污水和造纸、皮革、纺织、食品、石油加工、焦化、印染等工业废水中含有较多的耗氧有机物。

5. **病原微生物** 病原微生物包括致病细菌和病毒,它们主要来自生活污水、医疗系统的污水和垃圾的淋溶水。

6. **酸、碱污染物** 酸污染物主要来自造纸、制酸、黏胶纤维等工业废水、矿山排水和酸性降水。碱污染物主要来自造纸、化纤、制碱及炼油等工业废水。

7. **油污染物** 油属于一种特殊的有机污染物,水体中油类物质主要来自石油运输、工业含油废水的排放及大气油类污染物质的降落。

8. **热污染** 主要来自热电站或核电站排出的冷却水。

9. **悬浮固体物质** 悬浮固体物质是一种难溶的微细颗粒,多来自工矿废弃物和流域冲刷带来的悬浮物质。

10. **放射性污染物** 主要来自放射性矿石、核电站和医院废水及核武器实验沉降物。

三、水体富营养化

富营养化(eutrophication)是水体衰老的一种表现,也是湖泊分类与演化的一个指标。它是指水体中营养物质过多,特别是氮、磷过多而导致水生植物(浮游藻类等)大量繁殖,影响水体与大气正常的氧气交换,加之死亡藻类的分解消耗大量的氧气,造成水体溶解氧迅速下降,水质恶化,鱼类及其他生物大量死亡,加速水体衰老的进程。水体富营养化与水中氧平衡有密切的联系。因此,常用一些反映水体氧平衡的指标来描述水体富营养化。主要有:溶解氧(dissolved oxygen,简称 DO)、生化耗氧量(biochemical oxygen demand,简称 BOD)、化学耗氧量

(chemical oxygen demand，简称 COD)、总有机碳（total organic carbon，简称 TOC）和总需氧量（total oxygen demand，简称 TOD）等。

（一）富营养化形成的条件

1. 营养元素 营养元素（特别是氮和磷）是形成水体富营养化的重要条件。根据 Liebig（1940）提出的 Liebig 最小因子定律，"生物的生长决定于外界供给它所需养分中数量最少的那一种"。通过藻类原生质组成的分析，其主要组成元素的比例为 $C_{106}H_{263}O_{110}N_{16}P$。因此，藻类生长繁殖主要决定于氮和磷，特别是磷，在富营养化水体中磷含量的高低决定着藻类繁殖速度和富营养化程度。例如，水体中只要有 15.5g 磷，就能生产 1 775g 藻；如果水体中磷的浓度超过 0.015mg/L，氮的浓度超过 0.3mg/L，就足以引起藻类急剧繁殖，形成水体富营养化。

2. 光 光是决定水体中绿色植物分布、生长的主要条件，它决定于水的透明度。按光量的垂直分布，可以把湖水分为富光带、光补偿层和深水带。富光带内植物光合作用释放的氧量超过呼吸作用的耗氧量，水中的溶解氧含量较高；深水带内植物呼吸作用的耗氧量超过光合作用的放氧量，水中溶解氧少；光补偿层的光照强度大约为全光强的 1%，光合作用产生的氧和呼吸作用消耗的氧基本相等。因此，水体中的光照强弱、水生植物光合强度的强弱直接影响水体的富营养化。

在贫营养湖中，阳光通过清澈透明的水层可以直射底层，使整个湖的上下层水都能进行光合作用和保持高浓度的溶解氧。而营养物质过多，藻类异常茂盛的富营养湖泊，下层水得不到光照，溶解氧较少，甚至导致氧的耗尽。

3. 温度 水体温度的时间变化（季节、昼夜）形成水体的运动，是影响水中氧和营养物质的垂直运动和在各层分布的重要因素。在湖泊中，夏季表层增温，表层水漂浮在冷水之上，上下不易混合。冬季表层水温低于 4℃或者结冰，冷水和冰密度小，漂浮在暖水之上。因此，夏、冬季水体的上下层氧气和营养物质都不能交换。春、秋两季由于上下温度不均匀，特别是由于上层水密度大，上下层对流，氧气和营养物质都得以相互补充。

（二）富营养化的指标

富营养化的指标包括物理指标、化学指标和生物学指标三类。

1. 物理指标 主要有透明度以及与之有关的营养状态指数。

（1）透明度 富营养化是与藻类大量增殖引起水体透明度变化直接相关的。

水体中的光随水深以指数函数方式递减：$I_h = I_0 \exp(-ah)$

式中，I_0、I_h 是指表层及水深 h 处的照度；a 是吸光系数。

藻类数量和透明度的关系：$I_z = I_0 \exp[-(k_w + k_b)z]$

式中，I_z 是和透明度（m）相对应的水深照度；I_0 为水表面照度；k_w 是由水及溶解物质而产生的吸光系数；k_b 是由悬浮物质产生的吸光系数；z 为与水深度相对应的透明度，它与悬浮物的浓度成正比。叶绿素浓度为 c，即 $k_b = ac$。

在湖泊中，k_b 通常大于 k_w，因此，$ac = (1/z)(\ln I_0/\ln I_z)$。

（2）营养状态指数（trophic state index，简称 TSI） 日本国立公害研究所相崎守弘等人于

1979年提出了湖泊的营养状态指数并求出了相应的水质参数（表2-1）

表2-1 营养状态指数与水质参数的关系

（相崎守弘等，1979）

营养状态指数	0	10	20	30	40	50	60	70	80	90	100
叶绿素（μg/L）	0.1	0.26	0.66	1.60	4.10	10	26	64	160	400	1 000
透明度（m）	48	27	15	8.0	4.4	2.4	1.3	0.73	0.4	0.22	0.12
总磷（μg/L）	0.4	0.9	2.0	4.6	10.0	23.0	50.0	110.0	250.0	555	1 230
悬浮物（μg/L）	0.04	0.09	0.23	0.55	1.30	2.10	7.70	19.0	45.0	108.0	260
悬浮物有机碳（mg/L）	0.02	0.05	0.10	0.21	0.44	0.92	1.90	4.10	8.69	18.0	38.0
悬浮物有机氮（μg/L）	3	6	13	29	62	130	290	620	1 340	2 900	6 500
总氮（mg/L）	0.01	0.02	0.04	0.079	0.16	0.31	0.65	1.20	2.30	4.60	91.0
耗氧量（mg/L）	0.06	0.12	0.24	0.48	0.96	1.8	3.6	7.1	14.0	27.0	54.0
细菌总数（$\times 10^4$ 个/mL）	4.2	8.3	16	32	64	130	250	490	960	1 900	3 800

2. 化学指标 藻类繁殖过程中，需要大量的营养盐类。根据Liebig最小因子定律，氮、磷是水体富营养化的限制因子，可以把它们作为富营养化的指标。美国的湖泊曾通过控制氮、磷等营养盐进行富营养化的治理，在623个湖泊中，67%是通过控制磷，30%是通过控制氮，控制其他营养盐的仅占3%。湖泊富营养化的氮、磷标准分为5类（表2-2）。此外，还提出了不同水深湖泊总磷、总氮的允许负荷标准和危险值（表2-3）。

表2-2 湖泊富营养程度的氮、磷标准

（Vollenweider，1968）

营养程度	总磷（mg/L）	无机氮（mg/L）
极贫营养	<0.005	<0.2
贫-中营养	0.005～0.01	0.2～0.4
中营养	0.01～0.03	0.3～0.65
中-富营养	0.03～0.1	0.5～1.5
富营养	>0.1	>1.5

表2-3 不同水深湖泊总氮、总磷的允许负荷标准和危险值[g/(m^3·年)]

（Vollenweider，1967）

平均水深（m）	总氮		总磷	
	允许	危险	允许	危险
5	1.0	2.0	0.07	0.13
10	1.5	3.0	0.10	0.20
50	4.0	8.0	0.25	0.50
100	6.0	12.0	0.40	0.80
200	9.0	18.0	0.60	1.20

3. 生物学指标 随着富营养化程度的增加，生物种类数量减少，优势种个体数目大量增加。因此，可以用物种多样性指数来表示富营养化程度。日本概括了湖泊富营养化和浮游生物优势种

的关系，提出了从贫营养化向富营养化过渡时出现的浮游生物优势种名录，如下：

贫营养性浮游硅藻（小环藻、平板藻）
↓
浮游黄鞭毛藻（锥囊藻）
↓
富营养性浮游硅藻（星杆藻、脆杆藻、冠盘藻和颗粒直链藻）
↓
富营养性浮游绿藻（盘星藻、栅藻）
↓
浮游蓝藻（微囊藻、囊丝藻、鱼腥藻）
↓
眼虫藻类浮游生物（裸藻）
↓
细菌类浮游生物

在贫营养湖中，硅藻类的小环藻等占优势，当过渡到富营养化初期，星杆藻等富营养化硅藻类成为优势种；再进一步富营养化，绿藻、蓝藻大量产生。因此，可根据植物种类组成来指示水环境的富营养程度。

（三）富营养化的评价

为了对水质富营养化程度进行综合评价，已经提出了若干个水质富营养化评价与防治的数学模型。由于影响水质富营养化程度的因素很多，评价因素与富营养化等级之间的关系是复杂的、非线性的，并且各等级之间的关系也很模糊，所以至今仍没有一种统一的确定的评价模型。曹斌等（1991）运用模糊决策的方法，使用总磷、总氮、耗氧量和透明度4个评价参数，评价了我国5个主要湖泊的富营养状况，结果表明杭州西湖、武汉东湖、巢湖和滇池的水质呈现富营养状态，青海湖的水质为中营养。由于浮游藻类的生长是富营养化的关键过程。因此，在湖泊富营养化评价中，应着重考虑氮、磷负荷与浮游生物生产力的相互作用关系。蔡煜东等（1995）运用人工神经网络进行水质的富营养化程度评价，能够较好地反映水质状况。该方法采用的评价标准如表2-4所示。结果表明，全国17个湖泊中，武汉东湖和杭州西湖为极富营养，巢湖、滇池等5个湖泊为富营养，青海湖、太湖、洱海等10个湖泊为中营养。

表2-4 湖泊富营养化评价标准
（蔡煜东等，1995）

等级	总磷（μg/L）	耗氧量（mg/L）	透明度（m）	总氮（mg/L）	生物量（万个/L）
极贫营养	<1	<0.09	>37	<0.02	<4
贫营养	4	0.36	12	0.06	15
中营养	23	1.8	2.4	0.31	50
富营养	110	7.1	0.55	1.2	100
极富营养	>660	>27.1	<0.17	>4.6	>1 000

(四)富营养化的危害

由于湖泊水体的富营养化,使水质变劣,造成一系列影响和损失,主要方面是:

1. **感官恶化,不利观光** 富营养化的湖泊水体,直接导致感官性状恶化,不仅透明度低、水色不良、表面有"水华"现象,藻体成片成团地漂浮,而且导致有机质在缺氧条件下分解,产生大量的 CH_4、H_2S 和 NH_3 等气体,散发出难闻的臭味,降低旅游价值。

2. **鱼类窒息或中毒死亡** 富营养化水体中溶解氧降低,特别是深层水呈缺氧状态,影响鱼类及其他需氧生物的生存甚至引起死亡,造成直接经济损失。另外,富营养化水域中大量繁殖的微胞藻等蓝藻死亡后,蛋白质分解产生羟胺、硫化氢等物质,对鱼类有直接毒害,甚至造成鱼类死亡。

3. **影响作物生长** 以富营养化的水作灌溉用水,由于水中含有机质过多,会使土壤还原性过强,产生大量 CH_4、H_2S 和有机酸,造成作物生理障碍,影响养分吸收。用富营养化的水灌溉水稻,会抑制水稻苗期根生长,造成中后期徒长、倒伏、病虫害多,成熟不良。

4. **水质变劣,净化费用增高** 富营养化导致水质变劣,不宜饮用,造成城市供水困难。由于水体的沉淀、凝聚、过滤等处理遇到困难,必须增加净化费用。另外,由于水的热交换效率降低,且可能有腐蚀性,有颜色,影响水质,降低工业产品品质。

四、赤 潮

赤潮是在特定的环境条件下,海水中某些浮游植物、原生动物或细菌爆发性增殖或高度聚集而引起水体变色的一种有害的生态现象。赤潮是一个历史沿用名,它并不一定都是红色,实际上是许多赤潮的统称。由于赤潮发生的原因、生物种类和数量不同,水体会呈现不同的颜色,如红色或砖红色、绿色、黄色、棕色等。值得指出的是,某些赤潮生物(如膝沟藻、裸甲藻、梨甲藻等)引起的赤潮有时并不引起海水呈现任何特别的颜色。

1. **赤潮发生的原因** 赤潮是一种复杂的生态异常现象,发生的原因也比较复杂。关于赤潮发生的机理虽然至今尚无定论,但是赤潮发生的首要条件是赤潮生物的增殖要达到一定的密度,否则,尽管其他因子都适宜,也不会发生赤潮。在正常的理化环境条件下,赤潮生物在浮游生物中所占的比重并不大,有些鞭毛藻类(如甲藻类)还是一些鱼虾的食物。但是由于特殊的环境条件,使某些赤潮生物过量繁殖,便形成赤潮。大多数学者认为,赤潮发生与下列环境因素密切相关。

(1) **海水富营养化** 由于城市工业废水、生活污水和养殖废水大量排入海中,使营养物质在水体中富集,造成海域富营养化。此时,水域中氮、磷等营养盐类,铁、锰等微量元素以及有机化合物的含量大大增加,促进赤潮生物的大量繁殖。赤潮检测的结果表明,赤潮发生海域的水体均已遭到严重污染,呈富营养化。据研究表明,工业废水中含有某些金属可以刺激赤潮生物的增殖。如在海水中加入 $3mg/dm^3$ 的铁螯合剂和 $2mg/dm^3$ 的锰螯合剂,可使赤潮生物卵甲藻和真甲藻达到最高增殖率,相反,在没有铁、锰元素的海水中,即使在最适合的温度、盐度、pH 和基本的营养条件下也不会增加其种群密度。其次,有些有机物质也会促使赤潮生物急剧增殖。如用无机营养盐培养裸甲藻，生长不明显，加入酵母提取液后，则生长显著，加入土壤浸出液和维生素 B_{12}，甲藻生长特别好。

（2）水文气象和海水理化因子的变化　海水的温度变化是赤潮发生的重要环境因子，20~30℃是赤潮发生的适宜温度范围。发现一周内水温突然升高大于2℃是赤潮发生的先兆；海水的化学因子如盐度变化也是促使赤潮生物大量繁殖的原因之一。盐度在26~37的范围内均有发生赤潮的可能。海水盐度在15~21.6时，容易形成温跃层和盐跃层，温、盐跃层的存在为赤潮生物的聚集提供了条件，易诱发赤潮；由于径流、涌升流、水团或海流的交汇作用，使海底层营养盐上升到水上层，也会造成沿海水域高度富营养化；营养盐类含量也会影响赤潮的发生，如营养盐类含量急剧上升，可引起硅藻的大量繁殖，这些硅藻过盛，特别是骨条硅藻密集常引起赤潮。同时这些硅藻类又为夜光藻提供了丰富的饵料，促使夜光藻急剧增殖，从而又形成粉红色的夜光藻赤潮。据监测资料表明，在赤潮发生时，水域多为干旱少雨，天气闷热，水温偏高，风力较弱，或者潮流缓慢等水域环境。

（3）海水养殖的自身污染　随着沿海养殖业的大发展，尤其是对虾养殖业的蓬勃发展，产生了严重的自身污染问题。在对虾养殖中，由于养殖技术陈旧和不完善，往往造成投饵量偏大，池内残存饵料增多，严重污染养殖水体。这些废水每天都在大量排入海中，携带大量残饵、粪便的水中含有氨氮、尿素、尿酸及其他形式的含氮化合物，加快了海水的富营养化，这就为赤潮生物提供了适宜的生物环境，使其增殖加快，特别是在高温、闷热、无风的条件下最易发生赤潮。由此可见，海水养殖业的自身污染也使赤潮发生的频率增加。

2. 赤潮的危害

（1）**破坏海洋生态平衡**　海洋是一种生物与环境、生物与生物之间相互依存、相互制约的复杂生态系统。系统中的物质循环、能量流动都是处于相对稳定、动态平衡的。当赤潮发生时这种平衡遭到干扰和破坏。如在植物性赤潮发生初期，由于植物的光合作用，水体会出现高叶绿素a、高溶解氧、高化学耗氧量。这种环境因素的改变，致使一些海洋生物不能正常生长、发育、繁殖，导致一些生物逃避甚至死亡，破坏了原有的生态平衡。

（2）**破坏海洋渔业和水产资源**　破坏渔场的饵料基础，造成渔业减产。赤潮生物的异常发育繁殖，可引起鱼、虾、贝等经济生物鳃瓣机械性堵塞，造成这些生物窒息而死。赤潮后期，赤潮生物大量死亡，在细菌分解作用下，可造成环境严重缺氧或者产生硫化氢等有害物质，使海洋生物缺氧或中毒死亡。有些赤潮生物的体内或代谢产物中含有生物毒素，也能直接毒死鱼、虾、贝类等生物。

（3）**赤潮对人类健康的危害**　有些赤潮生物分泌赤潮毒素，当鱼、虾、贝类处于有毒赤潮区域内，摄食这些有毒生物，虽不能被毒死，但生物毒素可在体内积累，其含量大大超过食用时人体可接受的水平。这些鱼、虾、贝类如果不慎被人食用，就会引起人体中毒，严重时可导致死亡。由赤潮引发的赤潮毒素统称贝毒，目前已确定有10余种贝毒其毒素比眼镜蛇毒素高80倍，比一般的麻醉剂，如普鲁卡因、可卡因还强10万多倍。贝毒中毒症状为：初期唇舌麻木，发展到四肢麻木，并伴有头晕、恶心、胸闷、站立不稳、腹痛、呕吐等，严重者出现昏迷，呼吸困难。赤潮毒素引起人体中毒事件在世界沿海地区时有发生。

3. 赤潮的预防　为保护海洋资源环境，保证海水养殖业的发展，维护人类的健康，避免和减少赤潮灾害,应结合实际情况,对赤潮灾害采取相应的预防措施及对策。

(1) 控制污水入海量,防止海水富营养化　严格控制未经处理或处理后没有达到排放标准的工业废水和生活污水直接向海洋排放。按照国家制定的海水标准和海洋环境保护法的要求,对排放入海的工业废水和生活污水要进行严格处理。

(2) 加强海洋环境的监测,开展赤潮的预报服务　赤潮发生涉及生物、化学、水文、气象以及海洋地质等众多因素,目前还没有较完善的预报模式适应于预报服务。因此应加强赤潮预报模式的研究,了解赤潮的发生、发展和消长机理。一是为研究和预报赤潮的形成机制提供资料;二是为开展赤潮治理工作提供实时资料;三是便于更好地提出预防对策和措施。

(3) 科学合理地开发利用海洋　近年来,赤潮多发生于沿岸排污口,海洋环境条件较差,潮流较弱,水体交换能力较弱的海区,而海洋环境状况的恶化,又是由于沿岸工业、海岸工程、盐业、养殖业和海洋油气开发等行业没有统筹安排,布局不合理造成的。为避免和减少赤潮灾害的发生,应开展海洋功能区规划工作,从全局出发,科学指导海洋开发和利用。对重点海域要做出开发规划,减少盲目性,做到积极保护,科学管理,全面规划,综合开发。另外,海水养殖业应积极推广科学养殖技术,加强养殖业的科学管理,控制养殖废水的排放,保持养殖水质处于良好状态。

第二节　养殖水域生态环境调控

养殖用水和废水的净化处理就是用物理、化学和生物的方法将污水中含有的污染物质分离出来或将其转化为无害物质,从而使水质达到洁净可重新利用。其主要处理工艺和流程见表 2-5 和图 2-1。

表 2-5　养殖用水和废水的处理方法比较

(王武,2000)

方法类型	处理方法	处理对象	优 缺 点
物 理 法	栅栏、筛网	去除野杂鱼、敌害生物、大粒径悬浮物、漂浮物	优点:工艺简单,费用低廉 缺点:一般属水质预处理和初级处理
	沉淀、气浮、过滤	去除小粒径块状物、粒状悬浮物及胶体物质	
化 学 法	中和法、混凝法	调节 pH,属预处理去除悬浮物、胶体物质及色度	优点:占地面积小,处理时间较短,处理后的水质好 缺点:费用较大
	氧化法	去除溶解性物质,杀藻、杀菌、脱色	
生 物 法	好氧生物处理:生物膜法、活性污泥法	去除溶解性污染物,BOD、COD 去除率达 85%~95%	优点:利用微生物使溶解有机物转化为无害的物质,并可大大降低其浓度。耐冲击,负荷有机物的能力较强 缺点:占地面积较大,微生物、藻类(海藻)、水生维管束植物均需培养,处理时间长,并需处理老化物质
	厌氧生物处理:消化池法、化粪池法	处理高度污染的废水和带有某些重金属毒物的废水	
	水生生物处理:微藻、水草、氧化塘	脱氮、磷、碳	

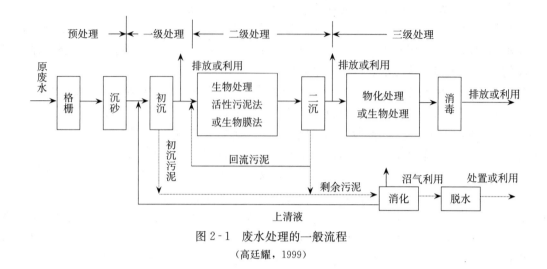

图 2-1 废水处理的一般流程
(高廷耀,1999)

一、养殖用水的物理处理

在养殖用水和废水中往往含有较多的悬浮物（如粪便、残饵等）或其他水生生物（如鱼、虾、浮游动物、水草等），为了净化或保护后续水处理设施的正常运转，降低其他设施的处理负荷，必须将这些悬浮或浮游有机物尽可能用简单的物理方法除去。物理方法主要是利用物理作用，其处理过程中不改变污染物的化学性质。处理方法包括栅栏、筛网、沉淀、气浮、过滤等。

（一）栅栏

通常用在养鱼水源进水口，目的是防止水中个体较大的鱼、虾类、漂浮物和悬浮物进入养殖水体。否则，容易使水泵、管道堵塞或将敌害生物带入养鱼水体。栅栏通常是由竹箔、网片组成，也有的由金属结构的网格组成。

（二）筛网

筛网材料通常为尼龙筛绢。筛网可去除浮游动物（小虾、枝角类、桡足类等）和尺寸较小的有机物（如粪便、残饵及悬浮物等）。生产上，作为幼体孵化用水，往往在水源进水口，在栅栏的内侧再安置筛网，以防小型浮游动物进入孵化容器中残害幼体。

在工业化养鱼的水处理设施上，养殖废水的循环使用，第一步就是用筛网将粪便、残饵、悬浮物等有机物清除。为有利于清除，往往将筛网设计成转鼓式、旋转式、转盘式。由于筛绢网在不停地旋转，筛绢主要起拦集有机物的作用，筛绢孔隙不易变形，也不易损坏，而且也有利于筛绢的清洗和脏物的收集。

（三）沉淀

1. 沉淀类型 沉淀是借助水中悬浮固体本身重力，从静止或缓流的液体中，使密度比悬浊液大的颗粒物质与水分离的过程。沉淀主要分为3种类型：

(1) 自由沉淀　水中悬浮固体物质的浓度不高，颗粒无凝聚性，在沉淀过程中颗粒间不相互黏合，形状和尺寸均不变，其沉降速度也不变。

(2) 絮凝沉淀　水中悬浮固体虽浓度不高，但固体颗粒有凝聚性能，在沉淀过程中颗粒能互相黏合，成为较大的絮凝体，且沉降速度在沉淀过程中逐渐增大。

(3) 化学沉淀　在污水中加入化学药剂，产生化学反应，生成不溶性化合物，然后把这种不溶性化合物通过沉淀分离出来。

在养殖上应用较多的是沉淀池上加盖，以便使水中浮游藻类在黑暗中沉淀下来，这种方法称暗沉淀。通常需静止沉淀48h后，方能澄清。

2. 沉淀池结构　根据水在沉淀池中流动的方向，沉淀池分为平流式、竖流式和辐流式等。

(1) 平流式　沉淀池为一长方形水池，砖混结构，其结构简单，造价低，适用于水量和温度变化大的养殖用水（图2-2a）。

(2) 辐流式　沉淀池为一漏斗形圆形池，池中间进水，由不同高度的进水孔进水。其排污管在沉淀池漏斗最深处（图2-2b）。

(3) 竖流式　形状同辐流式，但池水由池的中底部进入（图2-2c）。

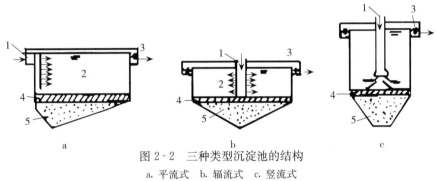

图2-2　三种类型沉淀池的结构
a. 平流式　b. 辐流式　c. 竖流式
1. 进水区　2. 沉淀区　3. 出水区　4. 缓冲区　5. 污泥区
(王武，2000)

(四) 气浮（浮选）

气浮法是靠通入空气，以微小气泡作为载体，使水中的悬浮物微粒黏附于气泡上，借助气泡的浮力带动上浮，从而使杂物与水分离。采用气浮法可大大提高水中颗粒较小、密度较小（密度接近1）的微粒上浮的速度。例如微小的油珠，自由上浮速度仅$1\mu m/s$左右，而黏附于气泡后，其速度可以上升到$1mm/s$，上浮速度提高1 000倍。气浮法的布气方式有射流布气、微气泡布气、叶轮布气、加压溶气（即加压下强制空气溶解于水中，然后突然减压，产生微小气泡）等方法（图2-3、图2-4）。

(五) 过滤

1. 微滤机　微滤机由一个四周布满了筛网的圆筒组成，水流从圆筒一端沿轴向流入，沿径

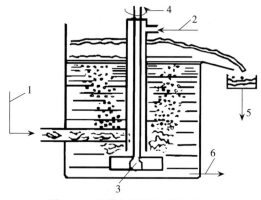

图 2-3 叶轮切割气泡布气浮上法
1. 入流液 2. 空气 3. 混合器
4. 电动机 5. 浮渣 6. 出流
（高廷耀，1999）

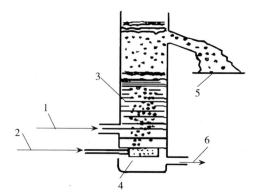

图 2-4 微气泡曝气分散空气浮上法
1. 入流液 2. 空气 3. 分离区
4. 微孔扩散设备 5. 浮渣 6. 出流
（高廷耀，1999）

向滤过筛眼。反冲装置安装在筛网上部外侧，由于筛子转动，局部被堵塞的筛网面，经过上方方向喷射高压水的反冲装置，粘在筛网上的颗粒被冲离筛网顺水流去。反冲洗沟道设在筛网内部上半部分，在筛网内，保持反冲洗沟道高于污水水位，反冲洗沟道汇集反冲水流到排水管，滤过筛眼的污水汇集到蓄水桶内，再通过管道排出。蓄水桶底设排水阀，可以定期清污。微滤机筛网选用镍网，旋转筛骨架、轴承、管道及接头、防护罩、蓄水桶等均由 ABS（由聚丙腈-丁二烯-苯乙烯共聚物三种化学单体构成）制成，螺丝为不锈钢材料，可以有效地防止锈蚀且能耗较低。

2. 砂滤器 让水流过一层砂子或其他微粒物质的过滤装置称为砂滤器。

(1) 砂滤器净化水体主要机理

①截流作用。当水流经有孔隙的砂层时，各种杂质中比砂层孔隙大的颗粒首先被截流在孔隙中，随着砂滤时间的增长，部分孔隙变小，而后进入的较小的杂质颗粒也相继被截流下来，水体从而得到净化。

②掣电作用。砂滤层砂粒上面的凹槽可以认为是无数微小的沉淀池，由于滤料颗粒很小，总沉淀面积很大，这些特殊微小的沉淀池依靠重力沉降、扩散等因素作用，将水中微小颗粒沉淀在滤料表面上。

③凝聚作用。滤层中微小砂粒表面与水中杂质在过滤中不停碰撞接触，在水力、分子引力作用和静电作用下，产生吸附作用，将水中杂质颗粒凝聚在砂粒表面上。砂粒的大小决定能穿过过滤器的颗粒的最大直径。砂粒越大，能滤过的颗粒就越大。砂粒的直径一般为 0.02～2.0mm。也可以用碎石、活性炭或其他材料代替砂子。

(2) 砂滤器的种类

①重力式无压砂滤池。水一般从顶部进入，经由滤床流下，由凿空管道或单纯的凿孔底板组成净水收集系统。净水从一侧流出，重力提供了水经由过滤装置流出所必需的能量。重力浸没式无压砂滤池的一般结构是：其过滤层为 4 层，最上层为直径 1.0mm 左右的中砂，厚度为 50cm；第 2 层为直径 3.0mm 的粗砂，厚度为 30cm；第 3 层为直径 30～50mm 的鹅卵石，厚度为 20cm；

最下层为直径 100~300mm 的块石，厚度为 50cm。各滤层之间用 1mm 左右的双层聚乙烯网相隔。在滤料层和配水系统之间还应安置承托层或称垫层。承托层由承托板和承托支柱组成，承托板为钢筋水泥板，上设若干小孔，安置在过滤池底层。这种结构的过滤池其承托板以下的空间实际上是暗沉淀池，其安置平稳，排污、冲洗极为方便，但造价较贵。也可采用多孔砖作承托层或者用大的鹅卵石作为垫层，但排污清洗不便。砂滤池需要反冲洗，反冲洗是水流反向流过滤池的过程。其目的在于清除填塞的颗粒物质。反冲洗往往使滤床膨胀，同时也恢复滤床的渗水性（图2-5）。

②压力砂滤器。压力砂滤器除了将滤器封闭在一个耐压容器中，利用泵给滤器加压力之外，其他方面与重力砂滤器相同。流速也比较高，势必能驱使微粒物质更深地进入滤床内，从而使滤器的深度得到更充分地利用。在给定的速度下，压力滤器要比重力滤器小，这是它的主要优点（图2-5）。

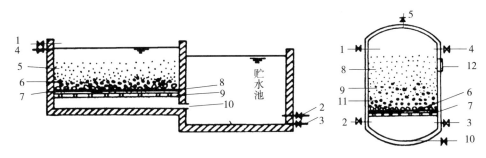

图 2-5　无压砂滤池（左）、压力砂滤器（右）

左：1. 进水管　2. 出水管　3. 排污管　4. 溢流管　5. 细砂　6. 粗砂　7. 砾石　8. 网布　9. 筛板　10. 通水孔

右：1. 进水管　2. 反冲管　3. 出水管　4. 溢流管　5. 排气管　6. 网布　7. 筛板　8. 细砂　9. 粗砂　10. 排污管　11. 砾石　12. 入孔

（王吉桥，2000）

二、养殖用水的化学处理

养殖用水的化学处理是利用化学作用，以除去水中的污染物。通常加入化学药剂，促使污染物配位、沉淀、中和以及氧化还原等。

（一）重金属的去除

EDTA 作为一种金属离子螯合剂，已广泛用于水产养殖生产之中。EDTA 是乙二胺四乙酸 $[(CH_2COOH)_2NCH_2CH_2N(CH_2COOH)_2]$ 的简称。由于其溶解度很小（常温下每 100mL 水溶解 0.02g），故常用其二钠盐，也简称为 EDTA-Na_2。后者溶解度大（常温下每 100mL 水溶解 1.11g），饱和水溶液浓度为 0.3mol/L。据刘中（1998）实验，用 2mg/L 的 EDTA 处理海水后，水中的重金属离子含量显著降低。在养殖生产中，一般 EDTA 的用量在 2~6mg/L，具体数量决定于水中重金属离子的数量和水体环境条件。一般认为向养殖水体中投放 EDTA，一方面可保持某些元素的溶解度,例如,铁离子可与磷酸根形成难溶的磷酸盐沉淀,EDTA 加入后保持了铁和磷酸盐的溶解性,从而易于水生生物吸收;另一方面,EDTA 可降低某些重金属离子的毒性,因为多数金属元素,以游离的离子存在时毒性最大。EDTA 并不能从水中除去有害的重金属元素,只是改变了其存在形态,把水中呈游离态存在的重金属离子变为毒性相对较小的配位化合物形态。

(二)氧化-还原法

在养殖生产上最常用的是空气氧化法,将水中的无机物和溶解有机物通过氧化-还原反应转化为无害物质或转化为易于从水中分离的气体或固体。

池塘淤泥中的有机物在缺氧环境下(在微生物的作用下)产生大量硫化氢、氨等有毒物质,采用水质改良机械(翻动淤泥或将其吸出暴露在空气中)或干池曝晒,使其发生氧化-还原反应,使 H_2S 转化成 SO_4^{2-},NH_3 氧化为 NO_2^- 并进一步氧化为 NO_3^-。它们不仅无毒,而且是植物良好的营养物质。

在缺氧的地下水中的铁以还原态形式 Fe^{2+} 存在,二价铁为水溶性,因此刚从深井中抽出的水无杂质、无色透明。但它们一旦遇到空气中的氧气,水中的 Fe^{2+} 即氧化为 Fe^{3+},Fe^{3+} 则为固态物质,水即呈现铁锈色。为此,可将深井水先用增氧机曝气、增氧,利用空气中的氧气,一方面向水中增氧以供养殖用水本身需要;另一方面,将水中 Fe^{2+} 氧化为 Fe^{3+},同时,Fe^{3+} 与水中的 OH^- 形成絮状沉淀 $Fe(OH)_3$ 而加以除去。其化学方程式为:$4Fe^{2+}+O_2+2H_2O+8HCO_3^-=4Fe(OH)_3\downarrow+8CO_2$。

(三)混凝法

水中的悬浮物质大多数可以通过自然沉淀法去除,而胶体颗粒(大小为 0.001~0.1μm)则不能依靠自然沉淀法去除,在这种情况下可投加无机或有机混凝剂,促使胶体凝聚成大颗粒而自然沉淀。使用混凝技术,BOD_5 去除率可以达到 30%~60%,而悬浮物和浊度的去除率可提高 30%~95%。

1. 铝盐 如明矾 $[Al_2(SO_4)_3K_2SO_4 \cdot 24H_2O]$、硫酸铝 $[Al_2(SO_4)_3 \cdot 18H_2O]$ 等,属无机混凝剂。应用的适温范围为 20~40℃,pH 为 4~8,其中 pH 为 4~7 时去除有机物效率高,而当 pH 为 5~7.8 时清除悬浮物较好。目前生产上推广一种无机高分子混凝剂,工业上称碱式氯化铝,化学上称聚三氯化铝(PAC),俗称聚合铝或碱式铝。其优点有:用量少,仅为硫酸铝用量的 1/4~1/2;反应迅速,水温低时也能很好反应;絮凝体沉淀快,容易过滤;pH 的适宜范围为 5~9,最适 pH 为 6~6.8。

2. 铁盐 主要有三氯化铁($FeCl_3 \cdot 6H_2O$)和硫酸亚铁($FeSO_4 \cdot 6H_2O$)等。其中以三氯化铁最为常用。其纯度高,渣量少,易溶解,产生的絮凝体大,沉降快,脱色效果好,而且不受水温影响,pH 为 6~11 均可。

3. 聚丙烯酰胺 是一种有机合成高分子混凝剂。目前市售的产品分阳离子型和阴离子型两种。

(四) 消毒法

消毒，主要是杀灭对养殖对象和人体有害的微生物，降低有机物的数量，脱氮、脱色和脱臭。水体消毒的方法较多。

1. 氯化物消毒 氯化物消毒剂有漂白粉、漂白精、二氯异氰尿酸钠、二氯异氰尿酸、三氯异氰尿酸、二氧化氯等。作为消毒剂和水质净化剂的各类氯化物的有效氯含量和特点见表2-6。

表2-6 各类氯化物的有效氯含量及使用方法

（王武，2000）

种 类	漂白粉（氯石灰）	漂白精（次氯酸钙）	二氯异氰尿酸钠（优氯净）	二氯异氰尿酸（防消散）	三氯异氰尿酸（强氯精）
分子式	$Ca(ClO)_2Ca(OH)_2$	$Ca(ClO)_2$	$C_3Cl_2N_3O_3Na$	$C_2Cl_2N_3O_3H$	$C_3Cl_3N_3O_3$
有效氯含量	25%～35%	60%～65%	60%～64%	<65%	<85%
用 量	消毒：1～3mg/L 净化：10～20mg/L	为漂白粉的1/2	为漂白粉的1/2	为漂白粉的1/2	为漂白粉的1/3
特 点	稳定性差，易潮解	稳定性好，易溶于水，遇光易分解	易溶于水，性能稳定，室内可保持半年	微溶于水，性能稳定，室内可保持半年	微溶于水，性能稳定，室内可保持半年

（1）漂白粉 漂白粉是由次氯酸钙、氯化钙和氢氧化钙组成的水合复盐。其消毒作用原理是次氯酸钙溶于水放出具有强烈杀菌作用的新生态的氧。反应式为 $Ca(ClO)_2+H_2O+CO_2=CaCO_3+2HClO$，$2HClO=2HCl+O_2\uparrow$。

（2）二氧化氯 二氧化氯（ClO_2）是一种广谱杀菌消毒剂和水质净化剂，具高度的氧化能力，可使微生物蛋白质中的氨基酸氧化分解，从而使微生物死亡。二氧化氯可杀灭细菌、病毒、芽孢、原生动物和藻类。作为消毒剂其用量通常为5～10mg/L。使用前先将原液10份与柠檬酸或白醋1份充分混合并加盖于暗处活化3～5min后，再全池泼洒。

2. 臭氧（O_3） 臭氧是一种高效杀菌剂，对任何病菌都有强烈的杀菌能力，而且作用迅速可靠；臭氧的氧化产物往往是无毒的或生物可降解的物质；臭氧氧化后，不生成污泥，大大减少有机物沉积；处理设备占地面积小，易于控制并实现自动化。但是用臭氧发生器的电耗较大，处理成本较高；处理后的水没有持续灭菌的功能，易遭二次污染。

三、养殖用水的生物处理

(一) 生物过滤技术

广义的生物过滤包括任何利用活体生物从水中去除杂质的过滤技术。采用生物过滤技术主要去除或转化养殖废水中溶解的无机物或有机物。

1. 水生植物过滤技术 植物过滤主要是利用植物光合作用吸收无机氮、磷后转化为有机物，达到去除水中营养性污染物的目的。目前，水产养殖废水处理中采用较多的植物过滤技术有藻类过滤技术、水培植物技术和人工湿地净化技术。

（1）藻类过滤技术　近年来，由于微藻利用及收获技术的研究得到了关注，微藻过滤养殖废水技术也随之得到发展，如序批式微藻过滤技术、微藻稀释培养技术、微藻固定化技术等。牧食生物混合培养技术和贝类或虾类组成的复合养殖系统等为微藻的收获利用提供了技术保证。

（2）水培植物技术　养殖废水中含有的有机或无机营养物质恰恰是水培植物所必需的，因而可以利用种植水培植物的方法去除营养物。水培植物是借助于循环水系统，将鱼类养殖、水培蔬菜与花卉等相连，组成复合生物系统。目前研究较多的是蔬菜水培技术，如罗非鱼莴苣复合养殖水培系统，在采用薄膜技术开发的传送带生产系统中，利用莴苣可将水中的磷从 0.53mg/L 降低至 0.01mg/L 以下；水培番茄系统对甲鱼养殖废水中的 COD、$NO_2^- - N$ 与 $NO_3^- - N$ 之和、$NH_4^+ - N$、P 等的净化率分别达到 77%、33%、97%、100%，且水培番茄植株根须和根毛对养殖废水中的悬浮物和固体残渣有良好的吸附和过滤性能。与传统的一些处理方式相比，水培植物技术的优势在于：低投资、低能耗、处理过程与自然生态系统有更大的相融性等。植物系统净化富营养化水体主要是通过植物的吸收作用，根区微生物的降解作用，植物的吸附、过滤和沉淀作用，植物的抑制藻类生长的作用及作为生态系统的生产者通过调节其他生物种类和数量的作用来完成的。

（3）人工湿地净化技术　人工湿地是由人工建造和监督控制，充分利用湿地系统净化污水能力的特点，利用生态中的物理、化学和生物的三重协同作用，通过过滤、吸附、沉淀、离子交换、植物吸收和微生物分解来实现对污水的高效净化。也就是由人工基质和生长在其上的水生植物、微生物组成的一个独特的土壤—植物—微生物生态系统，用以净化养殖废水。人工湿地基质主要由土壤、砂和卵石等组成。其净化功能主要是植物根系的吸收、转化、降解和生物合成作用；细菌、真菌和放线菌等微生物的降解、转化和生物的固定化作用；有机、无机胶体及其复合体的吸收、配位和沉淀作用；离子交换作用；机械阻留作用；气体扩散作用。人工湿地基质中微生物种群在人工湿地污水净化过程中起着极其重要的作用，主要的生物化学反应大多是在微生物和酶的作用下进行的。人工湿地中的水生植物的茎叶和根系可以过滤、截留污水中的悬浮物。同时，也能够通过从废水中吸收营养物质作为自身生长所需的营养源而去除污染物。

人工湿地根据湿地中主要植物形式可以分为浮叶植物系统、挺水植物系统和沉水植物系统。人工湿地系统根据水流的形式可建成自由表面流人工湿地、潜流人工湿地和垂直流人工湿地。

2. 生物膜法（生物过滤器）　微生物过滤技术也是一种被广泛使用的废水处理技术，它是以土壤自净原理为依据，在污水灌溉的实践基础上，经较原始的间歇砂滤和接触过滤技术而发展起来的微生物处理技术。该技术可将附着微生物的载体装载于一定体积和几何形状的容器中组成生物滤器，并可作为商品出售。用于微生物过滤的生物滤器可分为硝化作用滤器和脱氮滤器等，也称生物膜法。

利用细菌把含氮有机化合物转化为硝酸盐的过程称为生物过滤。在所有生物滤器中，都产生某些氨化和脱氨基作用，将氨转化成亚硝酸盐和将亚硝酸盐转化成硝酸盐。生物滤器的滤料是碎石、卵石、焦炭、煤渣、塑料蜂窝、高分子材料载体填料、植物载体填料等，生物滤器能连续使用，不需要更换滤料。

生物滤器在启用前 30~40d 先过水运转，接种和培养生物，使滤料表面形成一层明胶状的黏膜，即生物膜，主要是好气菌、原生动物、细菌等，它们以氨、溶解有机物质为食料，在呼吸作用中氧化，从而进行繁殖；而微生物又是更大的原生动物的食料，由于生物间的互相依赖，保持平衡状态。水中的有机废物最终被分解为二氧化碳、氨、硝酸盐、硫酸盐等简单的化合物，从而使水体得到净化。生物膜净化废水的机理见图2-6。

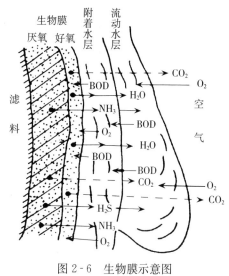

图2-6 生物膜示意图
（高廷耀，1999）

生物膜法主要有以下2种类型：

（1）生物滤池　生物滤池（图2-7）就是在池内设置填料（或滤料），经充氧曝气后的废水以一定流速不断地通过填料，使填料上长满生物膜，以降解废水中的有机污染物。生物滤池的滤料早先与物理过滤的滤料相同，但一旦生物膜老化脱落后，其滤缝很容易堵塞，给冲洗带来了困难。故目前生物滤池实际上大多均用填料代替。常用的填料有粒径3～5cm的煤渣和石砾（以多微孔的煤渣最佳，其表面积大，挂膜能力强）。近年来塑料工业发展后，已大量使用聚乙烯、聚酰胺材料制造的波形板式、蜂窝式、生物球式的填料。其特点是质轻、强度高、耐腐蚀，大小一致，其表面积达100～200m^2/m^3。

优点：①水流较通畅，过滤前后水头差小，水中溶氧供应充足，适于好氧性微生物的生长和繁殖。②填料上布满微生物，其生物量大。据测定，1m^3的填料表面的活性生物量达125g，因此其降解有机物的能力强。BOD_5负荷为0.1～0.3kg/(m^3·d)，高的可达0.5～1.5kg/(m^3·d)。③脱氮、除磷效果明显。④沉淀污泥少，易于管理，不散发臭气。缺点：①占地面积较大。②为防止老化的生物膜脱落后堵塞滤缝，污染环境，填料在运转过程中需经常反冲、及时排污。

（2）生物转盘　生物转盘（图2-8）由一串固定在轴上的圆盘状片组成，盘片之间有一间隔，盘片一半浸在水中，另一半露出水面。水和空气中的微生物附在盘片的表面上，结成一层生物膜，转动时，浸没在水中的盘片露出水面，盘片上的水由自重而沿着生物膜表面下流，空气中的氧通过吸收、混合、扩散、渗透等作用，随转盘转动而被带入水中，使水中溶氧增加，使生物膜中的微生物吸收和降解水中的有机物，水质得到净化。

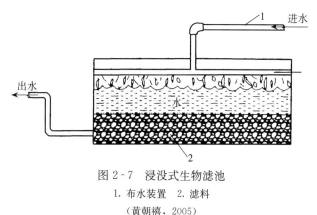

图2-7 浸没式生物滤池
1. 布水装置　2. 滤料
（黄朝禧，2005）

优点：①转盘本身可向水中增氧（近年来，转盘内增添了曝气管，增氧效果更佳），故水中溶氧充足。生物膜绝大部分为好氧性微生物，很少形成厌氧层。②有机物的负荷高，通常盘片上

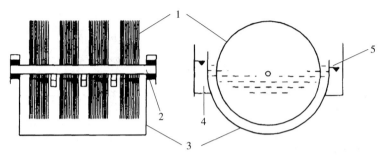

图 2-8 生物转盘示意图
1. 转盘　2. 转盘轴　3. 水槽　4. 进水　5. 出水
(黄朝禧，2005)

BOD_5 负荷高达 $10\sim20g/(m^2\cdot d)$。③占地面积小。缺点：①造价较高。②技术要求较高，如不符合要求，则处理效果差。③需要另加动力以驱动转盘，其运转成本较高。

(二) 有益微生物净化剂

有益微生物是从天然环境中提取分离出来的微生物，经培养扩增后形成的含有大量有益菌的制剂。目前，常用的水质净化剂有光合细菌、枯草杆菌、芽孢杆菌以及硝化细菌等。利用这些微生物将水体或底质沉淀物中的有机物、氨氮、亚硝态氮分解吸收，转化为有益或无害物质，从而达到水质（底质）环境改良、净化的目的。

1. 光合细菌（photosynthesis bacteria，简称 PSB）　光合细菌分红色非硫黄细菌、红色硫黄细菌、绿色硫黄细菌和滑行丝状绿色硫黄细菌等 4 个科。光合细菌广泛分布在水和土壤的厌气层上部，以厌气的硫黄还原菌、发酵细菌所生成的 H_2S、CO_2 为营养源进行光合生长；光合细菌在自然水域的厌气层和好气层都发生有光合生物参与的碳素循环，在厌气层中，光合细菌除参与碳素循环外，同时还参与硫黄循环；光合细菌不仅能进行光合作用，也能进行呼吸、发酵或脱氮；光合细菌还具有一些耐盐性的菌种，可以生长在海水中。大量研究表明光合细菌能促进养殖水体氮素循环，有效降低 NH_4^+-N 和 NO_2^--N 的含量。

2. 硝化细菌（nitrifying bacteria）　硝化细菌属于自营养性细菌，包括亚硝化菌属和硝化杆菌属等 2 种不同的代谢群体。它们都是好气性细菌，能在有氧的水中生长。首先，亚硝化菌属细菌把水中的氨离子氧化成为亚硝酸根离子，然后，硝化杆菌属细菌把水中的亚硝酸根离子氧化成为硝酸离子，也就是把水中有毒的氨最终氧化成无毒的硝酸根离子，从而起到净化水质的作用。硝化细菌广泛存在，但因其繁殖时间长（约 20h 一个繁殖周期）而限制了亚硝酸盐的降解。

3. 芽孢杆菌　芽孢杆菌为芽孢菌属的种类，革兰氏染色阳性，是一类好气性细菌，能分泌蛋白酶等多种酶类和抗生素。其可直接利用硝酸盐和亚硝酸盐，从而起到净化水质的作用；另外还能利用分泌的多种酶类和抗生素来抑制其他细菌的生长，进而减少甚至消灭水产养殖动物的病原体。

4. 复合微生物制剂　复合微生物制剂是一类多菌种的微生物产品。

(1) 益生素　益生素是一种能全面改善水质的微生物制剂。其主要成分有芽孢杆菌、枯草杆菌、硫化细菌、硝化细菌、反硝化细菌等多种微生物。它能分解水中和池底的有机物，降解氨氮、亚硝酸盐、硫化氢等，改善池底的厌氧环境，抑制养殖水体中藻类的过量繁殖，保持养殖微生态的平衡。益生素除含有大量的光合细菌外，还含有大量的非光合细菌。

（2）EM菌　EM菌为一类有效的微生物菌群，最早是日本琉球大学研制出的一种新型复合微生物活菌剂。其主要成分有光合细菌、酵母菌、乳酸菌、放线菌及发酵性丝状真菌等16属80多个菌种。光合细菌可与EM菌中的其他菌起到协同作用。EM菌外喷涂于全熟化的颗粒饲料上，被水产养殖动物摄食后，能有效地降低有害物质的产生。

（3）肥海菌　肥海菌是一种复合活菌肥，是针对海水养殖池塘的特点，将有机肥通过接种有益菌株后培养、发酵制得的产品，主要菌群为光合细菌、芽孢杆菌，并配以海洋微藻所需的微量元素。肥海菌投放到海水中后，休眠菌能很快复苏和崩解，并以数倍速率繁殖扩增，很快形成优势种群，迅速分解水体中的有机污染物，消除水体中的氨态氮、亚硝态氮、硫化氢等有毒物质，并将其转化为海洋微藻类的营养源，促进硅藻、绿藻、金藻类等饵料生物的繁殖和生长，抑制有害藻类的繁殖，起到肥水、增氧、净化水质和产生免疫活性物质的作用，并间接地控制致病菌。

部分有益微生物在水质净化中的效果见表2-7。

表2-7　有益微生物在水质净化中的应用及效果

菌　种	养殖对象	施用量	净化水质效果	研究者
红色假单胞菌	对虾	0.6×10^{-6}，施用3d停1d	溶解氧提高7.1%，氨氮降低28.6%，对虾产量平均提高115.7%	伊玉华
红色假单胞菌	对虾	$1.5g/m^2$	氨氮降低0.4mg/L，溶解氧增加1.2mg/L	于伟君
球形红假单胞菌、胶质红假单胞菌	扇贝	$(2\sim10)\times10^{-6}$，每天泼洒	NH_4^+-N降低0.004~0.012mg/L，pH降低0.05~0.07，育苗期减少换水1/3（原菌液$3\times10^9\sim4\times10^9$/mL）	王绪峨
红杆菌属	淡水鱼类	$(2\sim6)\times10^{-6}$，7~10d施用一次	可降低NO_2^- 50%~80%	刘双江
红假单胞菌属	对虾	400×10^{-6}	COD去除率90%以上，育苗各阶段变态率和仔虾出池率均比对照组高1倍（原菌液10^7/mL）	崔竟进
球形红细菌	对虾	$(10\sim100)\times10^{-6}$，10~15d施用一次	底泥硫化氢含量平均减少60%（原菌液$2.2\times10^9\sim2.6\times10^9$/mL）	李秀珠
假单胞菌、芽孢杆菌	罗氏沼虾	$(25\sim50)\times10^{-6}$	NH_4^+-N下降75%~96%，PO_4^{3-}-P下降100%，悬浮物下降7.8%~14%，细菌总数下降84%（原菌液10^{10}/L）	吴伟
假单胞菌、芽孢杆菌	淡水龙虾	$(25\sim50)\times10^{-6}$	NH_4^+-N下降75%，NO_2^--N下降100%，DO上升13.7%，孵化率提高15%，存活率提高23%（原菌液10^{10}/L）	吴伟
芽孢杆菌	罗非鱼	1.5~4.5mg/L	DO提高60.7%，NH_4^+-N下降44%，NO_2^--N下降36.8%，S^{2-}下降63%（原菌液10^9/g）	李卓佳

第三章 鱼类人工繁殖的生物学基础

教学一般要求

掌握：鱼类卵巢、精巢的形态结构及其不同时期的发育特点。
理解：中枢神经系统和内分泌系统在鱼类繁殖中的作用。
了解：环境因素与鱼类性腺发育成熟和产卵的关系。

第一节 鱼类的性腺发育规律

鱼类人工繁殖的成效主要取决于性腺发育状况。性腺发育的全过程直接和间接地受内分泌腺及神经系统的控制。鱼类的性腺由体腔背部2个隆起嵴（生殖褶）发育而成。生殖褶由上皮细胞转化为原始性细胞时分不出雌雄；进一步分化成卵原细胞和精原细胞后，以不同的方式发育成卵子或精子。鱼类性腺的发育进程主要由卵子和精子的发生过程决定。

一、生殖细胞的发育和成熟

（一）鱼类卵细胞的发育与成熟

1. 卵原细胞分裂期 卵原细胞反复进行有丝分裂，细胞数目不断增加，经过若干次分裂后，卵原细胞停止分裂，开始生长，向初级卵母细胞过渡。此阶段的卵细胞为第Ⅰ时相卵原细胞，以第Ⅰ时相卵原细胞为主的卵巢称第Ⅰ期卵巢。

2. 卵母细胞生长期 此期分为小生长期和大生长期。

小生长期是卵母细胞的生长期。开始时，细胞质呈微粒状，细胞核卵形，占卵母细胞的大部分，其内壁四周排列着许多小核（或称核仁），中央为粒状的染色质，有时细胞质中可见卵黄核。卵母细胞进一步发育，卵膜外出现了一层滤泡膜，由单层上皮细胞组成，内有长形的核。小生长期发育到单层滤泡为止，这时的卵母细胞，称为卵母细胞成熟的第Ⅱ时相，以第Ⅱ时相卵母细胞为主的卵巢称为Ⅱ期卵巢。性未成熟的鱼，常有相当长的时期停留在Ⅱ期。

大生长期是营养物质生长的阶段。卵母细胞由于卵黄及脂肪的积贮而体积大大增加。卵黄沉积可分 2 个阶段：①卵黄开始沉积阶段。卵膜变厚，出现放射状纹。滤泡膜的上皮细胞分裂为 2 层。卵黄粒（球）间的细胞质呈网状结构。卵黄开始沉积阶段的卵母细胞称为成熟的第Ⅲ时相卵母细胞，以第Ⅲ时相卵母细胞为主的卵巢称为Ⅲ期卵巢。②卵黄充塞阶段。滤泡膜仍为 2 层，但在滤泡膜与卵膜之间出现一层漏斗管状细胞。卵黄粒围绕空泡沉积并几乎充塞全部的细胞质部分，卵黄颗粒形状不一。在此时期的一些浮性卵中，出现了形状大小不一的油球。当卵黄充满整个卵母细胞时，营养生长结束。这时的卵母细胞已达到了成熟的第Ⅳ时相，以第Ⅳ时相卵母细胞为主的卵巢为第Ⅳ期卵巢。一般春季产卵的鱼类在前一年冬季即可进入本期，卵巢发育处于第Ⅳ期的时间长短因鱼的种类而异，总的来讲，比停留在Ⅲ期的时间短。

3. **成熟期** 此期是完成了营养物质生长的卵母细胞进行核的成熟变化的时期。本期进行 2 次成熟分裂：减数分裂和均等分裂。成熟变化开始时，卵黄粒融合，细胞核出现极化现象。小核开始溶解于核浆内。此后，核膜溶解，染色体进行第一次成熟分裂，即减数分裂，释放出第一极体，此时的卵母细胞称为次级卵母细胞。接着开始第二次成熟分裂，此时的次级卵母细胞变成了成熟的卵细胞并产生第二极体。鱼类卵母细胞的第一次成熟分裂和第二次成熟分裂的初期在体内进行，由体内产出到受精以前处于分裂中期，至精子入卵后排出第二极体完成第二次成熟分裂。

卵细胞进行成熟变化的同时，滤泡上皮细胞分泌物质将滤泡膜与卵膜间的组织溶解吸收，于是成熟的卵排出滤泡外，成为卵巢内流动的成熟卵，这一过程称排卵；此时为成熟的第Ⅴ时相，此时的卵巢属第Ⅴ期。在适合的条件下，处于游离状态的卵子从鱼体内自动产出的过程，称为产卵。

卵母细胞由Ⅳ期到Ⅴ期的成熟过程是很快的，往往在数小时或数十小时内完成。卵子过早或过晚排出，均会影响受精率。因此，在人工繁殖时准确把握卵的成熟时机，及时进行人工授精，是繁殖成功的关键。

大多数鱼类的成熟卵入水后几分钟或几十分钟内就失去受精能力，这可能与渗透压变化等因素有关。鲑鳟卵能保持 15~30min 的受精能力。日本学者研究一种青鳉，其成熟卵接触水后 1min 受精率为 56%，2min 后为 29%，4min 后为 6%，6min 后完全不能受精。如将这种鱼的成熟卵放在与其渗透压相等的等渗溶液中，经 1h 仍保持 100% 的受精率，3h 后为 94%，6h 后为 77%。

（二）鱼类精子的发生与成熟

1. **繁殖期** 大型精母细胞（初级精原细胞）进行多次有丝分裂成大量小型精原细胞（次级精原细胞）。精原细胞进行有丝分裂比卵原细胞旺盛，产生精母细胞数目多。精原细胞近圆形，核圆形，直径 9~12μm，胞质内有大量的膜状结构和不活跃的高尔基复合体。

2. **生长期** 初级精母细胞的形状和精原细胞相近，但核内染色质变为线状。核渐变为椭圆形，中心粒长出很短的轴丝变成基粒。高尔基复合体活性增高，四周聚集了许多液泡。初级精母细胞开始进入成熟分裂的前期，DNA 立刻加倍。这是精子发生中 DNA 的最后复制。

3. **成熟期** 初级精母细胞体积增大，进行 2 次成熟分裂。第一次为减数分裂，产生两个体积较小的次级精母细胞（直径 4~5μm），染色体数目减半；第二次为有丝分裂，产生两个体积更小的精母细胞（直径 3μm）。第一次成熟分裂前期又分为细线期、偶线期、粗线期、双线期和终变期。

4. 精子形成期（变态期） 这是雄性生殖细胞发育中特有的时期。首先精母细胞的核变成椭圆形,大部分原生质逐渐向细胞核的后面(将来变成尾部)聚集。与中心粒脱离的高尔基复合体向细胞核的前方移动,将来形成精子的顶器。两个中心粒在细胞核后方作前后排列,分别形成前结与后结。精子尾部的轴丝即从后结长出。线粒体逐渐分化为间节处的螺旋丝。当精细胞之间的细胞间桥完全消失之后,便成为成熟精子。

二、卵巢、精巢的形态结构和分期

(一) 卵巢的分期

依据性腺体积、色泽、卵子成熟与否等标准,一般将鱼类卵巢发育过程分为6个时期,种类不同划分标准略有差别。国外也有采用5期和7期来划分的。

1. Ⅰ期卵巢 性腺紧贴于体腔膜上,透明细线状,肉眼不能分辨雌雄,看不到卵粒,表面无血管或甚微弱。

2. Ⅱ期卵巢 为性腺正发育中的性未成熟或产后恢复阶段的鱼所具有。卵巢多呈扁带状,有较多细血管分布于组织中,经过成熟产卵之后退化到Ⅱ期的卵巢血管更发达,肉眼尚看不清卵粒。

3. Ⅲ期卵巢 卵巢体积增大,肉眼可看清卵粒,但卵粒不能从卵巢隔膜上分离出来,卵母细胞开始沉积卵黄,且直径不断扩大,卵质中尚未完全充塞卵黄,卵膜变厚,有些鱼类出现油球。

4. Ⅳ期卵巢 整个卵巢很大,占腹腔的大部分,卵巢多呈淡黄或深黄色,结缔组织和血管发达。卵巢膜有弹性。卵粒内充满卵黄。一般将Ⅳ期卵巢分为$Ⅳ_1$、$Ⅳ_2$、$Ⅳ_3$ 3个小期,这在进行人工繁殖时非常重要。实验证明,卵母细胞处于$Ⅳ_1$期时,人工催情不能得到成熟卵,只有在$Ⅳ_2$、$Ⅳ_3$期,细胞核偏移至极化时,才能获得比较成熟的卵粒。

5. Ⅴ期卵巢 性腺完全成熟,卵巢松软,卵已排于卵巢腔中,提起亲鱼时,卵子从生殖孔自动流出,或轻压腹部即有成熟卵流出。成熟卵的颜色因鱼的种类而异。海水鱼类Ⅴ期卵一般是透明的。

6. Ⅵ期卵巢 刚产完卵后的卵巢,可分为一次产卵和分批产卵2种类型。前者卵巢体积大大缩小,组织松软,表面血管充血,少数未产出的卵母细胞很快退化吸收,卵巢即退化到Ⅱ期再发育。后者卵巢退化到Ⅲ期,向Ⅳ期发育。

在卵巢分期观察中,有时会发现它介于相邻两期之间,则写上述两期的数序,在中间加短线,如Ⅲ-Ⅳ,比较接近于哪一期,就把哪一期的数字写在前面,如写Ⅲ-Ⅳ期时,表明卵巢比较接近Ⅲ期。

此外,成熟系数也是衡量性腺发育的一个标志,性腺重占鱼胴体重的百分数,即为成熟系数,其计算公式为:成熟系数 $=\dfrac{性腺重}{胴体重}\times 100\%$。一般来讲,成熟系数越高,性腺发育越好。

(二) 精巢的分期

1. Ⅰ期精巢 生殖腺很不发达,呈细线状,紧贴于体腔膜上,肉眼无法区别雌雄。切片观察可见分散状分布的精原细胞。精原细胞外包有精囊细胞（精胞）。

2. **Ⅱ期精巢** 线状或细带状，半透明或不透明，血管不显著。切片观察可见精原细胞增多，排列成束群，构成实心的精细管，管间为结缔组织所分隔。

3. **Ⅲ期精巢** 圆杆状，挤压雄鱼腹部或剪开精巢均无精液流出。实心的精细管中央出现管腔，管壁是一层至数层同型的、成熟等级一致的初级精母细胞，管壁外面为精囊细胞所包围。

4. **Ⅳ期精巢** 乳白色，表面有血管分布。此期晚期能挤出白色精液。精巢切片可见初级精母细胞（体积大、染色深）、次级精母细胞（体积较小、染色更深）和精子细胞（体积最小、染色最深）。

5. **Ⅴ期精巢** 精小囊中充满精子，提起头部或轻压腹部时，黏稠的乳白色精液从泄殖孔涌出。

6. **Ⅵ期精巢** 体积缩小，切片观察可见精细管壁只剩精原细胞、少量初级精母细胞和结缔组织，囊腔和壶腹中有残留的精子。精巢一般退回第Ⅲ期再向前发育。精巢也可用成熟系数来衡量成熟度。

三、鱼类性成熟的年龄和性周期

（一）鱼类性成熟的年龄及其变动

鱼类发育到初次生殖，即标志其进入性成熟期。性成熟年龄因种而异，即使是同种鱼，也会因各种原因而有变动。一般，雄鱼比雌鱼的性成熟年龄要早。鱼类性成熟年龄大体上可分为3种类型。

1. **低龄性成熟类型** 性成熟年龄为1龄或1龄以下。通常这类鱼性成熟个体体长小，它们或生活在高温水域；或从出生至性成熟生活的环境条件有很大的变动；或整个生命周期较短。低龄性成熟有利于种的延续。例如洄游性的香鱼为1龄性成熟；热带与亚热带性罗非鱼2~3月龄即达性成熟。

2. **中等年龄性成熟类型** 大多数鱼类属此类型，性成熟年龄为2~3龄或4~5龄。

3. **高龄性成熟类型** 性成熟年龄在10龄左右或更高。这类鱼性成熟的体长较大。多生活于较高纬度，或年生长量较低。鲟形目鱼类大多属此类型，例如黑龙江鳇在15~20龄时才性成熟。

首次达到性成熟的指标除年龄外，体长也很重要。生态学上将最小体长的性成熟鱼称为生物学最小型。较早达到生物学最小型个体的体长，即性成熟提前，否则将延后。

（二）鱼类的性周期

鱼类性腺发育、成熟过程有一定的周期性，这是鱼类在进化过程中的一种适应，其实质是每批卵母细胞从形成到发育成熟所经历的周期。鱼类的性腺未成熟前，没有性周期，鱼类达到性成熟之后，一般每年重复1次。热带或亚热带的鱼类一般性腺一年成熟2~3次，性周期相对较短。按鱼类性周期的长短可分为3种类型：

1. **短性周期类型** 性周期远不足1年，多属热带和亚热带鱼类。例如食蚊鱼两次生殖之间相隔数月。

2. 一年性周期类型 大多数鱼类的性周期为 1 年，性腺由排出性产物至下一批性产物的成熟，大体要经历 1 年时间。例如草鱼、青鱼、鲢、鳙在自然条件下，性周期大多为 1 年。

3. 二年性周期类型 大部分鲟形目鱼类的性周期长达 2 年，甚至更长，即性腺隔年成熟一次。
性周期的长短是鱼类在繁殖上对环境的适应，当环境条件变化时，鱼类的性周期也会发生变动。

第二节 中枢神经与内分泌系统在鱼类繁殖中的作用

非生物环境因子对性腺发育的作用，往往通过神经—内分泌调节来实现。这里仅讨论与鱼类繁殖有关的内分泌腺及其产物。

一、中枢神经系统在鱼类繁殖中的作用

（一）中枢神经系统的作用原理

通过分泌神经激素来启动相应的内分泌腺分泌各种激素完成繁殖活动。外部感受器接受水流、水温等环境条件刺激后作用于中枢神经系统，由其分泌神经介质（如多巴胺、羟色胺等）作用于下丘脑，并启动下丘脑分泌一种多肽激素——促性腺激素释放激素（gonadotropin releasing hormone，GnRH），转而触发脑垂体间叶分泌促性腺激素（gonadotropin hormone，GtH）。促性腺激素作用的靶器官是性腺，使其分泌相应的雄激素或雌激素，促使亲鱼的精子或卵子成熟及相应的生殖活动。

（二）中枢神经系统产生的激素及作用

硬骨鱼类下丘脑分泌的神经激素有释放激素和抑制激素两大类。

与鱼类繁殖活动关系密切的下丘脑激素为促黄体生成激素释放激素（LRH）。人工合成的 LRH 类似物 LRH-A 作用时间长，在鱼体内不易受到酶的破坏，半衰期长，作用效率要比 LRH 高出几十倍至数百倍。LRH 和 LRH-A 具有相同的生理功能。另一类与 LRH 作用相反的神经激素是促性腺激素释放激素的抑制因子（GRIF），它能间接影响脑垂体 GtH 细胞的分泌活动。

二、内分泌系统在鱼类繁殖中的作用

鱼类的内分泌腺及组织包括脑、垂体、甲状腺、肾间组织、胰岛腺和性腺等。与鱼类性腺发育密切的内分泌腺主要是脑垂体和性腺，两者均能分泌相应的激素使卵母细胞或精原细胞发育成熟。

（一）鱼类脑垂体及其分泌的激素

1. 脑垂体的位置和结构 鱼类脑垂体是内分泌系统的中枢，位于间脑的腹面，与下丘脑相

连，分神经部和腺体部。

2. 脑垂体的激素分泌及作用机制 脑垂体分泌的激素种类较多，与鱼类繁殖活动密切的是促性腺激素（GtH）。GtH对生殖细胞发育成熟的调节主要通过性甾体激素而间接起作用。同时，脑垂体还能控制其他一些内分泌腺。

GtH的作用机制可归纳为3种方式：①GtH直接诱发滤泡细胞层的鞘膜细胞和颗粒细胞，并在17β-羟甾脱氢酶（17β-HSD）和11β-羟化酶的作用下，合成和释放类固醇激素，诱导卵母细胞成熟，这是一种脑垂体—卵巢轴的作用机制。②GtH通过脑垂体—肾间组织—卵巢轴发挥作用，即GtH刺激肾间组织产生成熟类固醇激素，诱导卵母细胞成熟。③通过激发垂体促肾上腺皮质激素（ACTH）和GtH的双重作用，由非结合态成熟类固醇激素来促进卵母细胞成熟。第三种作用机制兼有脑垂体—卵巢轴的作用方式和通过肾间组织的非直接影响作用方式。

（二）鱼类性腺类固醇激素

1. 鱼类性激素的结构和种类 性激素的基本化学结构由4个碳环组成，又称"性腺类固醇激素"。

（1）雌性激素 主要由卵巢分泌。主要部位是包裹在卵母细胞外周的滤泡细胞。鱼类卵巢分泌的主要性激素有孕激素（如黄体酮）、雌激素（如雌二醇）和皮质类固醇激素（如11-脱氧皮质醇）。

（2）雄性激素 鱼类精巢分泌雄性激素的场所主要是分布于精细小管之间的间质细胞。精巢产生的雄性激素主要成分是睾丸酮。

2. 鱼类性激素的生理功能 鱼类性激素对鱼类的影响是多方面的，它既能影响原始生殖细胞的雌雄性分化，也能对性腺的发育、生殖行为产生影响。

（1）对性分化的影响 根据现有研究结果，鱼类原始生殖细胞性分化主要受性激素影响。在原始生殖细胞进入生殖嵴但尚未分化时，雄性或雌性激素占优者可诱导性分化的发育趋向。对刚孵化的尼罗罗非鱼仔鱼，投喂混有雄性激素的饲料，可使遗传上的雌性鱼性逆转为生理上的雄性鱼。

（2）对卵巢和精巢发育的影响 对未成熟的鱼类个体，雌性激素能促使脑垂体GtH细胞发育合成GtH，体现正反馈作用。Crim和Peter（1978）将睾酮埋植于未成熟的大西洋鲑脑垂体中或注射于体内，发现脑垂体和血液中的GtH含量明显增加。雌性激素对成鱼能诱导其卵母细胞生长、卵黄发生和积累，但对脑垂体GtH的产生具负反馈作用。雄性激素对性未成熟鱼类个体脑垂体中的GtH细胞的发育和GtH的积累同样具有促进作用。对成鱼性腺发育影响较大的雄性激素是睾酮（T）和11-酮基睾酮（11-KT），它们有利于诱发精巢的发育和成熟，但对脑垂体GtH的分泌具负反馈作用。

第三节 环境因素对鱼类性腺发育的影响

鱼类是变温动物，其繁殖活动受体内激素以及激素对性腺发育诱导效应的制约，同时也受外界环境包括营养、温度、光照、水流等多种因素综合作用的影响。

一、营　　养

鱼类在性腺发育过程中，卵巢增重约占鱼体重的20%左右，因此需要从外界摄取充足的营养物质，特别是蛋白质和脂肪，以提供卵子生长的物质基础。一般的，卵巢水分占55%~75%，蛋白质20%~33%，脂质1%~25%，灰分0.7%~2.2%。除水分外，蛋白质含量最高，可见其重要性。在成熟卵内蛋白质以卵黄蛋白占大部分，卵黄蛋白在化学上不是单一的蛋白，其主要成分是卵黄脂磷蛋白（脂蛋白），它是构成卵黄的主体，供胚胎发育需要。因此，饲料种类和数量直接影响到性腺的发育成熟，饲料投喂充足，成熟卵子数量增加；反之减少，成熟系数下降，甚至推迟产卵期，或不能顺利产卵。

卵巢中蛋白质含量变动的基本趋势是随性腺发育成熟而上升，成熟产卵后下降，其变动幅度较大。卵巢中蛋白质的含量在性成熟早期增加最多，而此期正是原生质生长阶段。Ⅲ期以后，主要增长的是脂蛋白和磷脂类，蛋白质增加的比重反而不如早期多。从Ⅱ期到Ⅲ期，体内蛋白质转化为卵蛋白质仅占5%，95%的蛋白质依靠外源；后期卵巢蛋白质直线上升，80%以上的蛋白质仍然靠外源。

在卵母细胞形成过程中，肝脏起着积极的脂质转移作用，性腺正在成熟的个体，其肠系膜脂肪的中性脂肪和游离脂肪酸减少，而肝脏和血浆中这些成分却增加，脂质以中性脂肪和游离脂肪酸的形式释放到血液中，进入肝脏参与脂蛋白合成。此外，肝脏里也由碳水化合物和蛋白质合成脂质。

二、温　　度

温度对鱼类性腺发育、成熟具有显著影响。由于同种鱼达到性腺成熟的积温基本一致，因此在我国南方或温热水域培育的亲鱼，性腺发育成熟早，可提前产卵。温度对鱼类繁殖的重要性还基于一个温度阈值，每种鱼在某一地区开始产卵的温度是一定的，低于这一温度则不能产卵。正在产卵的鱼，遇到水温骤降，常发生停产现象。所以人工繁殖时，应注意天气变化，催产后几天水温适宜，才能保证产卵、孵化成功。

三、光　　照

光照时间的长短与鱼类性腺的发育和成熟有关，光刺激通过中枢神经，引起脑垂体的分泌活动，从而影响性腺发育。鱼类的生殖周期在很大程度上受光照时间长短的调节。对春季产卵鱼类，延长光照期可促进性腺发育和提早产卵；对秋冬季产卵鱼类，缩短光照期可促进性腺发育和提前产卵。

四、水　　流

流水对某些鱼类的性腺发育成熟及产卵特别重要。鱼类的侧线受流水刺激，通过中枢神经使下丘脑 LRH 大量合成并释放，再触发脑垂体分泌 GtH，诱导发情产卵。如家鱼的天然产卵场因降暴雨而水位猛涨，水流湍急，经数小时亲鱼即可完成从Ⅳ期卵巢向Ⅴ期的过渡而立即产卵。

五、盐　　度

固定生活在海水或淡水中的鱼类，其繁殖时仍需与生长相同的盐度。而溯河或降海性鱼类，在性腺成熟的过程中，盐度起重要作用。如鲥和暗纹东方鲀的性腺发育成熟和繁殖必须在盐度低于 0.5 的淡水中进行；而鳗鲡和松江鲈的性腺发育和繁殖必须在盐度高的海水中进行；有些栖息于河口和半咸水的鱼类如鲮，性腺仅在盐度高于 3 的水体中才会发育成熟。

第四章 鱼类的人工繁殖技术

> **教学一般要求**
>
> **掌握**：鱼类人工繁殖主要设施的结构与功用；不同种类亲鱼的培育技术；催产激素的种类和性能以及催产方法；人工授精技术和不同性质的受精卵的孵化方法。
>
> **理解**：鱼类人工繁殖概念、原理；亲鱼成熟度鉴定及常用催产激素作用原理。
>
> **了解**：鱼类人工繁殖的生物学指标，影响受精及孵化的主要环境因子。

第一节 概 述

鱼类人工繁殖是根据鱼类的自然繁殖习性，在人工控制条件下，通过生态、生理的方法，促使亲鱼的性产物达到成熟、排放和产出，获得大量的受精卵，并在适当的孵化条件下最终孵化出鱼苗的生产过程。整个过程包括亲鱼培育、人工催产和人工孵化三个主要技术环节。鱼类人工繁殖可稳定而大量地提供养殖用种苗，为水产养殖的持续健康发展提供物质基础。

一、鱼类人工繁殖概况

早在 2 400 多年前，我国的文献中就有关于将成熟的雌雄鲤配对，注入新水并投放鱼巢以促使鲤繁殖的方法，这可能是人类最早采用的鱼类人工繁殖技术。1842 年，法国采成熟鳟的精、卵进行湿法人工授精取得初步成功。1859 年，俄国改用干法人工授精，提高了受精率。1871 年，美国开展了西鲱（*Alosa alosa*）的培育和驯化，并形成了一定规模。1885 年，美国渔业委员会在伍兹霍尔建立了商业性的海水鱼类孵化场，进行鳕的孵化，以后又在格鲁斯托港建立了第二个大规模孵化场。1891 年，麦克唐纳成功孵化比目鱼（*Pseudopleuronectes anmericanus*）、鲭（*Scomber scomber*）。1905 年，美国在布恩贝湾建立第三个孵化场。前苏联的鲟和鲑的人工繁殖场约有 90 多处，每年放流鱼苗约 10 亿尾。1934 年，巴西用鱼类脑下垂体提取液对鱼类催产获得成功。此后注射催情剂促使鱼类繁殖的生理方法逐渐在生产中应用。1958 年，中国在池塘中首次培育出成熟的鲢、鳙亲鱼，并以注射鲤脑下垂体提取液和辅以适宜的生态条件刺激，取得鲢、鳙全人工繁殖的成功。20 世纪 60 年代，日本海水鱼繁殖取得巨大进展，1965 年，小笠原大量培育真鲷苗成功，1968 年获得了大量人工培育的黑鲷仔鱼。

四大家鱼人工繁殖成功后，中国使用人绒毛膜促性腺激素（HCG）和促黄体素释放激素类似物（LRH-A）作为催情剂，取得较好效果，使淡水鱼类的繁殖技术逐步趋于完善。四大家鱼和鲤、鲫、鳊、鲂的人工繁殖技术已在中国全面推广应用。20 世纪 70 年代以来，相继完成了鲤、鲫杂交和三倍体选育工作，并成功推广了世界上第一个雌核发育养殖品种异育银鲫的养殖，获得了巨大的经济效益。目前，中国已经能进行人工繁殖的淡水鱼类包括青鱼、草鱼、鲢、鳙、鲤、鲫、鳊、鲂、长吻鮠、大眼鳜、中华鲟、长江鲟、瓦氏黄颡鱼、南方鲇、泥鳅、乌鳢、胭脂鱼、岩原鲤、倒刺鲃等几十个品种。与此同时，中国海水鱼类的人工繁殖也取得较好的效果，先后完成了海马、黄鳍鲷、黑鲷、青石斑、东方鲀等 21 属 44 种海水鱼类的人工催产繁殖和孵化。20 世纪 90 年代成功进行的大黄鱼人工繁殖，对天然资源恢复和保护具有重要的意义。20 世纪 50 年代以来，鱼类人工繁殖的理论和技术以及催情剂的研究上都有了较大的发展。目前，中国淡水养殖鱼类苗种 90% 来自于人工繁殖，海水鱼类人工繁殖近年来发展较快，有效地促进了海、淡水鱼类的养殖。

二、鱼类人工繁殖原理

鱼类自然繁殖是在水温、水流、溶氧、光照、水位的变化，以及性引诱和卵的附着物等外界条件下进行的。当这些生态条件综合而又适度地刺激性腺发育良好的亲鱼感觉器官（如侧线、皮肤、视觉、听觉和嗅觉等）的感觉细胞时，鱼即产生冲动，并通过神经纤维传入中枢神经，刺激下丘脑并使之相应地分泌促性腺激素释放激素（GnRH）。该激素通过微血管进入脑下垂体后，促使脑垂体间叶分泌促性腺激素（GtH），通过血液进入性腺，卵细胞即发生显著变化，如卵黄颗粒融合呈半透明状态、细胞核和细胞质出现极化现象、核膜溶解、进行两次成熟分裂等。在卵母细胞的成熟变化过程中，滤泡膜便破裂并进行排卵和产卵；而雄鱼的精液量显著增加，并出现性行为，使鱼类完成繁殖活动（图 4-1）。由于池塘等小水体对某些鱼类缺乏相应的繁殖生态条件，不能适度地刺激亲鱼的下丘脑分泌促黄体生成素释放激素，从而不能促使亲鱼的垂体分泌一定浓度的促性腺激素使亲鱼自然产卵。因此，人工繁殖就在于将催情剂（如鱼的脑下垂体抽提液、人绒毛膜促性腺激素或促黄体素释放激素类似物）注入鱼体，达到诱导亲鱼发情、产卵或排精的目的。

按亲鱼是来源于天然水域或人工培育，可分为半人工繁殖和全人工繁殖。前者受捕捞水域和季节的限制性大，生产不稳定。后者从亲鱼培育至鱼苗孵出都在人工控制下进行，可按计划大量生产鱼苗。

促使亲鱼成熟、产卵的方法一般可分为生态法、生理法和生态生理结合法。生态法是在鱼类自然繁殖的适温季节内，选择成熟的亲鱼进行雌雄配对，满足其产卵的生态条件，使亲鱼自行繁殖或进行人工采卵和授精。此法多用于对产卵生态条件要求较低的鱼类，如虹鳟等。生理法是在自然繁殖季节对某些无法满足其成熟产卵的生态条件，而性腺发育良好的亲鱼注射催情剂，一般能促使其性腺成熟，达到产卵和排精的效果，适用中国鲤科养殖鱼类、印度鲤科鱼类、闪光鲟等。生理生态法是将生态法和生理法结合运用，既注射催情剂又提供合适的生态条件，其效果最好。

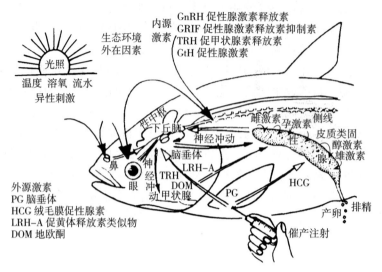

图 4-1 鱼类人工繁殖基本原理
(刘建康，1992)

三、鱼类人工繁殖的生物学指标

鱼类人工繁殖是一项技术性要求较高的生产活动，衡量鱼类人工繁殖生产技术水平的高低，不仅要看生产苗种的总产量的高低，还要看有关生物学指标。

1. **亲鱼成熟率** 亲鱼的成熟率是指能催产的亲鱼尾数占所培育适龄繁殖亲鱼总尾数的百分数，用于评价亲鱼培育水平的高低，即亲鱼成熟率越高，亲鱼培育技术就越好，技术水平越高。

$$亲鱼成熟率 = \frac{能够催产的亲鱼尾数}{所培育适龄繁殖亲鱼尾数} \times 100\%$$

2. **催产率** 催产率是指亲鱼催情注射后产卵的雌鱼占所催产的雌亲鱼的百分数。用于评价亲鱼成熟度鉴别和催产技术水平的高低。

$$催产率 = \frac{产卵雌鱼尾数}{催产雌鱼尾数} \times 100\%$$

3. **受精率** 受精率是指受精卵占总卵数的百分数。计算受精率时，应在原肠中期，取同批次鱼卵百余粒，肉眼直接观察计数受精卵与混浊、发白的坏卵（或空心卵）量。

$$受精率 = \frac{受精卵数}{总卵数} \times 100\%$$

4. **孵化率** 初孵仔鱼与受精卵数量之比值。出膜期不易准确统计，一般用出膜前期活胚胎占受精卵总数百分比表示孵化率。

$$孵化率 = \frac{初孵仔鱼数}{受精卵数} \times 100\%$$

5. **出苗率** 出苗率也称下塘率，即下塘前鱼苗的绝对数量占受精卵数的百分比。

$$出苗率 = \frac{下塘鱼苗数}{受精卵数} \times 100\%$$

第二节 鱼类人工繁殖的主要设施

一、水质净化处理设施

鱼类人工繁殖对水质要求较高,尤其是封闭式循环水人工繁殖系统,用水必须回收净化处理再利用。要达到鱼类繁殖最佳水质要求,必须具有功能完善、运转良好的水质净化系统。水质净化系统一般包括沉淀池、过滤器、蓄水池和消毒装置等。一般人工繁殖场水处理基本流程见图4-2。水质具体净化处理方法详见第二章。

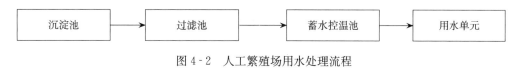

图4-2 人工繁殖场用水处理流程

二、产卵设施

产卵池一般容积50~100m³,池深1.5~2.0m。形状有圆形、八角形、长方形,以圆形为好。通常为砖水泥结构,池壁、池底要光滑,以免伤到鱼卵。圆形或八角形池,排水口设在池底中央,池底略向中央排水口倾斜,倾斜度为3‰~5‰,将污物集中于水池中央然后由排水口排出。进水管直径15~20cm,与产卵池壁切线成40°夹角,设在距产卵池墙壁顶缘30~40cm处。长方形产卵池在一端进水,另一端底部排水。用阀门调节进水流量、流速,达到进水时水流没有死角。

1. 产漂流性卵或沉性卵鱼类的产卵集卵池 对于产漂流性卵或沉性卵的鱼类,多用圆形产卵池(图4-3)和椭圆形产卵池(图4-4),面积50~100m²。池底中心设方形或圆形出卵口一个,上盖拦鱼栅,卵由暗道引入集卵池。集卵池一般为长2.5m、宽2m的长方形,底部较产卵池底低25~30cm。在集卵池一侧设溢水口一个,底部设排水口一个,由阀门控制排水。集卵池内一边设阶梯3~4级,每一级阶梯设排水孔一个,可采用阶梯式排水。集卵网与出卵暗管相连,放置在集卵池内,以收集鱼卵。

2. 产浮性卵鱼类的产卵集卵池 对于产浮性卵鱼类在圆形产卵池(图4-5)水面下20~30cm处,设置一个口通向集卵槽,在集卵口处装一个用直径

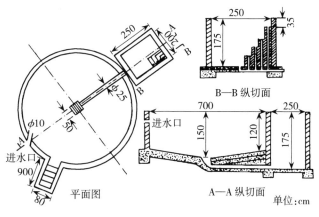

图4-3 底部集卵的圆形产卵池
(张扬宗,1989)

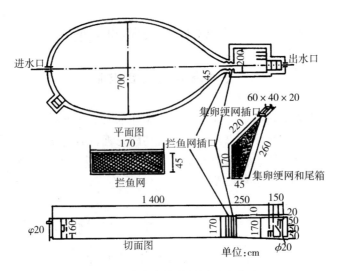

图 4-4 底部集卵的椭圆形产卵池
（张扬宗，1989）

100mm 的管剖成两半做成的管片，利用池水旋转形成的水流将卵子导入集卵槽中。

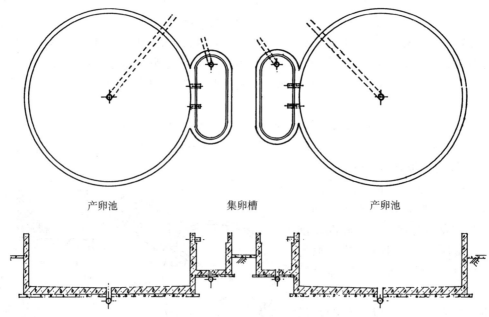

图 4-5 水面集卵的产卵集卵池
（麦贤杰，2005）

3. 产黏性卵鱼类的产卵池与鱼巢 对于产黏性卵的鱼类多用池塘或长方形产卵池，同时配备人工鱼巢。鱼巢是亲鱼产卵时的附着物。只要是纤细多枝在水中易散开而不易腐烂的材料均可用于扎制鱼巢。生产上多采用水草（聚草、金鱼藻等）、水中杨柳树的根须、棕榈皮和人造纤维等。杨柳根须和棕榈皮需用水煮过晒干,除去单宁酸等有毒物质。鱼巢材料经消毒处理后,扎制成束。鱼巢在产卵池内布置适当与否,能直接影响到雌鱼的产卵效率和鱼卵在巢上的附着率。在池塘中悬吊人工鱼巢可分为环列式(图4-6)和平列式(图4-7)2种。

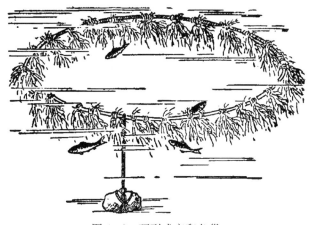

图4-6 环列式产卵鱼巢
(张扬宗,1989)

图4-7 平列式产卵鱼巢
(张扬宗,1989)

鱼巢的管理应注意下列三点:①准确估计产卵时间。及时投放鱼巢,过早投放用稻草扎制的鱼巢,久浸水中容易腐烂而影响水质,用棕榈皮和杨柳根须扎制的鱼巢,久浸水中则容易附着过多的淤泥而影响鱼卵的附着。过迟投放鱼巢则使亲鱼的成熟卵不能及时产出,影响产卵效果。②适量投放鱼巢。每尾雌鱼以投放4~5束鱼巢为准,过少则鱼卵附着过密,将降低孵化率。③及时取换鱼巢。发现鱼巢鱼卵附着适度时,应及时取出孵化,并更换新的鱼巢入池。

三、孵化设施

1. **孵化桶** 孵化桶是用白铁皮、塑料或钢筋水泥制成的漏斗形孵化器(图4-8)。孵化桶大小根据需要而定,一般以容水量250kg左右为宜。孵化桶的纱窗可用铜丝布或筛绢制成,规格为50目左右。孵化桶进水在漏斗底部,由桶上端纱窗处出水,水由下而上,鱼卵也随之翻动。

2. **孵化环道** 孵化环道是用水泥或砖砌成的环形水池,其大小根据生产规模确定。孵化环道具有容量大、省劳力、操作方便、经久耐用、孵化率高等优点,但一次投资较大,设计和施工技术要求高,建造场所必须具备方便的水源,有一定局限性。

圆形孵化环道(图4-9)有单环和多环之分。直径小型为3~4m,大型为8m,环道宽1m,深0.9m,分别可容水7t和20t,一次容纳受精卵数量可达700万粒和1500万粒。由于水在环道内围绕圆心做等圆周运动,因受离心力的作用,受精卵靠环道外侧密,内侧稀,垂直和水平分布不均匀。为了克服这一缺点,在圆形环道的基础上设计出了椭圆形(或称长圆形)环道(图4-10)。

3. **孵化槽** 一般建在地面上,也可低于地面。由槽体、进水管、排水管、过滤纱窗组成(图4-11)。槽长度为3.0m,宽1.5m,深1.2m,槽壁上半部设一排水管或沟。底部设两排喷嘴

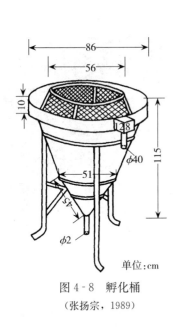

图 4-8 孵化桶
（张扬宗，1989）

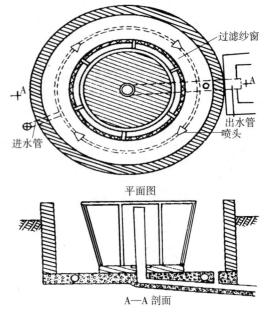

图 4-9 圆形孵化环道
（张扬宗，1989）

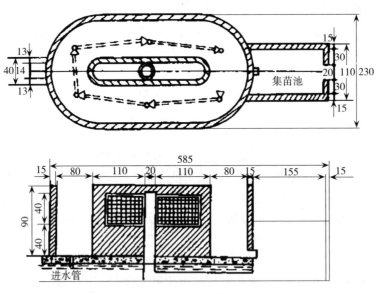

图 4-10 椭圆形孵化环道
（黄朝禧，2005）

（5个），呈鸭嘴形状，使喷出水流由下向上滚动，经纱窗流出槽外，底部向喷水方向稍有倾斜，前端有一方形或圆形出苗孔，由暗管通向集苗池。集苗池长1.5m，宽1.0m，深1.0m，用插板闸门控制水位和排水量。孵化槽属于大型孵化设施，孵化率在95%左右。具有占地面积小，结构简单,操作维修方便等优点。可节省劳力,减轻劳动强度,且生产能力比孵化环道高2~3倍,并适应多种鱼类的孵化;有些鱼类(如鲤、鳊等)可直接在孵化槽中产卵和孵化,减少了移动鱼卵过程中的麻烦和损失。孵化管理主要是控制水位,定期洗刷纱窗,检查水流。

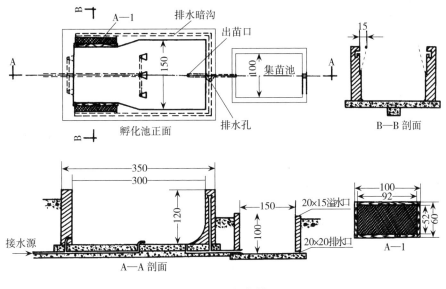

图4-11 孵化槽
(黄朝禧,2005)

四、增氧与控温设施

1. 增氧设施 亲鱼培育池一般每6 667m² 水面配备1台3kW或2台2kW的叶轮式增氧机。产卵孵化池、育苗池增氧主要采用罗茨鼓风机,一般有效水深在1.5m以下,选用风压20~34kPa的充气机;有效水深1.8~2.0m时,选用34~49kPa的充气机。充气机向产卵孵化池、育苗池充入的气量目前无严格的公式进行计算,但应在试验和生产实践中获得数据,如海水育苗池,每分钟向池内水体充入的空气量(m³/min)为育苗水体(m³)的1%~5%。与鼓风机相连的送气管分为主管、分管及支管。主管为直径12~18cm的硬质塑料管,连接鼓风机;分管为直径6~9cm的硬质塑料管,与支管连接处设有气量调节开关;支管为直径0.6~1cm的塑料软管,末端与散气石(管)连接。散气石由100~150号金刚砂铸制成圆柱状,长5~10cm,直径3~4cm,育苗池内每平方米安装1~3个,各育苗池内所用散气石型号要求一致,以保证出气均匀。散气石气孔越细,越能提高水中溶氧量,但气孔容易被藻类等堵塞,必须经常清洗和更换。散气管是在管径1.0~1.5cm无毒聚氯乙烯硬管上钻孔径0.5~0.8mm的许多小孔,管两侧每隔2~5cm交叉钻孔,各散气管间距为0.5~0.8m。全部小孔的总面积应小于鼓风机出气管截面积的20%。使用罗茨鼓风机,为使各管道压力均衡并降低噪音,可在鼓风机出风口后加装气包,上面装压力表、安全阀、消音器。

2. 控温设施 大多数人工繁殖场的亲鱼培育、产卵孵化、饵料生物培养、鱼苗培育等生产环节均需要加温处理，因此应配备增温设施。目前主要有燃煤锅炉和电加热器两种增温方法。燃煤锅炉比较经济安全。锅炉的总供热量应是鱼苗水体最大换水量升温所需要的热量、每日全部鱼苗水体所散发热量、每日保持室内空气温度采暖的热量和各部分蒸汽管道输气损失热量的总和。一般1 000 m^3 水体配备1~2 t的锅炉。锅炉蒸汽或热水通过盘管使池内水温上升。盘管直径一般为5.08~7.62 cm的无缝钢管，外涂无毒防腐涂料。孵化池和鱼苗池内一般不用盘管，以免造成清污、出苗不便。可在预温池内设置盘管加温后随时向孵化池和鱼苗池内补水控温。电加热器有电热棒、电热板、远红外辐射加热等，直接加温。

五、其他辅助设施

1. 检测设备 鱼类人工繁殖场要建设水质分析及生物检测室，配备相应的实验人员，以及生物观察和水质分析设备。如对用水的溶解氧、pH、盐度、氨氮、硫化氢等进行监测；对生物样品进行解剖和显微观察。

2. 电力设施 应根据鱼场电力的使用总量估算配置变压器，保证取水、充气、加温和办公、生活等有充足的电力，同时配备柴油发电机，以便应急使用。

3. 库房 分生产工具存放间和饲料存放间。前者用来存放水泵、网具、各种管、桶等生产工具和设备；后者主要存放饲料、肥料等。库房应离生产区较近，且车辆出入方便，房间通风、避光，注意防潮、防虫、防鼠害等。

第三节 亲鱼培育

亲鱼是指达到性成熟并能用于人工繁殖的雌雄鱼类。培育可供人工催产的优质亲鱼，是鱼类人工繁殖决定性的物质基础。整个亲鱼的培育过程都应围绕创造一切有利条件，使亲鱼性腺向成熟方面发展。

一、亲鱼的选择

(一) 亲鱼来源

1. 野外捕捞 在鱼类生殖季节直接从江河、湖泊、水库、浅海等自然水域捕捞已达性成熟的雌雄个体作为亲鱼。野外捕捞亲鱼南方一般在冬季，北方在春秋两季进行，因为水温低，便于运输。

2. 半人工培育 从野外捕捞的天然苗种或者接近性成熟的个体，在人工条件下驯化、强化培育，促进其性腺成熟。

3. 全人工培育 人工繁殖的鱼苗在池塘、网箱或工厂化养鱼设施中进行培育，达到性成熟年龄，用于人工繁殖。

（二）选择标准

1. 种质标准　从种质角度选择，亲鱼应生长速度快、肉质好、抗逆性强；进行杂交育种时，要求亲本的种质纯度高。

2. 年龄和体重　选择亲鱼时，应避免选择初次性成熟个体和已进入衰老期的个体。对于一般鱼类而言，可取最小性成熟年龄加1～10作为选择人工繁殖所需亲鱼的最佳年龄。在达到性成熟年龄的前提下，亲鱼体重越大越好。一般鱼类的年龄和体重存在正相关关系，即年龄越大，体重越大。但由于气候、水质和饵料等因素差异，同一种鱼在不同水域的生长速度存在差异，达到性成熟年龄也不同，体重标准也不一致。

3. 体质标准　选择体质健壮、行动活泼、无病、无伤的个体作为亲鱼。

（三）雌雄鉴别

1. 大小差异　有些鱼类繁殖群体中雌雄个体大小差异较大，可以根据大小判别雌雄。如鲇形目的黄颡鱼、瓦氏黄颡鱼等雄鱼生长速度明显快于雌鱼，性成熟时雄鱼体重远远超过同龄雌鱼。石斑鱼和黄鳝雌雄同体，雌性先熟，所以雌性个体较小；而黄鳍鲷、平鲷、黑鲷、紫红笛鲷、尖吻鲈等雌雄同体，雄性先熟，雄鱼个体较小。

2. 体型差异　繁殖季节，多数雌鱼性腺发育程度良好，卵巢充满大量的成熟卵而腹部膨胀，而雄鱼则膨胀不明显，体型显得更为修长，可由此鉴别雌雄；一般鱼类雌鱼腹部具有肛门、生殖孔和泌尿孔3个孔，而雄鱼只有肛门和尿殖孔2个孔。鲇形目中的一些鱼类，如黄颡鱼、长吻鮠等雄鱼具有较明显的三角形生殖突，而雌鱼则无。

3. 第二性征　鱼类在达到性成熟时，由于性激素的生理作用，有些种类的亲鱼会出现第二性征，如婚姻色、胸鳍上的"追星"等，特别是雄性亲鱼较为明显，用手触摸追星有粗糙割手的感觉，而雌鱼往往不具备第二性征。

二、亲鱼的培育

（一）主要淡水鱼类的亲鱼培育

1. 鲢、鳙等滤食亲鱼培育

（1）培育方式和放养密度　鲢、鳙亲鱼的培育可采取单养或混养。一般采取混养方式。以鲢为主的放养方式可搭养少量的鳙或草鱼；以鳙为主的可搭养草鱼，一般不搭养鲢，因鲢抢食凶猛，与鳙混养对鳙的生长有一定影响。但鲢或鳙的亲鱼培育池均可混养不同种类的后备亲鱼。放养密度控制的原则是既能充分利用水体又能使亲鱼生长良好，性腺发育充分。一般每666.7m^2放养150～200kg为宜。为抑制亲鱼池内小杂鱼、克氏螯虾的繁殖，可适当搭养少量凶猛鱼类，如鳜、大口黑鲈等。主养鲢亲鱼的池塘，每666.7m^2水面可放养16～20尾（每尾体重10～15kg），另搭养鳙亲鱼2～4尾，草鱼亲鱼2～4尾（每尾重10kg左右）。主养鳙亲鱼的池塘，每666.7m^2可放养10～20尾（每尾重10～15kg），另搭养草鱼亲鱼2～4尾（每尾重10kg左右）。

主养鱼放养的雌雄比例以 1∶1.5 为好。

(2) 水质管理和施肥　看水施肥是养好鲢、鳙亲鱼的关键。整个鲢、鳙亲鱼饲养培育过程，就是保持和掌握水质肥度的过程。亲鱼放养前，应先施好基肥；放养后，应根据季节和池塘具体情况，施放追肥。其原则是"少施、勤施、看水施肥"。一般每月施有机肥 750～1 000kg。在冬季或产前可适当补充些精饲料，鳙每年每尾投喂精饲料 20kg 左右，鲢 15kg 左右。

①产后培育。产后天气逐渐转热，水温不稳定，这时亲鱼的体质又没有复原，对缺氧的适应能力很差，极易发生泛池死亡。每天注意观察天气和池水水色的变化情况，看水施肥，做到少施、勤施、分散施，同时多加新水，勤加新水。即采用"大水、小肥"的培育方式。

②秋、冬季培育。入冬前要加强施肥（每周 500kg 左右），使水色较浓；入冬后，再少量补充施肥。如遇天气晴暖，可适当投喂精饲料。即采用"大水、大肥"的培育方式。

③春季强化培育。开春后，最好换去一部分池水，将池水控制在 1m 左右，以利于提高培育池水温，易于肥水。适当增加施肥量，每天或 2～3d 泼洒一次，并辅以投喂精饲料，使鲢、鳙亲鱼吃饱、吃好。即采用"小水、大肥"的培育方式。

④产前培育。临近产卵季节，鲢、鳙亲鱼性腺发育良好，对溶氧的要求更高，一旦溶氧下降，极易发生泛池。因此在催产前 15～20d，应少施或不施肥，并经常冲水，这对防止泛池和促进性腺发育有很好的效果。即采用从"大水、小肥"到"大水、不肥"的培育方式。

总之，应根据产后补偿体力消耗、秋冬季节积累脂肪和春季促进性腺大生长的特点，采取产后看水少施肥，秋季正常施肥，冬季施足肥料，春季精料和肥料相结合并经常冲水的措施。

2. 草鱼、青鱼的亲鱼培育

(1) 放养密度和雌、雄比例　主养草鱼亲鱼的池塘，每 666.7m² 放养 7～10kg 的草鱼亲鱼 15～18 尾；主养青鱼的亲鱼池，每 666.7m² 放养 20kg 以上的青鱼 8～10 尾。此外，还搭配鲢或鳙的后备亲鱼 5～8 尾以及团头鲂的后备亲鱼 20～30 尾，合计总重 200kg 左右。雌、雄比例为 1∶1.5，最低不少于 1∶1。

(2) 草鱼亲鱼的培育　"青料为主、精料为辅相结合投喂，定期冲水"是培育好草鱼亲鱼行之有效的方法。无论是从生殖细胞生长发育、成熟的营养学原理还是生产实际的结果，对草鱼亲鱼的培育，强调以青饲料为主是科学而有实际意义的，特别是在春季雌性草亲鱼卵巢中的第Ⅲ时相卵母细胞卵黄开始形成到第Ⅳ时相卵母细胞卵黄沉积完毕时期，投喂青饲料尤为重要。因为青饲料中包含的各族维生素和矿物质成分，精饲料不能完全代替，恰好这些维生素和矿物质又是生殖细胞在成熟阶段所必需的。青饲料的种类主要有麦苗、莴苣叶、苦麦菜、黑麦草、各类蔬菜、水草和旱草。精饲料种类有大麦、小麦、麦芽、豆饼、菜饼、花生饼等。在整个草鱼亲鱼培育过程中，要注意经常冲水。冲水的数量和频率应根据季节、水质肥瘦和摄食情况合理掌握。一般冬季每周冲水一次；天气转暖后，每隔 3～5d 冲水一次，每次 3～5h；临产前 15d，最好隔天冲一次；催产前几天，最好天天冲水。经常冲水，保持池水清新是促使草鱼亲鱼性腺发育的重要技术措施之一。在秋季和春季应有专人管理，加强巡塘，防止泛池事故。

(3) 青鱼亲鱼的培育　青鱼亲鱼培育应以投喂活螺蚬和蚌肉为主，辅以少量豆饼或菜饼。要四季不断食。每尾青鱼每年需螺、蚬 500kg，菜饼 10kg 左右。其水质管理方法同草鱼。

3. 鲤等杂食性鱼类亲鱼培育方法　鲤亲鱼与草鱼亲鱼培育方法相似，每天 2 次投喂人工饲料如豆粕、酒糟等，或加入蚕蛹粉等动物性饲料，每天投喂量为3%~8%。并加强产后亲鱼的培育。

4. 肉食性鱼类亲鱼培育方法 肉食性鱼类亲鱼培育的关键是保证有足够的营养，产卵前1~2个月为强化培育阶段，期间亲鱼饲料以新鲜、蛋白质含量高的小杂鱼、鱿鱼、乌贼、缢蛏等为主，每天投喂1~2次，投喂量约为鱼体重的4%，同时在饵料中添加维生素、鱼油，添加量一般约为亲鱼体重的0.3%，以促进亲鱼性腺发育。产后应将亲鱼放入网箱或者水质较好的池塘中，每天投喂新鲜饵料，以鱼饱食为度，一般投喂量占鱼体重的6%，经15~20d培育，产后亲鱼可恢复体质。

（二）海水鱼类的亲鱼培育

1. 网箱培育亲鱼

（1）海区选择 选择网箱养殖的海区，既要考虑其环境条件能最大限度地满足亲鱼生长和成熟的需要，又要符合养殖方式的特殊要求，应事先对拟养殖海区进行全面、详细的调查，选择避风条件好、波浪不大、潮流畅通、底质平坦、水质无污染的内湾或浅海，且饵料来源广、交通方便等。

①底质。泥沙底质易于下锚，石头底则下锚不牢，易使网箱移动位置，且移动网箱时，网底易被乱石或藤壶、牡蛎等磨破。

②水深。为避免网底被海底碎石磨破或蟹类咬破，并减少亲鱼排泄物和残饵的污染，必须使网底和海底保持一定的距离，一般要求在退潮时网底离海底距离不小于2m，而总水深应是网箱高度的2倍以上。

③水流和波浪。由于网箱在水中阻力大，在水流急、风浪大的海区，浮动式网箱的网衣不能保持完整的形状，影响亲鱼活动空间，不利于亲鱼的成熟发育。海区的流速太小，影响水体的交换量；流速过大，导致亲鱼因顶水而付出过多的能量消耗，会影响亲鱼的成熟。最适流速为0.25~1m/s。流速大于1m/s则不适宜养鱼。

④水温。应调查海区水温的周年变化，看是否适合拟养品种的适温要求。原则上，养殖海区的水温对养殖品种一定要有足够的适温期，以利亲鱼成熟。如果达不到这一要求，就不能在此海区进行该种亲鱼的培育。

⑤盐度。近岸浅海及内湾的盐度往往有较明显的季节性变化，应选择在培育对象适盐范围内的海区设置网箱，最好不要设置在河口或受河流影响大的海区。也要考虑暴雨季节无大量淡水流入、盐度比较稳定的海区。

⑥溶解氧。自然海区中的溶解氧一般是可以满足亲鱼需要的，但是由于网箱设置过密、放养密度过大、水质交换较差、台风前低气压或出现赤潮等情况时，海水中溶解氧含量也会低于3mg/L，有些品种就会出现摄食量下降、停食、浮头乃至死亡。因此，除需备用充气机外，更要从网箱设置密度、亲鱼放养密度以及网衣网目的大小等方面加以全面考虑。

（2）网箱的选择 目前养殖亲鱼的网箱多为浮筏式网箱，其结构是将网箱悬挂在浮力装置或木制框架上，网箱顶部浮于水面，大部分网衣沉于水下，网箱随水位变动而升降。浮筏式网箱培育亲鱼的优点是便于观察、挑选亲鱼，也利于对亲鱼进行注射催产等操作。放养亲鱼时，可根据亲鱼的体长来选择合适的网箱规格。体长50cm以下的亲鱼，可放养于规格3m×3m×3m（深）的网箱，体长大于50cm的亲鱼，要放养于规格5m×5m×3m（深）以上的网箱，为亲鱼的成熟发育提供自由空间。网箱的网目，越大越好，以最小的亲鱼鱼头不能伸出网目为宜。

（3）亲鱼的放养密度　根据生产实践经验，每立方米水体放养4～8kg亲鱼为宜，密度小于4kg/m³，则不能充分利用水体负载力；密度大于8kg/m³，亲鱼生活空间拥挤，容易发病，不利于培育亲鱼。

（4）日常管理　每天早晚巡视网箱，观察亲鱼活动情况，并且检查网箱是否有破损，防止网箱意外破损导致亲鱼逃逸。每天早上投喂一次，投喂量约为鱼体重的3%。投喂时，注意观察鱼的摄食情况，一有异常，立刻采取措施。若水质不好，当天少投喂或不投喂。若水质好，亲鱼摄食量少或不摄食，应把网箱拉起一半，仔细观察亲鱼的情况，必要时取几尾样品，进行镜检，若有病鱼，尽快进行隔离治疗，防止交叉感染。入冬前一个月，亲鱼每天必须喂饱，使亲鱼储存足够的能量，安全越冬。20d左右换一次网。干净网箱下水前，一定要检查是否破损，网纲是否坚固。弹跳好的亲鱼必须加网盖，防止亲鱼跳出网箱。台风季节，必须做好防台风工作准备，检查渔排的锚绳是否坚固，并且把锚绳拉紧，同时检查网箱情况。每次台风来临前都要检查一次，并且把网箱全部加上网盖。

（5）强化培育　产卵前一个半月至2个月为强化培育阶段，在这一阶段，亲鱼的饵料以新鲜、蛋白质含量高的小杂鱼、鱿鱼、虾、蟹等为主，每天投喂1次，投喂量约为鱼体重的4%，同时在饵料中加入强化剂（成分为维生素、鱼油等），每次投喂的强化剂量约为亲鱼体重的0.3%，促进亲鱼的性腺发育。一般经过一个半月至2个月的强化培育，亲鱼可以成熟，能自然产卵。检查亲鱼成熟程度的方法是：用手轻轻挤压鱼的腹部，精液从生殖孔流出来，表示雄鱼成熟。雌鱼可用采卵器或吸管从生殖孔内取卵，若取出的卵已经呈游离状态，表示雌鱼已成熟。此时，就可以把亲鱼移到产卵池产卵，或在网箱四周加挂2～2.5m深的60目筛绢网原地产卵。

（6）产后管理　亲鱼在产卵池产完卵后，应移入网箱培育。亲鱼产卵后体质虚弱，常会有些受伤，容易感染疾病，必须做好防病措施。若是受轻伤的，用外用消毒药浸泡后再放入网箱。若受伤严重，除浸泡外，还要注射青霉素（每千克鱼体重10 000IU）。投饵时，饵料中加入抗菌消炎药，如百炎净等，用量为每10kg鱼体重1g，连续投喂3d。每天投喂新鲜的饵料，以鱼食饱为好，一般投喂量为鱼体重的6%左右，经过15～20d的精心管理，产后的亲鱼可以恢复体质。

2. 海水池塘培育

（1）池塘选择　作为亲鱼培育的池塘，面积以（1/5～1/3）hm²为好，水深2m左右，形状以长方形为宜，一般东西长，南北宽，长宽比为3∶2，池底平坦，沙泥底质，排灌方便，环境安静。

（2）放养密度　亲鱼培育池的放养量一般在900～1 500kg/hm²，放养量过大不利于其性腺发育，过少则浪费水体。雌雄放养比例约为1∶1，可根据不同种类适当调整。

（3）日常管理

①投喂。亲鱼的日投喂量一般为亲鱼体重的5%左右，饲料为促进亲鱼性腺发育的强化饲料，投喂后要及时清除残饵，这对预防鱼病发生、保持水质不被污染十分重要。

②保持水位，适时进行注排水。亲鱼培育池的透明度一般要保持在30cm左右，水质稳定。

在亲鱼性腺迅速发育时期每周冲水一次，促进性腺发育。

③勤观察，发现问题及时处理。主要是观察亲鱼的摄食及活动情况，如有异常，要及时检查，分析原因，并及时处理。

④管理记录。主要记录日期、池号、水温、盐度、投饵的种类和数量、注排水情况、鱼类的摄食及活动情况、鱼病防治情况等内容。

第四节　人工催产

一、亲鱼成熟度鉴定

为提高催产率，生产上要选择成熟亲鱼催产。目前，主要是依据经验从外观上来鉴别，对雌鱼也可直接挖卵观察。从外观上鉴别可概括为"看、摸、挤"3个字。看就是观察亲鱼腹部是否膨大；摸就是用手触摸亲鱼腹部是否柔软有弹性；挤是用手挤压亲鱼腹部两侧是否有精子或卵子流出。

1. 雄亲鱼　成熟的雄鱼，从头向尾方向轻挤腹部即有精液流出，若精液浓稠，呈乳白色，入水后能很快散开，说明亲鱼性成熟好；若精液量少，入水后呈线状不散开，则表明尚未完全成熟，若精液呈淡黄色近似膏状，表明性腺过熟，精巢退化。

鲇形目的一些鱼类精巢呈树枝状，即使雄鱼完全性成熟，个体亦较难挤出精液，其成熟度较难鉴定。长吻鮠、瓦氏黄颡鱼等雄性腹部具三角形生殖突，可根据生殖突外观颜色来确定成熟度，性成熟良好个体生殖突乳白色，生殖突顶部充血，呈红色针尖状；成熟度差的个体则整个生殖突肉红色，顶部与生殖突颜色无异。

2. 雌亲鱼

（1）外形观察　成熟雌鱼腹部明显膨大，后腹部生殖孔附近饱满、松软且有弹性，生殖孔红润，将鱼腹朝上托出水面，可见腹部两侧卵巢轮廓明显。亲鱼成熟较好。为避免饱食造成腹部膨大，亲鱼应停食1~2d。

（2）取卵观察　用挖卵器直接从卵巢中取出卵粒进行成熟度鉴别比外形观察更可靠，但可能造成卵巢损伤。首先，用竹子、铜、不锈钢、塑料等制成直径3.0~3.5mm，长约20cm的挖卵器，挖卵器头部开一长1~2cm，内径2~3mm，深2.5mm的空槽（图4-12）。也可用鸡、鸭羽毛在其基部开一小孔作为挖卵器，或用长20~30cm的聚乙烯管（内径0.86mm，外径1.52mm）制成。

取卵时将挖卵器轻轻插入亲鱼生殖孔，然后偏向左侧或右侧，旋转几圈抽出，便可得到少量卵粒。若用聚乙烯管，则用口衔着软管用力将卵粒从卵巢中吸出。

图4-12　挖卵器
（王武，2000）

将获得的卵粒放在载玻片或培养皿上，可以直接观察卵的大小、颜色及卵核的位置。若卵粒大小整齐，饱满有光泽，全部或大部分核偏位，表明亲鱼性腺发育成熟，可以马上用于催产；如果卵粒小，大小不均匀，卵粒不饱满，卵核尚未偏位，卵粒相互集结成块，不易脱落，表明卵巢尚未发育成熟，需要进一步强化培育；如果卵粒扁塌，无光泽，卵膜发皱，则表明亲鱼性腺已开始退化，不适宜催产。为了使卵核观察清晰，可将卵粒置于培养皿或小瓷盘上，加入少许透明液，2～3min后，不透明卵核就清晰可见。如果卵核偏向于卵膜边缘，称之为"极化"，此特征为卵母细胞发育到第Ⅳ时相末的重要标志，说明卵子已成熟，可以进行催产。过熟或退化卵，无核相，则催产效果差。卵子透明液参考配方：A. 浓度95%酒精85份，水15份；B. 酒精85份，福尔马林（40%甲醛）10份，冰醋酸5份；C. 松节油透醇（松节醇）50份，75%酒精25份，冰醋酸25份。

二、催产激素

目前用于鱼类繁殖的催产剂主要有绒毛膜促性腺激素（HCG）、鱼类脑垂体（PG）、促黄体素释放激素类似物（LRH-A）等。

（一）脑垂体

鱼类脑垂体内含有多种激素，对鱼类催产最有效的成分是促性腺激素（GtH）。GtH是一种大分子的糖蛋白激素，相对分子质量30 000左右，反复使用易产生抗药性。脑垂体直接从鱼体内取得，对温度变化的敏感性较低。在采集脑垂体时，必须考虑以下因素：

1. **脑垂体中的GtH具有种的特异性**　不同鱼类的GtH，其氨基酸组成和排列顺序不尽相同，结构上的差异，导致鱼类GtH具有种间特异性。因此，一般采用在分类上较接近的鱼类，如同属或者同科的鱼类脑垂体作为催产剂，尽量消除GtH种间的特异性对催产效果的影响。所以在家鱼的人工繁殖生产上，广泛使用鲤科鱼类如鲤、鲫的脑垂体，效果显著。

2. **脑垂体中GtH的含量与性成熟有关**　只有性成熟的鱼类，其脑垂体间叶细胞中的嗜碱性细胞才含有大量的分泌颗粒，其GtH的含量才高；反之则含量低。

3. **脑垂体中GtH的含量受季节影响**　成熟鱼类脑垂体GtH含量随生殖周期的变化而出现显著差异。脑垂体GtH含量最高的时间在鱼类产卵前2个月。鱼类产卵后，脑垂体中的GtH就基本释放排空，垂体也萎缩软化。因此，摘取鲤、鲫脑垂体的时间通常选择产卵前的冬季或者春季为好。

成熟雌雄鱼的脑垂体均可用作催产剂。脑垂体位于间脑下面的碟骨鞍里面，用刀剔除头盖骨，将鱼脑向后翻开，即可见到乳白色的脑垂体，呈小球状，用镊子撕破皮膜即可取出（图4-13）。去除黏附在脑垂体上的附着物，并浸泡在20～30倍体积的丙酮或乙醇中脱水脱脂，过夜后，更换同样体积的丙酮或无水乙醇，再经24h后取出，在阴凉通风处彻底吹干，密封干燥4℃下保存。

常用于催产的有鲤科鱼类（主要是鲤）、鲻科鱼类和太平洋鲑的脑垂体，也有采用部分提纯的鲑脑垂体（SG-100），它被认为是最有效的。大多数脑垂体直接研

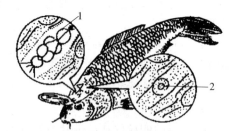

图4-13　脑垂体摘取方法
1. 脑　2. 脑垂体
（王武，2000）

磨，制成生理盐水匀浆液，直接注入鱼体，很少经过有效激素的提纯（SG-100除外）。

（二）绒毛膜促性腺激素

HCG 是从怀孕 2~4 个月的孕妇尿中提取的一种糖蛋白激素，相对分子质量为 36 000 左右。由于其结构和功效稳定，且成本低，已被广泛应用于诱导鱼类的性腺成熟和产卵。在物理化学和生物功能上类似于哺乳类的促黄体素（LH）和促滤泡素（FSH），生理上更类似于 LH 的活性。HCG 直接作用于性腺，具有诱导排卵的作用；同时也具有促进性腺发育，促使性激素产生的作用。有研究表明，重复超剂量使用将导致鱼体产生免疫反应，可能是由异体活性物质的种族特异性引起的。

HCG 呈白色粉末状，市场上销售的鱼（兽）用 HCG 一般封装在安瓿瓶中，以国际单位（IU）计量。HCG 易吸潮而变质，因此要在低温干燥避光处保存，临近催产时取出备用。储量不宜过多，以当年用完为佳，隔年产品影响催产效果。

（三）促黄体素释放激素类似物

哺乳动物的下丘脑能分泌作用于脑垂体的促黄体素释放激素（LRH），其相对分子质量约 1 182，结构为焦谷—组—色—丝—酪—甘—亮—精—脯—甘氨酸 10 种氨基酸组成的多肽。目前已人工合成了 LRH，应用于牛、羊、猪等哺乳动物并呈现很高的生物活性，但对鱼类的催产效果不理想，且用量要高出一般哺乳动物几百倍。哺乳动物结构的 LRH 对鱼类作用效率低的原因可能有以下两个方面：第一，鱼类下丘脑 LRH 的一级结构与哺乳动物存在差异；第二，LRH 的半衰期甚短，因为脑中存在破坏 LRH 的可溶性酶系。另外，当 LRH 随血液在体内循环时，又会被内脏酶系水解进一步破坏。一旦 LRH 构型被破坏，就随即失去活性。由于 LRH 不能在体内久留，从而影响了催产效果。

为了提高 LRH 对鱼类的催产效果，1975 年我国科学工作者对哺乳类的 LRH 结构进行改型，将 LRH 第六位的甘氨酸残基，以 D-丙氨酸（或 D-亮氨酸、D-色氨酸、D-苯丙氨酸）取代，并去除第十位的甘酰胺，成为一种人工合成的九肽激素，相对分子质量约 1 167，称为 LRH-A。LRH 通过上述改型后，生物活性提高了数十倍以上，催产效果明显改善。由于它的分子质量小，反复使用，不会产生抗药性，并对温度的变化敏感性较低。且它的靶器官是脑垂体，由脑垂体根据自身性腺的发育情况合成和释放适度的 GtH，然后作用于性腺。因此，不易造成难产等现象发生。LRH 不仅价格比 HCG 和 PG 便宜，操作简便，而且催产效率大大提高，亲鱼的死亡率也大大下降。LRH-A 具体功能如下：

1. 刺激脑垂体释放 LH 和 FSH 实验证明，人和各种动物（大鼠、猴、鸡、羊、猪、牛、鱼等）对 LRH 和 LRH-A 都有反应。微克量的外源 LRH 在 60s 内就能引起人类的反应，一般注射 16min 后，血液中 LH 就升至峰值，30min 后血液中 FSH 升至峰值。血液内 LH 和 FSH 的水平增高可达注射前的 15~20 倍。LRH-A 的药效较长，高峰往往在注射后 2~3h 出现，LH 和 FSH 水平维持一定的高峰可达 4~6h，在体内的活性效价为 LRH 的 10~20 倍。鱼类作 LRH-A 心脏灌注，2~3min 之内就能引起鱼类的反应；30min 后，血液中 GtH 就升至高峰，血液中 GtH 的水平增高可达注射前的 20 倍左右，1h 之内效应明显下降。

2. 刺激排卵 天然的 LRH 和人工合成的 LRH 和 LRH-A，对各种动物（兔、羊、鸡、鱼等）都有明显的诱导排卵作用。

3. 刺激脑垂体合成和释放 GtH 低剂量的 LRH-A，能刺激脑垂体合成和释放 GtH，促进性腺进一步发育成熟。在催产季节，对性腺发育较差的青鱼、草鱼、瓦氏黄颡鱼等注射低剂量的 LRH-A，可以有效促使性腺发育成熟。雌鱼卵核显著偏位，趋向成熟；雄鱼则精液明显增加。这种催熟效果比采用鲤、鲫脑垂体或 HCG 要好得多。

近年来，我国在研究 LRH-A 的基础上，又成功开发出 LRH-A_2 和 LRH-A_3。实践证明，LRH-A_2 对促进 FSH 和 LH 释放的活性分别比 LRH-A 高 12 倍和 16 倍；LRH-A_3 对促进 FSH 和 LH 释放的活性分别比 LRH-A 高 21 倍和 31 倍。LRH-A_2 的催产效果显著，使用剂量可为 LRH-A 的 1/10；LRH-A_3 对促进亲鱼性腺成熟的作用比 LRH-A_2 更好。

（四）多巴胺抑制剂

鱼类下丘脑不仅分泌促性腺激素释放激素（GnRH），同时也有促性腺激素释放抑制激素（GRIF），它能抑制脑垂体 GtH 的释放，进而抑制鱼类排卵、产卵和排精。大量证据表明，多巴胺（DA）是一种抑制促性腺激素释放的因子，多巴胺的激动剂阿朴吗啡对 GtH 的释放有抑制作用，而其抑制剂皮莫齐特（PIM）则有促进性腺激素释放的作用。采用多巴胺受体的拮抗体地欧酮（DOM）、排除剂利血平（RES），通过竞争多巴胺受体、消竭多巴胺和遏制多巴胺合成等多种途径来抑制或消除 GRIH 对 GnRH 的影响，从而增强脑垂体 GtH 的分泌，促使性腺的发育成熟。生产上多巴胺抑制剂不单独作为催产剂使用，主要与 LRH-A 合用以进一步增强 LRH-A 诱导鱼类分泌 GtH 和排卵的效力。RES 与 LRH-A 结合使用构成了高效鱼类催产合剂 1 号，DOM 与 LRH-A 组成高效鱼类催产合剂 2 号，高效鱼类催产合剂 2 号比催产合剂 1 号的效果更好。

三、催产方法

（一）催产季节

鱼类的性腺发育、成熟等都有其周期性，因此，选择最适宜的季节进行催产是人工繁殖取得成功的关键之一。雌鱼卵巢发育到能够有效催产期后有一段"等待"的时期，时间为 15~45d。这个时间段雌鱼卵巢对催产剂十分敏感，催产效果好，因此是最适宜的催产季节，生产上必须集中力量，不失时机地做好催产工作。鱼类人工繁殖生产实际中，应根据以下方面选择最适宜的催产时期。

1. 鱼的种类 不同种类的鱼，其性腺发育完全不同，有春季产卵类型，也有秋季产卵类型。如华南地区红笛鲷、花尾胡椒鲷的繁殖季节为 3~6 月份，平鲷、鲻的繁殖季节为 11 月至次年 2 月。

2. 气候 我国地域辽阔，南北气候差异较大，对于大部分淡水鲤科鱼类而言，长江中、下游地区适宜的催产季节是 5 月上旬至 6 月中旬，华南地区比长江流域早 1 个月，东北地区比长江流域晚 1 个月。

3. 性腺发育成熟度 亲鱼培育工作做得好，亲鱼性腺发育成熟就早，催产期也可相应提前。通常在计划催产日期前 30~45d，检查亲鱼性腺发育情况，根据亲鱼性腺发育成熟度，确定催产时间。

（二）亲鱼捕捞与配组

保证亲鱼健康、无病无伤是确保亲鱼顺利产卵受精的重要环节。亲鱼捕捞时，所用网具要柔软、光滑、网目小，最好使用尼龙网。拉网快慢适中，动作要协调迅速，下水抓鱼和选鱼的人数不宜过多，一般为 2~3 人。选鱼及运鱼要快，防止亲鱼受伤或缺氧窒息。一个池塘一次捕捞最好不超过 3 网，捕捞次数过多过密将严重影响亲鱼身体状况，可能会造成性腺发育停滞不前甚至退化。准备催产用的亲鱼捕捞后可放入催产池或者网箱中暂养，以减少捕捞次数。

人工催产前，根据亲鱼的种类及产卵方式来决定雌雄亲鱼比例。如果采用自然产卵、自然受精的方式，雌、雄亲鱼比例应为 1∶1.1~1.5，若雄鱼少，雌雄比例也不应低于 1∶1。如采用人工授精方式，雄鱼可少于雌鱼，一尾雄鱼至少可供 2~3 尾同样体重的雌鱼受精。此外，应注意同一批催产的雌雄鱼，个体大小应相差不大，以方便催产剂配制和注射，保证亲鱼交配协调。

（三）催产剂注射

1. 注射剂量 亲鱼单位体重注射催产剂的量称之为剂量。准确掌握催产剂特性和剂量有利于促使亲鱼顺利产卵和排精。注射剂量受亲鱼种类、性腺发育成熟度、水温、催产药物质量等因素影响，生产上应灵活掌握（表 4-1）。温度较低或者亲鱼性腺发育成熟度差时，剂量可以适当提高；催产早期或者末期，剂量可适当提高；性腺发育成熟度好，可以适当降低剂量；一般北方使用剂量稍高于南方。一般情况下，雄鱼按雌鱼剂量减半注射，性腺发育程度较好的雄鱼可以不注射催产剂。

表 4-1 常用催产剂参考剂量（按每千克体重计算）

种类	催产剂种类及注射剂量	种类	催产剂种类及注射剂量
草鱼	LRH-A5~15μg	南方鲇	PG1.5~2mg+HCG1 500~2 000IU+LRH-A$_2$0.1μg
鲤	LRH-A5~10μg	鞍带石斑鱼	HCG400~500IU+LRH-A$_3$30~50μg
鲶	LRH-A$_3$0.8~1.8μg	军曹鱼	HCG400~500IU+LRH-A3~6μg+DOM3~5mg
黄鳝	HCG3000IU	鲢、鳙	LRH-A10μg

* 以上均为雌亲鱼催产剂量。

2. 注射液配制 各种催产剂均需用注射用水或生理盐水（0.7%）溶解制成溶液或悬浮液后，方能注入鱼体。注射药液量依鱼体大小而定，一般每尾鱼注射 2~4mL；体型较小的鱼类（如黄颡鱼等），应控制在 1mL 以内；个体较大的鱼（如巨石斑鱼等），可根据激素剂量适当增大生理盐水用量。注射药液量过少，药液的浓度大，配制和注射过程中的损失量大，相对误差则较大；注射药液量过多，注射时间过长，操作不便，另外，过多的水注入鱼体，对鱼体液的渗透调节不利。注射器、针头、研钵等用具在使用前要煮沸 30min。

HCG 和 LRH-A 的配制较为简单，直接溶解于生理盐水中即可。而 PG 配制时应先将丙酮保存的 PG 放在干净的滤纸上风干，待丙酮挥发后放于无水研钵中充分研磨，然后加注射用的生理盐水制成悬浊液备用；DOM 在配制时也须在研钵中研磨，制成悬浊液。PG 和 DOM 研磨得越细越好，有利于亲鱼对其吸收，并可以防止注射时堵塞针头。配制注射液时，催产激素和生理盐水的总用量应在预定剂量的基础上增加 5%～10%，以弥补配制和注射时的损耗。注射用催产激素最好在催产前 1h 内配制，并尽快使用，否则易失效，配制过程中应尽量减少激素的损耗。

3. 注射方法 催产剂注射包括体腔注射法和肌肉注射法。对于有鳞鱼类须采用前者，而无鳞鱼类则可使用后者。注射时，对于大规格亲鱼可由 2 人操作，一人托住鱼，露出注射部位，并用手轻轻蒙住鱼眼防止光照刺激，且使鱼不离水，否则亲鱼极易挣扎可能导致受伤，另一人持针待鱼基本安定后注射；对于小型亲鱼，可由一人独立操作。注射器可选用 1mL、5mL、10mL 或兽用连续注射器，针头 6～8 号均可，用前需煮沸消毒。注射前应将注射液摇匀，并完全排除注射器中的空气。

（1）肌肉注射 在背鳍基部与鱼体侧线之间的部位，针头与体轴呈 45°角刺入肌肉（图 4-14a），缓缓注入药液，进针深度约 3cm，或在亲鱼背鳍后基部中线处，偏向肌肉一侧进针。在注射过程中，当针头刺入鱼体后，若亲鱼突然挣扎扭动，应迅速拨出针头，不要强行注射，以免针头弯曲或划破亲鱼体表造成出血发炎。注射完后，用酒精棉球或碘酒涂抹注射部位，防止感染。

图 4-14 催产激素注射部位
a. 肌肉注射　b. 胸鳍基部注射

（2）体腔注射 在胸鳍基部无鳞处的凹入部位（图 4-14b），将针头朝鱼体前方与体表成 30°～45°角刺入 1.5～2.0cm，然后将注射液缓缓注入鱼体内。针头刺入鱼体不能过深，否则易伤及心脏，引起亲鱼死亡。生产上初学者不易掌握刺入的深度，可在注射针上绑上经开水或酒精消毒的竹枝，留出进针深度 1～2cm，竹枝一端须紧靠注射针基部，接触鱼体端的竹枝必须光滑，以免刺伤鱼体表。限制了进针深度，可以避免伤及心脏，可有效保证注射成功率。

4. 注射次数 注射催产剂常用一次注射、二次注射两种方法，极少数采用三次注射。一次注射就是将催产药物一次性注入亲鱼体内，二次注射就是将催产药物分两次注入鱼体内。采用二次注射时，一般第一针注射药量偏低，占总预定药量的 10%～20%，第二次将剩余药量全部注射入亲鱼体内。有些鱼类甚至采用三次注射才能有效催产，如青鱼。

二次注射催产激素符合鱼类生理规律，有利于卵母细胞的成熟，性腺发育不好的亲鱼采用二次注射可避免引起亲鱼的生理过激反应而引起卵子成熟和排卵过程不一致，从而影响产卵和受精效果。二次注射，亲鱼发情时间较为稳定，催产率、受精率和孵化率较高，效果要好于一次注射法，但二次注射法易使亲鱼受伤。两次注射的针距主要根据水温而定，水温较低，针距时间间隔可以稍微长些；水温高，针距可以短些，一般为 6～12h。性腺发育较差的亲鱼，可以适当延长针距，并以流水刺激，利于亲鱼的发情、产卵。

催产时,一般控制亲鱼在早晨或上午产卵,以利于后续工作。二次注射时,第一针一般在上午进行,傍晚注射第二针,控制亲鱼在次日清晨产卵,采用一次注射时,大都在下午注射,次日清晨便可产卵。

5. 效应时间 亲鱼自末次注射催产剂到发情产卵所需的时间称为效应时间。效应时间包括发情效应时间和产卵效应时间,前者指亲鱼自末次注射催产剂到发情所需的时间,后者指亲鱼末次注射催产剂到产卵所需的时间。准确推算效应时间有利于预测亲鱼发情产卵时间,对掌握人工授精的时间具有重要意义。

效应时间的长短与亲鱼种类、催产剂种类、水温、注射次数以及水质条件有关。不同种类催产剂的靶器官存在差异,效应时间也不同,注射PG或HCG的效应时间均要短于LRH-A;两次注射效应时间要短于一次注射效应时间;亲鱼性腺发育好,效应时间较短,发育差,效应时间较长;水温高,效应时间短,水温低,效应时间长(表4-2)。

表4-2 鱼类注射催产剂后产卵效应时间

种 类	催产剂及剂量	注射次数	水温(℃)	效应时间(h)
草鱼	PG1mg/kg	1次	20~21	14~16
			22~23	12~14
			24~25	10~12
			26~27	9~10
			28~29	8~9
草鱼	LRH-A5~10μg/kg	1次	20~21	19~22
			22~23	17~20
			24~25	15~18
			26~27	12~15
			28~29	11~13
鲻	LRH-A200~400μg/kg+HCG2 700~3 800IU/kg	2次	20	10~12
花鲈	LRH-A40~50μg/kg+HCG4 000~5 000IU/kg	2次	16~18	22~26
卵形鲳鲹	LRH-A$_2$15~25μg/kg+DOM1.5~2.5mg/kg	1次	20	40
紫红笛鲷	LRH-A$_2$3~7μg/kg+HCG300~700IU/kg	1次	20	30~38
红笛鲷	LRH-A5~6μg/kg+HCG500~600 IU/kg	1次	24.7~25.9	30~36
圆斑星鲽	HCG500IU/kg	1次	14	24~28

鱼类是变温动物,新陈代谢随温度升降而出现很大差异,水温是决定效应时间的主要因素。催产时,突然降温将延长效应时间,甚至可能导致亲鱼正常产卵活动停止。因此,催产时应掌握当地的水温变化情况。

四、产卵设施的准备

鱼类的人工繁殖季节性很强,时间短而集中,因此在催产前,务必做好产卵设施的准备工作,才能不失时机地完成对亲鱼的人工催产。

1. **产卵池** 使用前要进行彻底的消毒处理。
2. **洞穴式人工鱼巢** 斑点叉尾鮰、淡水白鲳、尖塘鳢等鱼类喜欢在洞穴中进行配对交配、产卵受精,需要在产卵池中准备木桶、瓦罐,或者用石头、砖块等搭建洞穴式的人工鱼巢,供亲鱼繁殖。

3. 植物式人工鱼巢 供产黏性卵鱼类作为鱼巢,受精卵附着孵化。首先将棕榈树皮、水草、杨柳树根须或人造纤维消毒后扎成束均匀悬吊于产卵池中,棕榈树皮和杨柳树根须需经水煮晒干去除单宁酸等有毒物质后使用。亲鱼便在人工鱼巢上产卵,应及时将黏附卵的鱼巢取出孵化,再放入新鱼巢。

4. 其他 担架(鱼夹)、脸盆、毛巾、羽毛、注射器、天平、生理盐水等。

第五节 产卵与受精

经注射催产剂的亲鱼,在产卵前有明显的雌、雄追逐兴奋的现象,称为发情。当发情达到高潮时,亲鱼就开始产卵、排精。因此,准确判断发情排卵时刻相当重要,特别是采用人工授精方法时,如果对发情判断不准,采卵不及时,将直接影响受精率和孵化率。过早采卵,亲鱼卵子未达生理成熟;过迟采卵,亲鱼已把卵产出体外,或排卵滞留时间过长,卵子过熟,影响受精率和孵化率。所以,在将要达到产卵效应时,应密切观察亲鱼发情情况,确定适宜的采卵时间。

亲鱼发情时,首先是水面出现波纹或浪花,并不时露出水面,多尾雄亲鱼紧紧追着雌亲鱼,有时用头部顶撞雌鱼的腹部,这是雌、雄鱼在水下兴奋追逐的表现,如果波浪继续间歇出现,且次数越来越密,波浪越来越大,表明发情将达到高潮,此时应做好采卵、授精的准备工作。

一、自然产卵、受精

亲鱼经过人工催产后,移入产卵池,保持流水刺激。发情亲鱼高度兴奋后,常常见到雌鱼被几尾雄鱼紧紧追逐,摩擦雌鱼腹部,甚至将雌鱼抬出水面,有时雌、雄鱼急速摆动身体,或腹部靠近,尾部弯曲,扭在一起,颤抖着胸、腹鳍产卵、排精。这种亲鱼自行产卵、排精,完成受精作用的过程叫自然产卵受精(图4-15)。一般亲鱼发情后,要经过一段时间的产卵活动,才能完成产卵全过程。整个过程持续时间随鱼的种类、环境条件等而不同。

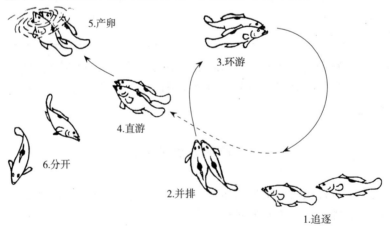

图4-15 鱼类自然产卵受精

(麦贤杰,2005)

采用亲鱼自然产卵、受精方式，应注意产卵池管理。必须有人值班，观察亲鱼动态，并保持环境安静。还要在产卵池收卵槽上挂好收卵网箱，利用水流带动，将受精卵收集于收卵网箱中。亲鱼发情 30min 后，及时检查收卵网箱，观察是否有卵出现。当鱼卵大量出现后，用小盒或手抄网将卵及时捞出，防止受精卵在网箱中积聚太多而窒息死亡，并将受精卵移到孵化池中孵化。

二、人工授精

（一）授精方法

在进行杂交、育种等科研工作时，或在雄鱼少或性腺发育差时，或在鱼体受伤较重及产卵时间已过而未产卵的情况下，可采用人工授精法，即人为地使精、卵混合在一起，完成受精过程。人工授精的关键在于准确掌握效应时间。过早地拉网挤卵，不仅挤不出，还会因惊扰而造成泄产；若过晚则错过了生理成熟期，鱼卵受精率低，甚至根本不能受精。

1. 精液制备 成熟的雄亲鱼大多数种类可人工直接挤出精液。然而，鲇形目一些鱼类，如长吻鮠、瓦氏黄颡鱼、黄颡鱼、斑鳠等由于雄鱼的精巢呈树枝状，精液很难挤出，人工授精时需"杀雄取精"，先剪断雄鱼鳃动脉放血，避免血液污染精巢，剖开雄鱼腹部后迅速将整个精巢摘出，放在研钵中研磨，得到精巢液。精子在水中存活的时间极短，一般在 30s 左右，所以需尽快进行人工授精，否则，精子活力下降导致受精率降低。

2. 人工授精方法

（1）干法人工授精　干法受精将发情至高潮或到了预期发情产卵时间的亲鱼捕起，一人抱住鱼，头向上尾向下并用手按住生殖孔（以免卵流到水中），另一人用手握尾柄并用毛巾将鱼体腹部擦干，随后用手柔和地挤压腹部（先后部，后前部），先把鱼卵挤于盆中（每盆可放 20 万粒左右，千万不要带进水），然后将精液挤于鱼卵上，用羽毛或手均匀搅动 1min 左右，再加少量清水拌和，静置 2~3min，慢慢加入半盆清水，继续搅动，使精子和卵子充分结合，然后倒去混浊水，再用清水洗卵 3~4 次，当看到卵膜吸水膨胀后便可移入孵化器中孵化。

（2）湿法人工授精　在脸盆内装少量清水，每人各握一尾雌鱼或雄鱼，分别同时将卵子和精液挤入盆内，并用羽毛轻轻搅和，使精卵充分混匀，之后，操作步骤同干法人工授精。

（3）半干法人工授精　简单来说就是将雄鱼精液先用 0.7% 生理盐水稀释后再与挤出的卵子混合的授精方法。

人工授精过程中应避免亲鱼的精子和卵子受阳光直射。操作人员要配合协调，动作要轻、快、准。否则，易造成亲鱼受伤，人工授精失败，并引起产后亲鱼死亡。

（二）产卵情况

1. 全产 采用人工授精，或者自然受精产卵后，雌鱼腹部空瘪、腹壁松弛，轻压腹部可能有少量卵粒流出，表明亲鱼培育良好、成熟度高、催产剂质量好、催产剂量准确、催产季节和环境条件适宜、受精适时。

2. 半产 雌鱼腹部有所缩小，但没有空瘪，雌鱼腹部仍较膨胀，可能已排卵，但卵子未能全部产出，原因在于雌鱼性腺发育较差，体质较弱或受伤等。若此时卵子过熟，应将雌鱼体内的卵子全部挤出，以免腹腔膨胀，造成亲鱼死亡。另一种情况是雌鱼未完全排卵，仅有部分卵子产出，其余还未成熟。这是由于雌鱼性腺成熟度差或催产剂量不足，应将亲鱼放回产卵池，一段时间后雌鱼可能再出现产卵。人工授精时，不能强行挤卵，否则导致亲鱼受损伤及受精失败。

3. **难产** 催产后，雌鱼腹部明显增大、腹部变硬，可能是由于催产剂量过大，卵子遭到破坏；也可能雌鱼对激素敏感，激素进入鱼体内过早产生效应，而卵巢滤泡发育未完成，二者失调造成卵子吸水膨胀。有时见到雌鱼生殖孔红肿，生殖孔被卵块堵住，轻压腹部有混浊并微带黄色液体或血水流出，取卵检查，发现卵子失去弹性和光泽，表明卵巢已经退化。这是由于水温过高，排卵和产卵不协调，生殖孔充血发炎。这种情况的亲鱼极易产后死亡，应尽量将亲鱼腹水和卵子挤出，然后放入水质较好的池塘中精心护理。

4. **未产** 催产后亲鱼在预定时间内不发情或发情不明显，腹部无明显变化，挤压腹部没有卵流粒出，称为未产。雌鱼未产可能是性腺发育差、激素失效或注射剂量过低、催产水温过低或过高等原因引起，未产亲鱼一般不宜强行进行第二次催产，以免对亲鱼造成伤害，应加强亲鱼的选育工作。如果是由于催产剂失效引起亲鱼未产，则可以再补针催产。

自然受精与人工授精相比，优点更多（表4-3）。因此，当亲鱼性腺成熟、体质壮，雌雄比例适宜时，应尽量进行自然产卵、受精，或以自然受精为主，人工授精为辅。

表4-3 人工授精与自然受精比较

	人 工 授 精	自 然 受 精
优点	1. 设备简单，受条件限制少 2. 受精率高 3. 需要雄鱼少，并在其受伤或水温偏高条件下，仍可进行，受精时间一致 4. 便于进行人工杂交	1. 精、卵质量较好 2. 对同批亲鱼产卵时间不一致无影响 3. 亲鱼受伤机会少
缺点	1. 最佳采卵时间较难掌握，可能因为卵子未达成熟或过熟而使受精率降低，甚至受精失败 2. 催产亲鱼排卵时间不一致时，对人工授精操作带来不便 3. 亲鱼受伤机会多	1. 设备较多，条件限制较大 2. 雄鱼少、亲鱼体质差或水温不适时，效果不佳 3. 产卵受精时间不一致 4. 难于进行人工杂交

三、影响受精的主要因素

生产上一般用受精率衡量催产技术水平的高低，当鱼苗发育到原肠期时，取鱼卵100粒，在白瓷盆中肉眼观察，统计受精卵数和混浊、发白的死亡卵数，受精卵占统计总卵数的百分比即是受精率。影响受精率的因素有以下几种。

1. **精、卵子质量** 精、卵质量高，受精率自然较高，亲鱼性腺发育不良或已过熟、退化，或者因催产技术不当，均会降低鱼类卵子和精子质量。精、卵质量不高，往往会影响受精率，而且受精后胚胎的畸形率和死亡率也较高，进而影响孵化率。

2. **雌雄鱼配比** 硬骨鱼类虽为单精入卵受精，但在受精时，却有成千上万的精子附着在卵的表面，这对保证单一精子入卵完成受精起着重要作用。一般每粒鱼卵占有 2 万～20 万精子时，受精率随占有的精子数量的增加而快速提高，当达到 30 万～40 万精子时，受精率趋于稳定。故需一定数量的精子才能保证所有卵子都能受精。因而，当雌雄鱼比例失调或雄鱼产精量不足时，会制约受精率。

3. **授精过程**　人工授精的每个细节都有可能影响到受精率，例如挤精和挤卵同步性、光照、水温、血污、水分、精子和卵子混匀程度等。为了提高受精率，亲鱼授精过程应尽量避免光照，授精时间最好在早上，挤精和挤卵应做到同步。如采用干法人工授精，要将雌雄鱼用毛巾擦干，避免水对精卵造成影响。

第六节　孵　化

人工孵化是指受精卵经胚胎发育到仔鱼出膜的全过程。根据受精卵胚胎发育的生物学特点，人为创造适宜的孵化条件，使胚胎正常发育，孵出仔鱼。在孵化过程中，胚胎发育受多种因子的影响。为了提高孵化率，必须充分了解和掌握胚胎发育的特点以及对外环境的要求。

一、受精卵的孵化

正常得到的卵子，卵球大小一致，卵膜吸水速度快，坚韧度大，细胞分裂正常。而产出的不熟或过熟卵子，在进行孵化之前，应将这些卵子淘汰掉。表 4-4 是家鱼卵子质量的鉴别标准。

表 4-4　家鱼卵子质量的鉴别

特　征	成熟卵子	不熟或过熟卵子
吸水情况	吸水膨胀快	吸水膨胀慢，胀不足
弹性及大小	卵球饱满，富有弹性，大小整齐	卵球稍瘪皱，弹性差，胀不足
颜色	鲜明，轮廓清晰	黯淡，轮廓模糊
鱼卵在盘中静止时胚体位置	胚体（动物极）侧卧	胚体向上，植物极向下
胚胎发育情况	卵裂整齐，发育正常	卵裂不规则，分裂球大小不整齐，发育不正常

（一）漂流性卵的孵化（以四大家鱼为例）

家鱼属敞水性产卵类型，其卵子的孵化需要充足的溶氧和一定的流水。漂浮性卵一般在孵化环道中流水孵化，孵化密度为 100 万粒/m^3。受精卵刚放入时，水流不宜太大，一般水流速度为 0.15～0.30m/s，以卵刚好呈漂浮状为宜。在胚胎发育过程中，可适当增大水流以保持氧气的足够供应。仔鱼破膜时，氧气消耗量大，且刚出膜的仔鱼，器官发育不全、鳔未形成，无胸鳍，不会游泳，非常娇嫩，易下沉窒息，此时应加大水流，使其能在水中漂游。当仔鱼能平游时，体内卵黄囊逐渐消失，并能顶流，此时宜适当减缓水流，以免消耗仔鱼体内营养。孵化过程中产生的污物和后期脱落的卵膜一起聚集在过滤纱窗上，导致水流不畅，要及时清除，防止水的溢出。在孵化时要注意遮阳，仔鱼出膜后不要立即移出，而是待到鳔充气（出现"腰点"）、卵黄囊基本消失、能开口摄食后再出苗。

(二) 黏性卵的孵化（以鲤为例）

1. 池塘孵化 目前生产上多直接使用鱼苗培育池进行孵化，以减少鱼苗转塘的麻烦和损失。将粘有鱼卵的鱼巢放入池中水下 10cm 即可孵化，每 666.7m² 水面可放 30 万~50 万粒卵（以下塘鱼苗 20 万为准）。鱼苗刚孵出时，不可立即将鱼巢取出，此时鱼苗大部分时间附着在鱼巢上，靠卵黄囊提供营养，到鱼苗能主动游泳觅食时，才能捞出鱼巢。

2. 淋水孵化 将黏附鱼卵的鱼巢悬吊在室内或平铺在架子上，用淋水的方法使鱼巢保持湿润。孵化期间，室温保持在 20~25℃。此法能人为控制孵化时室内温度、湿度，观察胚胎发育情况，具有孵化速度一致，减少水霉病感染，孵化不受天气变化影响等优点。当胚胎发育到发眼期时应立即将鱼巢移到孵化池内孵化，注意室内与水池温度相差不超过 5℃。

3. 脱黏流水孵化 鲤的黏性卵在人工授精后 2~3min，通过去黏性处理，便可用四大家鱼的孵化设备进行流水孵化。此法可以避免受敌害生物侵袭，而且水质清新，溶氧丰富，适于大规模生产，又不用制作鱼巢，节约材料和省时。但脱黏过程中，卵膜易受脱黏剂悬浮颗粒的损伤，在保证不缺氧的前提下，应尽量减慢流水孵化器的水流，防止鱼卵受伤害。鲇形目中有些鱼类的受精卵不适宜脱黏孵化，如瓦氏黄颡鱼脱黏流水孵化时，受精卵的孵化率极低。常用于孵化的鱼卵脱黏方法有以下几种。

(1) 泥浆脱黏法 先用黄泥土与水混合成稀泥浆水，一般 5kg 水加 0.5~1kg 黄泥，经 40 目网布过滤。脱黏方法是先将泥浆水不停翻动，同时将受精卵缓慢倒入泥浆水中，待全部受精卵撒入泥浆水中后，继续翻动泥浆水 2~3min。最后将脱黏受精卵移入网箱中洗去多余的泥浆，即可放入孵化器中流水孵化。

(2) 滑石粉脱黏法 将 100g 滑石粉即硅酸镁加 20~25g 食盐溶于 10L 水中，搅拌成悬浊液，即可用来脱除有黏性的鲤鱼卵 1~1.5kg。操作时一边向悬浊液中慢慢倒入鱼卵，一边用羽毛轻轻搅动，经 30min 后，受精卵呈分散颗粒状，达到脱黏效果。经漂洗后放入孵化器中进行流水孵化。

(3) 尿素脱黏法 受精后 3~5min，将受精卵先加入 1.5 倍的 1 号脱黏液（3g/L 的尿素和 4g/L 的氯化钠混合水溶液），用羽毛搅拌 1.5~2h，倒去 1 号脱黏液再加入相当于受精卵 10 倍的 2 号脱黏液（8.5g/L 的尿素水溶液），每隔 15min 搅拌一次，经 2~3h 即可用清水清洗鱼卵，便完全脱黏，然后放入孵化器中孵化。该法脱黏效果较好，卵膜透明，易观察胚胎发育情况，但脱黏时间过长，生产效率较低。

(4) 清水机械脱黏法 将 500g 的受精卵放入 100~150mL 水中，用人工或机械方法带动羽毛，轻轻搅动 1min，再加入 0.5L 水，并迅速搅拌 2~3min，然后加入 1.0~1.5L 水，继续搅动 25~30min，即可将黏性脱去。此法可以避免脱黏剂颗粒对卵膜的损伤，从而减少水霉病发生。

(三) 浮性卵的孵化（以石斑鱼为例）

石斑鱼产浮性卵，可以在孵化环道、水泥池、土池中人工孵化，生产上大多采用孵化桶在室内孵化，每立方米水体孵化密度不宜超过 80 万粒，在桶中央放置一气石，气流速度以能使鱼卵或仔鱼较均匀悬浮在水中为宜。受精卵发育到原肠期后，发育正常的胚胎无色透明，死卵呈白色，有死卵时应停止充气10～15min，正常卵上浮，未受精的卵和发育不正常的死卵及少量杂物沉于孵化桶底部，开启孵化桶底部排水阀，缓慢排水，将死卵及杂物排除，之后立即恢复充气，并加水至正常水位。孵化用水必须清新，需经过砂滤，并用紫外光杀菌。孵化过程中的污物漂浮在水面上，可以用软吸管清除。海水鱼卵在孵化时需要注意调节盐度，在不同盐度条件下，卵的沉浮状态不同。如水温25～26℃条件下，盐度低于25.6时，鞍带石斑鱼的卵沉底；盐度高于27.1时，卵则上浮。

（四）沉性卵的孵化（以虹鳟为例）

虹鳟的受精卵吸水膨胀后，放入孵化器进行孵化。通常在孵化室内进行，避免阳光直射。目前广泛采用孵化桶或平列槽（一种用玻璃钢制成的仔鱼饲育槽，上口长3m，宽0.42m；底长2.98m，宽0.42m，后部有一直径为5cm可上下活动调节槽内水位的排水管，槽内套6个小槽，共可容纳仔鱼5万～6万尾），根据孵化桶的大小，孵化密度介于2万～10万粒鱼卵之间。孵化用水自下部流经全部鱼卵后从上部溢出，每桶注水量4～7L/min。孵化过程中，当明显出现眼点时应转入平列槽，并人工拣除死卵。也可单独在孵化桶（图4-16）或平列槽（图4-17）中孵化。水温在8～10℃时，30～35d鱼苗孵出。整个孵化期间均使鱼卵处于安静状态，并严格避免光照。

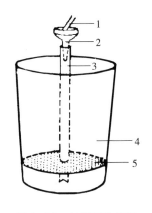

图4-16 虹鳟孵化桶图
1. 注水管 2. 集水漏洞 3. 塑料进水管 4. 盛卵区 5. 多孔塑料板
（王吉桥，2000）

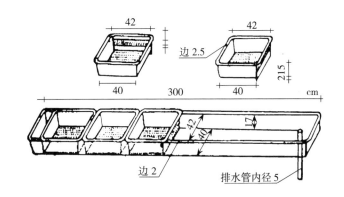

图4-17 玻璃钢平列槽孵化器
（王吉桥，2000）

二、孵化管理措施

精心管理是提高孵化率的关键措施之一。鱼卵孵化期间，孵化环境包括水温、溶氧、盐度、酸碱度、水流速度、敌害生物和病害控制等因素必须有利于鱼类胚胎发育。

孵化前，必须将孵化器材（如孵化桶、鱼巢等）洗刷干净并消毒，并防止孵化器漏水跑苗。鱼卵孵化过程中，应密切注意氧气供给。孵化期间要根据胚胎发育时期分别给予不同的水流量或充气量，孵化初期水流量过大，充氧量过大会破坏卵膜，造成卵膜早溶（水质正常条件下，四大家鱼卵用 10mg/L 高锰酸钾浸泡可使卵膜增厚加硬，在一定程度上预防卵膜早溶），从而影响孵化率。孵化中期，随着胚胎发育耗氧量增加，应增加水量或充气量，保证胚胎正常发育。溶氧量降低、密度增大和水温升高，能使孵化酶分泌量增多，从而加快脱膜和溶膜速度，所以为了加速胚胎出膜速度以及出膜整齐度，可在即将出膜时停水、停气 5～10min 或添加 100～150g/L 的 1398 蛋白酶，可使卵膜在 8～25min 内溶解完毕，不会影响孵化率。出膜后，为防止鱼苗沉底造成缺氧窒息，可适当加大充气量或水流量。仔鱼平游期后，应适当降低充气量或水流量，避免鱼苗顶水消耗体能。

同时，定期检查水温、水质和胚胎发育情况，及时清理卵膜和代谢产生的污物，保持水质清新，预防病害及敌害生物的影响。孵化过程中，如发现野杂鱼类在产卵池中产卵孵化，要及时将仔鱼移出，尤其是罗非鱼，避免被亲鱼吞食。

三、影响孵化的环境因子

受精卵孵化过程中，水温、溶解氧、盐度、光照、混浊度、敌害生物等因子均影响胚胎发育，如果环境因子不适宜，就会大大降低孵化率。

1. 水温　水温是胚胎发育的重要因素之一，受精卵孵化所需温度范围随亲鱼种类而变化，如冷水性鱼类虹鳟胚胎发育适温范围为 7～13℃，最适水温为 9℃；温水性鱼类，如四大家鱼受精卵孵化适温范围为 22～28℃，最适水温为 (26±1)℃；热带鱼类，如斜带石斑鱼胚胎发育的适宜水温为 25～28℃。

在适温范围内，随着温度升高胚胎发育速度加快，当水温过低时，胚胎发育速度减慢，显著延迟仔鱼孵化，且会导致胚胎成活率急剧下降；当超出适宜温度范围时，胚胎发育停滞或不能正常发育，导致孵化率下降，畸形率上升。水温对黄鲷胚胎发育影响见图 4-18、图 4-19（夏连军，2006）。当将处于低温中的胚胎放入到较高的适宜水温中孵化时，可加速胚胎发育并显著提高孵化率，如将鲢和青鳉胚胎先预冷后随之提高水温，可使孵化率提高及孵化进程同步化，这有利于控制胚胎的孵化时间与进程（Schoots，1983）。进一步研究发现，大西洋鳕胚胎孵化温度过

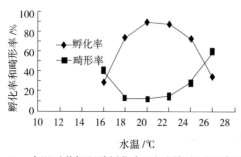

图 4-18　水温对黄鲷胚胎孵化率和初孵仔鱼畸形率的影响

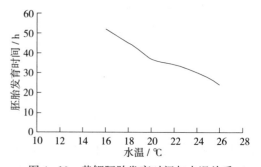

图 4-19　黄鲷胚胎发育时间与水温关系

低时不利于幼体的开口摄食，致使抗应激能力差，并且不利于仔稚鱼的培育。

2. 溶氧 鱼类胚胎个体发育耗氧率存在较大差异，同种不同个体之间、不同种之间胚胎发育所需要氧气均不同，发育时期不同差异也较大。随着胚胎的发育，耗氧量逐渐增加，鲢在胚胎期的尾芽出现后，耗氧量骤然增加，为早期的2倍多（表4-5）。某些热带珊瑚礁鱼类随着水温升高，其胚胎发育耗氧量也上升（Collins，1993）。

表4-5 鲢胚胎不同发育阶段的耗氧量

发育时期	2~8细胞期	囊胚期	原肠期	尾芽出现	心脏搏动	出膜开始	血液循环开始
mg/（h·1 000粒）	0.272	0.318	0.318	0.657	0.846	0.583	0.983
mg/（g·h）	0.19	0.223	0.223	0.46	0.59	0.597	0.59

3. 水流 流水式的孵化工具，如孵化桶、缸、槽和孵化环道等，均是为了满足胚胎发育需氧等条件而设计的。受精卵在流动的水体中孵化时，可以得到充足的氧气，且流水可以溶解并及时带走胚胎代谢产物，减少水质污染；流水还能刺激孵化酶的分泌，使仔鱼提前出膜，鳜受精卵在流水孵化环道中孵化要比在静水中孵化快得多。通过调节水的流量，使受精卵在水中适度地悬浮，可以有效抑制真菌的感染，同时也可将死卵和活卵分开。在胚胎发育早期，胚胎对外界刺激比较敏感，此时流量不应过大，微悬浮即可。达到眼点期后，流量可增大，使受精卵悬浮运动增强。在鱼苗孵化出膜时，对流量变化更为敏感，应适当调小水流量。在确定水流量时，还应考虑鱼的种类差异，有些鱼类可能对悬浮较为敏感。

4. 光线 鱼类胚胎发育对光的反应具有遗传因素。因此，光线对不同生态类群的鱼类胚胎发育有着不同的影响。鲟卵在有光线条件比在黑暗条件下胚胎发育速度平均要快18~26h。而且，在有光线情况下发育孵出的仔鱼个体较长和较重。黄鳝受精卵的发育需要有光的条件，500~1 500lx范围时孵化率较高，在这范围内随着照度的升高出膜时间逐渐缩短，但不能超过1 500lx，否则孵化率下降。直射的光线对于产卵于石砾中的鲑鳟鱼类的胚胎发育不利，引起胚胎畸形率增加。一般来说，浮性卵发育所需的光照强度比沉性卵、尤其是比埋在砂下的卵要强一些。

5. 盐度 许多海水鱼类受精卵在自然海水的盐度低或高的较大范围内保持其形态不发生改变，当盐度过高或过低时，卵膜难以调节细胞与周围介质之间的物质平衡，会发生卵细胞损伤；不同盐度会造成受精卵沉浮性变化，盐度低时会导致完全沉性，较高时会导致完全浮性，完全沉性和完全浮性均不利于孵化。不同海水鱼类胚胎发育的最适盐度见表4-6。盐度对胚胎的影响因鱼种类而异，且与鱼的生态习性密切相关。军曹鱼在盐度29~38范围内，胚胎的孵化率无显著差异，当盐度超出或低于此范围时，孵化率降幅达到18%~49%，且仔鱼畸形率明显提高。

表4-6 不同鱼类受精卵沉浮性及胚胎发育的适盐范围

鱼 类	受精卵沉性盐度	受精卵浮性盐度	胚胎发育适盐范围	胚胎发育最适盐度范围
真鲷	<27.8	>31.2	11.08~48.85	28.15~32.70
黑鲷	<26.25	>32.15	18.12~32.15	20.22~34.11
平鲷	—	—	12~52	28~32
高体鰤	<30	>32	30~40	32~35

(续)

鱼 类	受精卵沉性盐度	受精卵浮性盐度	胚胎发育适盐范围	胚胎发育最适盐度范围
鲮	<20.0	>25.2	10~35.6	15~35.6
双棘黄姑鱼	<25	>32	30~40	32~35
花尾胡椒鲷	<26.47	>30.12	11.20~45.17	26.47~37.95
赤点石斑鱼	<25	>28	24.0~38.8	27.0~35.0
军曹鱼	<26	>32	26~41	29~38

6. 敌害生物　在孵化中，小虾、小鱼、蝌蚪、桡足类等对鱼卵和鱼苗构成严重危害，敌害生物的危害程度与卵的密度、敌害生物的数量以及接触时间密切相关。小鱼、蝌蚪等对鱼卵、鱼苗能直接吞食；桡足类、枝角类等用它们的附肢刺破卵膜或咬伤鱼苗，进而吮吸鱼卵、鱼苗的营养，造成胚胎或孵化鱼苗死亡。

第五章 鱼苗、鱼种的培育

教 学 一 般 要 求

掌握：静水土池塘、室内水泥池培育鱼苗、鱼种的技术要点；网箱培育大规格鱼种的方法和意义；鱼种投饵管理"四定"原则和主要内容。

理解：鲢、鳙、草鱼、鲤鱼苗种阶段摄食器官发育的形态结构变化与食性转化的关系；池塘清整的意义和方法；夏花鱼种拉网锻炼的主要作用和方法。

了解：鱼类苗种分期及主要特征；鱼苗、鱼种的生长规律。

鱼苗、鱼种培育是鱼类养殖生产的重要环节。鱼苗（fry）是指孵化后的仔鱼（larval fish）；鱼种（fingerling）是指可以在增养殖水体中放养，供养成食用鱼的幼鱼（young fish）。鱼苗培育就是指将初孵仔鱼（水花）经一段时间的饲养，培育成 3cm 左右的稚鱼（juvenile fish）的过程，这个时期的稚鱼通常称为夏花鱼种（寸片或火片）。而鱼种培育是指将夏花鱼种经几个月或一年以上时间的饲养，培育成 10～20cm 的幼鱼的过程，秋季出塘的称秋花鱼种（秋片），南方地区冬季出塘的称冬花鱼种（冬片），越冬后到次年春季出塘的称春花鱼种（春片），当年培育的一龄鱼种也称"仔口鱼种"。有些种类的鱼种，需要经过第二年的培育成为二龄鱼种，才能进入食用鱼的养殖阶段，称为"老口鱼种"。鱼苗、鱼种阶段是鱼类一生中生长发育最旺盛的时期，它们在形态结构、生态习性和生理特性方面将发生明显的规律性变化。

第一节 鱼苗、鱼种的生物学

一、鱼苗、鱼种的分期及形态

（一）鱼苗、鱼种的分期

1. **生命周期** 鱼类生活史（life history of fish）分为胚前期（pre-embryonic period）、胚胎期（embryonic period）、胚后期（postembryonic period）三个发育阶段。胚前期是精、卵细胞发生和形成的阶段；胚胎期是精子和卵子结合（受精）到鱼苗孵出阶段；胚后期是孵出的鱼苗到成鱼衰老死亡的阶段。

2. **鱼类胚后期** 鱼类胚后期按形态特征差异通常可分为以下四个时期：

(1) 仔鱼期 (larval stage) 仔鱼期的主要特征是鱼苗身体裸露无鳞片，眼无色素，具有鳍褶。该期又可分为前仔鱼期 (prelarva stage) 和后仔鱼期 (postlarva stage)。前仔鱼期鱼苗的腹部携带卵黄囊，以卵黄为营养，后仔鱼期鱼苗的卵黄囊消失，开始摄食外界食物，又称为初次摄食仔鱼 (first feeding larva)。

(2) 稚鱼期 (juvenile stage) 稚鱼期典型特征是鳍褶完全消失，运动器官形成，体侧开始出现鳞片。稚鱼期又称变态期 (transformation stage)。

(3) 幼鱼期 (young stage) 幼鱼期的主要特征是全身被鳞，侧线明显，胸鳍条末端分支，体色和斑纹与成鱼相似，但性腺未发育成熟。

(4) 成鱼期 (adult stage) 成鱼期是指性腺初次成熟至衰老死亡。具体的年龄、规格因鱼的种类而异。

鱼类苗种培育阶段包括仔鱼期、稚鱼期和幼鱼期前期。但是这种分期也不是绝对的，例如没有卵黄囊的鱼类仔鱼期就没有前后之分，鲑、鳟鱼类的卵黄囊仔鱼直接进入幼鱼期，鲆、鲽类在仔鱼期后需经过变态才能进入幼鱼期。

(二) 主要养殖鱼类的苗种形态特征

鱼类因种类和自然栖息环境的不同，初孵仔鱼的个体大小、苗种发育阶段经历的时间以及在形态结构的变化上存在很大的差异。了解不同鱼类苗种的形态特征，对苗种培育的技术实施有着重要的意义。下面就几种典型的鱼类苗种形态特征作简要描述。

鲤科鱼类如"四大家鱼"的苗种形态特征相对比较典型。初孵仔鱼具明显的卵黄囊，体表光滑无鳞，具鳍褶，全长 4~5mm，头部朝下倒悬于水层，作短暂游泳。孵化后 4~15d，鱼体色素沉着，奇鳍分化为背鳍、臀鳍和尾鳍，腹鳍开始出现，全长 8~17mm，鱼苗在水层作水平游泳，称为"乌仔头"。孵化后 15~50d，鳞片开始形成至全身被鳞，全长 17~70mm，开始正常的巡游摄食。其他主要经济鱼类如鳜、石斑鱼、鲷科鱼类等除苗种发育时间存在差异外，其外部形态特征的变化规律与"四大家鱼"基本类似（图 5-1）。

鲆鲽类的苗种期具有明显的变态过程，冠状幼鳍的有无和形态变化、眼的位置变化以及色素细胞的沉着与体色的变化等都有很大的差异。牙鲆（*Paralichthys olivaceus*）刚孵出的仔鱼，全长 2~3mm，以腹面朝上倒悬于水表层，作短暂游泳。孵化后 4~20d，冠状幼鳍形成，右眼逐步向上移动，全长 4~10mm。孵化后 20~30d，右眼上升头顶直至完全移至左侧，冠状幼鳍显著缩短，尾鳍、背鳍、臀鳍条均

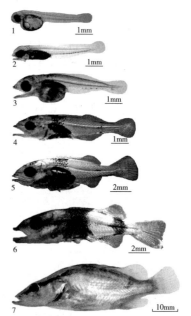

图 5-1 大眼鳜的仔、稚和幼鱼的发育过程
1. 初孵仔鱼 2. 孵出 3d 3. 孵出 9d
4. 孵出 14d 5. 孵出 20d 6. 孵出 28d
7. 孵出 47d
（蒲德永，2007）

已形成，鱼苗在水表层作水平游泳，偶尔下沉水底，全长10~16mm。孵化后30~45d，尾柄原始鳍褶完全消失，鳞被形成，左侧菊花状色素聚集呈黄褐色，右侧色素稀疏，全长16~30mm，其形态和习性已与成鱼基本相似，完全营底栖生活（图5-2）。

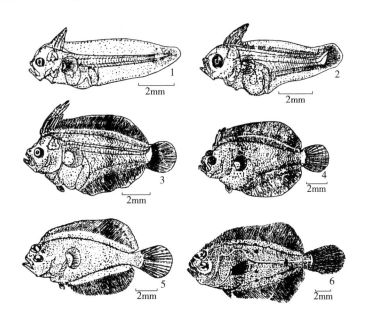

图5-2 牙鲆的仔、稚鱼期发育过程
1. 第17天仔鱼，全长8.25mm 2. 第20天仔鱼，全长8.30mm 3. 第26天仔鱼，全长10.60mm
4. 第28天仔鱼，全长12.60mm 5. 第30天仔鱼，全长13.00mm 6. 第35天仔鱼，全长13.70mm
（雷霁霖，1981）

二、鱼苗、鱼种的食性与摄食

（一）鱼苗、鱼种的食性

刚孵出的鱼苗绝大多数都是以卵黄囊中的卵黄为营养，称为内源性营养期。随着鱼体内鳔的充气，消化道、眼、鳍等初步发育，并建立了巡游模式，鱼苗一面吸收卵黄，一面开始摄取外界食物，进入混合性营养期。当卵黄囊逐步消失后，鱼苗就完全依靠摄取外界食物为营养，称为外源性营养时期。但此时鱼苗个体细小，全长仅0.6~0.9cm，活动能力弱，其口径小，取食器官（如鳃耙、吻部等）尚未发育完全（图5-3），因此，大多数鱼类的鱼苗只能依靠吞食方式来获取食物，而且其食谱范围也十分狭窄，只能吞食一些小型浮游生物，生产上通常将此时摄食的饵料称为"开口饵料"。随着鱼苗的生长，其个体增大，口径增宽，游泳能力逐步增强，取食器官逐步发育完善，全长21~30mm的夏花鱼种，彼此间摄食器官的差异显著（图5-4）。随着取食器官逐步发育，其食谱范围逐步扩大，食性逐步转化（表5-1）。

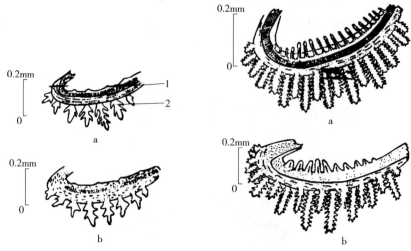

图 5-3 下塘的鲢、鳙鱼苗的鳃耙形态

左：a. 鲢（全长 7.0mm）第一鳃耙　1. 鳃耙　2. 鳃丝　b. 鳙（全长 7.1mm）第一鳃耙

右：a. 鲢（全长 10.3mm）第一鳃耙　b. 鳙（全长 10.0mm）第一鳃耙

（刘焕亮，1992）

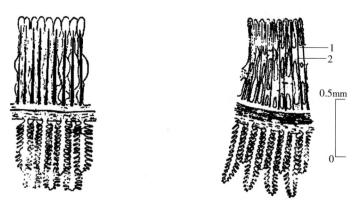

图 5-4　下塘后 15~20d 的鲢鱼苗第一鳃耙的形态

左：鲢（全长 23.5mm）耳状外鳃耙网

右：鲢（全长 28.0mm）鳃耙网　1. 外鳃耙网　2. 内鳃耙网（骨质小桥）

（刘焕亮，1992）

表 5-1　鲢、鳙、草鱼、青鱼、鲤鱼苗发育至夏花阶段的食性转化

（王武，2000）

鱼苗全长（mm）	鲢	鳙	草鱼	青鱼	鲤
6					轮虫
7~9	轮虫无节幼体	轮虫无节幼体	轮虫无节幼体	轮虫无节幼体	轮虫、小型枝角类
10~10.7			小型枝角类	小型枝角类	小型枝角类、个别轮虫
11~11.5	轮虫、小型枝角类、桡足类	轮虫、小型枝角类			枝角类、少数摇蚊幼虫

(续)

鱼苗全长（mm）	鲢	鳙	草鱼	青鱼	鲤
12.3~12.5	轮虫、枝角类、腐屑、少数浮游植物	轮虫、枝角类、桡足类、少数大型浮游植物	枝角类	枝角类	
14~15					枝角类、摇蚊幼虫等底栖动物
16~17	浮游植物、轮虫、枝角类、腐屑	轮虫、枝角类、腐屑、大型浮游植物	大型枝角类、底栖动物	大型枝角类、底栖动物	枝角类、摇蚊幼虫等底栖动物
18~23			大型枝角类、底栖动物，并杂有碎片	大型枝角类、底栖动物，并杂有碎片	枝角类、底栖动物
24	浮游植物显著增加	浮游植物数量增加，但不及鲢	大型枝角类、底栖动物，并杂有碎片、芜萍	大型枝角类、底栖动物，并杂有碎片、芜萍	枝角类、底栖动物
25	浮游植物占绝大部分，浮游动物比例大大减少	浮游植物数量增加，但不及鲢	大型枝角类、底栖动物，并杂有碎片、芜萍	大型枝角类、底栖动物，并杂有碎片、芜萍	底栖动物、植物碎片

肉食性鱼苗、鱼种的摄食方式和食物组成与上述鱼类有所不同。鳜鱼苗一般通过视觉来摄食，并且主要以其他鱼苗为食。鳜鱼苗仔鱼期，全长5~7mm，鱼苗的鳔充气，由垂直游泳转向水平游泳，此时鱼苗眼发育完善，能在5~10cm的距离内，水平视角310°准确定位捕食对象。两颌骨和齿骨长出朝向咽部的利齿，尤其上颌骨具犬状齿，十分锐利，便于抓住食物。左右颌骨、齿骨和鳃条骨之间由韧带相连，形成较大的口咽腔，利于吞食较大的饲料鱼苗。初次摄食的鳜鱼苗能够摄取体高0.5~1mm左右的饲料鱼，食物颗粒的大小可以超出其口径20%（表5-2）。

表5-2 不同时期鳜鱼苗的饵料鱼及其规格

（陈瑞明，1999）

鳜鱼苗		饵料鱼苗		
出膜后时间（h）	口径（mm）	种类	出膜后时间（h）	体高（mm）
80	0.63~0.70	团头鲂	60~216	0.72~0.88
		细鳞斜颌鲴	8~216	0.48~0.96
108	0.71~0.84	团头鲂	60~216	0.72~0.88
		细鳞斜颌鲴	8~216	0.48~0.96
		草鱼	36~108	0.84~1.19
144	0.88~1.02	鲢	0~216	0.72~1.30
		鳙	24~108	0.88~1.28
		鲤	0~216	0.91~1.47

海水主要养殖鱼类苗种的食性转化和食物组成有许多相似之处，都是先摄食微型浮游动植物，然后摄食枝角类和桡足类等大型浮游动物，最后转向游泳生物（图5-5）。大黄鱼的初孵仔鱼（体长<3mm）完全以卵黄和油球为营养基。在仔鱼阶段（体长3~6mm）以浮游动物为食，还摄食少量硅藻和有机腐屑，饲料平均长度0.83mm。稚鱼阶段（体长6~16mm）摄食仅为浮游动物，但种类有所增加，饲料平均长度1.68mm。幼鱼阶段（体长16~200mm）食性由浮游

动物逐步转向游泳生物,其中以游泳能力强的鱼类、虾类占主要地位,也摄食磷虾和桡足类等大型浮游动物,饲料平均长度增大到 19.6mm。体长超过 200mm 的大黄鱼,食性完全转向游泳生物,饲料平均长度增大到 68.5mm。

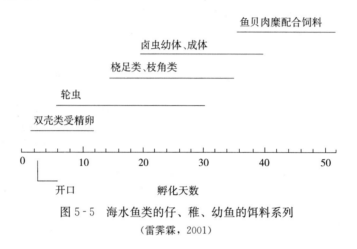

图 5-5　海水鱼类的仔、稚、幼鱼的饵料系列
(雷霁霖,2001)

(二) 鱼苗、鱼种的摄食

1. 摄食效率（feeding efficiency） Braum（1987）指出：成功捕食到食物对象的反应次数占已进行过的捕食反应次数的百分数,叫做摄食效率或摄食成功率。它反映的是仔鱼摄食饵料对象的几率,与仔鱼捕食和游泳等器官的形态构造、功能特点及环境条件（如食饵的物理和生物特性及水温和光照等）有关。摄食效率对于仔鱼建立外源摄食和存活至关重要。

摄食效率的计算公式（Houde,1980）：

$$S = 0.41 \times \left(\frac{\ln W_d - \ln 26.96}{0.125}\right)^{0.23} \times 100\%$$

式中,S 为摄食效率；W_d 为 t 日龄仔鱼干重（μg）。

初次摄食的仔鱼大多具有色素完善、发育良好和可动的双眼,靠视觉搜索、选择和捕食活（动）的饵料。许多仔鱼对食饵所构成的球形视野的直径约为 10mm,进入这一区域的饵料对象都能引起仔鱼的摄食反应,但这种反应可能因为食饵的逃避或其他原因而捕不到食物。例如,实验室条件下,真鲷仔鱼在 4~5 日龄时摄食效率可达 59%,随着仔鱼发育,特别是初次摄食成功后,摄食效率明显增加（表 5-3）。

表 5-3　真鲷仔鱼摄食效率的估计值

(殷名称,1999)

日龄（d）	全长（mm）	仔鱼干重（μg）	摄食效率 S（%）
4~5	3.536	50	59
6~7	3.793	60	63
8~9	4.198	80	67
10~11	4.513	100	70

仔鱼的游泳能力和速度在摄食生态学上有重要意义。游泳能力强、速度快，仔鱼单位时间搜索水体积大，与饵料相遇的几率高，其摄食效率一般较大。另外，饲料颗粒大小、饲料密度以及饲料的质量都影响仔鱼的摄食效率。影响仔鱼摄食效率的主要因素有以下几个：

(1) 饵料的大小和临界密度　一般仔鱼摄取饵料的宽度占其口宽的20%～50%，很少超过80%。只有饵料颗粒大小适口，仔鱼的吞食才能成功。饵料的临界密度是指保证仔鱼与食饵相遇，能引起仔鱼的摄食反应，摄食效率获得提高，满足仔鱼正常发育和生长的营养需求的最小饵料密度。临界密度与仔鱼的形态和行为有关。

(2) 饵料的质量　饵料的质量会影响仔鱼的生长发育，对仔鱼以后的摄食效率产生一定的影响。饵料的质量好、营养全面、适口性好、有良好的诱食性、仔鱼喜食，则仔鱼生长发育快，摄食效率也会迅速提高。

(3) 环境因子　影响仔鱼摄食效率的最重要的非生物环境因子是光照和水温。仔鱼是靠视觉摄食的，没有光照就不能产生视觉反应。实验表明，一般仔鱼的临界光照度是0.1lx，最好保持在100～500lx，但不要超过1 000lx。光照时间与自然白昼长短相一致。水温主要是通过影响仔鱼的游泳能力从而对摄食效率产生影响。对于仔鱼来说，最适温度条件下，其摄食效率较大。

2. 摄食发生率（feeding incidence）　又称初次摄食率或开口率。测定方法是：将一定数量（20～30尾）的仔鱼置于饵料丰富的容器中，自由摄食一定时间（2～4h）后，在解剖镜下逐尾进行解剖，观察消化道内的食物并计数数量。消化道内含有食物的仔鱼尾数占总解剖鱼尾数的百分数叫摄食发生率。研究鱼类仔鱼期的摄食发生率，目的是探明仔鱼初次摄食的时间和适宜的开口饵料种类，从而为鱼类苗种培育提供理论参考。

殷名称等（1999）以轮虫作为饵料研究真鲷的摄食能力，实验结果表明：2日龄的真鲷仔鱼即可开口摄食，但摄食发生率较低，仅为2.1%～12.4%。3日龄开始，仔鱼摄食发生率明显增加，高密度饵料条件下，最大达到44.4%，12日龄的仔鱼在饵料密度为2 000～7 000个/L时，摄食发生率达到100%（表5-4）。

表5-4　真鲷仔鱼不同日龄的摄食发生率 F (%)

(殷名称，1999)

日龄 (d)	轮虫密度（个/L）					
	500	1 000	2 000	3 000	4 000	7 000
2	4.6	2.7	12.4	2.1	8.8	6.3
3	19.1	30.1	18.9	39.3	44.4	30.0
4		42.5	55.1	53.1	61.2	68.1
6	25.0	40.9	42.2	56.3	57.0	67.6
8	31.5	30.2	34.9	47.7	66.7	73.9
10	47.1	61.5	80.0	64.7	93.8	100
12	90.9	80.0	100	100	100	100

3. 摄食量和摄食节律　在鱼苗鱼种培育过程中，不仅要了解它们的摄食方式和食物的种类组成，而且还要了解它们的摄食量和摄食节律，便于制订切实可行的投饵方案（日投饵量和投饵时间等）。一般来说，鱼类在一定时间内（天）摄食的食物数量或生物量称为摄食量或摄食强度，常以占体重的百分数来表示。消化道中食物量（湿重）占体重的百分数称为肠饱满指数。日本学

者在仔、稚鱼发育期的某一时点（如9：00或10：00）采样，计算消化道内的食物量（个数或生物量），取其上限确定为饱食量。研究仔、稚鱼的日摄食量时通常采用两种方法：一是直接法，即直接计算食物量；二是间接法，即肠饱满指数法，依据肠排空速率和肠的充塞度（食物团重量占体重的百分数）来计算。鱼苗、鱼种的摄食强度和摄食时间，随着苗种的规格大小、季节和昼夜变化有一定的规律。摄食节律可以通过定时测定肠饱满指数的变化加以确定。

鱼苗、鱼种阶段处于鱼类生长最旺盛的时期，新陈代谢水平高，所以摄食量很大，其绝对摄食量随个体增长而增大，相对摄食量则随个体增长而逐步下降。刚下塘的鲢仔鱼，体重1.6～3.4mg，日绝对摄食量仅为2.23～4.7mg，而相对摄食量高达139.3%；体重达到63mg时，日绝对摄食量增大到19.34mg，相对摄食量却下降到30.7%；大黄鱼从仔鱼到稚鱼、幼鱼阶段发育的过程中，其摄食强度也出现逐渐降低的趋势。仔鱼阶段的平均肠饱满指数高达0.041 4，稚鱼阶段为0.024 2，幼鱼阶段则下降到0.018 0。张雅芝等（1999）研究花鲈仔、稚、幼鱼的日摄食量也证明了这一点（表5-5）。

表5-5 花鲈仔、稚、幼鱼的日摄食量

（张雅芝，1999）

水温（℃）	日龄（d）	全长（cm）	饵料	平均日摄食量（个）	日摄食指数（%）
17	13～14	6.83	轮虫	250±23	55.56
16	33～34	11.17	轮虫	1 600±200	56.29
15	63～64	19.09	卤虫	1 600±180	39.46
21	108～109	50.1	枝角类	3 600±400	46.57

许多鱼苗、鱼种的摄食强度不仅与个体大小有关，还随着季节变化和昼夜更替表现节律性的变化。鲢、鳙、草鱼种摄食的适宜温度在25～32℃之间，因此，在7～8月适宜温度范围内，鱼种的摄食量最高，分别为11.3%～16.3%、7.9%～16.4%和41.5%～49.9%，而在5～6月和10月份水温偏低时，摄食量明显下降。

4. 饥饿和"不可逆点" 仔鱼在卵黄囊耗尽时必须从内源性营养转入外源性营养，否则就会进入饥饿期（starvation stage）。仔鱼本身的摄食效率高低和外部环境条件的适合性，特别是环境中是否存在适口饵料是产生饥饿的主要原因，若仔鱼摄食效率低或开口摄食时找不到适口饵料，仔鱼因饥饿缺乏营养，导致大量死亡。Blaxter等（1963）首先提出不可逆点（point-no-return，PNR）的概念，指仔鱼因饥饿抵某一时间点，尽管还能生存一段较长时间，但其身体已虚弱得不可能再恢复摄食能力，故也称不可逆饥饿（irreversible starvation）点或生态死亡（ecological death）点，它是从生态学角度测定仔鱼耐饥饿能力的指标。不同种类的仔鱼在饥饿状态下抵达不可逆点的时间不同，一般来说，孵化时间长、卵黄容量大、温度低、代谢速度慢，PNR出现晚，反之则早。王吉桥等（1993）研究了淡水常见的几种养殖经济鱼类苗种不同规格和在不同温度条件下饥饿致死时间，结果表明，鲤、鲢和草鱼的苗种随温度的升高，饥饿致死时间缩短。在相似的条件下，随鱼类苗种规格的增大，饥饿致死时间延长。鲢鱼苗在四种鱼类中饥饿致死时间最短，分析可以认为，鲢的呼吸代谢强度以及耗氧率最高，导致PNR值相对出现较早（表5-6、表5-7）。

表5-6 几种不同规格的鱼苗、鱼种的饥饿致死时间
(王吉桥,1993)

种类	规格		水温(℃)	饥饿致死时间(d)	
	全长(mm)	体重(mg)		50%	100%
鲤	7.8±0.4	3.4±1.0	18.0~23.0	10.4~12.0	11.4~14.7
	14.0±0.9	29.8±5.4	19.0~23.0	32.3	35.4
	21.4±1.1	137.8±24.3	21.0~25.5	12.0	16.9
	71.9±4.9	4 700±1 475	15.0~25.0	108	134
鳙	7.1±0.8	2.7±0.6	18.0~20.0	9.6	14.5
	12.8±1.1	20.5±1.4	20.0~24.0	15.0	18.0
	23.0±1.7	139.8±25.4	21.0~32.0	14.0~14.5	23.0~23.1
草鱼	6.6±0.3	1.5±0.4	21.0~22.5	8.8	10.2
	37.2±2.3	744.3±146.3	21.0~24.0	36.0	46.0
	177.6±28.7	46 800±14 500	13.0~24.0	267.0~271.0	284~285
鲢	6.9±0.3	1.2±0.4	18.0~21.0	7.3	10.3
	34.9±2.2	403.6±85.8	24.0~27.0	15.0	24.8

注:鱼苗饥饿致死时间自鳔出现时计。

表5-7 不同温度条件下几种鱼苗、鱼种的饥饿致死时间(h)
(王吉桥,1993)

鱼类	20℃		23℃		26℃		29℃	
	50%	100%	50%	100%	50%	100%	50%	100%
鲤	250	302	220	265	193	248	169	239
鲢	203	245	239	313	167	215	121	191
草鱼	211	244	292	382	245	272	171	197

在鱼类早期生活史阶段,仔鱼由内源性营养向外源性营养转换时,会出现一个高死亡率的时期,称为临界期(critical period)。临界期是仔鱼在营养转化过程中饵料保障与器官发育发生矛盾而造成仔鱼大量死亡的危险期。仔鱼初次摄食时的饵料能否得到保障,将直接关系到鱼苗培育的存活率的高低。例如,海洋中鳀仔鱼发育到初次摄食期后,仅延迟3d投饵,就可以使13日龄的仔鱼存活率从70%降到20%,如延迟4d,存活率仅为6%。鲍宝龙等(1998)指出,实验室条件下,饥饿时间越长,仔鱼死亡率越高,延迟投饵3d,牙鲆仔鱼发育到8日龄后,仔鱼死亡率几乎达到100%(表5-8)。

表5-8 延迟投饵对牙鲆仔鱼存活率的影响
(鲍宝龙,1998)

延迟天数	存活率(%)	孵化后各天的死亡率(%)					
		3	4	5	6	7	8
0	22.2	0.86	4.3	6.8	8.5	46.6	10.7
1	14.9	1.4	3.3	5.3	8.6	58.4	8.1
2	10.6	0.89	8.9	2.7	4.4	56.9	15.6
3	0.6	3.0	7.8	9.1	12.6	60.4	6.5
4	0	0	0	0	6.0	8.1	13.0
完全饥饿	0	0	0	1.2	7.7	16.1	70.8	4.2

注:实验水温18~20℃。

三、鱼苗、鱼种的生长

(一) 鱼苗、鱼种的生长特性

各种养殖鱼类鱼苗、鱼种的生长速度是有差异的,同一种鱼的不同个体发育阶段生长速度也有不同。一般来说,在鱼苗、鱼种饲养阶段,鱼苗到夏花是生命周期的生长最高峰,此时仔鱼的个体小,绝对增长量小,但它们的相对生长率最大。例如,鲢、鳙鱼苗下塘饲养10d内,体重增长的加倍次数5~6,平均每天增重为10~20mg;体长的增长,平均每天增长数,鲢为0.71mm,鳙为1.2mm(表5-9)。进入鱼种饲养阶段,鱼体的相对生长率较鱼苗阶段有明显下降,但是绝对增重量较大。鲢、鳙鱼种在100d的培育时间内,体重增长的加倍次数为9~10,即每10d体重增加一倍,与鱼苗阶段比较相差达5~6倍。但绝对体重则增加,鲢、鳙鱼平均每天增重分别为4.19g、6.3g,与鱼苗阶段比较相差达200~600倍。在体长增长方面,平均每天增长数,鲢为2.7mm,鳙为3.2mm,鲢、鳙的鱼种比鱼苗阶段体长增长快2~4倍。

表5-9 鲢、鳙鱼苗的生长情况

(王武,2000)

日龄	鲢鱼苗		鳙鱼苗	
	体长(mm)	体重(mg)	体长(mm)	体重(mg)
2	7.2	3	8.1	4
4	8.1	10	8.5	12
6	10.7	21	11.6	27
8	13.3	40	11.8	54
10	18.8	94	13.0	90
12	19.2	188	15.2	134

(二) 鱼类苗种生长的研究方法

目前,研究鱼苗、鱼种生长通常采用四种方法:直接观测法、日轮测定法、环片间隔法和RNA/DNA比率法。

1. 直接观测法 通过对鱼苗、鱼种的体长和体重的测定,直接估测仔、幼鱼的生长率。主要参数有:

(1) 累计生长 指某日龄鱼体的实际长度和重量,代表鱼类个体在测定前整个时期的生长累计结果。

(2) 绝对生长 指鱼类在单位时间内长度和体重的增长量,表示在一段时间鱼类的生长速度。

(3) 相对生长 指绝对增长量占前后两次测定的累计生长的平均值的百分数。通常称日增长率和日增重率。

计算公式为:

$$R = \frac{W_2 - W_1}{\frac{W_1 + W_2}{2}} \times 100\%$$

式中,R 为单位时间相对生长率;W_1 为第一次测定数;W_2 为第二次测定数。

(4) 生长加倍次数 是指在一段时间内，鱼体生长量的加倍次数。

2. 日轮测定法 Pannella（1971）在鱼类耳石发现日轮（daily ring）后，一直认为鱼类耳石中储存了大量的生物学和生态学信息，现已证实100多种鱼类的耳石中存在日轮。耳石从中心到每一个环片的半径就是鱼类个体的生长轨迹，每个环片间距与环数对应的那一天的生长呈比例，通过建立仔鱼耳石日轮数与鱼体实测体长之间的相关性来估测鱼类生长，被认为是一种鱼类仔、幼鱼期描述瞬时生长率的有效方法。解玉浩等（1995）观察发现，鲻孵出后26~30h出现耳石，第二天的仔鱼形成第一条日轮。从鱼苗到秋片鱼种阶段，其耳石直径（Y，μm）与全长（X，mm）呈直线关系：$Y=-0.1944+0.0388X$。

3. 环片间隔法 从鱼体被鳞开始，随着个体的增长，鱼类鳞片增大和逐渐加厚并形成连续的或间断的鳞嵴（环片）。环片的宽窄随着鱼体生长强度而改变，在生长缓慢的时期，环片间隔不明显，相互接近，出现中断和波折。到了快速生长期，在其边缘产生许多连续且间隙宽的环纹，它记录着鱼类因季节、营养条件和环境变化留下的生长轨迹。Doyle（1987）首次提出用环片间隔来估测鱼类季节生长的方法。朱春华（1992）研究发现，团头鲂鱼种的环片间隔（Y，μm）与瞬时（季节）生长（X，cm）呈线性关系：$Y=54.19+15.57X$。

4. RNA/DNA比率法 RNA既是合成蛋白质的核糖体的组成部分，也是搬运氨基酸的大分子，它在转译DNA遗传密码中具有重要作用，生物体合成蛋白质依赖于RNA。在稳定的条件下，RNA/DNA的比率与机体生长率成正相关。因此，根据采样期间RNA/DNA的比率的变化，就可以了解仔鱼生长率的信息。Buckley（1984）提出了8种仔鱼的日蛋白质生长率与温度及RNA/DNA的比率的关系式：生长率$=0.93T+4.75$（RNA/DNA）-18.18。

（三）影响鱼类苗种生长的因素

鱼类苗种阶段身体幼小、摄食能力弱、食谱狭窄、活动能力差，对外界环境条件的变化和敌害生物的侵袭缺乏有效的抵御能力，因此死亡率较高。鱼类苗种培育的中心问题就是通过一系列强有力的措施，提高鱼苗、鱼种的生长速度、存活率和苗种规格。影响鱼类苗种生长的因素归纳起来有以下几点：

1. 光照和水温 光照对于仔、稚、幼鱼的作用是多方面的。光照可以促进水体中营养生物的生长，提供仔、稚、幼鱼足够的饵料。在光线好的情况下，仔、稚、幼鱼能够看清楚水体中的食物，有利于摄食。但是，直射的光照和过强的照度对鱼苗的生长发育不利，室内外水泥池培育鱼苗时，强光照射易发气泡病。对不同照度下大泷六线鱼仔鱼摄食量进行测定发现，仔鱼的适宜照度范围为10~100lx，高或低于此照度都会影响仔鱼的摄食效果。大菱鲆的初孵仔鱼可以在弱光下正常摄食，而到变态期后随光照由500lx加强至2 000~4 000lx时，其摄食量会显著增加。温度对仔、稚、幼鱼的生长和代谢影响很大，在一定的水温范围内，温度升高可加速鱼类的新陈代谢速度，促使其生长加快。黑鲷在室内平均水温18~23℃的试验条件下，仔鱼分别于21~31d变态成稚鱼，水温越高，变态越早。因此，鱼类苗种培育期间，必须要保证合适的温度和光照。

2. 水体大小与苗种培育密度 苗种培育池面积太大，投饲和管理不便，水质肥度较难调节和控制，且易受风力的作用形成波浪，拍击堤岸，损伤游泳能力尚弱的鱼苗。池塘面积太小则易受外界条件的影响，水温、水质等变化大，因而也影响鱼类苗种的生长。与水体大小相对应的是苗种的培育密度，一般来说，苗种培育密度主要受水质、食物和活动空间等条件的制约，鱼苗培育密度较大时成活率较低，培育苗种所需的时间越长，苗种的质量相对越差（表 5-10）。

表 5-10 鲢、鳙鱼苗不同培育密度下的生长

种 类	每 667m² 放养数（尾）	培育天数	育成规格（cm）	每 667m² 出塘数（尾）	成活率（%）
鲢	99 000	10	3	96 300	97.3
	22 500	16	2.5	16 650	74.0
鳙	96 000	12	2.5	85 000	88.5
	18 000	23	3	13 500	75.0

3. 营养与饵料 鱼类的仔稚鱼从吸收卵黄的内源性营养物质转变为摄取人工培养的小型浮游动物或人工微颗粒饲料等外源性营养物质后，由于缺乏必需的营养物质，仔稚鱼极易大量死亡。鱼类苗种阶段除了对饵料中蛋白质、脂肪、碳水化合物、维生素等的需求有较高要求，一些本身不能合成而又必需的营养物质（必需氨基酸、必需脂肪酸）对仔、稚、幼鱼的生长发育和成活率也有重要的影响，必须予以重点考虑。许多研究证明，高度不饱和脂肪酸（HUFA）n-3 系列对海水鱼类早期苗种的存活和生长起决定作用。Izquierdo 等（1989）研究发现，采用未经乳化鱼油强化的轮虫来培养真鲷仔鱼，由于 HUFA n-3 摄取不足，真鲷仔鱼不仅生长缓慢，死亡率也极高。Estevez 等（1995）发现，大菱鲆幼鱼饲料中若 HUFA n-3 添加不足，会引起很高的白化率和停止变态。Takeuchi（1990）指出，海水鱼类苗种早期发育阶段，饵料中二十二碳六烯酸（DHA）充足的条件下，仔稚鱼的生长速度和成活率显著提高。因此，饵料中 DHA 满足与否，是提高海水鱼类苗种培育成活率的关键之一。

4. 水化学因子

（1）盐度 仔稚鱼对盐度变化具有一定的耐受能力，但是与成鱼相比，仔稚鱼对盐度的适应力要差得多。大部分淡水鱼类的成鱼期可以在盐度 7 以下的水中正常生长，但仔稚鱼在盐度 3 的水体中生长发育缓慢，成活率较低，如鲢鱼苗在盐度 5.5 的水体中不能生存。多数海水鱼类苗种在盐度 20~25 生长良好，但盐度过低和过高，或者盐度突变对其生长不利。李加儿等（1992）将在盐度 32 中孵化的遮目鱼仔鱼直接转移到盐度 5 的水中，仔鱼在第 1 天全部死亡，盐度 10 的试验组在孵化后第 6 天成活率很低，而在盐度 20~25 中各组仔鱼的成活率最高（表 5-11）。

表 5-11 几种主要养殖鱼类苗种对盐度的耐受力和生长适宜盐度

鱼 类	生长适宜盐度	耐受盐度高限
花鲈	19~28	
奥尼罗非鱼	6	43.7
虹鳟	0.5~20.5	30
鲢、草鱼		9
鳙	0~2	11
青鱼	2.8	16
鲤		10
鲫		12
团头鲂	3.96	10

(2) 溶解氧 不同种类鱼类的仔稚鱼苗耗氧率和窒息点不同，同种鱼类不同规格的仔稚鱼苗耗氧率、窒息点和能需量也存在很大差异（表 5-12）。一般来说，在相似的条件下，肉食性和喜流性的鱼类如真鲷、中华鲟、鲈等耗氧率高，窒息点低。鲢仔鱼的耗氧率和能需量比稚鱼高 5～10 倍，代谢强度也高出很多。因此，鱼苗、鱼种培育阶段应保持充足的溶氧量（不低于 2～3mg/L）。

表 5-12 不同规格鲢苗种的耗氧率和能需量

（叶奕佐，1959）

试验对象	平均体重（g）	平均水温（℃）	耗氧率 [mg/(g·h)]	能需量 [kJ/(kg·h)]
鱼苗	0.0029	25.7	3.09	43.16
夏花	0.83	26.6	0.64	8.99
一龄鱼种	5.2	27.7	0.33	4.68
二龄鱼种	130	27.8	0.21	2.97

(3) pH 鱼类苗种阶段对 pH 的适应范围很小，最适 pH 为 7.5～8.5，长期低于 7.0 或高于 9.0 都会不同程度地影响其生长发育。研究表明，草鱼、鲢、鳙鱼苗 96h 的半致死 pH 分别为 4.8、5.0 和 4.9。另外，pH 还影响水体中离子氨和非离子氨的比例，从而对鱼类苗种造成毒害作用。

(4) 氨氮 在养殖条件下，氨氮的含量可能超出正常值。在水温 16℃、盐度 34 的饲养水槽中，氨氮含量为每升 0.11mg 时，对大菱鲆的仔稚鱼无害；氨氮含量为每升 0.3～0.9mg 时，大菱鲆稚鱼的生长受到抑制，在 pH 低时，氨氮对稚鱼的危害更大。观察氨氮对赤点石斑鱼仔鱼存活率的影响，当育苗水体的氨氮含量高于 1.5mg/L 时，仔鱼先是活动加剧，四处乱窜，随后活动迟缓，不久即死亡。总氨氮在 0～1mg/L 之间升高的过程中，黑鲷稚鱼的耗氧率逐渐提高，但当总氨氮继续升高到 3mg/L 时，耗氧率又逐渐下降；稚鱼前期的耗氧率逐渐增高，主要是氨氮促使黑鲷活动兴奋，导致呼吸率加快；后期由于氨氮进一步升高导致稚鱼氨中毒，表现其活动迟缓，呼吸率减慢，相应耗氧率减少。

四、鱼苗的质量鉴别

鱼苗因受鱼卵质量和孵化过程中环境条件的影响，体质有强有弱，这对鱼苗的生长和成活带来很大影响。生产上可根据鱼苗的体色、游泳情况以及活动能力来区别其优劣。鉴别方法见表 5-13。

表 5-13 家鱼鱼苗质量优劣鉴别

鉴别方法	优 质 苗	劣 质 苗
体色	群体色素相同，无白色死苗，身体清洁，略带微黄色或稍红	群体色素不一，为"花色苗"，具白色死苗。鱼体拖带污泥，体色发黑带灰
游泳情况	在容器内，将水搅动产生旋涡，鱼苗在旋涡边缘逆水游泳	鱼苗大部分被卷入旋涡
抽样检查	在白瓷盆中，口吹水面，鱼苗逆水游泳。倒掉水后，鱼苗在盆底剧烈挣扎，头尾弯曲成圆圈状	在白瓷盆中，口吹水面，鱼苗顺水游泳。倒掉水后，鱼苗在盆底挣扎力弱，头尾仅能扭动

在鱼类人工繁殖过程中，容易产生四种劣质鱼苗：

1. **杂色苗**　一个孵化器中放入两批间隔时间过长的受精卵，致使鱼苗老嫩混杂；或因停电、停水等原因，造成各孵化器底部管道回流，各种鱼苗混杂在一起。

2. **"胡子"苗**　由于鱼苗已发育到合适的阶段未能销售，只能继续在孵化器或网箱内囤养，鱼体色素增加，体色变黑，体质差；或者水温低，胚胎发育慢，鱼苗在孵化器中的时间过长；鱼苗顶水时间长，消耗能量大，使壮苗变得瘦弱。

3. **"困花"苗**　鱼苗胸鳍出现，但鳔（俗称腰点）还尚未充气，不能上下自由游泳，此阶段的鱼苗称困花苗。困花苗在静水中大部分沉底，鱼体嫩弱，依靠卵黄囊为营养，不能吞食外界食物，运输时容易死亡。

4. **畸形苗**　由于受精卵质量或孵化环境的影响，造成鱼苗发育畸形（常见的有围心脏扩大、卵黄囊分段等）。畸形苗游泳不活泼，往往和孵化器中的污物混杂在一起，不易分离。畸形苗在鱼苗培育池中一般不能发育至夏花。

因此，在购买鱼苗时，必须了解每批鱼苗的产卵日期、孵化时间，并按上表的质量鉴别标准严格挑选，严禁购买劣质鱼苗，为提高鱼苗培育成活率创造良好条件。

第二节　鱼苗的培育

依据不同的养殖水体和养殖方法的要求，培育鱼苗可采用多种多样的方法。目前，典型的培育方法主要有三种：静水土池塘培育、室内外水泥池培育和网箱培育。一般来说，淡水鱼类的鱼苗培育多采用静水土池塘培育方法，大多数海水鱼类和部分淡水鱼类的鱼苗采用室内外水泥池和网箱培育方式。这里着重介绍前两种鱼苗培育方式。

一、静水土池塘鱼苗培育

（一）鱼苗池的选择

池塘条件的好坏直接影响鱼苗培育的效果。考虑鱼苗的生长、成活、管理等因素，鱼苗培育池通常应具备下列条件：

1. **靠近水源，水源充足，注、排水方便**　在鱼苗培育过程中，根据鱼苗的生长发育和水质变化等情况，需要经常加注新水，以逐步加深水位，调节池水肥度，改善水质理化状况，增加鱼的活动空间。这对促进天然饵料生物的繁殖，提高鱼苗的生长率和成活率有重要的作用。

2. **池形整齐，面积和水深适宜**　鱼苗池最好为长方形，长宽比以5∶3为宜，便于饲养管理和拉网等操作。面积一般为667～2 000m^2，池塘深度以1～1.2m较适宜。

3. **池堤坚固，土质好，不漏水**　鱼苗池以壤土或砂壤土为好，砂土和黏土均不适宜。砂砾质的池塘，池堤易坍塌和漏水、水质不肥，不利于鱼苗的生长。黏土虽不漏水，保肥力也强，但池水易混浊，对浮游生物的增殖和鱼苗的生长发育不利。

4. **池底平坦，淤泥适量**　池塘淤泥中含有较多的有机质和氮、磷等营养物质，池底保持

10~15cm 厚的淤泥层，有利于池塘保持肥度，同时降低耗氧和有害气体的产生。池中水草不宜过多，否则会影响浮游生物的繁殖。

5. 池塘避风向阳，光照充足 充分的光照，浮游植物的光合作用好，浮游生物繁殖快，池塘溶氧丰富，饵料条件充足，有利于鱼苗生长。

(二) 鱼苗池的清整

彻底清整池塘能为鱼苗创造良好的环境条件，是提高鱼苗的生长速度和成活率的重要措施之一。池塘经过一段时期的鱼类养殖，鱼类的残饵、粪便和其他动植物的尸体等沉积在池底，加上池堤受风浪冲击而倒塌，导致池塘淤泥过多，需要进行必要的清理和修整，俗称整塘和清塘。

所谓整塘，就是将池水排干，清除过多淤泥；将塘底推平，并将塘泥敷贴在池堤上，使其平滑贴实；填好漏洞和裂缝，清除池底和池边杂草；将多余的塘泥清上池堤，为青饲料的种植提供肥料。池塘清整前先将池水排干，一般在鱼苗下塘前一个月左右进行。如能在冬季排水，池底经较长时间的冰冻和日晒，可减少病虫害的发生，并使土质疏松，加速土壤中有机质的分解，能更好地起到改良底质和提高池塘肥力的效果。

所谓清塘，就是在池塘内施用药物杀灭影响鱼苗生存、生长的各种生物，以保障鱼苗不受敌害、病害的侵袭。清塘是利用药物杀灭池中危害鱼苗的各种凶猛鱼、野杂鱼和其他敌害生物，为鱼苗创造一个安全的环境条件。池塘经曝晒数日后，即可用药物清塘。清塘采用的药物和方法很多，生产中常用的清塘药物有以下几种：

1. 生石灰 生石灰遇水后产生强碱性的氢氧化钙（消石灰）并放出大量热能，氢氧根离子在短时间内能使池水的 pH 提高到 11 以上。消石灰能快速溶解细胞蛋白质膜，杀死野杂鱼和其他敌害生物，同时起到改良水质和底质的作用。生石灰清塘方法分干池清塘和带水清塘两种。生产上一般采用干池清塘，如果池塘排水或水源有困难可带水清塘。

干池清塘先将池水排至 5~10cm 深，然后在池底四周挖几个小坑，将生石灰倒入坑内，加水溶化成浆后向池中均匀泼洒。第二天再用长柄泥耙在塘底推耙一遍，使石灰浆与塘泥充分混合，以提高清塘的效果。干池清塘生石灰的用量为每 667m^2 60~120kg，如淤泥较多可酌量增加（10%左右）。

带水清塘是在不排水的情况下，将溶化的石灰水全池均匀泼洒。一般水深 1m 的池塘，用量为每 667m^2 125~400kg。生石灰清塘，一般经过 5~10d pH 才能稳定在 8.5 左右。试水后即可放苗。

2. 漂白粉 漂白粉一般含有效氯 30% 左右，经水解产生次氯酸和碱性氯化钙，次氯酸立刻释放出新生氧和活性氯，有强烈的杀菌和杀死敌害生物的作用。

使用方法是先计算池水体积，每立方米池水用 20g 漂白粉，即 20mg/L。将漂白粉加水溶解后，立即全池泼洒。漂白粉加水后易挥发、腐蚀性强，并能与金属起作用，因此操作人员应戴口罩，用非金属容器盛放，在上风处泼洒药液，并防止衣服沾染而被腐蚀。此外，漂白粉全池泼洒后，需用船或桨晃或划动池水，使药物迅速在水中均匀分布，以加强清塘效果。

漂白粉受潮、受阳光照射均会分解失效，故漂白粉必须盛放在密闭塑料袋内或陶器内，存放于冷暗干燥处，否则漂白粉潮解，其有效氯含量大大下降，影响清塘效果。目前生产上也有用漂粉精、三氯异氰尿酸、二氧化氯以及海因类等药物来代替漂白粉的趋势，用法与漂白粉相同，用量为保持消毒水体中有效氯的含量（0.6～1）×10^{-6}即可。含氯制剂清塘药性消失较快，3～5d后便可放养鱼苗，对急于使用的鱼池更为适宜。

3. **茶粕** 茶粕（茶饼）是山茶科植物油茶、茶梅或广宁茶的果实榨油后所剩余的渣滓。广东、广西、福建、湖南等地常用茶粕作为清塘药物。茶粕含有皂角糖苷（$C_{22}H_{54}O_{18}$）7%～8%，是一种溶血性毒素，可使动物血红素分解。

清塘方法：将茶粕捣碎，放在缸内或锅内用水浸泡，隔日取出，连渣带水均匀泼入池塘内即可，也可粉碎后直接撒入池中，以前一种方法效果较好。用浓度10mg/L皂角苷清塘能杀死野杂鱼、蛙卵、蛇、螺类、蚂蟥和一部分水生昆虫，毒杀力较生石灰、漂白粉稍差。茶粕对细菌没有杀灭作用，相反，能促进水中细菌和绿藻等的繁殖。虾蟹类对茶粕的耐受性比鱼类高400倍，因此杀灭虾蟹类时，其用量要高很多。

茶粕用量：每667m^2池塘平均水深15cm用10～12kg，水深1m用40～50kg。茶粕清塘5～7d后药性消失，即可放苗。

4. **鱼藤酮** 鱼藤酮是从豆科植物鱼藤及毛鱼藤的根部提取的物质，内含25%鱼藤酮，是一种黄色结晶体，能溶解于有机溶剂，对鱼类和水生昆虫有杀灭作用。

鱼藤酮清塘的有效浓度为2mg/L。1m深的池塘每667m^2需投鱼藤酮1.3kg左右，用法是将鱼藤酮加水10～15倍，装入喷雾器中遍池喷洒。鱼藤酮对浮游生物、致病细菌和寄生虫及其休眠孢子等无作用。鱼藤酮清塘毒性7d左右才能消失。

近年来，除了上述传统的清塘药物之外，全国各地已研制出了许多用量少、效果好、毒性消失快的清塘药物投入市场，有些效果较好，可以在生产中使用。

（三）静水土池鱼苗培育技术要点

鱼苗阶段对池塘环境条件要求较高，鱼苗放入池塘后能否很快获得适口和优质的天然饵料，提供鱼苗快速生长所需要的营养物质，对培育健壮、整齐和高质量鱼苗至关重要。因此，采用施肥肥塘、适时下塘、合理密养、精养细喂、分期注水和科学管理等一系列鱼苗培育技术，是保证鱼苗培育阶段的成活率，获得健康鱼苗的关键。

1. 合理施肥与适时下塘

（1）鱼池清塘后浮游生物的演替规律　经过多年的鱼类养殖后，池塘淤泥中储存大量的浮游生物的休眠卵，根据李永函（1985）测定，池塘每平方米有轮虫休眠卵100万～200万个，其中99%以上被埋在淤泥中，淤泥表面仅占0.6%。鱼苗池经过清塘注水后，生物群落经历的自然演替过程：首先出现的是那些个体小、繁殖速度快的硅藻和绿球藻类。此时，群落内部极不稳定，种群频繁更替。除各种小型藻类外，还间生着一些鞭毛藻类、浮游丝状藻类和浮游细菌。随后，原生动物和轮虫开始出现，它们以小型藻类和细菌为食，池塘中即有足够数量的原始生产者又有较多的消费者，生态系统中生境与群落间以及浮游生物群落内部趋于暂时的平衡。几天后一些滤食性的小型枝角类（裸腹溞）和大型枝角类（隆线溞等）先后出现。它们与轮虫处在同一营养生态位，但由于枝角类的滤食能力强，处于竞争劣势的轮虫种群数量下降，枝角类居优势地位。枝角类种群密度的增大，代谢产物积累使本身生活条件恶化（食物缺乏和溶氧不足），加上捕食性桡足类如剑水蚤的繁衍和摄食，枝角类的数量逐渐下降。最后，由各类浮游植物和桡足类组成比较稳定的浮游生物新群落。在水温 20~25℃时，完成这一过程需 10~15d（表 5-14）。

表 5-14　生石灰清塘后浮游生物变化模式（未放养鱼苗）

（李永函，1985）

项　目	1~3d	4~7d	7~10d	10~15d	15d 后
pH	>11	>9~10	9 左右	<9	<9
浮游植物	开始出现	第一个高峰	被轮虫滤食，数量减少	被枝角类滤食，数量减少	第二个高峰
轮虫	零星出现	迅速繁殖	高峰期	显著减少	少
枝角类	无	无	零星出现	高峰期	显著减少
桡足类	无	少量无节幼体	较多无节幼体	较多无节幼体	较多成体

注：水温 20~25℃。

(2) 鱼苗适口饵料生物的培养与适时下塘　鱼苗从下塘到全长 30mm 的夏花，适口饵料生物的变化一般是：轮虫和卤虫无节幼虫—小型枝角类—大型枝角类—桡足类。使鱼苗正值池塘轮虫繁殖的高峰期下塘，不但刚下塘的鱼苗有充足的适口饵料，而且以后各个发育阶段也都有丰富的适口饵料。从生物学角度看，鱼苗下塘时间应选择在清塘后 7~10d，此时池塘正值轮虫高峰期。但是，仅仅依靠池塘天然生产力培养的轮虫的数量并不多，每升仅 250~1 000个，在鱼苗下塘后 2~3d 内就会被鱼苗吃完。故在生产上采用先清塘，然后根据鱼苗下塘时间施有机肥料，促使轮虫快速增殖的方法，保证鱼苗下塘时有充足的适口饵料。一般每 $667m^2$ 用腐熟发酵的粪肥 150~300kg，在鱼苗下塘前 5~7d（依水温而定）全池泼洒；或每 $667m^2$ 投放 200~400kg 绿肥堆肥或沤肥，在鱼苗下塘前 10~14d，将绿肥堆放在池塘四角，浸没于水中以促使其腐烂，并经常翻动。施有机肥料后，轮虫高峰期的生物量比天然生产力高 4~10 倍，每升达 8 000~10 000个以上，鱼苗下塘后轮虫高峰期可维持 5~7d。轮虫的繁殖达到高峰期后，视水质肥瘦，每天每 $667m^2$ 池塘施入经发酵消毒后的粪肥 50kg 或每 3~5d 施入无机肥 7~8kg 作为追肥，尽可能维持轮虫高峰。

要做到鱼苗在轮虫高峰期适时下塘，关键是确定合理的施肥时间。如施肥过晚，池水轮虫的数量尚少，鱼苗下塘后因缺乏大量适口饵料，必然生长不好；如施肥过早，轮虫高峰期已过，大型枝角类大量出现，鱼苗非但不能摄食，反而出现枝角类与鱼苗争溶氧、空间和饵料，鱼苗因缺乏适口饵料而大大影响其成活率。为确保施入有机肥料后，轮虫能大量繁殖，在生产中往往先泼洒 0.2~0.5mg/L 的晶体敌百虫杀灭大型浮游动物，然后再施有机肥料。如鱼苗未能按期到达，应在鱼苗下塘前 2~3d 再用 0.2~0.5mg/L 的晶体敌百虫全池泼洒 1 次，并适量增施一些有机肥料。

在盐度较高的海水和半咸水池塘中，大型桡足类是浮游动物优势种，其无节幼体也是仔鱼适宜的开口饵料。当池塘中轮虫等浮游动物的数量不足时，可从较适合的自然生境中收集优质的浮游动物或其休眠卵，采用人工接种的方法定向培养优质天然饵料来解决鱼苗下塘的饵料问题。

鱼苗适时下塘除了饵料条件要合适外，鱼苗本身生物学特性也是需要考虑的问题。研究表明，鲤、鲢、鳙、草鱼苗的适宜下塘时间在腰点出现期后 12~24h，此时的鱼苗已孵出 4~5d，鱼鳔充气，能平游，处于混合营养阶段，需要开口摄食外界食物。过早下塘，鱼苗活动能力弱，易沉入水底而死亡；过晚下塘，卵黄囊已完全吸收，鱼苗因无法获得足够的开口饵料导致营养缺乏，影响鱼苗培育的成活率。必须强调指出，鱼苗下塘安全水温不能低于13.5℃，鱼苗下塘时鱼苗池水温在18～23℃比较合适。水温过低，轮虫等浮游动物的增殖太慢，肥水困难，对鱼苗的摄食和生长也不利。

2. 鱼苗放养

（1）鱼苗暂养 采用塑料袋充氧密闭运输的鱼苗，鱼体内往往含有较多的二氧化碳，特别是经过长途运输的鱼苗，血液中二氧化碳浓度很高，可使鱼苗处于麻醉甚至昏迷状态（肉眼观察，可见袋内鱼苗大多沉底打团）。如将这种鱼苗直接下塘，成活率极低。因此，经长距离运输的鱼苗，必须先放在鱼苗箱中暂养。暂养前，先将鱼苗袋浸入池内，待鱼苗袋内外水温接近相同（一般需15～30min）后，开袋将鱼苗缓慢放入池内的暂养箱中。暂养时，应经常在箱外划动池水或采用淋水方法增加箱内水的溶氧。一般经过0.5～1.0h的暂养，鱼苗血液中过多的二氧化碳均已排出，鱼苗集群在网箱内逆水游泳，此时可以开始放养。

（2）饱食下塘 鱼苗下塘前应投喂蛋黄，使鱼苗饱食后下塘，其目的是加强鱼苗下塘后的觅食能力和提高鱼苗对新环境的适应能力。据测定，饱食下塘的草鱼苗与空腹下塘的草鱼苗忍耐饥饿的能力差异很大。同样是孵出5d的鱼苗（5日龄苗），空腹下塘的鱼苗至13日龄全部死亡，而饱食下塘鱼苗此时仅死亡2.1%（表5-15）。

表5-15 饱食下塘鱼苗与空腹下塘鱼苗耐饥饿能力测定（水温23℃）

（王武，2000）

草鱼苗处理	仔鱼尾数	各日龄仔鱼的累计死亡率（%）									
		5	6	7	8	9	10	11	12	13	14
投喂蛋黄	143	0	0	0	0	0	0	0.7	0.7	2.1	4.2
不投蛋黄	165	0	0.6	1.8	3.6	3.6	6.7	11.5	46.7	100	—

（3）放养密度 鱼苗池放养的密度对鱼苗的生长速度和成活率有很大的影响。一般来讲，在合理的放养密度下，鱼苗的生长率和成活率都较高；密度过大则鱼苗生长缓慢，成活率也低；密度过小，虽然鱼苗生长快，成活率高，但是浪费水面，肥料和饵料的利用率低，使成本增高。确定鱼苗的合理放养密度主要依据池塘条件、鱼苗的种类与体质、鱼苗培育方法以及管理水平等情况灵活掌握。鱼苗体质好，水源方便，肥料和饵料充足，鱼池条件好，饲养技术水平高，放养密度可适当大一些，反之，放养密度应小些。

目前，鱼苗培育一般采取单养，大多数鱼类鱼苗适宜的放养密度一般为每667m²放养10万～15万尾。草鱼、青鱼、鲤的放养密度应较鲢、鳙、鲫、鳊、鲂等的密度稍小些，因为在鱼苗培育的中、后期，草鱼、青鱼和鲤转向吃较大型的浮游动物和底栖动物，而鱼苗池中这些生物的繁殖能力相对较弱，如密度较大，天然饵料不足，会影响生长。鲮鱼苗生长速度较慢，放养密度一般较高，每667m²放养40万尾左右。鳜、鲈、鲷、鲇、石斑鱼、鳗鲡等在合理密养情况下，应注意适时过筛，大小分养。

近年来，北方地区为了提早将鱼苗培育成夏花，当年养大规格鱼种或食用鱼，鱼苗放养的密度小些，每667m²放养5万～8万尾。长江中下游地区在掌握好鱼苗的适时下塘时，鱼苗放养密度较一般鱼苗池的密度大,一般每 667m² 放养"四大家鱼"鱼苗 15 万～25 万尾,当鱼苗长到全长 18～20mm(乌仔头)时拉网分塘,降低密度,再育成较大规格的夏花。这样,鱼苗生长快、成活率高,提高了鱼苗培育的生产效率。

(4)鱼苗放养应注意的事项　鱼苗放养前必须检查鱼苗培育池中是否有敌害生物,如蛙卵、蝌蚪、有害昆虫、野杂鱼等,一般采用密网眼拉一两遍加以清除。鱼苗原来所处容器的水温与培育池水温差值不得超过±5℃。温差过大,必须缓慢调节盛装鱼苗容器的水温,使之接近于池水温度。必须待清塘药物的药效消失后方可放养鱼苗。一般来说,清塘后 7d 左右药效基本消失。为保证安全,最好取一些池水,先放入少量鱼苗,经过 7～8h 的"试水"后,发现鱼苗活动正常,再放养鱼苗。同一池塘应放同批鱼苗,不同批的鱼苗个体大小和体质差异过大,游泳和摄食能力不同,影响鱼苗培育的成活率,规格也不整齐。放养鱼苗最好选择在晴天无风的上午进行。有风天应在鱼池的上风处放鱼苗,若在下风处放,鱼苗易被风吹到池边致死。

3. 鱼苗饲养方法　我国各地区培育鱼苗的自然条件和历史不同,饲养方法也不尽相同。下面介绍几种有代表性的鱼苗饲养方法。

(1)有机肥料饲养法　主要通过向池塘施入有机肥培养轮虫和枝角类等浮游动物为主,适当补充投喂人工饲料的鱼苗培育方法。施肥方式有粪肥、绿肥(大草)和粪肥与绿肥混合施用三种方法。

施粪肥培育鲤科鱼类鱼苗在长江流域比较常见。粪肥一般使用猪、马、牛粪尿和人粪尿较多。将粪肥预先与少量石灰混合后密封,经过充分发酵腐熟。在鱼苗下塘前 8～10d 每 667m² 先施基肥 300～400kg 肥水。鱼苗下塘后一般每天施追肥一次,每 667m² 施入 50kg 左右,将粪肥加水稀释后向全池均匀泼洒。施肥量和间隔时间必须视水色、溶氧量和天气等情况灵活掌握。培育鲢、鳙的鱼苗池,水色以褐绿或油绿色为好,草鱼池应呈茶褐色,肥而带爽,施肥量较鲢、鳙鱼池少,阴雨天或天气突然变化不施肥,施粪肥应掌握少施勤施的原则。

大草施肥是两广地区(广东、广西)培育淡水鱼苗的主要方法。所谓"大草",原来指一些无毒、茎叶鲜嫩的菊科和豆科植物,现在泛指绿肥。大草施肥的方法是在池边浅水处堆放大草,以 150kg 左右为一堆。晴日 2～3d 后,草料腐烂分解,水色渐呈褐绿色;每隔 1～2d 翻动一次草堆,促使养分向池中扩散,7～10d 后将不易腐烂的残渣捞出。培育鲢、鳙鱼苗的池塘,水质要求较肥,施用大草的数量较多些,一般每 3～4d 每 667m² 施 200～250kg。培育草鱼苗的池塘,水质要求稍淡,投草量可少些,鱼苗下塘后每 3d 每 667m² 施 150～200kg。如大草不足或饵料生物缺乏,鱼苗生长缓慢时,每天每 667m² 投喂米糠或豆饼糊等精料 1.5～2.5kg。也可以用鲜嫩的水草(如凤眼莲、水浮莲等)打成草浆投喂,每天每 667m² 施 50～70kg。池塘投放大草后有机物耗氧量增高,池水的溶氧量迅速下降。所以在追肥时必须采取少量多次、均匀投放的方法。

混合堆肥的施用是在池塘边挖好肥料发酵坑,要求不渗漏。将青草和粪肥按 2∶1 或 1∶1 的比例层层相间放入坑内,用占肥料总量 1% 的生石灰,加水成石灰乳,泼洒在每层青草上(其作用为促进青草发酵腐熟)。肥料堆好后,加水至全部肥料浸没水中,然后用塑料布或用泥土封闭,让其腐烂分解,待腐熟后即可使用。堆肥发酵的时间随气温而不同,20～30℃时 10～20d 即可使用。在使用过程中,开坑时间不能过久,否则氮肥会挥发损失,影响肥效。如天然饵料不足,可适量投喂人工饲料。

(2) **豆浆饲养法** 采用黄豆或豆饼磨成豆浆泼入池中饲养鲤科鱼类鱼苗的方法，江浙一带比较常见。豆浆泼入池塘一部分直接被鱼苗摄食，而大部分则起肥料的作用。所以，目前一般都改为豆浆和有机肥料相结合的培育方法。

大豆磨浆前须先加水浸泡5~7h，至两片子叶间微凹时，出浆率最高，使用豆饼也要完全泡开。一般每3kg大豆可磨成50kg豆浆。豆浆磨好后滤出豆渣，立即投喂，若停留时间过久会产生沉淀。

鱼苗下塘1~5d主要以轮虫为食，为维持池内轮虫数量，鱼苗下塘当天开始泼洒豆浆，每天上午、中午、下午各泼洒一次，每次每667m²池塘泼洒15~17kg豆浆（约需1kg干黄豆），全池泼洒，以延长豆浆颗粒在水中的悬浮时间。

鱼苗下塘后第6~10天，鱼苗主要以小型枝角类等为食。每天需泼洒豆浆2次（上午8:00~9:00，下午1:00~2:00），每次每667m²豆浆数量可增加到30~40kg。在此期间，选择晴天上午追施一次腐熟粪肥，每667m²施100~150kg，全池泼洒，以培养大型浮游动物。

鱼苗下塘后的11~15d，水中大型浮游动物已剩下不多，不能满足鱼苗生长需要，鱼苗的食性已发生明显转化，开始在池边浅水处寻食。此时，应改投豆饼糊或磨细的酒糟等精饲料，每天每667m²用干豆饼1.5~2.0kg。投喂时，应将精料堆放在离水面20~30cm的浅滩处供鱼苗摄食。如果此阶段缺乏饵料，成群鱼苗会集中到池边寻食。时间一长，鱼苗则围绕池边成群狂游，驱赶也不散，呈跑马状，故称"跑马病"。因此，这一阶段必须投以数量充足的精饲料，以满足鱼苗生长需要。

鱼苗下塘16~20d，已达到夏花规格，此时豆饼糊的数量需进一步增加，每天每667m²需要投喂干豆饼2.5~3.0kg。草鱼、团头鲂鱼苗池每天每万尾夏花还需投喂芜萍10~15kg。用上述饲养方法，每养成1万尾夏花鱼种通常需黄豆3~6kg，豆饼2.5~3.0kg。

(3) **肉食性鱼类鱼苗的培育** 鲈、真鲷和石斑鱼等肉食性鱼类鱼苗下塘初期主要以贝类幼虫、轮虫、小型枝角类、沙蚕幼体等浮游动物为食。因此，鱼苗下塘前，先施肥并进行绿藻和轮虫的接种，进行轮虫强化培育使其密度达到8个/mL以上。鱼苗下塘后5~6d，开始每天投喂贝类肉浆2~3次，之后逐渐增加。鱼苗下塘16~20d，每天投喂冰冻或新鲜杂鱼虾肉糜3~4次，饵料选择新鲜的杂鱼为佳，投喂前先用淡水冲洗干净，再绞成肉糜，日投喂量为体重的10%~15%。随着鱼苗的生长，鱼苗体长达到12mm以上，饵料逐渐由鱼糜转为稚鱼微粒饲料，投喂量为鱼体重3%~8%，鱼苗的成活率可达8%~15%（表5-16）。

表5-16 紫红笛鲷土池培育鱼苗情况

（陈有铭，2001）

土池面积（667m²）	22	50	15
每667m²放苗数（万尾）	10.5	6.0	12.0
放苗规格（mm）	2.8~3.2	2.8~3.2	2.8~3.2
出池规格（mm）	30~40	25~32	28~35
出池数量（万尾）	30	25	18
成活率（%）	13.0	8.3	10.0

鳜鱼苗摄食的最主要特点是专食活鱼苗。鳜鱼苗开口摄食的头1~3d，应投喂未平游的鱼

苗，投喂量为鳜鱼苗密度的4～5倍，以保证饵料的易得性。开口摄食几天后每天投喂的饵料鱼按日粮来确定（表5-17），以第二次投喂时略有剩余为宜。

表5-17 鳜鱼苗的饵料鱼规格与日粮

（陈瑞明，1999）

鳜鱼苗规格（cm）	饵料鱼规格（cm）	日粮（尾）
0.5～1.0	0.4～0.6	2～5
1.0～1.7	0.7～1.0	8～12
1.7～3.4	1.0～1.2	5～8
3.4～6.6	1.6～2.1	5～8
6.6～10.0	3.4～6.7	4～6

4. 分期注水 鱼苗培育过程中分期向鱼池注水是提高鱼苗生长率和成活率的有效措施。鱼苗下池时池塘水深为50～60cm，以后每隔3～5d注水一次，每次注水15～20cm，培育期间共加水3～4次，最后加至最高水位。注水时必须在注水口用密网拦阻，以防止野杂鱼和其他敌害随水进入池中，同时不让水流冲起池底淤泥搅混池水。分期注水的优点：

(1) 水温提高快，促进鱼苗生长 鱼苗下塘时保持浅水，水温提高快，可加速有机肥料的分解，有利于天然饵料生物的繁殖和鱼苗的生长。

(2) 节约饵料和肥料 水浅池水体积小，豆浆和其他肥料的投放量相应减少，可以节约饵料和肥料的用量。

(3) 有效控制池塘的水质 根据鱼苗的生长和池塘水质情况，适当添加一些新水，提高水位和水的透明度，增加水中溶氧量，改善水质和增大鱼的活动空间，促进浮游生物的繁殖和鱼体生长。

5. 日常管理 鱼苗池的日常管理工作必须建立严格的岗位责任制。鱼苗培育期间的重要管理工作是巡塘。通过巡塘来观察水色变化和鱼苗的动态（浮头情况等），决定施肥、投饵的数量以及是否要加水、用药等。巡塘要做到"三查"和"三勤"，即查鱼苗是否浮头，查鱼苗活动，查鱼苗池水质、投饵情况等；做到勤除敌害、勤清杂草、勤做日常管理记录。此外还应经常检查有无鱼病，及时进行病害防治。

6. 夏花鱼苗的拉网锻炼 鱼苗经过16～20d的培育，长到2.5～3.0cm，此时鱼苗的体重增加了几十倍，要求更大的活动空间，必须进行分塘。但是，时值夏日，水温高，鱼苗新陈代谢强，而鱼苗体质嫩弱，对缺氧等不良环境适应力差。因此，在鱼苗出售或分池前，必须进行拉网锻炼。夏花鱼种拉网锻炼的工具主要有夏花被条网、谷池、鱼筛等（图5-6）。

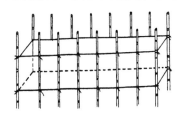 

图5-6 谷池（左）、鱼筛（右）示意图

（王武，2000）

（1）拉网锻炼的主要作用　鱼苗经过密集的拉网锻炼后，组织中的水分含量降低，肌肉变得较结实，体质较健壮，经得起分池操作和运输中的颠簸；促使鱼体分泌大量黏液和排出肠道内的粪便，大大减少运输中黏液和粪便的排出量，有利于保持运输水质，提高运输成活率；淘汰劣质的鱼苗，清杂除野，保证夏花的质量；同时，还可粗略估计鱼苗培育的成活率，合理安排鱼种生产。

（2）鱼苗拉网锻炼的方法（图5-7）　夏花鱼种出售或分池前必须进行2~3次拉网锻炼。具体操作是，选择晴天，在上午9:00左右拉网。第一次拉网，鱼苗十分嫩弱，只需将夏花鱼种集中在谷池中10~20min，检查鱼的体质后，随即放回池内。此时操作必须特别小心，拉网的速度宜慢不宜快，在收网时，要防止鱼苗贴网。隔一天进行第二次拉网，将鱼苗集中在谷池后将鱼群逐渐赶集于谷池的一端，清除另一端网箱底部的粪便和污物，不让黏液和污物堵塞网孔。然后放入鱼筛，将蝌蚪、野杂鱼等筛出。经这样操作后，可保持谷池内水质清新，箱内外水流通畅，溶氧较高。第二次拉网应尽可能将池内鱼苗捕尽。一般来说，经过第二次拉网后夏花就可以分池或销售了。如果鱼苗体质差或要经长途运输，第二次拉网后再隔一天，进行第三次拉网锻炼，操作同第二次拉网。第三次拉网后，将鱼种放入水质清新的池塘网箱中，经一夜"吊养"后方可装运。吊养时，夜间需有人看管，以防止发生缺氧死鱼事故。拉网锻炼的鱼网应采用网眼较密的尼龙网，以防伤鱼。

图5-7　鱼苗拉网锻炼操作示意图
（雷慧僧，1982）

（3）夏花鱼种的计数　通常采用杯量法，量杯选用250mL的直筒杯，杯为锡、铝或塑料制成，杯底留有若干个小孔。计数时，用夏花捞海捞取夏花鱼种迅速装满量杯，立即倒入空网箱内。任意抽查一杯计算夏花鱼种数量，根据倒入鱼池的总杯数和每杯鱼种数推算出全部夏花鱼种的总数。

7. 夏花质量的鉴定　夏花鱼种质量优劣可根据出塘规格大小、体色、鱼类活动情况以及体质强弱等来判别（表5-18）。

表5-18　夏花鱼种质量优劣鉴别

（王武，2000）

鉴别方法	优质夏花	劣质夏花
看出塘规格	同种鱼苗的出塘规格整齐	同种鱼苗的出塘规格大小不一
看体色	体色鲜艳，有光泽	体色暗淡无光，变黑或变白
看活动情况	行动活泼，集群游动，受惊后迅速潜入水底，不常在水面停留，抢食能力强	行动迟缓，不集群，在水面漫游，抢食能力弱
抽样检查	鱼在白瓷盆中狂跳。身体肥壮，头小，背厚。鳞鳍完整，无异常现象	鱼在白瓷盆中很少跳动。身体瘦弱，背薄，俗语称"瘪子"。鳞鳍残缺，有充血现象或异物附着

具体鉴别指标如下:

优良夏花:规格大且整齐,头小背厚,体色光亮,肌肉润泽,无寄生虫;行动活泼,集群游泳,受惊时迅速成群潜入水底,抢食能力强;容器中喜欢在水下活动,并逆水游泳;鳞片和鳍条不带泥。

劣等夏花:规格小且不整齐,头大背狭尾柄细,体色暗淡,鳞片残缺;行动缓慢,分散游动,受惊时反应不敏捷;在容器中逆水不前;鳞片和鳍条拖泥。

二、室内水泥池鱼苗培育

(一) 鱼苗场的基本设施

鱼苗场场址的选择应根据当地水产养殖发展的总体规划要求,因地制宜,综合分析,从技术、经济上进行可行性研究后确定。养殖场的水质要求无污染,盐度合适,混浊度小,水质清新,溶氧和饵料生物丰富。场址交通方便,有可靠的水源和电力,背风向阳,水泵提水点风浪较小。地形最好有一定落差,便于自流供水。鱼苗场的主要建筑物有育苗车间、饵料车间、沉淀池、砂滤池、锅炉室、风机室、变配电室、水泵室、库房和办公楼等。

1. **育苗车间** 育苗车间的大小一般按育苗有效水体总容积来计算。屋顶采用拱形或三角形居多,跨度可依生产规模设计,一般长30~50m,宽9~18m。育苗车间的屋顶一般用遮光率较高的深色玻璃钢瓦或石棉瓦覆盖,室内有遮光帘,以调节光照强度,墙壁为砖石结构(图5-8)。

鱼苗培育池的面积一般为10~50m²,圆形或方形切角为好,多为水泥池。池底略向中央倾斜,排水口在池底中央,有排水管通向排水沟。进水管与池壁呈一定斜角,以利形成水流将污物

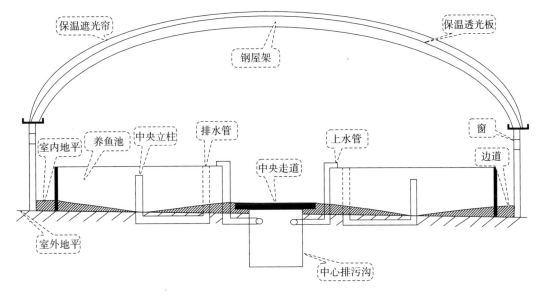

图5-8 室内鱼苗培育车间剖面图
(雷霁霖,2001)

集中于中央排水口。池深 1.00~1.50m，排水沟底部至少低于池底 30~40cm，在排水沟旁设有集苗池（槽）。培育全长 3cm 的鱼苗 100 万尾，需要 300~400m² 鱼苗培育池（图 5-9）。

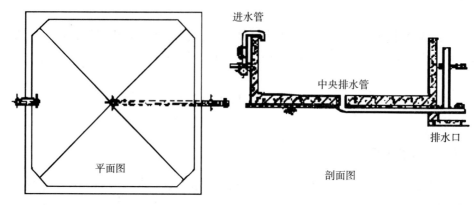

图 5-9　方形切角鱼苗培育池示意图
(麦贤杰，2005)

2. 生物饵料培养车间　饵料培养车间的水体面积设计为育苗水体面积的 2 倍。分藻类培养室和动物（轮虫）饵料培养室两种。藻类培养室要求光照强，晴天达到 10 000 lx。因此，屋顶要用透光率在 95% 以上的玻璃或玻璃钢瓦覆顶，四壁有宽大明亮的窗户，并配有光源。藻类一级培养池和二级培养池可用玻璃钢水槽、聚碳酸酯水槽或水泥池，面积 1.5~2.0m²，水深 0.5m 左右。三级培养用水泥池，面积 10~15m²，水深 1.0~1.5m。动物性饵料培养室可用石棉瓦或透光性稍差的玻璃瓦，轮虫培养池面积 1.0~50m² 不等，水深 1.0~2.0m。培育全长 3cm 的鱼苗 100 万尾，需要配套面积 450~600m² 藻类培养池和面积 150~200m² 动物（轮虫）饵料培养池。

3. 水质调控设施　鱼类育苗场的水质调控设施包括提水设施、蓄水池、沉淀池、过滤池等（图 5-10）。通常在潮间带修建潮差蓄水池，水源应用二级砂滤的洁净海水，最好经过紫外线消毒和增氧处理。利用水闸进行纳水或在陆地修建高位池，利用水泵提水后沉淀；蓄水池水经充分沉淀后，泵入砂滤池过滤，再经预温池调温后进入育苗池。鱼苗场提水多采用离心泵。水泵的设计流量以满足日最高用水量为依据。一般来说，培育全长 3cm 的鱼苗 100 万尾，最大用水量约为 200m³/h。水泵的吸水高度除几何高度之外，还应考虑吸水管的水头损失。因此水泵总扬程应包括吸水几何高度、输水几何高度、吸水管和输水管的总水头损失（沿程和局部损失）。具体水处理方法见第二章。

4. 水质分析和生物检测室　鱼苗培育场应配有水质分析和生物检测实验室，并配备必要的水质分析（盐度、pH、溶氧、氨氮、硫化物等）和生物检测设备（显微镜、解剖镜等）。

5. 充气与控温设施　在鱼苗培育过程中，充气能增加水中的溶解氧量，满足仔、稚鱼的呼吸需要，增强水质的自净作用能力。充气还可使水中的饵料均匀分布，增加鱼苗的摄食机会，防止鱼苗因趋光造成局部密集而窒息。通常采用罗茨鼓风机充气。目前鱼类育苗室主要用燃煤锅炉加热器。详见第四章。

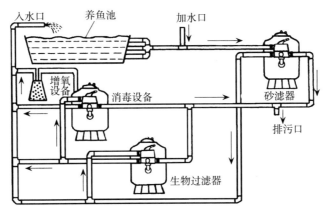

图 5-10 室内水泥池育苗的水处理系统
(雷霁霖,1999)

(二) 室内水泥池鱼苗培育技术要点

室内水泥池培育鱼苗的生产工艺流程见图 5-11。

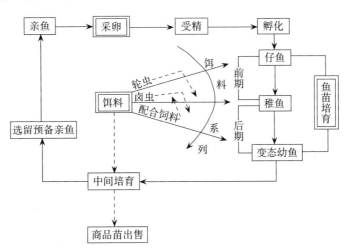

图 5-11 海水鱼类室内水泥池鱼苗培育的生产工艺
(雷霁霖,1999)

1. 放养密度 室内水泥池鱼苗培育放养密度与鱼的种类、摄食习性、饵料保证、出塘规格及培育技术等多种因素有关。一般来讲,同种鱼苗,饲养期短、出塘规格要求大,放养密度低,反之则高;相近条件下,培育技术实施合理,放养密度可适当增加,反之则低;肉食性鱼类相互残杀能力强,在鱼苗培育过程中,会出现鱼苗规格参差不齐,因此,应增加稀疏次数,以提高成活率。多数海水养殖鱼类鱼苗培育前期的放养密度在 2 万~5 万尾/m³。随着个体增长,10~15d 的仔鱼苗的密度 1 万~2 万尾/m³。到了稚鱼期,应经常分池,培育密度控制在 2 000~3 000 尾/m³。鱼苗经 30~40d 饲养,鱼苗全长可达 30~40mm,培育密度控制在 500 尾/m³ 左右。采用此种鱼苗培育方法，成活率可以保证在60%以上（表5-19）。

表5-19 室内水泥池鱼苗培育的放养密度（万尾/m³）

（王吉桥，2000）

鱼类	培育方式	初次放养	10d后	20d后	30d后
牙鲆	疏苗培育	7～10	5～6	3～4	1～1.5
	连续培育	1.5～2			
赤点石斑鱼	疏苗培育	2～3	0.5～1	0.1	0.05
眼斑拟石首鱼	疏苗培育	1～2	1～0.5	0.05	0.01
真鲷	疏苗培育	3～5	1～2	0.3～0.5	0.1～0.2
	连续培育	1～2			
黑鲷	疏苗培育	2～3	1～2	0.8～1	0.5～0.8
鲻、梭鱼	连续培育	2～4			
红鳍东方鲀	疏苗培育	3～4	1～2	0.8～1	0.3～0.5
花鲈	连续培育	1～3			

鱼苗培育后期的密度要根据水质、流水量、饵料种类、设施等综合考虑。牙鲆鱼苗培育后期经过变态过程，稚鱼已营底栖生活，池底面积对放养密度的影响比深度更大，因此，应依池底的面积计算鱼种的放养密度。

2. 饲养管理 饲养管理的主要技术环节包括水质调控、饵料投喂、鱼苗分养等。

（1）水质管理 刚放入初孵仔鱼时，水位只加到鱼苗池水深的2/3，开始投喂前3～5d内，一般采用静水培育。以后将池水逐步加深，然后开始微流水或换水。

在正常放养密度下，日换（流）水量由1/4逐步增大，培育的后期控制日换（流）水量100%～200%。如果投喂微粒配合饲料或活饵料，换（流）水量达到培育水体的200%～300%即可；若投喂鱼虾肉糜时，日换（流）水量应达到培育水体的400%～500%（表5-20）。换水的方法是：有排水网罩的水池，可在排水口排水；不能安装排水网罩的水池，可用网箱虹吸排换水。无论采用哪种方法，都要注意排水网罩或换水网箱的网目大小及换、排水的流速。例如，3～5日龄的牙鲆用80目网，6日龄后换成60目，以后随鱼的生长，改为40目、20目。排水流速宜慢不宜快，尤其是3～10日龄的仔鱼，容易贴网死亡，更应注意进排水的速度。

表5-20 室内水泥池鱼苗培育密度与水交换量的关系

（梁程超，2003）

全长（mm）	放养密度（万尾/m²）	水交换量（循环次数/d）
13～15	1～3	1～3
16～20	0.7～1	2～4
21～30	0.5～0.6	4～8
31～50	0.2～0.3	6～15

在仔鱼培育的第3～18天，为了改善水质和为轮虫提供饵料，应向鱼苗池中添加小球藻。根据换水情况，在每次换水后及时补充小球藻，使其细胞密度保持在50万～60万/mL。添加小球藻的主要作用：①降低透明度，使仔鱼在池中均匀分布，避免鱼苗过度集群造成局部缺氧；②为

轮虫提供基础饵料,保证轮虫的营养;③小球藻可以吸收水体中的氨氮,起到净化池水的作用。

室内水泥池应保证连续充气状态,使池水溶解氧达到5mg/L以上。充气量要随着鱼苗的生长和游动能力的增强逐步增加。初孵仔鱼的充气量以水面呈微波状为宜,到稚、幼鱼时逐渐增加充气量使水面呈沸腾状。水温、盐度、溶氧和pH等应保持在适宜范围内。

高密度培育时,为有效控制水质,通过吸污的方法清除池底和水面的污物。一般鱼苗发育到10日龄后,每隔2～3d对池底清污一次。吸污的方法是:先停止进水和充气,在排水沟放一水槽,槽内放一小网箱,用虹吸法将池底污物吸到小网箱中。若吸出了健康鱼苗,可轻轻捞起放回原池。水面清污的方法是定向加水或使用气举泵,使池水回转,同时在水面安放水面集污器,将漂浮于水面的泡沫、油脂等污物集中于集污器内,然后定时捞出。

(2) 饵料与投喂 鱼苗培育期间应依据鱼苗的不同发育阶段所需的食物种类、摄食强度和食性转化投喂充足的适口饵料,以保证其正常发育和快速生长。仔稚鱼的饵料系列大致为轮虫—卤虫无节幼体—鱼、虾、贝肉糜。在投喂卤虫无节幼体和肉糜阶段,应该混合投喂桡足类或人工微型配合饲料。不同的鱼类仔鱼苗开口摄食的时间存在差异,一般是在混合营养阶段开始投喂,即开口摄食前1～2d,每天上午投喂一次轮虫,使水体中轮虫的密度保持在4～8个/mL。第二次投喂前水中轮虫密度仍然维持2～3个/mL;10日龄后日投喂轮虫两次,密度为10个/mL,并开始加喂卤虫无节幼体,密度为0.5～2个/mL,以第二天水中卤虫无节幼体很少剩余为宜,轮虫和卤虫混合投喂时,应先喂轮虫,半小时后再投喂卤虫无节幼体,以免仔鱼苗大量摄食无节幼体,造成鱼苗腹胀而死亡。当池中轮虫密度达20个/mL时,要增添小球藻,保持轮虫的基础饵料。鱼苗发育到16～25日龄后,采用轮虫、卤虫无节幼体与配合饲料或鱼虾肉糜结合投喂。25～30日龄后,以鱼虾肉糜或微型配合饲料为主,可以适当添加桡足类等活饵料,微型配合饲料的适口粒径为仔鱼口径的15%～30%。开始投喂配合饲料时要少量多次,一般开始时7～10次/d,经一周左右的驯食后,逐渐减少投喂次数。

目前,海水鱼类苗种培育广泛使用的微型配合饲料粒径有几种类型,分别在鱼苗发育的不同阶段使用:①<125μm(相当于牡蛎幼虫或S型轮虫的规格);②125～250μm(相当于轮虫大小);③250～400μm(相当于卤虫大小);④500～3 300μm等。

生物饵料的营养强化是满足海水鱼类仔稚鱼苗的营养需求和营养平衡,提高鱼苗培育的成活率,防止鱼苗生长发育和变态异常等营养疾病的重要措施。轮虫和卤虫无节幼体是喂养早期鱼苗的理想饵料,但是,因其自身所含的HUFA太少,长期投喂容易造成鱼苗大量死亡或增加畸形率。因此,用啤酒酵母饲喂的轮虫和卤虫无节幼体等活饵料须用小球藻和富含二十碳五烯酸(EPA)和二十二碳六烯酸(DHA)的乳化油进行强化。具体强化方法:轮虫密度3亿～10亿个/m³,加入2 000万/mL的小球藻,再按30mL/m³的比例加入乳化乌贼油,培育12h后,收集投喂鱼苗;卤虫无节幼体经彻底分离卵壳和死卵后,以消毒好的清洁海水洗净,密度3亿～5亿个/m³,再按50mL/m³的比例加入乳化乌贼油,培育6h后,收集投喂鱼苗。有条件的地方还可以同时添加适量的脂溶性维生素和卵磷脂进行强化,效果更佳。

(3) 分苗 肉食性鱼类一般都具有同类相残的习性,密度增大对鱼苗培育的成活率构成威胁,所以定期进行疏苗十分必要。在培育中要隔10～20d过筛或过网,目的是降低密度、大小分养。分苗前1～2d,先进行苗种抽样检查,计算出平均规格及其比例,估算存鱼量。可用不同网目的网具进行选分，捕大留小。也可以用瓢或桶舀取集群鱼苗或采用虹吸方法来降低鱼苗密度。由于鱼苗个体较小，体质弱，易贴网，所以，拉网速度要慢，分苗时操作要轻、快，鱼苗密集时间不宜过长。

第三节 鱼种的培育

鱼苗养成夏花后，由于鱼苗身体尚弱小，觅食的能力和逃避敌害侵袭的能力都还较弱，若直接向养成池塘、湖泊或水库放养，其成活率较低，并浪费水体。但是，夏花鱼种的食性、体型已经接近成鱼，而且体重增长了数十倍乃至百余倍，如果仍在原池继续培育，密度就会显得过大，影响鱼体的生长。因此，需要将夏花再经过一段时间较精细的饲养管理，养成规格较大和体质健壮的鱼种，才可供成鱼池塘、网箱、湖泊和水库等大水体放养。鱼种的培育是指将夏花鱼苗培育成一龄（当年）鱼种或二龄（老口）鱼种的过程。鱼种培育的目的是提高鱼种的成活率和培养大规格鱼种。生产上大规格鱼种有以下优点：

一是大规格鱼种生长快，可缩短养殖周期，加速资金周转。经过鱼种强化培育的一龄大规格鱼种当年或次年养成即可上市。小规格的鱼种在成鱼池中一般要三年才能达到上市规格。

二是节省池塘养殖水面，为扩大成鱼养殖面积创造条件。实践证明，小规格的鱼种如套养在成鱼池中，其成活率很低（通常仅20%~40%），只能采用二龄鱼种池进行专池培育。而规格大的鱼种可直接套养在成鱼池中培养二龄鱼种，增加池塘的利用效率。

三是鱼种成活率高，为鱼种自给提供了可靠的保障。大规格鱼种丰满度高，体内脂肪储存量多，其抗病力和抗寒力高，养殖和越冬过程中死亡率低。特别是北方地区，鱼类需经历150~190d的越冬期。养殖鱼类在越冬期内通常很少摄食，维持鱼体代谢的热能主要依靠体内储存的脂肪。个体小的鱼所储存的脂肪少，越冬期间就容易死亡。据研究，在东北地区，5~10g重的鲤越冬成活率仅38%，而50g以上的鲤种越冬成活率达94.2%。

大规格鱼种体质健壮，成活率高，生长快，为池塘养鱼大面积高产、优质、低耗、高效打下良好的基础。鱼种的培育方法有室外土池塘鱼种培育、室内水泥池鱼种中间培育和网箱鱼种中间培育等几种类型。近年来，各地在培养大规格鱼种方面取得了重大进展，建立了新的鱼种培育技术体系。

一、室外土池塘鱼种培育

室外土池塘鱼种培育是我国淡水鱼类大规格鱼种培育的主要方法，近年来，部分海水鱼类（如黑鲷、美国红鱼、大黄鱼等）苗种二级培育的后期也多采用这种方法，对获得优质健壮的苗种和提高苗种成活率起到了很好的作用。

（一）鱼种池条件

鱼种池的条件与鱼苗池相似，但面积和深度稍大一些，一般面积要求2 000~3 500m²，深度1.5~2.5m为宜。其整塘、清塘方法同鱼苗培育池。经过夏花培育阶段，尽管鱼种的食性已经分化，但对浮游动物均喜食。因此，鱼种池在夏花下塘前应施有机肥料以培养浮游生物，这是提高鱼种成活率的重要措施。一般每667m²施用200~400kg粪肥作为基肥。以鲢、鳙为主体鱼的池塘，基肥应适当多一些，鱼种控制在轮虫高峰期下塘；以青鱼、草鱼、团头鲂、鲤为主体鱼的池塘，应控制在小型枝角类高峰期下塘。此外，以草鱼、团头鲂为主体鱼的池塘还应在原池培养芜萍或小浮萍，作为鱼种的适口饵料。近年来，各地采用配合饲料进行鱼种培育的池塘，可以不施或少施有机肥料。

（二）夏花放养

1. 混养搭配 由于各种鱼类鱼种阶段的活动水层、食性、生活习性已有明显差异，因此可以将多种鱼进行适当的混养搭配，以充分利用池塘水体和天然饵料资源，发挥池塘的生产潜力。但是，鱼种培育阶段要求生产出规格整齐、体格健壮的鱼种，由于各种鱼类对所投喂的人工饲料均喜食，容易造成争食现象，难以掌握鱼种的出塘规格。所以，一般生产上选择一种主体鱼，另外选择几种在食性上矛盾不大的其他鱼种适当搭配，做到彼此互利，提高池塘利用率和鱼种成活率。

鱼种池混养搭配必须注意鲢与鳙，草鱼与青鱼、鲤，草鱼、鲢与鲮之间的关系。

如鲢与鳙，在放养密度大、以投饵为主的情况下，它们之间在摄食上就发生矛盾。鲢行动敏捷，争食力强，而鳙则行动迟缓，争食力弱。如果鲢、鳙混养，鳙因得不到充足的饵料而生长不良。因此，同一规格的鲢、鳙通常不混养。如要混养，只可在以鲢为主的池塘中搭配少量鳙（一般在20%以下），即使鳙少吃投喂的饲料，也可依靠池中的天然饵料维持正常生长。而在以鳙为主的池塘中，则不能混养同一规格的鲢，即使混养少量鲢，也因抢食凶猛，有可能对鳙生长带来不良影响。草鱼与青鱼、鲤的关系和鲢、鳙的关系相似。另外，利用同池主体鱼和配养鱼在规格上的差距来缩小或缓和各种鱼种之间的矛盾，大大增加了鱼种混养的种类和数量，充分发挥鱼种池中水、种、饵的生产潜力。主体鱼提前下塘，配养鱼推迟放养，人为地造成各类鱼种在规格上的差异，提高主体鱼对饵料的竞争能力，使主体鱼和配养鱼混养时，主体鱼具有明显的生长优势，保证主体鱼能达到较大规格。

目前，淡水鱼种培育生产上多采用草鱼、鲢、鲤（或鲫）混养或青鱼、鳙、鲫（或鲤）混养，效果较好（表5-21）。

表5-21 江浙渔区夏花放养数量与出塘规格

（王武，2000）

主体鱼			配养鱼			每667m²放养总数（尾）
种类	每667m²放养量（尾）	出塘规格	种类	每667m²放养量（尾）	出塘规格	
草鱼	2 000	50~100g	鲢	1 000	100~125g	3 000
			鲤	1 000	13~15cm	1 000
	5 000	13.3cm	鲢	2 000	50g	7 000
			鲤	1 000	12~13cm	1 000
	8 000	12~13cm	鲢	3 000	13~17cm	11 000
	10 000	10~12cm	鲢	5 000	12~13cm	15 000

(续)

主体鱼			配养鱼			每667m² 放养总数（尾）
种类	每667m² 放养量（尾）	出塘规格	种类	每667m² 放养量（尾）	出塘规格	
青鱼	3 000	50～100g	鳙	2 500	13～15cm	5 500
	6 000	13cm		800	125～150g	6 800
	10 000	10～12cm		4 000	12～13cm	14 000
鲢	5 000	13～15cm	草鱼	1 500	50～100g	6 500
			鳙	500	15～17cm	500
	10 000	12～13cm	团头鲂	2 000	10～13cm	12 000
	15 000	10～12cm	草鱼	5 000	13～15cm	20 000
鳙	5 000	13～15cm		2 000	50～100g	7 000
	8 000	12～13cm	草鱼	3 000	17cm 左右	11 000
	12 000	10～12cm		5 000	15cm 左右	17 000
鲤	5 000	12cm 以上	鳙	4 000	12～13cm	10 000
			草鱼	1 000	50g 左右	
团头鲂	5 000	12～13cm	鲢	4 000	13cm 以上	9 000
	10 000	10cm 左右	鳙	1 000	13～15cm	11 000

2. 放养密度 夏花放养的密度主要依据食用鱼水体所要求的鱼种放养规格而定。鱼种的出塘规格主要决定于主体鱼和配养鱼的放养密度，鱼的种类，池塘条件，饵料、肥料供应情况和饲养管理水平等。池塘条件好，饵料和肥料充足，养鱼技术水平高，配套设备较好，就可以增加放养量；反之则减少放养量（表 5-22）。

表 5-22 以夏花鲤为主体鱼放养与收获情况（北京郊区，单位：667m²）

（王武，2000）

鱼种	放 养			成活率（%）	收 获		
	规格（cm）	尾	重量（kg）		规格（g）	尾	重量（kg）
鲤	4.5	10 000	10.00	88.2	100	8 820	882
鲢	3.5	200	0.15	95.0	500	190	95
鳙	3.5	50	0.15	95.0	500	48	24
总计	—	10 250	10.30	—		9 058	1 001

注：投喂高质量的鲤颗粒饲料，饵料系数 1.3～1.5。

（三）鱼种饲养方法

鱼种饲养，依鱼的种类、放养密度和使用饲料、肥料的比例不同，有不同的饲养方法。目前主要有以下两种。

1. 以颗粒饵料为主的饲养方法 随着我国饲料工业以及鱼类营养学科的发展，以颗粒饵料为主的饲养鱼种方法已在全国逐步展开。现以鲤为例，介绍这种饲养方法。以夏花鲤为主体鱼，配养少量的鲢、鳙鱼种培养大规格鱼种的主要技术关键如下：

（1）饲料 鲤饲料的粗蛋白质含量要达到 35%～39%，并添加蛋氨酸、赖氨酸、无机盐、维生素合剂等,加工成颗粒饵料。除夏花下塘前施一些有机肥料作基肥外,一般不再施肥,不投粉状、糊状饲料。鱼种阶段必须依鱼种的规格大小选择合适的饵料粒径。粒径为 1.0~5.0mm 的硬颗粒饲料,可以作为鲤一龄鱼种培育不同阶段的选择(表 5-23)。

表 5-23 不同体长的鲤鱼种饲料颗粒大小

(史为良,1993)

体长 (cm)	3.29	4.75	6.09	7.53	8.79	10.33	13.01	16.0
饲料粒度 (mm)	1.0	1.4	1.8	2.2	2.6	3.0	3.7	4.5

(2)驯食 夏花下塘后能否引诱鱼种上浮集中吃食是颗粒饲料饲养鱼种的技术关键。驯食的方法是在池边上风向阳处,向池内搭一个跳板,作为固定的投饵点,夏花鲤下塘第二天开始投喂。每次投喂前在跳板上先敲铁桶,然后每隔 10s 撒一小把饵料。无论吃食与否,如此坚持数天,每天投喂 4 次,一般经过 7d 的驯食能使鱼种集中上浮吃食。为了节约颗粒饵料,驯化时也可以用米糠、次面粉等漂浮性饵料投喂。通过驯化,使鱼种形成上浮争食的条件反射,不仅能最大程度地减少颗粒饵料的散失,而且促使鱼种白天基本上在池水的上层活动,由于上层水温高,溶氧充足,能调动鱼种的食欲,提高饵料消化吸收能力,促进其生长。

(3)投饵量 投饵量通常用投喂饲料的重量占鱼体湿重(生物量)的百分数来表示,又称投饵率(feeding rate)。投饵量过低和过高对鱼种的生长发育均不利。投饵量过低,鱼种长期处在饥饿或半饥饿状态,生长缓慢;投饵量过大,饲料浪费多,而且影响水质。合适的投饵量是提高饲料利用率,降低养殖成本的关键。因此,应根据水温和鱼体重量,每隔 10d 检查鱼种的生长情况,然后计算出全池鱼种总重量,参照日投饵率就可以估算出该池当天的投饵数量,并及时调整投饵量(表 5-24)。

表 5-24 鲤鱼种的日投饵率 (%)

(王武,2000)

水温 (℃)	体重 (g)				
	1~5	5~10	10~30	30~50	50~100
15~20	4~7	3~6	2~4	2~3	1.5~2.5
20~25	6~8	5~7	4~6	3~5	2.5~4
25~30	8~10	7~9	6~8	5~7	4~5

(4)投饵次数 投饵次数取决于鱼种消化器官的发育特征和摄食习性以及气候和环境条件等。一般来说,夏花放养后,每天投饵 2~4 次,7 月中旬后每天增加到 4~5 次,投饵时间集中在上午 8:00 至下午 18:00。此时,水温和溶氧均高,鱼类摄食旺盛。每次投饵时间持续 20~30min,投饵频率不要太快。一般来说,当绝大部分鱼种吃饱游走,可以停止投饵。9 月下旬后投喂次数可减少,10 月份每天投 1~2 次。

(5)投饵方法 投饵坚持"四定"(即定时、定位、定质、定量)的原则,使其更加科学化、具体化,以提高投饵效果,降低饵料系数。

①定时。投饵必须定时进行,以养成鱼类按时吃食的习惯,提高饵料利用率;选择水温较适宜、溶氧较高的时间投饵,可以提高鱼的摄食量,有利于鱼类生长。对于胃不发达的鱼类,需要

不停地摄食，因此少量多次投饵符合它们的摄食习性。

②定位。投饵必须有固定的位置，使鱼类集中于一定的地点摄食。定点投喂不仅可以减少饵料浪费，而且也便于检查鱼的摄食情况，便于清除残饵和定期进行食场的消毒，保证鱼种的摄食卫生。在鱼病高发季节还便于对鱼种进行药物处理，防治鱼病。投喂青饲料可用竹竿搭成三角形或方形框架，将青饲料投在框内。投喂商品饵料可在水面以下 30～40cm 处，用芦席或木盘（带有边框）搭成面积 1～2m² 的食台，将饵料投在食台上让鱼类摄食。通常每 3 000～4 000 尾鱼种设食台一个。

③定质。饲料必须新鲜，不腐败变质。青饲料必须鲜嫩、无根无泥。配合饲料要求是营养丰富的全价饲料，具有诱食性，粒径大小合适，保证饵料的适口性。

④定量。投饵应掌握适当的数量，使鱼类吃食均匀，以提高鱼类对饵料的消化吸收率，减少疾病，利于生长。每日的投饵量应根据水温、天气、水质和鱼的吃食情况等灵活掌握。水温在 25～32℃ 的范围内，饵料可多投；水温过高或较低，则投饵量减少。晴天可多投饵，阴天，水中溶氧不同程度的降低，应减少投饵甚至暂停投饵。水质较瘦，水中有机物耗氧量小，可多投饵。水质过肥，有机物耗氧量大，应减少投饵量。及时检查鱼的吃食情况，是掌握下次投饵量的最重要方法。如投饵后鱼很快吃完，应适当增加投饵量；如较长时间吃不完，剩下饵料较多，则应减少投饵量。

2. 以施肥为主的饲养方法 该法以施肥为主，适当辅以精饲料。适用于以饲养鲢、鳙为主的池塘。施肥方法和数量应掌握少量勤施的原则。因夏花放养后正值天气转热的季节，施肥时应特别注意水质的变化，不可施肥过多，以免遇天气变化而发生鱼池严重缺氧，造成死鱼事故。施粪肥可每天或每 2～3d 全池泼洒一次，施肥量根据天气、水质等情况灵活掌握。通常每次每 667m² 施粪肥 100～200kg。养成一龄鱼种，每 667m² 共需粪肥 1 500～1 750kg。每万尾鱼种需用精饲料 75kg 左右。

（四）池塘管理

（1）每日早晨、中午和晚上分别巡塘一次，观察水色和鱼种的动态。早晨如鱼类浮头过久，应及时注水解救。下午检查鱼类吃食情况，以便确定次日的投饵量。

（2）经常清除池边杂草和池中杂物，清洗食台并进行食台、食场的消毒，以保持池塘卫生。

（3）适时注水，改善水质。通常每月注水 2～3 次。以草鱼为主体鱼的池塘更要勤注水。在饲养早期和后期每 3～5d 加水一次，每次加水 5～10cm；7～8 月份应每隔 2d 加水一次，每次加水 5～10cm。由于鱼池载鱼量高，故必须配备增氧机，每千瓦负荷不大于 667m²，并做到合理使用增氧机。

（4）定期检查鱼种生长情况。如发现生长缓慢，必须加强投饵。如个体生长不均匀，应及时拉网，进行分塘饲养。

（5）做好防洪、防逃和防治病害等工作。夏花鱼种出塘时，经过 2～3 次拉网锻炼，鱼种易擦伤，鱼体往往容易寄生车轮虫等寄生虫。故在鱼种下塘前，必须采用药物浸浴。通常将鱼种放在 20mg/L 的高锰酸钾溶液中浸浴 15～20min，以保证下塘鱼种具有良好的体质。在 7～9 月份的高温季节，每隔 20～30d 用 30mg/L 的生石灰水（盐碱地鱼池忌用）全池泼洒，以提高池水的

pH，改善水质，防止鱼类患烂鳃病。此外，在汛期、台风季节，必须及时加固加高池埂，保持排水沟、渠的通畅，做好防洪和防逃工作。

（6）做好日常管理的记录。鱼种池日常管理是经常性工作，为提高管理的科学性，必须做好放养、投饵施肥、加水、防病、收获等方面的记录和原始资料的分析、整理，并做到定期汇总和检查。

（五）并塘与越冬

秋末冬初，水温降至10℃以下，鱼种已停止摄食，即可开始拉网并塘，按鱼种的种类和规格进行分塘，作为商品鱼养殖之用或进入越冬池暂养，安全过冬。

1. 并塘目的

(1) 鱼种按不同种类和规格进行分类，计数囤养，利于运输和放养。

(2) 并塘后将鱼种囤养在较深的池塘中安全越冬，便于冬季管理。

(3) 并塘能全面了解当年鱼种生产情况，总结经验，提出下年度放养计划。

(4) 空出鱼种池进行整塘清塘，为翌年生产做好准备。

2. 并塘注意事项

(1) 并塘时应在水温5~10℃的晴天拉网捕鱼、分类归并。如果水温偏高，因鱼类活动能力强，耗氧大，操作过程中鱼体容易受伤；而水温过低，特别是严冬和雪天不能并塘，否则鱼体易冻伤，造成鳞片脱落，易生水霉病。

(2) 并塘前鱼种应停食3~5d。拉网、捕鱼、选鱼、运输等工作应小心细致，避免鱼体受伤。

(3) 选择背风向阳，面积1 500~2 000m^2，水深2m以上的鱼池作为越冬池。通常规格为10~13cm的鱼种，每667m^{2}可囤养5万~6万尾，如果鱼种的规格较大，囤养的密度相应要减小。

3. 越冬管理 越冬水质应保持一定的肥度，及时做好投饵、施肥工作。一般每周投饵1~2次，保证鱼种越冬的基本营养需求。长江以北，冬季冰封季节长，应采取增氧措施，防止鱼种缺氧。加注新水，防止渗漏，加注新水不仅可以增加溶氧，而且还可以提高水位，稳定水温，改善水质。此外，应加强越冬池的巡视。

二、室内水泥池鱼种培育

海水鱼类放入池塘或网箱中进行成鱼养殖，一般要求鱼种规格为8~16cm，有些鱼类的鱼种甚至要求达到50~100g/尾，这样可以保证养成过程的鱼种有较高成活率。因此，鱼种的室内水泥池中间培育过程显得尤为重要。

1. 鱼种池的条件 鱼种中间培育可以在原鱼苗池进行，也可以选择在面积相对较大的水泥池中进行强化培育。鱼种池面积30~50m^2、水深1m以上，要求水循环顺畅、排污效果好、水质易控制。

2. 放养密度 鱼种的放养密度要根据水交换能力、饵料种类、鱼种池的规格以及养殖设备等因素综合考虑。一般来说，30～50mm 的鱼种，密度1 000～2 000尾/m²；70～80mm 的鱼种，密度 300～600 尾/m²；120～130mm 的鱼种，密度 150～300 尾/m²；150～160mm 的鱼种，密度 60～100 尾/m²。密度过小，虽然鱼种的生长速度快，但育苗水体浪费大；密度过大，水质难控制，鱼种的生长速度缓慢，病害多。由于鱼种中间培育处于高温季节，控制合理的放养密度是鱼种培育的关键。

3. 鱼种分选　肉食性鱼类鱼种培育阶段，个体发育参差不齐，自相残杀的现象较为严重。因此，必须定期进行分选，鱼种规格在 10mm 以下时，每个月分选 2～3 次；以后，每个月分选 1 次。分选过程淘汰个体特小、体型和颜色异常等劣质苗种，降低培育密度，同时保持同池鱼种规格尽可能一致。

4. 饲养管理　鱼种培育的饲养管理的中心环节是水质控制、精心饲喂和病害防治等。

（1）水质控制　鱼种中间培育用水可以采用一级砂滤水，但要进行各项水质指标的监测。加大换水量或水循环次数，是水质控制的重要措施。一般日换水量 300%～600%，随着鱼种的快速生长和自然水温的逐步升高，换水量也要相应加大。同时每 2d 要对池底清污一次，减少鱼类的残饵和粪便在池内滞留时间，以免造成水质恶化，影响鱼种生长。

（2）精心饲喂　中间培育鱼种饲料主要有碎鱼虾贝肉、卤虫成虫、糠虾和人工配合饲料等。选择饲料要保证营养均衡，避免长期使用单一饲料造成营养缺乏症。尽可能采用鱼种专用商品饲料，保证鱼种培育成活率的稳定性。一般体长 8～10cm 之前，每天投喂 4～5 次，投饲率 10%～15%；体长 10～20cm，每天投喂 3 次，投饲率 5%～10%；体长 20cm 以上，每天投喂 2～3 次，投饲率 3%～5%。

（3）病害防治　鱼种培育车间要保持干净、整洁，定期对车间内外进行消毒处理。利用鱼种分选进行倒池，对鱼种池进行彻底清洗和消毒。保证投喂的饲料新鲜、不变质。发现鱼病应立即采取防治措施，及时隔离避免病害蔓延。

三、网箱鱼种的培育

网箱鱼种培育方法目前主要应用于淡水鱼类大规格鱼种的培育和海水鱼类鱼种的中间培育阶段，由于网箱设置在天然水域，鱼种生活的水质条件相当优越，且天然饵料生物较丰富，鱼种的生长速度快、病害少、成活率高。

1. 网箱及其设置　鱼种培育网箱一般采用双层聚乙烯无节网片，网箱规格采用 2m×2m×2m、3m×3m×2m 或 4m×4m×2m 不等的小型箱体，并备有网目大小 1.2cm 和 1.5cm 的两种网箱。网箱应设置在最低水位不低于 5m 的底质平坦水域，透明度以 30～50cm 为佳。因鱼种体质较弱，抗风浪及水流能力差，所设水域应避风、避浪，最大水流速度不超过 0.2m/s。

2. 夏花放养　夏花鱼苗投放前 5～6d，应检查网箱有无破损，提前布置好网具。使网片能充分泡软，附生少许藻类，以防止擦伤幼鱼。夏花入箱时温差不超过±5℃。放养夏花要求规格整齐、无伤无病，体质健壮。全长 30mm 的鱼苗，放养密度 500～800 尾/m³。经过十几天培育，鱼体长达 60～70mm 时，应及时分箱，移于 1.5cm 网目的网箱中，密度 300～500 尾/m³。另外，可少量搭配罗非鱼种，既充分利用饵料，又能刮食网箱上的附生藻类，使水流畅通。

3. 投饲与管理 夏花鱼苗入箱后，应采用撩水、诱饵等措施进行驯食。一般驯食开始后 2d，每日投喂 2 次，以后增加到 3~4 次，日投饲率为 2%~4%。驯化一周后开始正常投饵，每天投喂 4~6 次，日投饲率为 6%~8%。肉食性鱼类（如大黄鱼、花鲈等）鱼种摄食凶猛，早期培育阶段每天投喂 6~8 次，日投饲率为 50%~100%。以后逐步减少，每天投喂 4~6 次，日投饲率为 8%~10%。投饵应坚持"四定"的投饵原则，投饵过程掌握"慢、快、慢"的技术方法。少量多次，保证鱼种均匀摄食。每隔 10~20d 测定鱼种体重，调整投饲量。投喂的饲料可以选择冰鲜鱼虾贝肉和人工配合饲料等。如果水域天然饵料（糠虾、桡足类）丰富，还可以在夜间于网箱上面悬挂灯光诱集，补充鱼种的饵料。网箱鱼种培育的日常管理与网箱成鱼养殖相同。

第六章 食用鱼养殖

> **教学一般要求**
>
> **掌握**："水、种、饵、密、混、轮、管"各个要素在池塘养鱼生产中的科学内涵及相互关系；网箱养高产的原理与淡水网箱、浅海浮筏式网箱、深海抗风浪网箱的结构和设置要求以及进行鱼类养殖生产的生物学技术。
>
> **理解**：湖泊、水库和港湾粗放式鱼类养殖技术；工厂化养鱼的主要设施以及养殖技术；水产养殖容量的内涵及其计算方法。
>
> **了解**：池塘精养、网箱养鱼和工厂化养殖等各类养殖方式的发展概况；水产养殖容量，自然水域不合理的放养与水域生态系统退化之间的关系。

食用鱼养殖依据水域的利用和开发水平不同，可分为两种渔业类型：一是自然增殖型，它是指不投放或少投放鱼种，自然水域中的鱼类或放养鱼类的生长完全依靠水体中天然饵料支撑的渔业，其渔业产量取决于水体的自然鱼产力；二是人工养殖型，其主要特征是通过人为干预方式向水域投放鱼种、饵料、肥料和设施等，从而达到渔业高产的目的。

按照鱼类对天然饵料和外源性营养物质的依赖程度，人工投入强度和管理水平差异，可以将鱼类养殖分为粗放式养殖、半集约化养殖和集约化养殖3种类型。粗放式养殖是指完全利用天然饵料生物，不投入或极少投入饲料和肥料，即通常所说的"人放天养"渔业。这类渔业的特征是放养密度低、资金投入少、产量和产值不高。持续增产的关键是"合理放养"。我国大多数内陆天然水域和海洋港湾渔业属此类型。集约化养殖通常又称为精养，即通过增加放养密度、投饵施肥、强化管理等综合技术措施，向水域生态系统中输入更多的物质和能量，使水域生态系统以更高的效率生产生物产品，从而获得更高的鱼产量。自20世纪70年代发展起来的水库、湖泊和浅海网箱养鱼，80年代兴起的围拦精养和工业化养鱼，以及近年发展起来的深水抗风浪网箱养殖和封闭式循环海水养殖等都属于集约化养殖。半集约化养殖介于粗放式养殖和集约化养殖之间，其特征是在充分利用天然饵料的基础上，补充饲料和肥料的投入，在放养密度、投饵和管理方面与集约化养殖存在一定距离。

目前，我国食用鱼的饲养方式主要有池塘养鱼、水库湖泊粗放式养鱼、海水港湾和鱼塭养鱼、网箱养鱼（包括淡水网箱、浅海浮筏式网箱和深海抗风浪网箱）和工厂化养鱼等类型。

第六章 食用鱼养殖

第一节 池塘养鱼

一、概 述

池塘养鱼是利用人工开挖面积较小的静水水体进行养鱼生产。精养鱼池是一个高产、高效的生态系统。由于池塘水体小，管理方便，环境容易控制，生产过程能全面掌握，故可进行高密度精养，获得高产、优质、低耗、高效的结果。池塘养鱼是目前我国食用鱼养殖的主要生产方式之一，它体现着我国养鱼的特色和技术水平。

（一）八字精养法

我国池塘养鱼业素以历史悠久、技术精湛而著称于世。1958年，池塘养鱼工作者将我国几千年池塘养鱼经验进行总结，形成了"水、种、饵、混、密、轮、防、管"的"八字精养法"。这8个要素从各个方面反映了养鱼生产各个环节的特殊性，同时通过各要素之间的相互联系、相互依赖、相互制约，把各个要素形成一个对立统一的整体，其具体内容如下：

"水"——养鱼的环境条件，包括水源、水质、池塘面积和水深、土质、周围环境等，必须符合鱼类生活和生长的要求，且对鱼的品质没有负面影响。

"种"——要有品种丰富、数量充足、规格齐全、体质健壮、符合养殖要求的优质鱼种。

"饵"——养殖对象要有数量充足，营养全面且不对鱼肉品质产生负面影响的适口饵料供应，主要包括池塘施肥培育天然饵料生物和合理使用配合饲料等。

"密"——合理密养，鱼种放养密度维持在比较合理的高水平。

"混"——不同种类、不同年龄与规格的鱼类在同一池塘中同时养殖。

"轮"——轮捕轮放，在饲养过程中始终保持池塘中鱼类较合理的密度，鱼产品均衡上市。

"防"——主要指及时做好鱼类病害的防治工作。

"管"——精细、科学的池塘管理措施。

"水"、"种"、"饵"是养鱼的3个基本要素，是池塘养鱼的物质基础。"水"是鱼的生活环境，"种"和"饵"是鱼类生长的物质条件。有了良好的水环境，配备种质好、数量足、规格理想的鱼种，还必须有充足、价廉、营养丰富的饵料。由此可见，一切养鱼技术措施，都是根据"水、种、饵"的具体条件来确定的。三者密切联系，构成"八字精养法"的第一层次。

"混"、"密"、"轮"是池塘养鱼高产、高效的技术措施。"混"即混养，是在了解鱼类之间相互关系的基础上，合理地利用它们互相有利的一面，充分发挥"水、种、饵"的生产潜力。"密"是根据"水、种、饵"的具体条件，合理密养，充分利用池塘水体和饵料，发挥各种鱼类群体的生产潜力，达到高产、高效的目的。"轮"是在"混"和"密"的基础上，进一步延长和扩大池塘的利用时间和空间，不仅使混养种类、规格进一步增加，而且使池塘在整个养殖过程中始终保持合适的密度，做到活鱼均衡上市，保证市场常年供应，提高经济效益。由此可见，"混"、"密"、"轮"三者密切联系，相互制约，构成"八字精养法"的第二层次。

"防"和"管"是池塘养鱼高产、高效的根本保证。虽然有了物质基础"水、种、饵"，也运用了"混"、"密"、"轮"等技术措施，但掌握和运用这些物质和技术措施的主要因素是人，一切养鱼措施都要发挥人的主观能动性，通过"防"和"管"，综合运用这些条件和技术，才能达到高产、高效。"防"和"管"与前述6个要素都有密切联系，构成"八字精养法"的第三层次。

"八字精养法"的内在关系如图6-1所示。

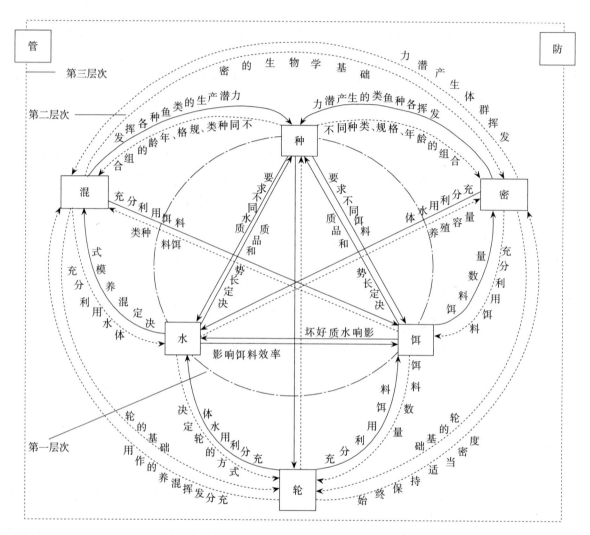

图 6-1 "八字精养法"的内在关系

随着生产的发展，"八字精养法"需要不断赋予新的内容。通过现代化的测试和监控手段，开展受控生态系统的实验研究，建立数学模型将"八字精养法"中各要素之间以及各要素中各环节之间关系的定性描述更多地转化为定量的规律，进而运用计算机技术进行分析和处理，并根据池塘生态条件的变化，进行自动化程序式控制和管理，使池塘的生态条件更符合鱼类生长的需要，并经常保持最佳状态。为此，必须从生态系统的观点出发，深入探讨"八字精养法"之间的定量规律，并在生产上加以综合运用、验证和充实，以便进一步提高池塘养鱼的理论水平，建立高产、优质、高效的养鱼技术体系。

（二）养殖周期

饲养周期或称养鱼周期，是指饲养鱼类从鱼苗养成食用鱼所需要的时间。饲养周期的确定主要根据饲养鱼类在各个阶段生长速度的快慢、气候条件、鱼类的生活环境、养殖设施、放养密度，饲料饵料的丰歉与质量、饲养技术水平和经济效益等来决定。即要求在一定的时间内，能最经济地获得有价值的食用鱼。在鱼类生长速度较快时，能花费较少的饲料，得到较大数量的鱼产品，而各种鱼类生长速度是不一致的，因此应根据不同的饲养对象，确定较为合适的饲养周期。

我国长江流域池塘养淡水鱼一般采用2年或3年，华南地区养海水鱼类一般采用1年或2年的饲养周期。在这种饲养周期中，第1年由鱼苗养成鱼种，第2年或更长一些时间由鱼种养成食用鱼。而东北地区平均气温较低，鱼类的饲养周期比长江流域相应延长0.5～1年。缩短饲养周期，可节省人力、物力与财力，加快资金运转，减少饲养过程中的病害和其他损失，更多更快地提供食用鱼，从而提高经济效益、社会效益和生态效益。为了缩短饲养周期，在池塘养殖中采取的措施主要有培育或引进生长速度快的优良养殖品种；提早繁殖鱼苗，延长生长期；提供最佳适口饵料和应用配合饲料，促进鱼类快速生长；加强病害防治，推广健康养殖新工艺加速鱼类生长。此外，还可适度发展网箱养鱼，以降低水质对鱼类生长的影响，增加投饲量；发展设施渔业。通过建立人工小气候，为鱼类提供生长的最适温度和良好的生活环境。

二、池塘的基本条件

（一）池塘选址

与鱼种池有所不同的是，食用鱼养殖池塘要求面积较大、池水较深，以利于鱼类的生长。

1. 周围环境 一般选择水源充足、水质良好、交通和电力供应方便的地方建造鱼池，这样既有利于排、灌水，也有利于鱼种、饲料以及食用鱼的运输和销售。

2. 水源和水质 池塘应具有良好的水源，以便于经常加注新水。精养池塘鱼类密度大，投饵施肥多，池水溶氧往往不足，水质易恶化，鱼类可能严重浮头甚至泛塘。用增氧机虽然可在一定程度上防止浮头，但不能从根本上改善水质。池塘水源以无污染的河水、湖水、海水最好，这些水一般溶氧高，水质良好，适宜于鱼类的生长。因此，鱼池最好靠近河边或湖边。地下水也可作为养鱼水源，但其水温和溶氧均较低，故使用时应让井水流经较长的渠道或设晒水池进行处理，并在鱼池进水口下设接水板，待水落到接水板上溅起再进入池中，以增加水温和溶氧；而且，随着我国很多缺水地区地下水位的下降，利用地下水养鱼也受到限制。

3. 土质 饲养鲤科鱼类的池塘土质以壤土最好，沙质壤土和黏土次之，沙质土最差。黏质土易板结，通气性差；沙质土渗水性大，不易保水保肥，且容易坍塌。养1～2年后的鱼池，因积存的残饵、鱼类粪便和生物尸体与泥沙混合，形成淤泥代替原有的土壤，淤泥过多则其中所含有机物氧化分解要消耗大量氧气，易造成缺氧，而且缺氧后有机物厌氧发酵后会产生氨和硫化氢等影响鱼类生存和生长的有害物质；但保持适度的淤泥，对补充水中营养物质和保持池水肥沃有很大作用。主养鲢、鳙或鲮的鱼池放养鱼种前，池底保持10～15cm的淤泥较为适宜。

(二) 面积和水深

1. 面积 渔谚有"宽水养大鱼"之说，饲养食用鱼的池塘面积应较大，这样易于保持水质稳定，鱼有足够的活动空间；池水面积大受风力的作用也较大，利于表层水溶氧的增加，并通过水体的混合增加下层水的溶氧量。但是面积过大时施肥、投饵难以均匀，水质不易控制，夏季捕鱼时，一网起捕过多，分拣费时，操作困难，稍有疏忽，容易造成死鱼事故；而且过风面积大易形成大浪冲坏池埂。一般食用鱼养殖池塘面积以控制在6 667～10 000m² 左右较为适宜。

2. 水深 渔谚有"一寸水、一寸鱼"之说，鱼池应有一定的水深以保持一定的蓄水量。通常水较深的池塘溶氧状况和水质较好，适合于肥水养鱼的要求；同时单位面积的水量大，可增加鱼种的放养量，因而较易实现高产。表6-1是原无锡河埒公社114口池塘鱼产量与水深的关系。

表6-1 不同水深池塘草鱼、青鱼、鲤、鲢和鳙的放养量与净产量的比较
(张扬宗，1989)

水深(m)	草鱼		青鱼		鲤		鲢和鳙		总净产(kg)
	放养量(kg)	净产量(kg)	放养量(kg)	净产量(kg)	放养量(尾)	净产量(kg)	放养量(尾)	净产量(kg)	
1.2～1.5	29.0	45.5	14.5	42.5	81	37.5	342	158.5	284.0
	塘次：10		塘次：4		塘次：4		塘次：4		塘次：22
1.7～2.0	37.5	72.0	23.0	65.5	118	43.5	387	211.5	392.5
	塘次：10		塘次：6		塘次：6		塘次：11		塘次：33
2.0～2.5	45.0	68.5	26.0	88.0	139	42.0	393	230.5	429.0
	塘次：18		塘次：8		塘次：8		塘次：19		塘次：53

从表6-1中可以看出，随着水深的增加，草鱼、青鱼、鲤、鲢和鳙的放养量和净产量均大幅增加。池塘面积较接近的情况下，平均水深较大（1.7～2.5m）时，螺、蚬和水草投喂量比水深较小（1.2～1.5m）的分别多了51%和56%。但池塘并非越深越好，若池水过深容易造成下层水经常缺氧，反而对鱼类的生长甚至生存都有较大影响。实践证明，精养鱼池水位应常年保持在2.0～2.5m。

(三) 池塘及池底形状

1. 池塘形状 鱼池形状一般以东西长、南北宽的长方形为好。其优点是池埂遮阴小、水面日照时间长，有利于浮游植物的光合作用；而且夏季多东南风，水面易起波浪，池水在动态中容易自然增氧。长方形的长宽比以5：3为好，这样不仅外形美观，而且方便拉网操作，注水时也易造成全池池水的流转。池塘周围不应有高大的树木或建筑物，以免阻挡阳光的照射和风的吹动。

2. 池底形状 鱼池池底一般有3种类型：①"锅底型"。池塘四周浅，逐渐向池中央加深，整个池塘形似铁锅底。此类鱼池，干池排水需在池底挖沟，捕鱼、运鱼、挖取淤泥十分不便。

②"倾斜型"。池底平坦，并向出水口一侧倾斜。此类池底排水、捕鱼均方便，但清除淤泥仍十分不便。③"龟背型"（图6-2）。池塘中间高（俗称塘背），向四周倾斜，在与池塘斜坡接壤处最深，形成一条浅槽（俗称池槽），整个池底呈龟背状，并向出水口一侧倾斜。这样排水干池时，鱼和水都集中在最深的集鱼处（俗称车潭），排水捕鱼方便，运鱼距离短。而且塘泥主要淤积在池槽内，多余的淤泥容易清除，修整池埂可就近取土，劳动强度相对较小。此外，拉网时只需用竹篙将下纲压在池槽内，使整个下纲绷紧，紧贴池底，鱼就不易从下纲处逃逸，可大大提高底层鱼的起捕率。

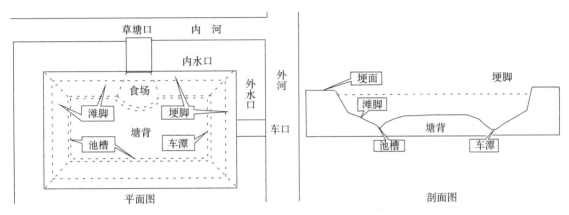

图6-2 龟背型鱼池结构示意图

（王武，2000）

（四）池塘改造

良好的池塘条件是养鱼获得高产、稳产的关键之一。当前我国高产稳产鱼池的条件要求如下：①面积适宜，以6 667m² 左右较为适宜。②池水较深，一般在2.5m左右。③有良好的水源和水质，而且注排水独立分离。④池形整齐，堤埂达到一定的高度和宽度，池底平整不渗水，洪水不淹，做到旱涝保收。⑤最好配有一定面积的陆地种植青饲料。

如果池塘达不到上述要求，就应加以改造。改造时总的原则是小改大，浅改深，死水改活水、低埂改高埂、狭埂改宽埂、半年塘改全年塘。

（五）池塘的清整

精养鱼池池底常积存大量淤泥，一般每年收获后应排水清淤。池中淤泥大部分可挖出或用泵吸出运至农田或菜地作为肥料，池底四周离埂近的淤泥挖至堤埂边，稍干后贴在池埂拍打紧实以护堤，有条件可立即在上面种植青饲料。

池塘清整时，还要选取合适的药物进行清塘。常用的清塘药物有生石灰、茶麸、漂白粉，也可用二氧化氯、强氯精和茶粕等，但以生石灰清塘效果为好。生石灰既可中和土质，使池底呈弱碱性，又能杀灭野杂鱼、寄生虫和病原菌等。具体清塘方法见鱼苗、鱼种培育。

清整好的池塘，注入新水时要用密眼网过滤，防止野杂鱼进入，待清塘药物药性消失后方可放入鱼种进行饲养。

三、鱼　种

鱼种既是食用鱼养殖的物质基础，又是获得高产的前提条件之一。优良的鱼种在饲养中成活率高、生长快。养殖中对鱼种的要求是数量充足、规格合适、种类齐全、体质健壮、无病无伤。

1. **鱼种池安排**　规模较大的养殖单位，要合理安排一定面积的池塘用于生产鱼种，尽量满足本单位的需要。一般根据鱼种需要量、食用鱼池放养的规格，以及食用鱼池套养数量等可以计算出鱼种池的使用面积。由于我国各地气候条件相差较大，且主要养殖鱼类及培养方法各不相同，各地鱼种池和食用鱼池的比例也不相同。如湖南衡阳以养鲢、鳙为主，鱼种池所占面积仅15%左右；太湖流域养草鱼、青鱼时鱼种池占25%～30%；珠江三角洲采用食用鱼池套养鱼种的方法后鱼种池使用量为15%左右，采用多级轮养法培育鱼种时鱼种池一般占40%～45%。

2. **鱼种来源**　鱼种供应主要有自供鱼种和外购鱼种两种途径。池塘养鱼所需的鱼种最好由本单位自己专池培育，这样各种鱼的数量和规格才能满足本单位生产的需要，质量也能得到保证。如果本单位生产的鱼种不能满足生产需要，常需从外地购进鱼种作为补充。此时一定要严格执行鱼种检疫制度，杜绝病原微生物随鱼种带入。以往有些暴发性鱼病的蔓延主要就是因为检疫不力造成的。鱼种进入食用鱼池前还要进行浸浴消毒与免疫。鱼种下塘前用3%～4%的食盐水浸泡10～15min，或者用其他消毒药液浸浴消毒；草鱼、青鱼种还要注射免疫疫苗。

计算鱼种的需要量不仅要考虑当年食用鱼放养的需要，还要为接下来两年食用鱼池所需的鱼种做好准备。鱼种需求量可按下列公式计算：

$$\text{某种鱼类鱼种放养量（尾）} = \frac{\text{食用鱼池中该种鱼的产量}}{\text{该种鱼平均出塘规格} \times \text{该种鱼的成活率}}$$

$$\text{某种夏花放养量（尾）} = \frac{\text{鱼种需要量}}{\text{鱼种成活率}}$$

$$\text{某种鱼类鱼苗需要量（尾）} = \frac{\text{夏花鱼种需求量}}{\text{鱼苗成活率}}$$

对于团头鲂、草鱼等鱼种生产不稳定、成活率和产量波动范围较大的鱼类，按上述公式计算后，还应再增加25%的安全系数，以此指导鱼种生产计划的制定。

3. **鱼种规格**　鱼种规格应根据食用鱼池放养的要求和养殖周期确定。通常仔口鱼种的规格应大些，而老口鱼种的规格相应偏小。但由于各种鱼的生长性能、各地气候条件和饲养方法不同，鱼类的生长速度不一，加之各地消费习惯不同，食用鱼上市规格也有一定的差异，因此，不同地区鱼种放养的规格也不相同。如果鲢、鳙的上市规格为750～1 000g，则需放养100～150g的1龄大规格鱼种；为了使鲢、鳙上半年就有750g以上的食用鱼上市，可将1龄鲢、鳙套养，使其第2年达到特大规格（250～450g），供第3年鲢、鳙放养用。例如，华南地区鱼类生长期相对较长，可以放养鲢、鳙鱼夏花鱼种，采用稀养法，当年长至450～500g的食用鱼规格。

4. **鱼种放养时间**　提早放养鱼种也是争取高产的技术措施之一。长江以南地区一般在春节前后放养完毕；华北、东北和西北地区则可在解冻后，水温稳定在5～6℃时放养。在水温较低的季节放养具有以下优点：①水温低时鱼类活动弱，易于捕捞；②在捕捞和放养操作过程中，不易受伤，可减少饲养期间的发病和死亡率；③提早放养还可以提早开食，使鱼类的生长期加长。

近年来，北方条件较好的池塘已将鱼种的春天放养改为秋天放养，鱼种成活率明显提高。鱼种放养须在晴天进行，严寒、风雪天气不能放养，以免鱼种在捕捞和运输途中冻伤。

四、混 养

混养是充分利用水体空间和饵料资源，减少浪费，提高能量转化效率的有效措施，可以分为种内混养和种间混养两种类型。种内混养是将不同种鱼类或同种鱼类不同规格的养殖在同一池塘中，这是目前被广泛应用的养殖方式；种间混养是将不同种类的养殖对象，如鱼、虾、贝、藻等合理搭配混养在同一水体中。

（一）种内混养

混养的原则是混养的鱼类在同一水体中和谐相处，不相互残害和吞食；对水质和生长期的水温要求相似；栖息水层和食性有一定的差异。鱼类种内混养有3种类型：①不同种鱼类的混养，即在同一鱼池内养殖多种鱼类。②同种但不同规格的鱼进行混养。③异种异龄鱼的混养，即同一鱼池混养多种鱼类，而且每种鱼又有不同的龄级和规格。

1. 混养的优点

（1）合理利用饵料和水体　我国池塘养鱼的人工和天然饵料主要包括浮游生物、底栖生物、各种水草和旱草、有机碎屑以及包括配合饲料在内的各种商品饲料。在投喂草类后，草鱼将草类切割，其粪便转化进入腐屑食物链，可供草食性、滤食性和杂食性鱼类反复利用，大大提高了草类利用率；在投喂人工精料时，主要为草鱼、青鱼、鲤等所取食，部分较小颗粒被鲫、团头鲂和各种小规格鱼种所吞食，鲢、鳙还可摄食粉状精饲料，这样全部商品精料都可为鱼类所利用，不至于浪费。

每种鱼类根据其习性栖息于一定的水层中。鲢、鳙和白鲫等生活于水体上层，草鱼、团头鲂等生活于水体中、下层，青鱼、鲤、鲫、鲮和罗非鱼等则在底层活动。将这些鱼类合理搭配混养在一起，可以充分利用池塘各个水层，相对增加了整个水体中鱼类的放养量，从而提高池塘鱼产量。

（2）发挥养殖鱼类之间的互利作用　混养的积极意义不仅在于配养鱼能提供一部分鱼产量，并且还可发挥各种鱼类之间的互利作用，因而能使它们各自的产量均有增加。例如草鱼、青鱼、团头鲂、鲤等的残饵和粪便可作为培养浮游生物的良好肥料，同时还能提供大量碎屑，为鲢、鳙等滤食性鱼类创造良好的饵料条件；而滤食性鱼类滤食浮游生物和有机碎屑，可起到防止池水过肥的作用，给草鱼、青鱼等提供较为良好的生活环境。鲤、鲫、鲮、鲴、罗非鱼等杂食性鱼类可清除池中残饵，提高饲料的利用率，并改善池塘卫生条件。此外，通过其摄食活动，还能起到翻动底泥和搅动泥水的作用，有助于上、下水层的混合，从而增加底层的溶氧量，加速有机物质的分解和营养盐的循环。

（3）可获得食用鱼和鱼种双丰收　当年鱼种与食用鱼适当混养时，既能取得食用鱼高产，又能基本保障翌年放养的大规格鱼种的需要。

（4）提高经济效益和社会效益　通过混养，不仅提高了产量，降低了成本；而且在同一池塘中生产出各种食用鱼，特别是可以全年向消费市场提供各种鲜鱼，这对繁荣市场、稳定价格、满足消费者的不同需要、增加生产者收入都有重大意义。

2. 混养的生物学原理 我国养鱼池塘中主要养殖鱼类的相互关系可以用图 6-3 加以概括。

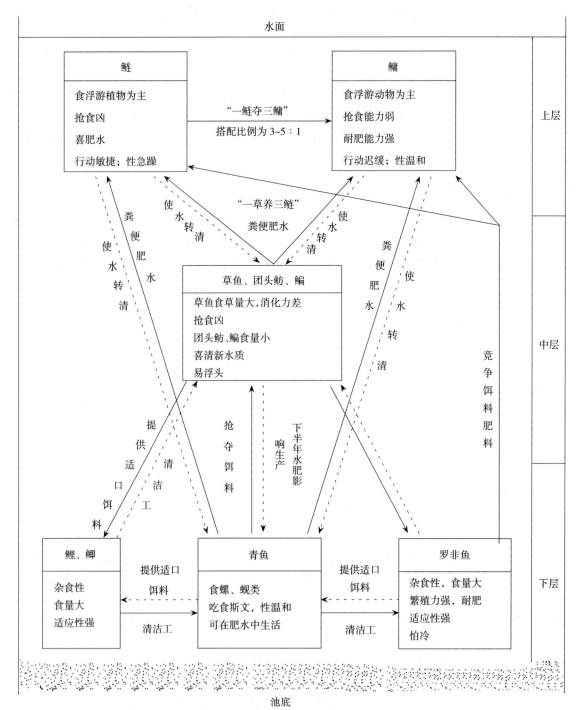

图 6-3 各种养殖鱼类混养的相互关系
(王武，2000)

(1) 青鱼、草鱼、鲤、鲂与鲢、鳙间的关系　青鱼、草鱼、鲤、鲂主食贝类、草类和底栖动物等，俗称"吃食鱼"，它们的残饵和粪便进入腐屑食物链和牧食链，因而给鲢、鳙提供了良好的饵料条件；而"肥水鱼"鲢、鳙又为喜清新水质的"吃食鱼"创造了良好的生活条件。渔谚"一草带三鲢"正是这种混养的生物学意义的概括。在不施肥和少量投精料的情况下，"肥水鱼"和"吃食鱼"的比例大致为1∶1，正所谓"一层吃食鱼、一层肥水鱼"，具体来说每1kg"吃食鱼"可以带养1kg"肥水鱼"；而在大量投喂精饲料和施肥的情况下，该比例下降至1∶0.3～0.6。这是因为大量投饵施肥的鱼池中，有一部分肥料和残饵未能被充分利用而沉积在池底，暂时退出了池塘物质循环。

(2) 草鱼和青鱼之间的关系　青鱼上半年个体小，食谱范围狭窄；下半年贝类资源相对丰富。在饲养的中、后期，青鱼投饵量增加，造成水质过肥，而青鱼较耐肥水；草鱼则喜欢水质清新，加之此时草类质量差，已不利于草鱼生长。因此，生产上在8月份以前抓草鱼投喂，使大规格草鱼在8月份左右达到上市规格，轮捕上市，稀疏密度，有利于留池草鱼的生长；而青鱼上半年主要抓饲料的适口性，8月份以后抓青鱼的投喂，促进青鱼生长，从而缓和青鱼和草鱼在水质上的矛盾。

(3) 鲢、鳙之间的关系　鲢、鳙的天然食物只是相对的不同，在施肥和投喂精饲料的池塘中，鲢的抢食能力远比鳙强；在不投饵的池塘中，浮游动物的数量又远比浮游植物的少。因而鲢会抑制鳙的生长，即渔谚所谓"一鲢夺三鳙"之说，故鳙的放养量不能太大。在长江流域鲢、鳙的放养比例一般为3～5∶1；但如果投喂足量的商品饲料，尤其是投喂粉状饲料时，鳙的放养量可酌情增加，有时甚至可以超过鲢的放养量。

珠江三角洲因为鳙的市场需求量较大，故主养鳙，1年饲养4～6批。可在保证鳙正常生长的前提下适当配养鲢，以充分利用池塘中的天然饵料。在生产上可以采取以下措施：①以小规格（13～17cm）的鲢与大规格（0.4～0.5kg）的鳙混养；②控制鲢的放养密度。鲢的放养量不能超过鳙的放养量。例如每次放0.4～0.5kg的鳙鱼种40尾，则13～17cm的鲢鱼种只能放20～30尾。当鲢长至0.75～1.0kg时，在轮捕时必须捕出上市或转入其他池中，然后再补放尾数相等的13～17cm鲢鱼种。

(4) 鲤、鲫、鲂与草鱼、青鱼之间的关系　草鱼、青鱼个体大，食量也大；而鲤、鲫、鲂则相反。将它们混养在一起，能起到清除残饵，改善水质的作用。

主养青鱼的池塘中，鲤的动物性适口饵料较多，故可多放养鲤；主养草鱼的鱼池因动物性饵料较少，鲤要少放一些，一般每1kg草鱼鱼种可搭配饲养50g左右的鲤1尾。放养1kg草鱼种，可搭配8～20g的团头鲂20尾左右。在商品饲料投喂充足的鱼池中，上述鲤的放养量可增加1倍左右，甚至更多。同时可饲养10～15g的鲫1 000余尾。

(5) 罗非鱼与鲢、鳙间的关系　罗非鱼与鲢、鳙在食性上有一定矛盾。生产上常采取以下措施：①罗非鱼与鲢、鳙交叉放养。上半年罗非鱼个体小，尚未大量繁殖，密度稀，对鲢、鳙影响小，必须抓好鲢、鳙的饲养，使它们能在6～8月份达到0.5kg以上，轮捕上市；下半年罗非鱼大量繁殖，个体增大，密度增加，必须主抓罗非鱼的饲养管理。②控制罗非鱼的密度，将达到上市规格的罗非鱼及时捕出。③控制罗非鱼的繁殖，如采取放养少量凶猛鱼类或单养雄性鱼的方法。④增加投饲、施肥量，保持水质肥沃以缓和食物矛盾。

3. 确定主养鱼类和配养鱼类

（1）**主养鱼** 又称主体鱼，也就是主要的养殖鱼类。它们不仅在放养量（重量）上占较大比例，而且是投饵、施肥和饲养管理的主要对象。其产量的高低对单位面积产量和产值起着决定性的作用。确定主养鱼类应考虑以下因素：①市场需求。根据当地市场对各种养殖鱼类的需求量、价格和供应时间的要求，为市场提供适销对路的鱼货。②饵料肥料来源。如草类资源丰富的地区可考虑以草鱼为主养鱼，螺、蚬类资源较多则可以考虑以青鱼为主养鱼；精饲料充足的地区，则可根据当地消费习惯，以鲤、鲫或青鱼作为主养鱼；肥料容易解决则可以考虑将鲢、鳙等滤食性鱼类或者罗非鱼、鲮等腐屑食性鱼类作为主养鱼。③池塘条件。池塘面积较大，水质肥沃，天然饵料丰富的池塘，可以鲢、鳙作为主养鱼；新建的池塘，水质清瘦，可以草鱼、团头鲂为主养鱼；水较深的池塘可以青鱼、鲤为主养鱼。④鱼种来源。只有鱼种供应充足，而且价格适宜，才能作为主要养殖对象。此外，沿海如鳗鲡、鲻、鲮鱼苗资源丰富，有时也可作为主养鱼。

（2）**配养鱼** 是处于配角地位的养殖鱼类，它们可以充分利用主要养殖鱼类的残饵以及水中天然饵料很好地生长。但配养鱼的产量往往也相当高，多种配养鱼的总和甚至会超过主养鱼。我国池塘养殖的配养鱼类，一般可多达 7~8 种。其他鱼类作为主养鱼时，鲢、鳙均为主要的配养鱼，仍应占全池总产量的 30%~40%。

（二）种间混养

将在栖息空间和饵料资源利用上有互补性的不同种类的养殖对象混养在同一水体中，使池塘空间和其中的饵料资源得到充分利用，如鱼—青虾—蚌混养。鱼在水层中活动；青虾在水体浅水区及水生植物上攀附生活；蚌则行水底埋栖生活。这种混养模式投入的饵料供鱼虾摄食，鱼虾排泄物及残饵可肥水增加浮游生物量为滤食性蚌提供食物。在生产中已发展有鱼—虾、鱼—贝、鱼—蟹、鱼—藻、鱼—参等混养类型。

（三）区域化养殖

所谓区域化养殖就是把在摄食生态位上具有互补性的鱼、虾、贝、藻等不同种经济动植物，以适宜的比例养殖在同一养殖区的不同的池塘之中，并且在不同的养殖池塘间建立起封闭式水循环系统。一方面，投入系统中的物质和能量随着水在不同养殖区池塘中循环，可被处于不同营养级的各种养殖生物充分利用，提高物质利用率，减少水体有机残余物质的数量，净化水质；另一方面，避免了同池混养的生物在饵料资源、生存空间、溶解氧上的直接竞争，以及各自产生的代谢废物造成的相互危害。图 6-4 是一种区域化养殖模式。

五、放养密度

1. **放养密度与产量的关系** 鱼产量是收获时鱼的尾数和每尾鱼在养殖期间增重的乘积。收获的尾数是放养鱼实际存活的尾数，因此正常情况下，可以认为密度确定后，决定产量高低的是生长率（增重）和成活率，而鱼的增重又与放养规格大小、饲养技术水平、水环境质量以及饵料

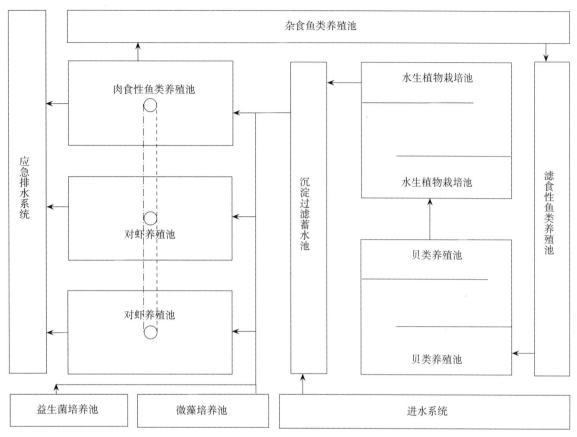

图 6-4　鱼—虾—贝—藻区域化养殖模式
（申玉春，2007）

的质量和数量等有关。考虑放养密度时，因小型鱼类的体重较小，主要考虑尾数；大型鱼类则既要考虑尾数也要考虑放养重量，以期得到较为理想的群体产量。

密度和增重这两个因素的增加，都会增加鱼产量，但这是一对相互矛盾并相互制约的因素。放养密度过大，由于饵料和活动空间不足、水质恶化会影响个体增重，使食用鱼质量和饵料报酬均有所下降，导致养鱼实际效益较差。反之，如只考虑个体增重则势必要降低放养密度，但过低的放养密度又会使产量减小，造成水体和饵料的浪费。

合理的放养密度应当是在保证达到食用鱼规格和鱼种预期规格的前提下，能获得最高鱼产量的放养密度。在合理的放养密度范围内，放养密度越大，产量越高，因此合理的放养密度是池塘养鱼获得高产高效的重要措施之一。合理的放养密度因受鱼种规格、池塘环境条件、水质、饵料的质量和数量、混养搭配是否合理、机械化程度和饲养管理水平等诸多因素的综合影响而有变动。因而要改善和创造最佳的条件，既能提高放养密度，又能有恰当的增肉倍数，使食用鱼具有较好的质量，以求达到高产、高效、优质的最佳养鱼效果。同时还应强调，只有在混养基础上，密养才能最充分发挥池塘和饵料的生产潜力。表 6-2 证实了放养量与收获的密切关系。

表6-2 广东顺德勒流万亩片鱼类放养量与收获的关系
(张扬宗,1989)

类别	666.7m² 放养量		分类统计 (kg)								666.7m² 平均净产 (kg)	分类统计 (kg)				
	尾数	重量	鲮		草鱼		鳙		鲢			鲮	草鱼	鳙	鲢	其他
			尾数	重量	尾数	重量	尾数	重量	尾数	重量	其他					
全片平均	2 500	135	大 1 000 中 1 000 总 2 000	50 15 65	大 100 中 200 300	27.5 10 37.5	150	30.5	70	2		624.5	191.5	164.5	133	66.5	69
750kg 鱼塘平均	6 199	206	大 950 中 1 200 小 3 800 总 2 000	50 26 5 81	大 112 小 330 总 442	38.5 8 46.5	235	60	132	12.5	6	832.5	252	207.5	158.5	945	120
1 000 kg 鱼塘平均			大 1 000 中 1 750 小 3 180 总 4 265	67 30.5 6 103.5	大 200 中 300 500	75 15 90	240	80	145	21	4	1 058	291	293	163	109	212

2. 饲料与提高放养密度的关系 对主要摄食人工投喂饲料的鱼类来说,在一定范围内,鱼类的密度越大,投喂饲料应越多;同时,饲料质量越好,则产量越高。故提高放养量的同时,必须增加投饵量,才能达到增产效果。

鲢、鳙等鱼类主要滤食池塘中的天然饵料,在一定范围内,密度增大时其产量提高,但也受浮游生物质量和补充速度的影响。如果采取施肥措施,繁殖浮游生物,或投喂粉状商品饲料,则在合理的范围内施肥多或投饵量大,鲢、鳙的放养量可加大,产量也会进一步提高。

3. 水质与提高放养密度的关系 如果放养密度超出一定范围,尽管饵料供应充足,也难收到增产效果,甚至还可能产生不良后果,其主要原因是水质问题。鱼类要求水中有一定的溶氧量,我国主要养殖鱼类的适宜溶氧量为3~5mg/L,如果溶氧低于2mg/L,鱼类呼吸频率加快,能量消耗加大,生长速度变慢,饵料系数增加。如放养过密,池鱼经常处于低氧情况下,不利于其生长,黎明甚至半夜溶解氧即处于1mg/L左右的危急状态,池鱼经常浮头,稍有不慎就会发生泛池事故。因此,溶氧量是水质限制放养密度的一个首要因子。水质限制放养密度的第二个主要因子是鱼池有机物质分解的中间产物和包括鱼类在内的水生生物的排泄物。它们是以氨和多种形式的有机氮状态存在,这些物质对鱼类有较大的毒害作用。

目前生产上大量使用水泵加水和排出老水,也利用增氧机等增氧机械设备以增加池水溶氧,连同配合饲料的应用和养殖技术的提高,现在我国池塘养鱼单位面积产量一直处于一个较高的水平。若能使氨和有机物质分解的中间产物减少甚至消除,又将会大幅度地提高池塘养鱼单位面积的产量。

4. 确定放养密度的依据 合理的放养密度应根据池塘条件、养殖鱼类的种类与规格、饲料供应情况和管理措施等方面来考虑确定。

(1) 池塘条件 有良好水源的池塘,放养密度可适当增大。较深池塘的放养密度可以大于较浅池塘的。

（2）鱼种的种类和规格　混养多种鱼类的池塘，放养量可大于单养一种鱼类或混养种类少的池塘。不同种类的鱼，其鱼种规格、生长速度和养成食用鱼的规格不一，因此放养密度应各不相同。与鲫、鲮等较小型鱼类相比，青鱼、草鱼等较大型鱼的放养尾数应较少而放养重量较大。同种不同规格鱼种的放养密度应作适当调整。当然，若鱼产品规格过大，单位产量不高，表明放养过稀，也需调整放养密度。

（3）饵料供应　目前各种鱼类的配合饲料大量使用，鱼类的饵料供应问题得到很好的解决；而且，各厂家生产的食用鱼混养料也几乎能被各种鱼类接受，养成周期缩短，轮捕提早，所以放养密度较以前大为提高。

六、轮捕轮放

轮捕轮放就是分期捕鱼和适当补放鱼种，即在密养的鱼塘中，根据鱼类生长情况，到一定时间捕出一部分达到商品规格的食用鱼，再适当补放一些鱼种，以提高池塘单位面积产量。概括地说，轮捕轮放就是一次或多次放足，分期捕捞，捕大留小或去大补小。混养密放是轮捕轮放的前提，而轮捕轮放能进一步发挥混养、密养的增产作用。

（一）实施轮捕轮放的前提条件

（1）年初放养数量充足的大规格鱼种。只有放养了大规格鱼种，才能在饲养中期达到上市规格，轮捕出塘。

（2）各类鱼种规格齐全，数量充足，配套成龙，符合轮捕轮放要求，同规格鱼种大小均匀。

（3）同种不同规格的鱼种个体之间的差距要大，否则易造成两者生长上的差异不明显，给轮捕选鱼造成困难。

（4）饵料、肥料充足，管理水平要高，否则到了轮捕季节，没有足够的鱼达到上市规格。

（5）合理选用捕捞网具。使用网目长度为5cm的大目网，网片水平缩结系数与垂直缩结系数相近，网目近似于正方形。轮捕拉网时，中、小规格鱼种穿网而过，不易受伤，而大规格鱼留在网内。这样选鱼和操作均较方便，拉网时间短，劳动生产率高。

（二）轮捕的主要对象和时间

轮捕轮放的对象主要是放养较大的鲢、鳙和养殖后期不耐肥水的草鱼。罗非鱼只要达到商品规格也可作为轮捕的对象。青鱼、鲤、鲫因捕捞困难，难以轮捕。长江流域地区在6月份以前由于鱼种放养时间不长，水温较低，鱼增重不多，这时一般不能捕。如放养密度不太大，不至于超过最大容纳量，就不一定要轮捕，除非要提早供应市场。6~9月水温较高，鱼生长快，如不通过轮捕稀疏，将因饵料不足和水中溶氧降低而影响总鱼产量。10月以后水温日渐降低，鱼生长转慢，除捕出符合商品规格的鲢、鳙、团头鲂和草鱼外，还应捕出容易低温致死的罗非鱼。为了掌握轮捕时间及数量，除经常观察池鱼浮头、摄食和生长情况外，还要了解不同水温条件下几种主要养殖鱼类的净产量和各饲养阶段的增重比例，以此推断池鱼最大容纳量的出现时间，作为适时轮捕套养的依据。

(三) 轮捕轮放的主要作用

1. 有利于活鱼均衡上市 养鱼前、中期，市场上鲜活商品鱼少，鱼价高，群众无鱼可食；而后期市场上商品鱼相对集中，造成鱼价低廉。采用轮捕轮放可以避免市场上商品鱼出现"春缺、夏少、秋挤"的局面，做到四季有鱼，不仅满足社会需要，而且也提高了经济效益。

2. 有利于加速资金周转 一般轮捕上市鱼的经济收入可占养鱼总收入的40%~50%，这就加速了资金的周转，降低了成本，为扩大再生产创造了条件。

3. 有利于鱼类生长 在饲养前期，因鱼体小，活动空间大，为充分利用水体，年初可多放一些鱼种。随着鱼体生长，采用轮捕轮放方法及时稀疏密度使池鱼容纳量始终保持在最大限度的容纳量以下（图6-5）。这样就可以延长和扩大池塘饲养的时间和空间，使鱼类在主要生长季节始终保持合适的密度促进鱼类快速生长。

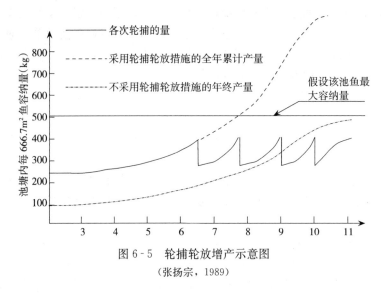

图6-5 轮捕轮放增产示意图
(张扬宗，1989)

4. 有利于提高饵料、肥料的利用率 利用轮捕控制各种鱼类生长期的密度，以缓和鱼类相互之间在食性、生活习性和生存空间上的矛盾，使食用鱼池混养的种类和数量进一步增加，充分发挥池塘中"水、种、饵"的生产潜力。

5. 有利于培育量多质好的大规格鱼种，为稳产、高效奠定基础 通过捕大留小，适时捕捞达到商品规格的食用鱼，及时补充夏花和1龄鱼种，使套养的鱼种迅速生长，年终培育成大规格鱼种。

(四) 轮捕轮放的方法

1. 捕大留小 放养不同规格或相同规格的鱼种，饲养一定时间后，分批捕出一部分达到食用规格的鱼类，而让较小的鱼留池继续饲养，不再补放鱼种。

2. 捕大补小 分批捕出食用鱼后，同时补放鱼种。这种方法的产量较上一种方法高。补放的鱼种可根据规格的大小和生产的目的，或养成食用鱼，或养成大规格鱼种，为翌年放养奠定基础。

例如江苏无锡郊区池塘里的轮捕轮放采用年初放足，多次捕出食用鱼，其间套养鱼种的做法。自放养至年底干池，一般经过 5 次轮捕和 3 次轮放（套养）。其轮捕轮放次数、时间和鱼类见表 6-3。

表 6-3　江苏无锡市郊区池塘轮捕轮放情况

（张扬宗，1989）

轮放			轮捕		
次数	季节	鱼类	次数	季节	鱼类
Ⅰ	4月下旬	越冬罗非鱼			
Ⅱ	6月中旬	夏花、鲤、鲫、鲢、鳙	Ⅰ	6月初至6月中	70%为年初放养的大规格鲢、鳙，1.5kg 以上的草鱼
Ⅲ	7月中旬至7月底	鲢、鳙、草鱼鱼种	Ⅱ	7月中至7月底	30%为年初放养的大规格鲢、鳙，1.5kg 以上的草鱼；20%为年初放养的中、小规格鲢、鳙，0.3kg 以上的团头鲂
			Ⅲ	8月中至8月底	30%为年初放养的中、小规格鲢、鳙，1.5kg 以上的草鱼，0.3kg 以上的团头鲂、罗非鱼，0.2kg 以上的白鲫
			Ⅳ	9月下旬至10月初	50%为年初放养的中、小规格鲢、鳙，1.5kg 以上的草鱼，0.3kg 以上的团头鲂、罗非鱼，0.2kg 以上的白鲫
			Ⅴ	10月下旬至11月初	主要捕 0.1kg 以上的罗非鱼

3. 轮捕轮放的技术要点　在天气炎热的夏秋季节捕鱼，俗称捕"热水鱼"。因为水温高，鱼的活动能力强，捕捞较困难，加之鱼类耗氧量大，不能忍受较长时间的密集，而网中捕获的鱼大部分要回池，如在网中时间过长，很容易受伤或缺氧闷死。因此，在水温高时捕鱼工作技术性较强，要求操作细致、熟练、轻快。

捕捞前几天，要根据天气适当控制施肥量，以确保捕捞时水质良好。捕捞要求在一天水温较低、池水溶氧量较高时进行。一般多在下半夜、黎明捕鱼，这样也便于供应早市；若要供应夜市则在下午捕捞。如果池鱼有浮头征兆或正在浮头，严禁拉网捕鱼。傍晚也不能拉网，以免引起上、下水层提早对流，加速池水溶氧消耗并造成池鱼浮头。

捕捞后，鱼体分泌大量黏液，同时池水混浊，耗氧量增大。因此须立即加注新水或开增氧机，使鱼有一段顶水时间，以冲洗过多的黏液，防止浮头。白天捕热水鱼，一般加水或开增氧机 2h 左右即可；夜间捕鱼，加水或开增氧机一般要待日出后才能停泵停机。

（五）鱼种套养

为缓解食用鱼高产和大规格鱼种供应不足的矛盾，可以在食用鱼池套养鱼种。在轮捕轮放基础上发展起来的套养使食用鱼池既能生产食用鱼，又能培育大规格鱼种供翌年放养。每年只需在食用鱼池中增放一定数量的小规格鱼种或夏花，至年底即能获得一大批大规格鱼种。套养不仅从根本上革除了鱼种池，而且也压缩了 1 龄鱼种池的面积，增加了食用鱼池的养殖面积。

要做好鱼种套养工作，要注意以下问题：①切实抓好鱼苗和1龄鱼种的培育，培育出规格大的1龄鱼种，其中草鱼和青鱼鱼种全长必须达到13cm以上，团头鲂全长10cm以上。②食用鱼池年底出塘的鱼种数量应等于或略多于来年该鱼池中大规格鱼种的放养量。③必须保证食用鱼池有80%以上的食用鱼上市。④及时稀疏鱼类密度使其正常生长。⑤轮捕的网目适当放大，避免小规格鱼种挂网受伤。⑥加强饲养管理，对套养的鱼种在摄食方面应给予特殊照顾。例如通过增加适口饵料的供应量，开辟鱼种食场，先投颗粒饲料喂大鱼、后投粉状饲料喂小鱼等方法促进套养鱼种的生长。

七、池塘管理

"增产措施千条线，通过管理一根针"，一切养鱼的物质条件和技术措施最后都要通过日常管理，才能充分发挥效能，达到高产、高效的目的。

（一）池塘管理的基本要求

池塘养鱼是一项技术较复杂的生产活动。它涉及气象、饲料、水质、营养、鱼类个体和种群动态等各方面的因素，这些因素又时刻变化、相互影响。因而管理人员要全面了解养鱼全过程和各种因素间的联系，以便控制池塘生态环境，取得稳产、高产。

在精养鱼池中，养鱼取得高产的全过程是一个不断解决水质和饲料矛盾的过程。我国池塘养鱼中解决这对矛盾的经验是：水质保持"肥、活、爽"，投饵施肥保持"匀、好、足"。

匀——一年中应连续不断地投以足够数量的饵料和肥料。在正常情况下，前后两次投饵之间投饵量和时间间隔均应相差不大，以保证投饵量既能满足池鱼摄食的需要，又不过量而影响水质。

好——肥料、饲料的质量应是上乘的。投喂的饲料质量高，营养丰富，鱼类利用充分，排泄物和饵料残留量减少，有利于保持良好的水质。

足——施肥量和投饵量适当，在规定时间内鱼能将投饲物吃完，使池鱼足而不饥、饱而不剩。

实践证明，保持水质"肥、活、爽"，不仅鲢、鳙有丰富的浮游生物可食，而且青鱼、草鱼、鲤、鲂等鱼类也能在密养的条件下最大限度地生长，不易得病。生产上一是采用"四定"投喂技术来保证投饵施肥的数量和次数，以"匀、好、足"作为水质控制的措施；二是合理使用增氧机与水质改良机械，及时加注新水和使用调水剂等措施来改善水质，使水质保持"肥、活、爽"。

（二）池塘管理的基本内容

1. **经常巡视池塘，观察池鱼动态** 每天要早、中、晚巡视池塘3次。黎明时观察池鱼有无浮头现象，浮头的程度如何；日间可结合投饵和测水温等工作，检查池鱼活动和吃食情况，近黄昏时检查全天吃食情况，有无残饵，有无浮头预兆。酷暑季节，天气突变时，鱼类易发生严重浮头，还应在半夜前后巡塘，以便及时制止严重浮头，防止泛池发生。

2. **随时除草去污，保持水质清新和池塘环境卫生** 池塘水质既要较肥又要清新，含氧量较高。因此,除了根据施肥情况和水质变化,经常适量注入新水,调节水质水量外,还要随时捞去水中污物、残渣,割除池边杂草,以免污染水质,影响溶氧量。

3. **及时防除病害** 细致地做好清洁池塘的工作是防除病害的重要环节,应认真对待;一旦发现池鱼患病,要及时治疗。

4. **施肥** 在冬春和晚秋应大量施用有机肥料,而在鱼类主要生长季节,需经常施以少量的无机磷肥,具体可采取下列方法。

(1) 有机肥料

①基肥要施足。一般放养前至3月份的施肥量占全年施肥量的50%~60%。有机肥料在池塘中逐渐分解,耗氧较低,肥效稳定,水质不易突变。高产渔区基肥施得足的鱼池才能保持具有优质水华的池水,从而保证高产。肥水池塘或养鱼多年的池塘,池底淤泥多,一般施基肥量较少或不施。

②追肥要少量多次。应选择晴天,在良好的溶解氧条件下用泼洒的方法进行;闷热的天气,不能施肥,以避免耗氧量突然增加。

③有机肥料必须腐熟。有机肥料经腐熟后,除了能杀死大量致病菌,有利于池塘卫生和防病外,大部分有机肥料已转化为中间产物。要在晴天中午用泼洒的方法施用,充分利用上层过饱和氧气,既可加速有机肥料的氧化分解,又可降低水中的氧债,夜间就不易因耗氧过多而引起浮头。此外,施肥要避开食场。

(2) 无机磷肥 磷肥应先溶于水中,使之充分溶解,选择晴天上午9:00~10:00,用喷浆机均匀喷洒于池内。此时,池水pH一般在8以下,有效磷的退化速度较慢,加之上下水层不易对流,使上层水溶性磷保持较高浓度;浮游植物开始向上层集中,利用藻类有奢侈吸收储存磷的特点,就可大大提高水溶性磷的利用率。

5. **投饵**

(1) 饵料数量的确定

①全年饵料计划和各月的分配。为了做到池塘养鱼稳产高产,保证饵料及时供应,均匀投喂,就必须在年终规划好翌年全年的投饵计划。首先应根据放养量和规格,确定各种鱼的计划增肉倍数,再考虑成活率确定计划净产量;然后结合饵料系数规划好全年投饵量。例如某养殖场有食用鱼养殖池66 667 m^2,平均每666.7 m^2放养草鱼48kg,计划净增肉倍数为5,即每666.7 m^2净产草鱼48×5=240kg,颗粒饵料的饵料系数以2.5计,旱草的饵料系数以35计,并规定旱草投喂量应占草鱼净增肉需要的2/3,则全年计划总需草量为240×2/3×35×100=560 000kg。颗粒饵料全年计划总需要量为240×1/3×2.5×100=20 000kg。青鱼、鲤等鱼的全年总投饵量也可依此方法计算。一年中各月饵料的分配计划,主要根据各月的水温、鱼类生长情况以及饵料供应情况来制定。

②每日投饵量的确定。每日的实际投饵量还要根据季节、水色、天气和鱼类摄食情况而定。这里主要介绍按季节投饵的情况。

鱼的摄食量及其代谢强度随水温变化而变化,常根据各种鱼类生长情况以及鱼病流行情况来确定不同季节的投饵量。冬季或早春的气温和水温均较低,鱼类摄食量少,但在晴天无风气温升高时,须投喂少量精饲料,以供鱼体活动所需能量消耗,使鱼不至于落膘。糟麸类易消化,对刚开食的鱼有利。但刚开食时应避免大量投饵，防止鱼类摄食过量而死亡。水温回升到15℃左右，投饵量可逐渐增加，并可投喂嫩旱草、麦叶、菜叶和莴苣叶等。"谷雨"到"立夏"（4月中旬到5月上旬）是鱼病较为严重的季节，应适当控制投饵量，并保证饵料的新鲜、适口和均匀。水温由25℃逐渐升高到30℃左右，鱼类食欲增大，可大量投饵，尤其是水、旱草，此时数量多质量好，加之水质较清新，应狠抓草鱼投喂，务必使大部分大规格草鱼在6～9月份达到上市规格。这样既可降低草鱼的密度，使小规格草鱼能迅速生长，也可减轻浮头的程度。9月上旬以后，水温在27～30℃左右，而且螺、蚬来源较充裕，应狠抓青鱼吃食，促使青鱼迅速生长。但要避免吃夜食，还要经常加注新水。9月下旬以后，气候正常，鱼病也较少，可大量投饵，日夜吃食，以促进所有养殖鱼类增重，这对提高产量有很大作用。10月下旬以后，水温日渐下降，仍应适量投喂，不使鱼落膘。总之一年之中，投饵应掌握"早开食，晚停食，抓中间，带两头"的投喂规律。

如果草类、贝类等天然饵料供应不能满足草鱼、团头鲂、鲤、青鱼等的需要，或放养鲫、鲮、罗非鱼数量较多，就要增加商品饲料的数量，投喂商品饲料的规律与投喂天然饵料相似。

（2）投饵技术　投饵技术和饵料质量与鱼产量的高低有重要的关系，投饵应实行"四定"原则，即要定时、定量、定质、定点投喂。如以配合饵料喂鱼，最好适当增加一天之中的投饵次数，提高饵料利用率。4月份每日投饵1～2次，5月每日3次（9：00，13：00，16：00），6～9月每日4次（9：00，12：00，14：00，16：00），10月每日3次，11月每日2～1次（即一日的投饵量分成上述次数投喂）。

（三）防止浮头和泛池

精养鱼池由于池水有机物多，故耗氧量大。当水中溶氧降低到一定程度（一般1mg/L左右），鱼类就会因水中缺氧而浮到水面，将空气和水一起吞入口内，这种现象称为浮头。浮头是鱼类对水中缺氧所采取的"应急"措施。吞入口内的空气在鱼鳃内分散成很多小气泡，这些小气泡中的溶氧便溶于鳃腔内的水中，使其溶氧相对增加，有助于鱼类的呼吸。因此浮头是鱼类缺氧的标志。随着时间的延长，水中溶氧进一步下降，靠浮头也不能提供最低氧气的需要，鱼类就会窒息死亡。大批鱼类因缺氧而窒息死亡，就称为泛池。泛池往往给养鱼者带来毁灭性的打击。俗话说："养鱼有二怕，一怕鱼病死，二怕鱼泛池。"而且泛池的突发性比鱼病严重得多，危害更大，素有"一忽穷"之称。如某市郊区4 000hm²鱼塘于1984年7月29日清晨几小时内泛池死鱼达425t，当时直接经济损失达100万元以上。为了防止鱼类泛池，首先要防止鱼类浮头。

1. 鱼类浮头的原因

（1）因上下水层水温差产生急剧对流而引起的浮头　炎夏晴天，精养鱼池色浓水肥，白天上下层溶氧差很大；至午后上层水产生大量氧盈，下层水产生很多氧债，由于水的热阻力上下水层不易对流。傍晚以后，如下雷阵雨或刮大风则表层水温急剧下降，上下水层急剧对流，上层水迅速对流至下层，溶氧很快被下层水中有机物耗净，整个池塘的溶氧迅速下降，造成缺氧浮头（图6-6）。

（2）因光合作用弱而引起的浮头　夏季如遇连绵阴雨或大雾，光照条件差，浮游植物光合作用强度弱，水中溶氧的补给少，而池中各种生物呼吸和有机物质分解都不断地消耗氧气，以致水

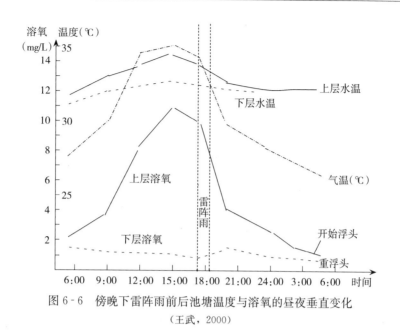

图 6-6 傍晚下雷阵雨前后池塘温度与溶氧的昼夜垂直变化
(王武, 2000)

中溶氧供不应求,引起鱼类浮头。

(3) 因水质过浓或水质败坏而引起的浮头　夏季久晴未雨,池水温度高,加之大量投饵,水质肥,耗氧大。由于水的透明度小,增氧水层浅,耗氧水层深,水中溶氧供不应求,就容易引起鱼类浮头。如不及时加注新水,水色将会转为黑色,此时极易造成水中浮游生物因缺氧而全部死亡,水色转清并伴有恶臭(俗称臭清水),则往往造成泛池事故。

(4) 因浮游动物大量繁殖而引起的浮头　春季轮虫或溞类大量繁殖形成水华(轮虫为乳白色,溞类为橘红色),它们大量滤食浮游植物。当水中浮游植物被滤食完后,池水清晰见底(渔民称"倒水"),池水溶氧的补给只能依靠空气溶解,而浮游动物的耗氧大大增加,溶氧远远不能满足水生动物耗氧的需要,引起鱼类浮头。

2. **预测浮头的方法**　鱼类浮头必有原因,也必然会产生某些现象,根据这些预兆,可事先做好预测预报工作。鱼类发生浮头前,可根据四个方面的现象来预测。

(1) 根据天气预报或当天天气情况进行预测　如夏季晴天傍晚下雷阵雨,使池塘表层水温急剧下降,引起池塘上下水层急速对流,容易引起严重浮头。夏秋季晴天白天吹南风,夜间吹北风,造成夜间气温下降速度快,俗称"南撞北",引起上下水层迅速对流,容易引起浮头。或夜间风力较大,气温下降速度快,上下水层对流加快,也易引起浮头。连绵阴雨,光照条件差,风力小、气压低,浮游植物光合作用减弱,致使水中溶氧供不应求,容易引起浮头。此外,久晴未雨,池水温度高,加以大量投饵,水质肥,一旦天气转阴,就容易引起浮头。

(2) 根据季节和水温的变化进行预测　如江浙地区 4~5 月水温逐渐升高,水质转浓,池水耗氧增大,鱼类对缺氧环境尚未完全适应。因此天气稍有变化,清晨鱼类就会集中在水上层游动,可看到水面有阵阵水花,俗称暗浮头。这是池鱼第一次浮头,由于其体质娇嫩,对低氧环境的忍耐力弱,此时必须采取增氧措施,否则容易死鱼。在梅雨季节,由于光照强度弱,而水温较高，浮游植物造氧少，加之气压低、风力小，往往引起鱼类严重浮头。又如从夏天到秋天的季节转换时期，气温变化剧烈，多雷阵雨天气，鱼类容易浮头。

(3) 观察水色进行预测　池塘水色浓，透明度小，或产生"水华"现象，如遇天气变化，容易造成池水浮游植物大量死亡，水中耗氧大增，引起鱼类浮头泛池。

(4) 检查鱼类吃食情况进行预测　经常检查食场，当发现饲料在规定时间内没有吃完，而又没有发现鱼病，那就说明池塘溶氧条件差，第二天清晨鱼要浮头。此外，可观察草鱼吃草情况。在正常情况下，一般看不到草鱼吃草，而只看到飘浮在水面的草在翻动，草梗逐渐往下沉，并可听到"嘎嘎"的吃草声。如果发现草鱼仅仅在草堆边上吃草，说明草堆下的溶氧已经很低。如发现草鱼衔着草在池中游动，想吃又吃不下，说明池水已经缺氧，即将发生浮头。

3. **防止浮头的方法**　发现鱼类有浮头预兆，可采取以下方法预防：

(1) 在夏季如果天气预报傍晚有雷阵雨，则可在晴天中午开增氧机。将溶氧高的上层水送至下层，事先降低下层水的耗氧量，及时偿还氧债。

(2) 如果天气连绵阴雨，则应根据预测，在鱼类浮头之前开动增氧机，改善溶氧条件，防止鱼类浮头。

(3) 如发现水质过浓，应及时加注新水，以增大透明度，改善水质，增加溶氧。

(4) 估计鱼类可能浮头时，根据具体情况，控制吃食量。鱼类在饱食情况下其基础代谢高、耗氧大、更容易浮头。如预测是轻浮头，饵料应在傍晚前吃净，不吃夜食。如天气不正常，预测会发生严重浮头，应立即停止投饵，已经投下去的草类必须捞出，以免鱼类浮头时妨碍浮头和注水。

4. **观察浮头和衡量鱼类浮头轻重的办法**　观察鱼类浮头，通常在夜间巡塘时进行。其办法是：

(1) 在池塘上风处用手电光照射水面，观察鱼是否受惊。在夜间池塘上风处的溶氧比下风处高，因此鱼类开始浮头总是在上风处。用手电光照射水面，如上风处鱼受惊，则表示鱼已开始浮头；如只发现下风处鱼受惊，则说明鱼正在下风处吃食，不会浮头。

(2) 用手电光照射池边，观察是否有螺、小杂鱼或虾类浮到池边。由于它们对氧环境较敏感，如发现它们浮在池边水面，螺有一半露出水面，标志着池水已缺氧，鱼类已开始浮头。

(3) 对着月光或手电光观察水面是否有浮头水花，或静听是否有"吧咕、吧咕"的浮头声音。

鱼类浮头后还要判断浮头的轻重缓急，以便采取不同的措施加以解救。判断浮头轻重，可根据鱼类浮头的时间、地点、浮头面积大小、浮头鱼的种类和鱼类浮头动态等情况来判别（表6-4）。

表6-4　鱼类浮头轻重程度判别

(张扬宗，1989)

浮头时间	池内地点	鱼类动态	浮头程度
早　上	中央、上风	鱼在水上层游动，可见阵阵水花	暗浮头
黎　明	中央、上风	罗非鱼、团头鲂、野杂鱼在岸边浮头	轻
黎明前后	中央、上风	罗非鱼、团头鲂、鲢、鳙浮头，稍受惊动即下沉	一般

(续)

浮头时间	池内地点	鱼类动态	浮头程度
半夜2~3时以后	中央	罗非鱼、团头鲂、鲢、鳙、草鱼或青鱼（如青鱼饵料吃得多）浮头，稍受惊动即下沉	较重
午夜	由中央扩大到岸边	罗非鱼、团头鲂、鲢、鳙、草鱼、青鱼、鲤、鲫鱼浮头，但青、草鱼体色未变，受惊动不下沉	重
午夜至前半夜	青、草鱼集中在岸边	池鱼全部浮头，呼吸急促，游动无力，青鱼体色发白，草鱼体色发黄，并开始出现死亡	泛池

表6-4是在正常情况下鱼类浮头模式。如果青鱼或草鱼在饱食情况下会比鲢、鳙先浮头。此外，罗非鱼对缺氧条件最为敏感，但该鱼的耐低氧能力很强，故渔民称其为"浮得早、浮不死"的鱼。

5. 解救浮头的措施 发生浮头时应及时采取增氧措施。如增氧机或水泵不足，可根据各池鱼类浮头情况区分轻重缓急，先用于重浮头的池塘（但暗浮头时必须及时开动增氧机或加注新水）。从开始浮头到严重浮头这段时间与当时的水温有关。水温低，则这段时间长一些，反之则短些。一般水温在22~26℃时开始浮头后，可拖延2~3h增氧还不会发生危险。水温在26~30℃开始浮头1h应立即采取增氧措施。否则，青鱼、草鱼已分散到池边，此时再行冲水或开增氧机，鱼不易集中在水流处，就容易引起死亡。必须强调指出，由于池塘水体大，用水泵或增氧机的增氧效果比较慢。以出水量60t/h的潜水泵（2.2kW）为例，对水深2.5m的0.33hm²鱼池（约8 200t水）加水，假设水泵出水口的溶氧已接近饱和度（约7mg/L）计算，要使整个池水增加1mg/L溶氧，在不扣除耗氧的前提下，就需连续加水20h。增氧机解救浮头效果一般比水泵好一些，但两者没有根本的区别。浮头后开机、开泵，只能使局部范围内的池水有较高的溶氧，此时开动增氧机或水泵加水主要起集鱼、救鱼的作用。因此，水泵加水时，其水流必须平行水面冲出，使水流冲得越远越好，以便尽快把浮头鱼引集到这一路溶氧较高的新水中以避免死鱼。在抢救浮头时，切勿中途停机、停泵，否则会加速浮头死鱼。一般开增氧机或水泵冲水需待日出后方能停机停泵。

发生严重浮头或泛池时，也可用化学增氧方法，其增氧救鱼效果迅速。具体药物可采用复方增氧剂。其主要成分为过碳酸钠（$2Na_2CO_3 \cdot H_2O_2$）和沸石粉，含有效氧为12%~13%。使用方法以局部水面为好，将该药粉直接撒在鱼类浮头最严重的水面，浓度为30~40mg/L，一次用量每666.7m²为46kg，一般30min后就可平息浮头，有效时间可保持6h。但该药物需注意保存，防止潮解失效。

6. 发生鱼类泛池时应注意的事项

（1）当发生泛池时，属于纺锤体型的青鱼、草鱼、鲤大多搁在池边浅滩处；体型稍扁的鲢、鳙、团头鲂浮头已经十分乏力，鱼体与水面的角度由浮头开始时的15°~20°变为45°~60°，此时切勿使鱼受惊。否则受惊后一经挣扎，浮头鱼即冲向池中而死于池底。因此，池边严禁喧哗，人不要走近池边，也不必去捞取死鱼，以防浮头鱼受惊死亡。只有待开机开泵后，才能捞取个别未被流水收集而即将死亡的鱼,可将它们放在溶氧较高的清水中抢救。

(2) 通常池鱼窒息死亡后,浮在水面的时间不长,即沉于池底。如池鱼窒息时挣扎死亡,往往未经浮于水面就直接沉于池底。此时沉在池底的鱼尚未变质,仍可食用。隔了一段时间(水温低时约一昼夜后,水温高时10~12h)后死鱼再度上浮,此时鱼已腐烂变质,无法食用。根据渔民经验,泛池后一般捞到的死鱼数仅为整个死鱼数的一半左右,即还有一半死鱼已沉于池底。为此,应等浮头停止后,及时拉网捞取死鱼或工作人员下水摸取死鱼。

(3) 鱼场发生泛池时,应立即组织两支队伍:一部分人专门负责增氧、救鱼和捞取死鱼等工作,另一部分人负责鱼货销售,准备好交通工具等,及时将鱼货处理好,以挽回一部分损失。

(四) 增氧机的使用及其效果

1. 增氧机的种类和作用 增氧机是一种比较有效的改善水质、防止浮头、提高产量的专用养殖机械。目前我国已生产喷水式、水车式、管叶式、涌喷式、射流式和叶轮式等类型的增氧机。增氧机具有增氧、搅水和曝气等三方面的作用。它们虽然在运转过程中同时完成,但在不同情况下,则以一个或两个作用为主。从改善水质防止浮头的效果看,以叶轮式增氧机最合适,在食用鱼池中也大多采用叶轮式增氧机。

(1) **叶轮式增氧机** 该机运用搅拌水体和曝气原理增加水中的溶氧量,它具有增氧效果好、动力效率高的特点,一般能向水中增氧1.0~1.5kg/(kW·h)。使用时整机浮在池塘中央并用绳索系牢于池边。工作时叶轮旋转,搅拌水体,产生提水和推水的混合作用,促使水体上下对流,将表层富氧水送到底层,把缺氧的底层水向上提升,使整个水体的溶氧趋向均衡。当增氧机负荷水面较大,例如$0.1\sim0.2hm^2$/(kW·h)时,其平均分配于池塘整个水体的增氧值并不高。因此,对于池塘大水体而言,实际增氧效果在短期内并不显著,只能在增氧机水跃圈周围保持一个溶氧较高的区域,使鱼群集中在这一范围内,达到救鱼的目的。为发挥增氧机的增氧效果,应运用预测浮头的技术,在夜间鱼类浮头前开机,可防止池水溶氧进一步下降。至天亮因浮游植物光合作用,溶氧开始上升时才能停机。生产上可把2mg/L溶氧作为开机警戒线,把罗非鱼或野杂鱼浮头作为开机的生物指标。如增氧机负荷水面小,例如$0.05\sim0.08hm^2$/(kW·h),则池水增氧效果较明显。

叶轮式增氧机还具有曝气作用,该机运转时,通过水跃和液面更新,将水中的溶解气体逸出水面。其逸出的速度与该气体在水中的浓度成正比。即某一气体在水中浓度越高,开机后就越容易逸到空气中去。因此,开机后下层水积累的硫化氢、氨等有害气体的逸出速度大大加快,此时在增氧机下风处可闻到一股腥臭味。中午开机也可加速上层水溶氧的逸出速度,但由于其搅水作用强,故溶氧逸出量并不高,大部分溶氧仍通过增氧机输送至下层。

(2) **水车式增氧机** 该机工作时桨叶高速击水把空气搅入水中以达到增氧目的。适合于在水较浅的池塘中使用,它不会搅动底泥,能保持池水清爽,其增氧动力效率一般为180g/(kW·h)。

(3) **喷水式增氧机** 该机利用水泵把水送入装在鱼池中部和岸边的喷头,使水喷出并呈雨状降下,借此与空气接触达到增加水中溶氧的目的。该机同样只适用于水浅的小鱼塘使用,其增氧动力效率是130g/(kW·h)。

(4) 射流式增氧机　这种增氧机由潜水泵和射流管配套组合而成。工作时，水泵里的水从射流管内的喷嘴高速射出，产生负压，吸入空气，水和空气在混合室里混合，然后由扩散管压出，溶氧就会随着直线方向的水流扩散。由于这种增氧机在水面下没有转动的机械，不会伤害鱼体，很适合养鱼密度大的深水鱼池使用。其增氧动力效率为 $380 \sim 1\,420 g/(kW \cdot h)$。

(5) 充气式增氧机　主机是空气压缩机或鼓风机。当空气加压后通过水底安装的砂滤芯或微孔塑料管时，排出微小气泡，在气泡上升的过程中，一部分氧气溶入水中，形成水体运动。该机适合于深水鱼池使用，其增氧动力效率为 $230 g/(kW \cdot h)$。

2. 增氧机的合理使用　增氧机目前在全国各地的精养鱼池中普遍使用，但要避免"不见浮头不开机"的不合理使用方法，以免增氧机变成"救鱼机"，不能充分发挥增氧机的生产潜力。为使增氧机从"救鱼机"变成"增产机"，应采取如下方法：

(1) 针对不同天气引起缺氧的主要原因，根据增氧机的作用原理，适时地使用增氧机　晴天早晨缺氧主要是头天白天上下水层溶氧垂直变化大，而白天下层水温低，密度大，上层水温高，密度小，上下水层无法及时对流，上层超饱和氧气未能利用就逸出水面而白白浪费掉；而下层耗氧因子多，待夜间表层水温下降、密度增大引起上下水层对流时，往往容易使整个水层溶氧条件恶化而引起浮头。晴天中午开机，就是将生物造氧和机械输氧相结合，利用增氧机的搅水作用人为克服水的热阻力，将上层浮游植物光合作用产生的大量过饱和氧气输送到下层去。此时上层水的溶氧量虽比开机前低，但下午经藻类光合作用，上层溶氧仍可达饱和。到夜间池水自然对流后，上下水层溶氧仍可保持较高水平，可在一定程度上缓和或消除鱼类浮头的威胁。

晴天中午开机不仅可防止或减轻鱼类浮头，而且也可促进有机物的分解和浮游生物的繁殖，加速池塘内的物质循环。因此，在鱼类主要生长季节，必须抓住每一个晴天，坚持在中午开增氧机，充分利用上层水中过饱和氧气。

由于浮游植物光合作用不强，造氧少、耗氧高，阴天、阴雨天常缺氧，以致溶氧供不应求而引起鱼类浮头。此时必须充分发挥增氧机的作用，运用预测浮头的技术，及早增氧。必须在鱼类浮头以前开机，直接提高溶氧低峰值，防止和解救鱼类浮头。晴天傍晚开机，使上下水层提前对流，反而增大耗氧水层和耗氧量，其作用与傍晚下雷阵雨相似，容易引起浮头。阴天、阴雨天中午开机，不但不能增加下层水的溶氧，反而会降低上层浮游植物的造氧作用，增加池塘的耗氧水层，加速下层水的耗氧速度，极易引起浮头。所以说晴天傍晚和阴雨天中午开机是开"浮头机"。

(2) 必须结合当时养鱼的具体情况，运用预测浮头的技术，合理使用增氧机　增氧机的开机时机和运转时间长短与气候、水温、池塘条件、投饵施肥量、增氧机的功率大小等因子有关，应结合当时的养鱼具体情况，根据池塘溶氧变化规律灵活掌握。如水质过肥时，可采用晴天中午和清晨相结合的开机方法，以改善池水氧气条件。

可依据下述原则选择最适开机时间：晴天中午开，阴天清晨开，连绵阴雨半夜开，傍晚不开，浮头早开，鱼类主要生长季节坚持每天开。运转时间可采用：半夜开机时间长，中午开机时间短；天气炎热、面积大或负荷水面大，开机时间长，天气凉爽、面积小或负荷水面小开机时间短。

3. 增氧机的增产效果　合理使用增氧机后，在生产上有以下作用：充分利用水体；提高水温；预防浮头；解救浮头，防止泛池；加速池塘物质循环；稳定水质；增加鱼种放养密度和增投饵施肥量,从而提高产量;有利于防治鱼病等。研究结果表明,在相似的条件下,使用增氧机的池塘比对照池净产增长 14% 左右。

(五) 采用水质改良机,充分利用塘泥

水质改良机具有抽水、吸出塘泥向池埂饲料地施肥、使塘泥喷向水面、喷水增氧等功能。该机增氧、搅水、曝气以及解救浮头的效果比叶轮增氧机低,但它在降低塘泥耗氧,充分利用塘泥,改善水质,预防浮头等方面的作用优于叶轮增氧机,而且它能一机多用(抽水、增氧、吸泥、喷泥等),使用效率比增氧机高。

1. 水质改良机的作用原理和效果

(1) 改善池塘溶氧条件　该机主要以降低池塘有机物耗氧来改善溶氧条件。其降低耗氧的作用原理与叶轮增氧机相似。晴天中午开增氧机是将上层高氧水输送至下层,降低下层水的氧债;水质改良机在晴天中午喷塘泥,是将下层氧债的制造者——塘泥喷到空气和表层高氧水中,利用产生氧债的物质在高氧条件下具有爆发性耗氧的特点,促使其氧化分解,使有毒气体迅速逸出,并可消除水的热阻力,使上层过饱和氧气及时地对流至下层。

(2) 提高池塘生产力　池塘喷泥后,原淤积在塘泥中的营养物质再循环,塘泥中有机物质分解大大加快,水中营养盐类明显增加;塘泥颗粒下沉时与细菌、悬浮及溶解有机物的碰撞频率大大增加,絮凝速度加快,水中细菌、悬浮及溶解有机物等絮凝成可供滤食性鱼类利用的团块状;同时,这些絮凝物的下沉又使水的透明度增加,池水的补偿深度相应增大,其增氧水层增大,改善了池水的溶氧条件。此外,大量埋在塘泥中的轮虫休眠卵因喷泥而上浮或沉积于塘泥表层,可促进轮虫冬卵的萌发,使轮虫数量大大增加。可见,喷泥后,使原来陷落在"能量陷阱"塘泥中的能量重新释放出来,提高了能量利用率。水中营养物质增加,浮游植物大量繁殖,池水溶氧条件的进一步改善,为建立池塘良性生态系统创造了条件。如此循环往复,既改善了水质,又提高了池塘生产力。

2. 水质改良机的使用方法　使用水质改良机喷泥要具备两个条件:一是池水浮游植物达到一定数量,一般要求藻类干重在 0.032g/L 以上或 3 000 万个/L 以上。二是白天天气晴朗,一般要求白天最大幅照度在 5 万 lx 以上,以维持足够的能量,用于藻类的光化学反应。故喷泥或吸泥应选择晴天或晴到多云天气进行。如果池水浮游植物数量少,应先施磷肥或其他无机肥料,待浮游植物大量繁殖后再行喷泥。鱼池喷泥应选择晴天中午喷泥 2h,最迟应在 15:00 以前结束,喷泥面积不超过池塘面积的 1/2,以防止耗氧过高。如上午晴天,下午转阴,就不能喷泥。否则,至傍晚上层溶氧仍回升很少,夜间对流后,池鱼易浮头。为保持池塘良性循环的生态系统,必须减少塘泥和经常降低塘泥中的氧债,提高池塘物质循环强度。为此应在鱼类主要生长季节每月吸一次塘泥,作为塘边饲料地的肥料;每隔 5~7d 喷一次塘泥,并根据当时的天气、水质和塘泥多少确定喷泥间隔和运转时间。

八、池塘养鱼的主要模式

自 1958 年"八字精养法"概念模型提出后,我国各地将其原则与当地具体条件结合,开发

出了各具特色的养殖模式；同时，在实践过程中对"八字精养法"不断进行充实提高，赋予现代化的内容，特别是在很好地解决了"种"和"饵"问题后，对很多特种鱼类的混、密、轮进行了新的调整。

我国地域辽阔，各地自然条件、养殖对象、饵料来源等均有较大差异，因而各自形成了一套适合当地特点的精养模式，现将最近40多年来各地开展的池塘食用鱼精养的主要类型简介如下。

1. 以草鱼为主养鱼的混养类型

（1）主要对草鱼（还包括团头鲂）投喂青饲料，利用其粪便肥水，产生大量腐屑和浮游生物，带养鲢、鳙。由于青饲料容易解决，成本较低，长期以来是我国最为普遍的一种混养类型（表6-5）。

表6-5　以草鱼为主养鱼666.7m² 净产500kg 放养收获模式（上海郊区）

（王武，2000）

鱼类	放养			成活率（%）	收获		
	规格（g）	尾数	重量（kg）		规格	毛产量（kg）	净产量（kg）
草鱼	500～750 100～150 早繁苗 10	65 90 150	40 11 1.5	52.5	95 85 70	2kg以上 500～750g 100～150g	106 45　164 13	111.5
团头鲂	50～100 10～15	300 500	22 6	28	90 70	250g以上 50～100g	68 26　94	66
鲢	100～150 夏花	300 400	33 0.5	33.5	95 80	750g以上 100～150g	170 35　205	171.5
鳙	100～150 夏花	100 150	13	13	95 80	1kg以上 100～150g	57 15　72	59
鲫	25～50 夏花	500 1 000	14 1	15	95 60	250g以上 25～50g	71 16　87	72
鲤	35	30	1		95	750g以上	21	20
总计	—	—	143		—	—	643	500

该种放养模式的特点是：①放养大规格鱼种。其来源主要由本塘套养解决。一般套养鱼种占总产量的15%～25%，本塘鱼种自给率在80%以上。②以草类作为主要饲料投喂。每666.7m²净产250kg以下一般只施基肥，不追施有机肥；每666.7m²净产500kg以上的主要在春、秋两季追施有机肥料，在7～10月份轮捕2～3次。③鲤放养量要少，放养规格适当大些。因为动物性饲料量少，故鲤放养不能多；放养大规格鲤鱼种便于及时上市。由于鲫价格比鲤高，有些地区采取"以鲫代鲤"的做法，即不放养鲤，而增加异育银鲫等优良鲫种的放养量，鲫的放养量可增至1.5～2.0倍。

（2）主要对草鱼和团头鲂等投喂全价配合饲料，利用草鱼、鲂的粪便肥水，同时养殖鲢、鳙、鲫（表6-6）。

表 6-6 以草鱼和鲢为主养鱼 666.7m² 净产 750kg 放养收获模式（武汉郊区）

鱼类	放养			收获		
	规格（g）	尾数	重量（kg）	规格	毛产量（kg）	净产量（kg）
草鱼	1 500 左右 100～150	80 85	120 10	5kg 以上 2～5kg 500～750g 500g 以下	85.5 134.7 96.1 20.7	337	207
鲫	250～280 35～40	120 285	24 12	400g 以上 250～400g 100～250g	65.5 25.6 35.9	127	91
青鱼	1 000 左右 150 左右	25 13	26 2	3kg 以上 1.5～2kg 1.5kg 以下	5.8 11.6 57.4	74.8	46.8
团头鲂	50～100	300	20	500g 以上 350～400g	30.7 113.7	144.4	124.4
鲢	50 左右	360	15	750g 以上 100～150g	193.9 56.6	250.5	235.5
鳙	250～300	35	10	1kg 以上 500～1 000g	33.4 23.8	57.2	47.2
黄颡鱼	100 左右		0.1	150g 左右	6	6	5.9
总 计	—	—	239.1		996.9		757.8

该种放养模式的特点是：①放养大规格鱼种。②以配合饲料作为主要饲料投喂，适当补充青饲料，有条件的地方也可加大青饲料的比例。一般不施基肥。③黄颡鱼放养量较少，放养规格适当大些，以便于尽早上市。

2. 以鲢和鳙为主养鱼的混养类型　以滤食性鱼类鲢、鳙为主养鱼，适当混养其他鱼类，特别重视混养以有机碎屑为食的罗非鱼和鲴类等。饲养过程中主要施有机肥料。由于养殖周期短，有机肥料来源丰富，故成本较低。但这种模式下生产的优质鱼类比例偏低。目前该养殖类型下已逐步增加了优质鱼类的放养量（表 6-7）。

该种混养模式的特点是：①鲢、鳙放养量占 70%～80%，毛产量占 50%～60%，其大规格鱼种采用成鱼池套养解决。鲢、鳙鱼种从 5 月份开始轮捕后，即补放大规格鱼种，其补放鱼种数量与捕出数大致相等。②一般较大池塘（6 667～20 010m²）适宜施用有机肥料肥水。③为改善水质，充分利用有机碎屑，重视混养以有机碎屑为食的鱼类如罗非鱼、鲴类等，它们比鲤、鲫更能充分地利用池塘施有机肥后形成的饵料资源。④实行鱼、禽、畜、农结合，开展综合养鱼。如湖南衡阳的"鱼、猪、菜"三结合，江苏南京的"鱼、禽、菜"三结合，对废物进行合理的再利用，提高了能源利用率，并且保持了生态平衡。

表6-7 以鲢和鳙为主养鱼666.7m² 净产600kg放养收获模式（湖南衡阳）

（张扬宗，1989）

鱼类	放养			成活率（%）	收获（kg）		
	规格（g）	尾数	重量（kg）		规格	毛产量	净产量
鲢	200 5～8月放50	300 350	60 17	77 98 90	0.8 0.2	235 62	297 220
鳙	200 5～8月放50	100 120	20 6	26 98 95	0.8 0.2	78 23	101 75
草鱼	160	50	8	80	1.0	40	32
团头鲂	60	50	3	90	0.35	16	13
鲤	50	30	1.5	90	0.8	21.5	20
鲫	25	200	5	90	0.25	45	40
银鲴	5	1 000	5	80	0.1	80	75
罗非鱼	10	500	5		0.25	130	125
总计			130.5			730.5	600

注：先放养200g鲢、鳙鱼种，待生长到上市规格轮捕后，再陆续补放50g的鲢、鳙鱼种，一般全年轮捕6～7次。

3. 以草鱼和青鱼为主养鱼的混养类型 这是江苏无锡渔区的典型养殖模式（表6-8）。

表6-8 以草鱼和青鱼为主养鱼666.7m² 净产750kg放养收获模式（江苏无锡）

（王武，2000）

鱼类		放养				成活率（%）	收获（kg）		
		月	规格（g）	尾数	重量（kg）		规格	毛产量	净产量
草鱼	过池 过池 冬花	1～2 1～2 1～2	500～750 150～250 25	60 70 90	37 14 2.5	95 90 80	2以上 0.5～0.75 0.15～0.25	120 37 14	117.5
青鱼	过池 过池 冬花	1～2 1～2 1～2	1 000～1 500 250～500 25	35 40 80	37 15 2	95 90 50	4以上 1～1.5 0.25～0.5	140 37 15	138
鲢	过池 冬花 春花	1～2 1～2 7	350～450 100 50～100	120 150 130	48 12 10	95 90 95	0.75～1.0 1.0 0.35～0.45	100 135 48	213
鳙	过池 冬花 春花	1～2 1～2 7	350～450 100 50～100	40 50 45	16 6.5 3.5	95 90 90	0.75～12 1.0 0.35～0.45	40 45 16	75
团头鲂	过池 冬花	1～2 1～2	150～200 25	200 300	35 7.5	85 70	0.35～0.4 0.15～0.2	60 35	52.5
鲫	冬花 冬花 夏花	1～2 1～2 7	50～100 30 4cm	500 500 1 000	40 15 1	90 80 50	0.15～0.25 0.15～0.25 0.05～0.1	90 80 40	154
总计					302			1 052	750

该混养类型的特点是：①草鱼和青鱼的放养量较接近。②同种异龄混养。放养种类和规格多（通常在15档以上），密度高，放养量大。③以成鱼池套养培养大规格鱼种，成鱼池鱼种自给率达80%以上。④以投天然饵料和施有机肥料为主，辅以青饲料和颗粒饲料的投喂。⑤自7～9月轮捕2～3次，6月补放鲢、鳙春花为暂养于鱼种池的鱼种。⑥实行"鱼、禽、畜、农"结合，"渔、工、商"综合经营，成为城郊"菜篮子工程"的重要组成部分和综合性的副食品供应基地。

4. 以青鱼为主养鱼的混养类型

（1）主要对青鱼投喂螺、蚬等贝类，利用青鱼的粪便和残饵饲养鲫、鲢、鳙、鲂等鱼类（表6-9）。放养量较小，而青鱼经济价值高，深受消费者喜爱。但是由于其天然饵料贝类资源量少，限制了该养殖类型的发展。

表6-9 以青鱼为主养鱼666.7m² 净产750kg放养收获模式（江苏吴县）

（张扬宗，1989）

鱼类	放养			成活率（%）	收获（kg）		
	规格(g)	尾数	重量(kg)		规格	毛产量	净产量
青鱼	1 000～1 500	80	100	98	4～5	360	355.5
	250～500	90	35	90	1～1.5	100	
	25	180	4.5	50	0.25～0.5	35	
鲢	50～100	200	15	90	1以上	200	185
鳙	50～100	50	4	90	1以上	50	46
鲫	50	500	25	90	0.25以上	125	124
	夏花	1 000	1	50	0.05	25	
团头鲂	25	80	2	85	0.35以上	26	24
草鱼	250	10	2.5	90	2	18	15.5
总计			189			939	750

（2）目前青鱼配合饲料已研制成功，生产上初见成效，表6-10是江西、湖北利用配合饲料主养青鱼666.7m² 净产1 000kg的放养收获模式。

表6-10 以青鱼为主养鱼666.7m² 净产1 000kg放养收获模式（江西、湖北）

鱼类	放养			成活率（%）	收获（kg）		
	规格(g)	尾数	重量(kg)		规格	毛产量	净产量
青鱼	25～50	120	8	80	1～1.5	125	117
	50～150	100	20	90	1.5～3	210	190
	1 000～1 500	80	100	90	4～5	338	238
鲢	50～150	300	30	90	1以上	270	240
鳙	100～250	40	10	90	1.5以上	55	45

(续)

鱼 类	放养			成活率 (%)	收获（kg）		
	规格（g）	尾数	重量（kg）		规 格	毛产量	净产量
团头鲂	50～100	300	22.5	85	0.5 左右	140	117.5
鲫	50～100	200	30	95	0.3～0.5	75	45
黄颡鱼	12.5 左右	200	2.5	50	0.1～0.25	10	7.5
总 计			223			1 223	1 000

该混养类型的特点是：①要求池塘水深在 2.2m 以上。②必须使用高档配合饲料。③青鱼小规格鱼种尽量小（50g 左右），年底长至 1.0～1.5kg，翌年作为大规格鱼种继续饲养。④养殖过程中捕出达到上市规格的鲢和团头鲂。⑤如果条件允许，对青鱼进行轮捕。⑥可根据当地市场行情选择套养适量鳜或乌鳢等肉食性鱼类。

5. 以鲮和鳙为主养鱼的混养类型　该类型是珠江三角洲普遍采用的一种养殖模式（表 6-11）。

表 6-11　以鲮和鳙为主养鱼 666.7m² 净产 750kg 放养收获模式（广东顺德）

（王武，2000）

鱼 类	放养			收获（kg）		
	规格（g）	尾数	重量（kg）	规 格	毛产量	净产量
鲮	50 25.5 15	800 800 800	48 24 12	0.125 以上捕出	360	276
鳙	500 100	40×5 40	100 4	1 以上捕出	226	122
鲢	50	60×2	6	1 以上捕出	106	100
草鱼	500 40	100 200	60 8	1.25 以上 0.5 以上	125 100	157
鲫	50	100	5	0.4 以上	40	35
罗非鱼	2	1 000	2	0.4 以上	42	40
鲤	50	20	1	1 以上	21	20
总 计					1 020	750

该混养模式具有以下主要特点：①鱼产品要求均衡上市，常年供应。特别是鳙要求的食用规格和数量均较大，因此采用多级轮养法及时提供足量大规格鱼种。②鳙一般每年放养 4～6 次。鲢第一次放养 50～70 尾，待鳙收获时，将达到 1kg 的鲢捕出。通常捕出数量与补放数相等。③鲮依据大、中、小 3 档规格依次确定放养密度，依次分批捕捞出塘。因鲮饲料容易解决，耐肥

能力强，食用规格较小，其肉味鲜美，售价较廉，故深受群众喜爱。④在饲养管理中，投饵与施肥并重。⑤养鱼与蚕桑或甘蔗（或花卉）相结合。在鱼池堤埂上或附近普遍种植桑树或甘蔗（或花卉），即所谓桑基鱼塘或蔗基鱼塘（或花基鱼塘），是一种综合经营的好形式，也是珠江三角洲养鱼的重要特色。蚕粪是养鱼的优质肥料，蚕蛹是鱼的动物性饲料之一，甘蔗叶等可作为草鱼的青饲料；而塘泥则是桑树和甘蔗（或花卉）的优质肥料。按循环经济的要求发展渔业生产，促进生态效益和社会效益的提高。⑥经营管理细致。为保证产品均衡上市，各级鱼种池和成鱼池生产上环环紧扣，密切配合。

6. 以鲤为主养鱼的混养类型 我国北方地区人民喜食鲤，加其苗种来源远比草鱼、鲢、鳙容易解决，故很多采用以鲤为主养鱼的混养类型，表 6-12 就是一例。

表 6-12 以鲤为主养鱼 666.7m² 净产 500kg 放养收获模式（辽宁宽甸）

（王武，2000）

鱼类	放养			成活率（%）	收获（kg）		
	规格（g）	尾数	重量（kg）		规格	毛产量	净产量
鲤	100	650	65	65	0.75	440	375
鲢	40 夏花	150 200	6	96 81	0.7 0.04	101 6.5	101.5
鳙	50 夏花	30 50	1.5	100 80	0.75以上 0.05	22.5 2	23.5
总计			72.5			572	500

这种混养类型的主要特点是：①鲤放养量占总放养重量的 90% 左右，产量占总产量的 75% 以上。②由于北方鱼类的生长期较短，要求放养大规格鱼种。鲤由 1 龄鱼种池供应，鲢、鳙由原池套养夏花解决。③以投鲤配合饲料（颗粒料）为主，养鱼成本较高。④近年来该混养类型已搭配异育银鲫、团头鲂等鱼类，并适当增加鲢、鳙的放养量，以扩大混养种类，充分利用池塘饵料资源，提高经济效益。

7. 以杂交鳢为主养鱼的混养类型 主要是对杂交鳢（乌鳢♂×斑鳢♀）投喂冰鲜鱼或配合饲料，其中投喂配合饲料效果更好。表 6-13 是广东顺德杏坛利用配合饲料主养杂交鳢的一种混养类型。

表 6-13 以杂交鳢为主养鱼 666.7m² 净产 2 000kg 放养收获模式（广东顺德）

鱼类	放养			成活率（%）	收获（kg）		
	规格（g）	尾数	重量（kg）		规格	毛产量	净产量
杂交鳢	0.2	6 250	1.25	75.8	0.3~0.75	1 920	1 919
鲢	150~250	25	5.0	100	1.0	25	20
鳙	250~400	60	18.75	96.0	1.25	75	56

（续）

鱼类	放养			成活率（%）	收获（kg）		
	规格（g）	尾数	重量（kg）		规格	毛产量	净产量
鲫	50	450	22.5	97.2	0.2	87.5	65
总计		6 785	47.5			2 107.5	2 060

该种养殖模式的特点是：①尽早放养杂交鳢鱼种，保证生长期在200d左右。②合理密养更有利于杂交鳢的抢食和生长，主养对象杂交鳢放养密度在每666.7m² 6 500尾左右较适宜。③杂交鳢放养规格力求一致，及时合理投喂冰鲜鱼和配合饲料，防止杂交鳢大小个体的残食。④适当放养鲫利用残饵，放养鲢、鳙抑制有害藻类的生长；同时勤开增氧机，并定期用微生物制剂调节水质。⑤由于是高密度养殖，要特别注意防病，可定期用"保肝宁"、"酵母粉"、"三黄粉"等拌饵投喂。

8. **以斑点叉尾鲴为主养鱼的混养类型** 在网箱养殖空间日益受到限制的情况下，斑点叉尾鲴池塘养殖受到重视，该类型必须全程投喂优质全价配合饲料才能获得较好的效益。表6-14是湖北潜江广华池塘主养斑点叉尾鲴的一种混养类型。

表6-14 以斑点叉尾鲴为主养鱼666.7m² 净产1000kg放养收获模式（湖北潜江）

鱼类	放养			成活率（%）	收获（kg）		
	规格（g）	尾数	重量（kg）		规格（kg）	毛产量	净产量
斑点叉尾鲴	50~75	875	48	85.5	0.75以上	585	537
鲢	150~250	308	51	95.8	1.0~1.5	358	307
鳙	65~90	62	5	93.5	1.0~1.5	62.5	57.5
团头鲂	50左右	100	5	92.0	0.6~0.75	58	53
鲫	25左右	1 000	25	95.2	0.06~0.08	72.5	47.5
草鱼	100左右	5	0.5	40.0	1.75左右	3.5	3
青鱼	100左右	2	0.2	100	2.1	4.2	4
总计		2 352	134.7			1 143.7	1 009

该种养殖模式的特点是：①合理密养更有利于斑点叉尾鲴的抢食和生长，但密度过高时生长放慢，且由于中途水质恶化严重，发病率较高。所以其10~20cm鱼种每666.7m²放养密度在1 000~2 000尾较适宜。②鱼种下塘后及早驯食，食用鱼养殖一般使用蛋白质含量在28%以上的斑点叉尾鲴专用饲料。③一般10~15d向鱼池加注新水一次，天气干旱时，应增加注水次数。也可结合使用水质改良药物和生物制剂，避免水质恶化造成疾病的发生。④如果鲫上市规格偏小则将其放养密度减小，直至减小到每666.7m²50~80尾。⑤可适当增加黄颡鱼的放养量以提高经济效益。

9. **以鲻为主养鱼的混养类型** 淡水池塘中，鲻常与四大家鱼、鲤、鲫、鲂及罗非鱼等鱼类中的几种混养，同时配养一些海淡水均能适应的其他鱼类。表6-15是南方池塘主养鲻的一种混养类型。

表 6-15　以鲻为主养鱼 666.7m² 产 300kg 放养收获模式

(雷霁霖，2005)

放养品种	规　格	每 666.7m² 放养尾数	养殖次数	收获规格 (kg/尾)	产量 (kg)
鲻	5～6cm	250～300	1	0.5～0.6	125
草鱼	0.25～0.5kg/尾	100～150	2	1.25	125
鳙	0.5kg/尾	25	2	1.25	30
黄鳍鲷	10～12cm	150～200	1	0.25	20
鲈	5～6cm	10～25	1	0.75	10
总计					310

该种养殖模式的特点是：①早放苗，生长期长以利于提高产量，例如广东一般在 2～3 月放养鲻。②淡水池塘中与鲢、鲤混养时，每 666.7m² 放养 4cm 鲻鱼种 300 尾左右，搭配 14～16cm 鲢鱼种 300 尾，16～18cm 鲤鱼种 50 尾。③一般施用有机肥以增加天然饵料，施肥时以水色经常保持褐色带绿色为宜。④混养池中一般不必单独投喂鲻饲料，也可将花生麸、米糠、豆饼、酒糟等与泥土混合投喂。⑤夏秋季防止鱼类浮头，并在池角搭一定面积的遮阳棚供鲻避暑。

10. 以遮目鱼为主养鱼的混养类型　遮目鱼可在海水或淡水水域与多种鱼类进行混养，或与对虾混养，养殖条件简单易行。表 6-16 是在深水池中与对虾混养的一种模式。

表 6-16　遮目鱼与南美白对虾混养 666.7m² 净产 400kg 放养收获模式（广东湛江）

(黎祖福，2006)

品　种	混养日期	放养量 (万尾)	放养规格		收　获					饲料系数
			平均体长 (cm)	平均体重 (g)	尾数 (尾)	重量 (kg)	平均体长 (cm)	平均体重 (g)	成活率 (%)	
遮目鱼	04.10 至 08.20	2.0	3.5	1.351	1 496	102.8	16.5	62.0	74.8	2.33
南美白对虾	04.10 至 08.20	20	1.2	0.026	14 620	307.4	11.4	19.8	73.1	2.33
总计		22.0				410.2				

该种养殖模式的特点是：①虾苗下池前用肥水育藻剂肥水，为虾苗提供适口饵料。②虾苗驯食后主要根据鱼虾不同生长阶段投喂不同规格的配合饲料。③配备一定数量的增氧机，在养殖中后期适当换水和开机增氧。④适当放养鲫利用残饵，放养鲢、鳙抑制有害藻类的生长；同时勤开增氧机，并定期用微生物制剂调节水质。⑤由于是高密度养殖，要特别注意防病，可定期用"保肝宁"、"酵母粉"、"三黄粉"等拌饵投喂。⑥遮目鱼可在对虾轮捕后再养 2 个月以达到 400g 以上的大规格。

第二节　水库、湖泊养鱼

在湖泊、水库等大水面通过向这些水体投放鱼种进行鱼类养殖，当它们生长达到食用鱼规格时进行捕捞，以获得鱼产品，这种养殖方式的特点是鱼类的生长及其群体的生产量全部（或主要）依靠水体中的天然饵料资源。根据人为干预的程度不同分为粗放式养殖和集约化养殖两大类。

一、合理放养的涵义

粗放养殖的核心问题是"合理放养"。一个养殖水体的鱼产量是许多因素综合作用的结果，但要实现高产、高效的关键技术集中为"合理放养"。它包括合理的放养对象、确定放养种类间的合理比例、合理的放养数量（密度）和良好的鱼种规格（质量）等。虽然各种水体条件千差万别，然而合理放养的原理则是普遍适用的，只不过其技术重点视水体条件而有所不同而已。

二、放养对象的选择

1. **放养对象和水体的要求**　一方面，放养对象对水体的基本要求是水体的物理化学性状适应放养对象的生存，而且水体的饵料基础能保障放养对象形成相当大的种群生物量。另一方面，为了充分发挥水库、湖泊的生产能力和保证产品质量，水体对放养对象也有要求，主要包括放养对象对饵料的利用率高；生长迅速，个体较大，经济价值高；苗种容易获得；不掠食其他鱼类；容易捕捞。

2. **适合水库、湖泊粗放养殖的鱼类**　目前我国水库、湖泊的放养对象主要有鲢、鳙、草鱼、团头鲂、青鱼、鲤、鲫、长春鳊、三角鲂、鲷类和鲮等温水性经济鱼类。这主要是由于它们的生物学特性和良好的生产性能所确定的，也与我国内陆水体的饵料基础相适应。在合理的混养条件下，这些鱼类在食性和栖息水层方面有良好的互补性，而不是直接竞争，能较好地利用水体空间和饵料资源，达到充分发挥水体鱼产潜力的目的。

（1）主要放养鱼类的选择　我国多数湖泊、水库的天然饵料主要由浮游生物、底栖生物、有机碎屑和高等水生植物等组成，其中浮游生物的种类和数量，以及有机碎屑和细菌构成水体中天然饵料的主要成分，所以主体放养鱼类首选以浮游生物为食的鲢、鳙，其次是鲤、鲫，再者是草鱼。

（2）配养种类的选择

①配养品种的选择原则：不与主养鱼类争饵料和栖息空间，尽可能利用水体天然饵料中的各种成分，如水草、底栖生物等；能在水体里自然繁殖或较容易人工繁殖；生长快，个体大，易捕捞。

②主要配养种类：我国水库、湖泊主要配养品种有草食性中上层鱼类草鱼、鳊、鲂，以底栖动物为食的杂食性鱼类鲤、鲫、青鱼，腐屑食性的底层鱼类鲷类和鲮，北方养殖的香鱼以及适宜于草型湖泊放养的河蟹等。

（3）主养鱼类与配养鱼类的搭配

①水草丰富的湖泊以及水库建库初期旱草和水草资源丰富的水库可多放一些草鱼和其他草食

性鱼类，水草资源减少后，减少放养量，或改放团头鲂、长春鳊、三角鲂，它们除了吃水草外，还吃植物种子和碎屑、杂草，其次还有藻类、浮游动物、昆虫、虾等。草鱼必须靠人工放养，鳊、鲂虽能在水库、湖泊产卵繁殖，但它们的体型高，容易上网，起捕率高，所以也必须年年投放。例如，安徽的天河湖，初冬放 3.7cm 团头鲂 5.9 万尾，第 2 年冬天起捕团头鲂 3 万 t，其中 0.6kg/尾的个体占 17%，0.35~0.4kg/尾的占 70%，0.15kg/尾的占 13%。

②底栖生物比较丰富的湖泊水库可以适当投放一些鲤、鲫。鲤、鲫的品种较多，建议放养银鲫、彭泽鲫、日本白鲫、建鲤、本地鲤等。鲤、鲫不需每年投放，因它们生长速度较慢，起捕率较低，可在水库、湖泊里自然繁殖。

③水库和湖泊均可放养细鳞鲴、黄尾密鲴、银鲴等。鲴类主要以腐殖质、有机碎屑、着生藻类为食。鲴类的人工繁殖和苗种培育比较简单易行，对自然繁殖要求不高，在水库易形成自然种群。0.15kg 的个体就可上市。鲴类生长快，种群生产力高，其中圆吻鲴生长最快，一般当年可达 0.5kg，最大可达 4kg，细鳞鲴最大可达 3kg。鲴类的生殖期在 4~6 月，喜集群，易捕捞。缺点是上市规格小，刺多，不能久放，但宜腌制。

④其他搭配鱼类主要有鲅、罗非鱼、虹鳟、花鳉、鲟、鳜和南方鲇等。

3. 放养比例 放养比例指放养鱼类的种类和数量组成，它是影响鱼产量的一个十分重要的因素。内陆大型水体的主养鱼类一般为鲢、鳙，所以鲢、鳙的放养比例占总放养量的 60%~80% 或更高，鲤、鲫、鳊、草鱼占 5%~15%，其他鱼类如鲴类等占 5%。

(1) 主养鱼类鲢、鳙之间的比例　在水质较瘦的大型水体，鳙的放养量和生产量要比鲢高，这主要是因为：大型水体的初级生产力相对较低，这就影响了主食浮游植物的鲢鱼的生长；浮游动物除了摄食浮游植物外，还摄食细菌、有机碎屑等，所以大型水体的浮游动物有可能多于浮游植物；鳙的滤食能力强，食浮游动物的饵料系数小，能量转换效率高，鱼体生长快。而在较肥的中小型水体的小型浮游生物数量大，这对鳃耙细密的鲢有利，而鳃耙稀疏的鳙的滤食效率就没有鲢高，因此在这种水体鲢的生长比鳙快，其放养量应适当提高。

①大型水体和湖泊鲢、鳙放养比例一般为鲢占 20%~40%、鳙占 55%~65%。例如，浙江东风水库鲢、鳙的放养比例为 30%：70%；武汉东湖 1973 年前投放的鱼种是鲢多于鳙，而产量都是鳙高于鲢，也就是说鳙的生产潜力没有充分发挥出来。所以，1974 年以后，调整放养比例为鲢占 31.3%、鳙占 68.7%，鲢、鳙的总产量得到提高。

②中小型初级生产力很高的水库和浅水湖泊，特别是接收城市污水或被化肥厂污染的水库、湖泊，鲢的放养量应大于鳙。例如，湖北的白潭湖鲢占 60%、鳙占 40% 时总产量最高。

③处于以上两种类型之间的水体，则依具体情况而定，若水体混浊度稍大，鲢、鳙各占一半。

(2) 草食性鱼类的放养　一般的水库、湖泊均可放少量的草食性鱼类，因为即使水体中没有水草，但水体水位的涨落，可以淹没旱草。草食性鱼类的放养量要根据水草的资源量来确定，要保证水体中的水草不被消灭。

(3) 其他鱼类的放养　对于少数新开发的荒湖，底栖动物和水草较多，宜适当放草鱼、鲤、鲫、鳊等，同时注意水草的保护；多年放养的水体，底栖动物和水草较少，这些鱼类的放养比例应适当减小。

三、鱼种放养规格

1. 大规格鱼种的优越性　放养大规格鱼种可以保证较高的成活率，回捕率高。其生长速度快，较早达到商品规格。水库和湖泊危害鱼种的主要鱼类是蒙古鲌和翘嘴鲌，它们与鲢、鳙生活在同一水层，且这两种鱼游泳速度快，攻击能力强，繁殖力强，在水体的种群数量大，因而危害较大。朱志荣等（1976）根据东湖蒙古鲌全长（x_1，cm）和翘嘴鲌全长（x_2，cm）与其吞食鳙鱼种全长（Y，cm）关系得出如下方程：$Y=0.28x_1-3.52$（蒙古鲌），$Y=0.20x_2-0.94$（翘嘴鲌）。

水体中蒙古鲌全长为50cm的个体只占10％左右，翘嘴鲌全长为52cm的个体占15％左右。50cm的蒙古鲌和52cm的翘嘴鲌的年龄在5龄以上，通过捕捞可以将两种鲌的个体控制在50cm以下，而50cm的蒙古鲌最大可以吞下13.6cm的鲢、鳙鱼种。如果鲢、鳙的全长在13.6cm以上，则被鲌吞食的概率极低，所以大水面鲢、鳙鱼种的放养规格确定在13.6cm以上。

2. 大规格鱼种的局限性　①大规格鱼种的成本高；②培育大规格鱼种较困难，技术要求高；③培育大规格鱼种产量低，而投放量大；④培育大规格鱼种需要的池塘面积大，对于位于山区的水库，配套的池塘面积少；⑤从外地购买鱼种，费用高，运输过程中鱼体易受伤，易带入病菌；⑥由于种种原因，许多水库、湖泊大规格鱼种的放养量严重不足，影响水库、湖泊的鱼产量。

3. 鲢、鳙的适宜放养规格

(1) 对于新建的水库和新蓄水的湖泊，以及凶猛鱼类危害较小或能够人为控制凶猛性鱼类的水体可以放养小规格鱼种。例如，江苏洪泽湖1966年由于大旱，水干鱼尽。1967年蓄水后投放夏花鱼种1 820万尾，由于没有凶猛鱼类危害，1968年渔获量达1.05×10^7kg，其中四大家鱼占93.2％。

(2) 凶猛鱼类规格较大，数量较多，而水面面积又较大的湖泊和水库，拦鱼设施不易设置或只能拦住较大规格的鱼，这时鱼种放养规格要尽量提高，可放养16.7～20cm的鱼种。例如，新安江水库原先放养11.7～13.3cm的鱼种时回捕率仅1％，1978年改放50～100g的鱼种后提高到10％。

(3) 一般水库鲢、鳙的放养规格可以根据面积确定，具体参考表6-17。

表6-17　不同面积的水库鱼种放养规格（cm）

品　种	小型水库	中型水库	大型水库
鲢	10.0～11.7	11.7～13.3	>13.3
鳙	10.0～11.7	11.7～13.3	>13.3
草鱼	11.7～13.3	13.3～15.0	>15.0
鲤、鲫、鲂	5.0～6.7	6.7～8.3	8.3～10.0

四、鱼种质量

1. 鱼种的遗传性状　遗传性状是指由遗传基因所决定的鱼类在生长、繁殖和抗病能力等方面的性状。例如，长江水系鲢、鳙的生长速率要比珠江水系鲢、鳙快5%～10%。另外，天然繁殖的鲢、鳙的生长速度比人工繁殖的快5%～10%。这说明遗传基因在一定程度上影响鱼类生长速率。

2. 鱼种的健壮程度　体质健壮的鱼种肉质丰满，背宽体厚，鳞片完整，色泽鲜明，体无损伤，游泳活泼，逆水性好，外无病症，内无寄生虫，大小均匀。

3. 鱼种在生态上的健全性　大规格鱼种由于在池塘里生长时间长，已适应了小水体、高密度的生长环境，而不适应大水面的环境。投放小规格鱼种、库湾和网箱培育鱼种可以解决这个问题。

五、鱼种放养密度

1. 放养密度与鱼产量和起捕规格的关系　①要取得较高的鱼产量，必须使放养密度和个体平均增重的乘积最大。由于水体中饵料基础的限制作用，鱼类个体平均增重常随着放养密度的增大而有某种程度的减小，这使得放养密度与鱼产量间呈现一种函数关系（图6-7）。②大型水体限制鱼类生长和放养密度的主要因子是饵料基础。③只有合理的放养密度、适中的鱼体增重，才能获得最佳的饵料效率。

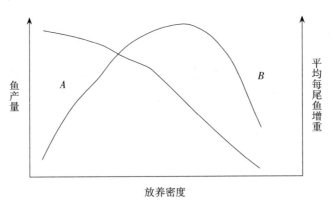

图6-7　放养密度与平均增重（A）及鱼产量（B）的关系
（史为良，1994）

2. 放养密度的确定　决定放养密度的因子主要是水体的供饵能力和影响鱼类成活率的凶猛鱼类的危害程度。

（1）水体的供饵能力与放养密度　大型水体鱼类的养殖一般不存在溶氧量不足和鱼类排泄物及残饵恶化水质的问题，主要限制性因素是饵料。其中种群摄食强度（F）和天然饵料资源的供饵能力（C）的关系是鱼类和饵料关系的基本方面，二者的关系主要有以下3种模式：

①$F<C$。鱼类的饵料充裕，个体生长较快，肥满度高，但数量不多，种群生物量小。在渔业生产中鱼类个体生长固然重要，但种群生物量的增长更重要，这时鱼类的放养密度不够，鱼产量不高。

②$F≈C$。鱼类种群最大限度地利用了饵料生物，但并不损伤其自然增长能力。鱼类的生长

速度、肥满度适中，鱼类个体增长虽不及 $F<C$ 型，但种群数量和生物量较大，此时，水体鱼产潜力得到了较好的发挥，渔获量高而稳定。

③$F>C$。鱼类饵料不足，由于竞争饵料和觅食耗能多，相当大部分饵料能量用于维持生命活动，导致饵料系数大，个体生长缓慢，肥满度差。最终结果是种群数量大，生物量小，渔获量不大。这时饵料成为鱼类放养的限制因子。

虽然水体的供饵能力是影响鱼类放养密度的一个重要因素，但是目前我国多数养鱼水库、湖泊，尤其是大、中型水体鱼种放养普遍不足，北方更为严重。仅水库全国每年缺10多亿尾大规格鱼种。

(2) 凶猛鱼类的危害程度与放养密度　凶猛鱼类的危害程度大，一方面要加强凶猛性鱼类的控制，另一方面要加大鱼种放养数量和规格。

(3) 其他因素与放养密度　①防逃设施及其效果。防逃设施差，要改进拦鱼设施，同时增大放养量。②捕捞强度。能够比较充分而彻底地捕捞，留底鱼少，鱼种放养量就要多些。③放养规格。长江流域及以南地区，经一年的生长，13.3cm 鳙、草鱼种长到 0.5kg，2^+ 龄长到 1~2kg；13.3cm 鲢、青鱼种，1^+ 龄长到 0.5kg 以上，2^+ 龄长到 1.5~2.5kg，这时的放养密度被认为比较合适。没有达到这个规格，说明放养密度过大，超过这个规格，说明放养密度过小。

(4) 放养密度参考　我国水库、湖泊放养量和渔获量指标分别见表 6-18 和表 6-19。放养密度要根据年底鱼体起捕规格和渔获量进行调整。

表 6-18　我国水库放养和渔获量指标

项　目		小型			中型			大型		
		富	中	贫	富	中	贫	富	中	贫
搭配比例	鳙	45	50	40	50	55	40	55	55	40
	鲢	40	30	20	30	25	20	30	25	20
	其他*	15	20	40	20	20	40	10	20	40
每 666.7m² 放养量（尾）		200~100			100~50			50~30		
每 666.7m² 鱼产量（kg）		50~30			30~15			15~10		

* 其他：鲤、鲫、草鱼、鲂、鲮等。

表 6-19　我国湖泊放养和渔获量指标

项　目		小型			中型			大型		
		富	中	贫	富	中	贫	富	中	贫
搭配比例	鳙	40	35	30	50	45	40	40	45	40
	鲢	40	35	30	30	25	20	30	25	20
	其他*	20	30	40	20	30	40	30	30	40
每 666.7m² 放养量（尾）		200~100			120~60			50~30		
每 666.7m² 鱼产量（kg）		150~50			80~30			30~10		

* 其他：鲤、鲫、草鱼、鲂、鲮等。

3. 总放养量的计算　放养总量由放养密度和水体养鱼面积乘积算出，并根据实际产量进行调整。

4. 放养方法

(1) 三级放养　三级放养是我国湖泊养鱼培育大规格鱼种放养成功经验之一。所谓"三级放养"，是指"大水面"（水库、湖泊）、"中水面"（湖汊、库湾）、"小水面"（池塘）3个不同大小等级的水体配套放养。具体方法是：在池塘培育出6.7～10.0cm鱼种，在湖汊、库湾培育出大规格鱼种（13.3cm以上1龄鱼种或每千克3～4尾的鱼种），最后投到水库或湖泊。三级放养的优点是：在湖汊、库湾养成的大规格鱼种投到该水体，鱼种对环境的适应能力强，从而提高了鱼种的成活率。

（2）放养季节　长江中下游以冬末春初放养为好，华北、东北地区宜在冰封期前投放。冬放的优点有：①水温低鱼种活动力弱，便于捕捞和运输。②凶猛鱼类摄食强度较低，对鱼类危害较小，待凶猛鱼类开春后积极觅食时，鱼种对大水面已经过一段时间的适应，活动力强，避敌能力亦强。③鱼种较早适应环境，开春后即可旺盛地摄食生长，相对延长了生长期。④我国水库、湖泊冬季一般为枯水季节，水位低而稳定，排泄的水少，鱼种逃逸的机会降低。⑤我国水库、湖泊一般都在冬季进行大捕捞，冬季大捕捞后再投放鱼种，腾出水体空间、减少饵料的竞争。⑥减少鱼池越冬管理。

此外，某些水域越冬条件差，鱼种投放后成活率低可推迟放养，冬涸湖泊或冬季很浅的湖泊，可等到水位回升后再投放。水库凶猛鱼类很少的，秋季洪水期过后投放鱼种也有较好的效果。总而言之，要因地制宜，灵活掌握。

（3）放养方法　①将装鱼种船的头舱灌满水使船下沉，让鱼种自己从舱内游出。②湖汊、库湾拆除拦鱼设备，并用网具驱赶，让鱼自行成群游出。③人挑、车运后将鱼种容器沉入水中，让鱼种自行游出。放养鱼种时应注意选择风和日丽的天气；操作细致，避免鱼体损伤；投放地点远离溢洪道、泵站，水流急的上游，也不宜在下风头沿岸投放；还要做好检疫防病工作。

六、养殖周期

养殖周期即是鱼类的起捕年龄，它与水域的鱼产量和经济效益密切相关。

1. 确定养殖周期的依据

（1）养殖鱼类的生长特点　鱼类的生长特点主要表现为性成熟前鱼体的快速生长，之后减慢；鱼类在快速生长期饵料利用效率最高，鱼产量相对也较高；鲢、鳙的性成熟年龄在4～5年左右。鱼类的生长特点可由图6-8反映。

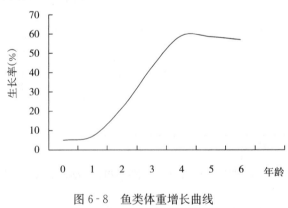

图6-8　鱼类体重增长曲线
（史为良，1994）

(2) 水域中生态环境的分化程度　水域生态环境分化程度较高，适于长周期多龄鱼类的养殖，可充分发挥水域不同生态环境和饵料资源的作用；水域生态环境单一，则年龄组过多会抑制低龄鱼的生长，养殖周期不宜过长。

(3) 经营管理水平　水域条件差，鱼种成活率低，鱼种来源困难，成本高，捕捞能力较差，而商品鱼规格差价较大，可延长养殖周期，提高捕捞规格，以降低鱼种数量和单位产量的鱼种成本；反之，应缩短养殖周期，加快资金周转，提高经济效益。

2. 养殖周期的确定

(1) 2年周期　放养1龄鱼种，在大水面中养1年，起捕。鲢、鳙0.5kg起捕。例如，湖北南漳三道河水库。

(2) 3~4年周期　放养1龄鱼种，在大水面中养2~3年，捕3~4龄鱼。起捕规格鲢1.5kg以上，鳙2kg以上，例如，湖北随州黑屋湾水库。

(3) 分级养殖　在湖汊、库湾培育成鱼种，再转入大水面中养1~2年。

七、养殖生产管理

1. 凶猛鱼种群的控制　凶猛鱼类往往是造成放养鱼类成活率低的主要原因，必须采取有效措施进行控制。由于栖息水层的不同，凶猛鱼类对放养鱼类的危害程度有很大差异。例如，鳜、鲇、乌鳢等底层凶猛鱼类对鲢、鳙的危害相对较小。另一方面，凶猛鱼类一般价格都较高，可以作为养殖的重要收入来源，所以对凶猛鱼类的控制力度视具体情况而定。对不同凶猛鱼类的控制方法也有很大差异。

(1) 翘嘴鲌、蒙古鲌、青梢鲌和红鳍鲌的控制　可在大捕捞时用跳网捕获，也可常年用刺网捕出；还可用拖钩拖钓，或鱼鹰捕捞；此外，可在其产卵季节，设置鱼巢，收集鱼卵。

(2) 鳜、乌鳢、鲇的控制　主要采用钓捕、鱼鹰捕捞、灯光照、鱼叉刺捕等方法。

(3) 马口鱼的控制　马口鱼现在一般水体中数量均不大，需要驱除时可用刺网捕捞或钓捕。

2. 安全管理和越冬管理　主要是依据渔业法等法规加强渔政管理，防止偷鱼、炸鱼、毒鱼。北方水体冬天易结冰，要防止缺氧。

3. 捕捞　一般秋冬季捕捞。冬季鱼类停止摄食，春节来临可大量上市，温度低易保鲜，并且有利于苗种放养。

4. 粗放养殖技术经济效果的评价　水库、湖泊粗放养殖技术经济评价的目的是根据各种技术经济指标，对水域渔业生产过程中所采用的各主要技术措施的经济效益进行科学的评估，为调整和选择最佳增产增收技术措施和策略提供依据。

(1) 产量指标　总产量表示生产规模；单产体现生产水平；分类产量反映鱼类组成。

(2) 劳动生产力指标　为每个劳动力每年所生产的鱼产量。

(3) 渔业技术指标　主要考虑放养效益和回捕率。①群体增重倍数（放养效益）：放养单位重量的鱼种可捕获的成鱼的重量。标准为10以上为优，5~10为良，5以下为差。②回捕率：放养鱼在养成商品鱼后被捕回的尾数与原放养尾数之比。

$$Y_i = \frac{C_i \times Y}{W_i \times N} \times 100\%$$

式中，Y 为某种鱼的渔获量；C_i 为 Y_i 中 i 龄组鱼的质量分数（%）；W_i 为某龄组鱼的平均体重（kg）；N 为某龄组鱼所属那批鱼种（世代组）的总放养数。

则某批鱼的累计回捕率是：$R = \sum Y_i$

（4）经济指标　①每千克鱼的生产成本。②利润：销售收入减去生产成本和税金后的净收入。③成本利润率：利润占生产成本与税金之和的百分比。④资金利润率：利润占固定资产原值加生产流动资金之和的百分比。⑤单位面积和单位劳动力的创利值。

八、苗种来源与培育

1. 我国水库、湖泊苗种生产存在的问题

（1）苗种生产不适应放养的需要，鱼苗种的数量、规格和种类上都满足不了投放的要求。鱼谚"口头上讲四种鱼（青、草、鲢、鳙），繁殖只有三种鱼（草、鲢、鳙），放养只有两种鱼（鲢、鳙），大量上市只剩下一种鱼（鲢）"就是现实的反映。

（2）水库、湖泊鱼类放养的关键是要有数量多、规格大、品种齐全的鱼种。大量的鱼种依靠购买和长途运输来解决是不适当和不经济的。一般湖泊和水库都应建设配套的苗种生产基地，做到就地繁殖，就地培育，就地放养。

（3）苗种培育的主要困难是苗种池的面积不够，商品饵料和肥料不足，技术力量差等。

（4）培育 13.3cm 以上大规格鱼种要比培育 6.7~10.0cm 的鱼种困难得多。按池塘培育方法，每 667m² 鱼池只能培育出 13.3cm 鱼种 4 000~5 000 尾，一个 1 000hm² 的水体，若按每公顷水面投放 1 500 尾鱼种计算，则需要鱼种 150 万尾，那么需要 20~25hm² 鱼池来培育，需投 3×10^4 kg 商品饲料，以及大量的有机肥。

2. 苗种的来源与培育　就苗种池来讲，许多水库、湖泊都达不到所需要的面积。因此，必须开辟新的苗种培育途径。多年来，生产单位和科研单位除了提高池塘利用率外，主要是利用天然水面培育鱼种。包括库湾、湖汊培育鱼种，网箱培育鱼种，利用消落区、水库落差流水高密度培育鱼种，湖泊种稻、种稗、种小米草养鱼种，稻田养鱼种以用围拦养鱼种等。

第三节　海水港湾、鱼塭养鱼

港湾养殖一般指利用天然的港湾、港汊或废旧盐田，通过挖沟、造闸门进行围堤建池，储蓄海水，利用纳潮放入天然鱼、虾、蟹等种苗，或投入人工种苗进行养殖的一种方式。港湾养殖在我国北方称港养，南方习惯叫鱼塭养殖。港湾养殖属粗放式养殖，多以鲻、鲮等短食物链、广温性、广盐性鱼类为主。

港养的特点是养殖水面大，密度低，固定投入少，养殖成本小，不投饵或少投饵，其养殖水域与天然生态环境相似，有机物排放和积累都较少，所以对环境污染也小，发病情况也少。虽然单位面积产量低，但由于养殖面积较大，所以仍能产出较多价廉物美的水产品，经济效益也不错。这种养殖方式的缺点是占地面积大，对地形条件有一定的要求。单位面积产量低，养殖品种复杂，难以进行精养。如果投饵，饵料利用率低。

一、港养的场地选择

滨海地区环境复杂，易受海浪、台风、潮水的冲击，因此场地选择主要应从投资少、生产安全、有发展前途等方面考虑。

1. **位置**　应选择内湾性较强的海湾，在河流入海的两岸或有少量淡水流入的内湾，或滩涂地带、风平浪静的海滨。比较理想的情况是，位置在中潮线稍上的地带，便于排灌水和纳苗；水的相对密度在 1.005~1.020；地势从岸边向外伸出的倾斜度小，滩涂平坦，地形"口小肚大"。利用凹洼滩涂盆地，建造时省工、省料。渔港位置过低，生产不安全，施工困难，投资也大；位置过高，不易灌入海水，而且纳苗量受限制。

2. **地址**　沿海的地质较复杂，大致分为泥质、泥沙质及沙质等几类。鱼类喜爱泥沙地质，这种地质水肥沃，饵料生物繁殖容易；筑堤坚固，保水力强。沙质地保水力差，水质瘦；且其筑堤建闸都不牢固，易倒塌，不利管养。泥质地筑堤建闸十分困难，多数鱼类也不喜欢在此种地质生存。

3. **水质**　港塭的海水都是随潮汐纳入，建港前要了解掌握当地的工农业发展情况、排污情况，尽量避免在有可能造成污染的海区建港塭养殖。同时还要适当注意水中氮、磷等营养盐及有机质的含量。水质肥沃的海区，天然生物生长繁茂，有利于鱼虾生长。一般通过观测水色、检测浮游生物和底栖生物的生物量初步判断水质的肥瘦状况。水质过肥易发生赤潮，对鱼虾养殖也有危害。

4. **潮汐和潮流**　建造港塭的海区，潮流要畅通，潮差要大，以利于纳苗生产和排灌水。

5. **苗种资源**　苗种充足才能保证产量，港塭应力求建在接近苗种随潮水可以直接进入的海区。

6. **电力、交通运输**　选择有电力供应的地方建鱼港，有利于就地加工饵料、鱼产品以及便利生活。适当考虑交通方便，有利苗种、生产资料、生活资料和产品的运输，以保证鱼产品的鲜活度。

二、港塭的类型与建造

（一）港塭的类型

1. **天然盆地鱼港**　利用沿岸或河口两侧的天然盆地建立的鱼港。由一个或若干个水泊组成，面积数公顷到几百公顷不等，有一条纳潮沟和一条清水沟，设大小闸门，随潮水纳苗，使入港的鱼虾苗难以逃逸，留在港中进行养殖（图 6-9）。

2. **盐田鱼港**　北方沿海大盐田有许多蓄水池，群众利用盐田初级蓄水蒸发池进行鱼虾的养殖，充分利用水面，做到鱼、盐结合。由于建盐池时已挖有边缘沟，所以不再需要人工挖沟，只

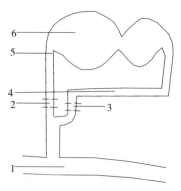

图 6-9 天然鱼港
1. 河川　2. 大闸　3. 小闸
4. 清水沟　5. 纳潮沟　6. 水沟
(王武, 2000)

要闸门设置牢固些,防止鱼类外逃即可。

3. **半人工鱼港**　利用地势较低的海滩,以围为主,筑堤建闸,水较浅,水闸要求简单。在广大沿海主要是这种类型的鱼港。仅需要人工挖几条沟就可以养鱼。沟的多少各地方有所不同。目前比较简化的只挖边缘沟和中心沟,只设大闸门及调节淡水的小闸门。这种鱼港面积差异也很大,一般为 $10\sim40hm^2$(图 6-10)。

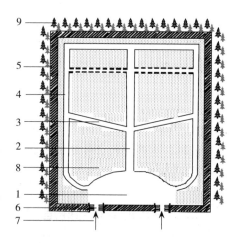

图 6-10 半人工鱼港
1. 鱼潭　2. 主沟　3. 支沟　4. 边缘沟　5. 堤坝　6. 闸门
7. 流向　8. 浅滩　9. 红树
(王武, 2000)

4. **全人工鱼港**　位置距离海岸或河口较远,地势较高。整个鱼港完全由人工开辟建造,面积较小,必须人工挖沟才能纳潮。养殖机械化的应用和人工苗种的培育使这种模式的养殖逐渐增多。

(二) 鱼港的建造

1. **堤坝** 鱼港的堤坝可分为内堤和外堤。外堤的作用是保持水位，防止风浪冲击，阻挡潮汐和洪水，避免鱼类外逃。内堤的作用主要是分隔鱼池。同时堤坝面还可作为交通道路。

外堤一般底宽18～28m，顶宽3～4m。堤的高度高出历年最高水位1m以上。在风浪大、底质含泥多的地区，堤的坡度要小一些。同一堤坝，外侧面临风浪，受风浪冲击较严重，其坡度应小于背风浪的内侧，坡比一般为1:2～3。迎风浪的外堤和闸门内面用水泥和石块砌成护坡，在土质太软或有流沙的水道之处，还应在地基打木桩或水泥桩，以免堤坝坍塌。内堤坡度可略大于外堤，高度比港内水面高0.5～0.7m，堤顶宽度1～2m，坡度1:1～2。

2. **水沟** 鱼港内有纵横连通的水沟以保证港内水流畅通，便于排灌水，又可供鱼类栖息生长、避暑和防寒，水沟的面积一般占整个鱼港的20%左右。常见的水沟主要有如下几种。

(1) **中心沟** 又称进水沟或纳潮沟。面对大闸和小闸，纵贯整个鱼港，是主要进水渠道。一般上口宽6～8m，底宽3～4m，深1m左右。

(2) **边缘沟** 又称环沟，围绕鱼港堤坝内侧，与中心沟相通。在小闸或排水闸口处较深，以便排出积水。边缘沟一般是在建筑外堤挖土时将所挖土坑整理而成，所以其深度不定，随挖土多少而异。一般上口宽5～6m，底宽2～3m，深1m左右。为了保护堤坝，避免堤土坍塌时淤积水沟，边缘沟需离开堤脚2m以上。

(3) **横沟和支沟** 由中心沟和边缘沟分出的小沟，其数目随当地实际情况而定。鱼港面积大，当地劳动力价格低廉，可稍多，沟多水深有利于增产。

3. **闸门** 常见的闸门主要有大闸、中闸、小闸、取鱼闸等。根据鱼港的实际情况，有时一种闸门起两种以上的作用。

(1) **大闸** 又称纳鱼闸。位于中心沟外侧，一般鱼港有1～2个，用于进水纳苗。闸门一般宽2～3m，高1～2m左右。建造大闸处的大堤应略向港内弯曲，闸外要挖一条喇叭形外宽内窄的外沟，使海流急速流入港内，以便在纳苗时冲进鱼苗防止鱼苗外逃。

(2) **中闸** 有条件的地方，可以在港内地势较高、能够引入淡水之处设立，用于纳苗以后引入河水，调节港内的盐度和水质。

(3) **小闸** 又称倒流闸，用于纳入有逆流习性的鱼苗和排水。一般宽约1m。小闸外的水沟应曲折，使水流缓慢，并建有弯曲的小水潭，供鱼苗溯水时休息。为了防止港内鱼类外逃，小闸间安装有八字箔。

(4) **取鱼闸** 建在鱼港地势最低处，用于放出港内积水，收获鱼类。

三、港塭的清整与纳苗

(一) 港塭的清整

1. **清沟与修堤** 使用过的鱼港内浮泥沉淀，沟、滩变浅，鱼虾的排泄物和残饵堆积，需要将多余的淤泥清除，使沟渠畅通，增加水体容量，同时由于波浪的冲击及蟹类挖掘，港堤需要修补。

一般清沟与修堤同时进行，用清沟挖出的泥补堤。鱼港的清整工作完成以后，大潮时打开闸门进水，浸泡2~3d以后将水排出，反复3~4次，鱼港内的水色由红褐色逐渐变清，使土中盐分、碱质及腐殖酸等被冲洗出去，以防养殖期间水质恶化，影响鱼虾生长。

2. **晒港与冰冻** 一般收获后先排干积水，进行晒港。目的主要是晒死鱼港内的藻类、水草及其他有害生物，减少鱼类的病害。晒死的藻类和水草能够起到施肥的作用。同时，曝晒后又可以加速泥土中有机物的分解，使水质变肥，有利于饵料生物的繁殖。如果能够对港底进行翻耕，将底层泥土进一步曝晒，可以更好地加强有机物的分解，增加肥度。在北方，除了晒港之外，由于冬天温度很低，还可以在鱼港中灌5~10cm水，进行冰冻，也可以起到把有害生物冻死的作用。

3. **清除有害植物** 鱼港中浅水或近岸处长有许多野生草木，如南方的红树、北方的芦苇等。这些植物生长过多，会减少水体面积，妨碍鱼类的生活，而且植物本身会吸收水中的营养盐，使水质变瘦，影响饵料生物的繁殖与生长，必须连根予以清除。

4. **药物清港** 药物清港的目的主要是杀死鱼港中的有害鱼类及其卵、蛙卵、杂藻以及致病微生物等。常用的药物主要有生石灰、茶粕、鱼藤精、巴豆、漂白粉等。由于鱼港面积一般比较大，清港药物用量也较大，所以常用生石灰等价格便宜的药物，以降低成本。药物的使用方法与池塘养殖中清塘相同。

（二）纳苗

利用潮水的涨落将自然海区的鱼虾苗纳入鱼港内的过程叫纳苗。纳苗的优点是能够大量纳入鱼苗，成本较低，成活率较高；缺点是鱼类的种类组成复杂，肉食性鱼类与其他生物同时纳入鱼港，以后会与养殖鱼类争食，或者捕食养殖鱼类，影响单位面积产量。纳苗数量的多少直接影响鱼港养殖的产量。有时因纳苗数量不足，需要进行人工放养。

1. **纳苗的方法** 主要有顺水纳苗和逆水纳苗法。

（1）逆水纳苗 潮水初涨时，港内水位高于港外，在闸门内安放网闸，先稍开闸门，让港内的水慢慢流出，鱼苗便逆水逐渐游到闸门口附近，待港内水位稍高于港外水位约10cm，全部打开闸门，鱼苗便逆水游入港内，港内外无水位差时就关闭闸门，以防港外水位高于港内时，鱼苗倒流出港（图6-11）。逆水纳苗适用于纳小苗。

（2）顺水纳苗 潮水初涨时，港内水位高于港外，打开闸门，将港内的水排出，鱼苗就逆水游到闸门附近，待港内水位稍高于港外水位时，关闭闸门。等到港外水位高于港内水位10~15cm时，在闸门内安装捞网，全部打开闸门，港外的水迅速流入港内，鱼虾苗随急流被冲入港内。港外的鱼虾由于捞网受水流的作用不停摆动而不敢外逃。顺水纳苗适用于纳入规格较大的苗种。在实际使用时常与装捞鱼虾结合起来，先装捞，后纳苗。

2. **纳苗的种类** 各地所纳鱼苗种类不同，一般以鲻、鲛为主。北方常见的有鲛、鲈、斑鰶、棘头梅童鱼、青鳞鱼、银鱼、黑鲷等；南方常见的有鲻、大鳞鲻、白鲻和鲷类。

3. **纳苗的季节** 由于鱼类的习性和水温变化的关系，不同种类的鱼苗在同一地区出现的时间不同，而沿海各地出现同一种鱼苗的时间也有所差异，一般南方较早，北方较晚。例如，鲛鱼

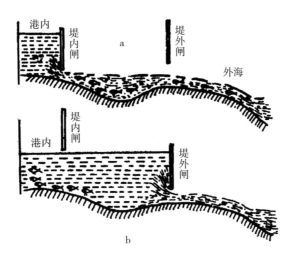

图 6-11 双闸倒流纳苗示意图
a. 将鱼苗引入双闸之间 b. 将鱼苗引入港内
(王武，2000)

苗数量较多的时间山东、河北是 5~7 月，辽宁是 6~7 月；鲮、鲻鱼苗广东 2~7 月较多；黄鳍鲷苗 11 月至翌年 7 月最多；遮目鱼苗海南岛 4~6 月出现高峰；斑鰶苗山东 5 月中下旬见苗，6 月盛期，8 月后少；鲈鱼苗山东 4~11 月较多，6 月为盛期。

四、港塭养殖的管理

1. **我国鱼港内常见的鱼类种类**　鱼港内的游泳生物主要是作为养殖对象的鱼类、虾类和蟹类。我国海岸线漫长，养殖对象的种类、数量分布除与纬度有密切关系之外，还与所处的港塭的位置、资源丰富与否有密切关系。港塭中的鱼类种类繁多，食性也很复杂，有食浮游生物为主杂食性的斑鰶、小公鱼、遮目鱼、鲻类等；也有数量较多的肉食性鱼类，如马鲅、真鲷、尖吻鲈、海鳗、乌塘鳢、鰕虎鱼科鱼类等。这两种食性截然不同的鱼类，其相互吞食的现象可能相当严重，以至影响到整个渔港产量的提高。在港塭养殖中以食浮游生物或杂食性鱼类为主，控制肉食性鱼类；当然条件允许时也可纯养肉食性鱼类。

2. **屯闸**　屯闸即封闭闸门。北方的鱼港多设置了大闸、中闸、小闸，其功能各不相同。每年 7 月下旬，纳苗即将结束，正值雨季来临，上游冲下来的淡水使内湾水位升高，而海水不易随潮上涨，密度下降，因此必须屯闸，封闭一些大闸和小闸。南方鱼港一般只有一种闸门，而且一年四季均有纳苗作业，所以不屯闸。屯闸的方法是把旱板加在大闸的闸板上端，增加封闸高度，然后在闸板外 1~1.5m 处，打几根木桩，桩内拦以草把，再填入湿土，以防漏水，泥土填至与闸板等高。小闸因受水的冲力不大，直接用湿土堵塞即可。

3. **排灌水**　北方鱼港屯闸后，港内的水与港外隔绝，只能靠中闸引入河水，调节水量和水质，因此必须经常测试水温、pH、溶氧量等水质理化因子，适时排灌水。

南方鱼港可以排灌水的潮期一般为每月农历十四至二十一以及二十九至次月初五，此时都要争取排灌。正常情况下，每次排灌水量不要超过鱼港内原来水体积的一半，以免因环境变化影响鱼虾的正常生长。鱼港内水深尽量保持在1m以上，过浅会影响鱼虾活动空间。经常排灌水，既保证饵料生物的补充，又可排出老水和混浊水，使港内水质新鲜，减少病害的发生。

4. 巡港 一般每天巡港1次，注意观察港内水位、水质、透明度、密度及鱼虾活动情况。发现水质变坏或鱼虾缺氧，应及时采取措施。春夏雨季和台风季节，特别要注意防洪和大海潮的袭击。巡港时注意观察堤和闸门有无损坏，及时检修。常用的网具要用水冲洗晾干，如有破洞，及时修补。

5. 施肥和投饵 鱼港养殖一般不施肥和投饵，完全依靠自然生长的饵料生物。因此，产量一般较低。为了提高鱼港养殖的产量，也可以适当施肥或投饵，加速鱼虾的生长。施肥和投饵的目的和方法与池塘养殖相似，数量则直接根据鱼港内养殖的鱼虾种类和密度来确定。由于鱼港的面积一般较大，放养密度较低，所以肥料和饵料的利用率也较低，而施肥和投饵都会大大增加养殖的成本，减小鱼港养殖的优势。因此，只有当放养密度较大，或养殖地区有廉价的肥料、饵料来源时，才采取施肥或投饵的措施。

6. 病害防治 尽管鱼港放养密度一般不大，发生疾病不多，但也应引起重视。常见疾病有鱼虱病、线虫病、水霉病等。只要平时加强管理，注意水质变化，就可以减少疾病的发生。敌害主要包括凶猛鱼类、鸟类以及鱼港内生长过多的杂草和藻类等造成的危害。对不同的有害生物，要采取相应的措施，加以防治。

7. 收获 南方鱼港的收获主要分平时捕捞和大收，平时捕捞主要收虾蟹，大收主要收鱼类。北方则主要是大收，一般是9月收虾，10月收鱼。

收获方法主要有顺水捕捞和逆水捕捞。作业工具有套旋、锥形网、小拉网、手抛网等。大收一般是将港内水排干，排水时捕捞鱼虾，待水排干后，在沟与水潭内用网收获。

（1）**顺水捕捞** 退潮后或涨潮初，港内水位比港外高，这时在闸门外安装捞网，使网框紧贴闸门底部，再开闸板，鱼虾顺水入网。一般看捞网被水流冲击而绷紧的程度来控制流量：网不够紧时，适当拉高闸门关闭；网过于紧，适当放低闸板。每隔半小时左右起网一次，起网前先把闸门关闭，把鱼虾集中于网尾，然后解开绑住网尾的绳子收取渔获物。再把网尾绑紧放入水中，继续开闸放水。这样反复捕捞多次，待流速不足时才停止。这种方法收获虾蟹较多，鱼类较少。

（2）**逆水捕捞** 涨潮时港外水位比港内高，这时在闸门内安装捞网，网框底部离开闸门底15cm左右，作为鱼虾向外游出的空隙，在捞网前装上网闸。打开闸板，潮水流入港内，一般鱼类有逆水游泳的习性，从捞网底部的空隙向外游，被网闸挡住后倒游，被流水冲入捞网内。经过一定时间后关闭闸门，起网收获。这种方法收获鱼类较多。

第四节　网箱养鱼

网箱养鱼是利用合成纤维网片或金属网片等材料装配成一定形状的箱体，设置在水体中，把鱼类高密度地养在箱中，借助箱内外不断的水交换，维持箱内适合鱼类生长的环境，利用天然饵料或人工饵料培育鱼种或饲养商品鱼的方法。网箱养鱼最早起源于柬埔寨等东南亚国家,后来逐步在世界各地得到推广。目前,日本、挪威、美国、丹麦、德国、加拿大和智利等国网箱养殖规模较大,现代化水平也较高。

网箱养鱼就所利用的水域来讲,可分为淡水网箱养鱼和海水网箱养鱼,海水网箱有浮筏式网箱(鱼排)和深水抗风浪网箱两种,网箱养鱼是设施渔业的重要组成部分。

我国的淡水网箱养鱼是在20世纪70年代初发展起来的。当时主要在一些水库、湖泊中利用网箱培育鲢、鳙大规格鱼种。80年代网箱养殖得到进一步发展,如北京密云水库的网箱养鲤、草鱼模式得到推广。90年代初推广了小体积高密度网箱养鱼技术。目前我国淡水网箱养鱼的方式、种类和产业结构有了新的发展,从主要依靠天然饵料的大网箱粗放式养殖转变为投喂配合饲料的小网箱精养;养殖种类由滤食性和杂食性鱼类为主转变为以鳜、南方鲇、鳗鲡、加州鲈等肉食性为主。网箱养殖经营方式由单纯的经济效益型逐渐转变为经济效益和生态效益兼顾型,产量和效益明显提高。

近20年来,发达国家对海水网箱养殖进行了全面系统的研究,取得了丰硕的成果,并已在挪威、智利、英国、丹麦、美国、加拿大、澳大利亚、日本等国家广泛推广应用。海水网箱养殖范围不断扩大,从近岸到离岸。网箱框架材料不断升级换代,采用高强度塑料、塑钢橡胶、不锈钢、合金钢等新型材料。网衣材料由传统的合成纤维,向高强度尼龙纤维、加钛金属合成纤维的方向发展。网箱形状除传统的长方形、正方形、圆形外,还开发了蝶形、多角形等形状。网箱养殖形式由固定浮式发展到浮动式、升降式、下沉式等。网箱容积由几十立方米增加到几千立方米甚至上万立方米;网箱年单产鱼类由几百千克增加到近百吨。养殖品种扩大到几十种,几乎涉及市场需求量大、经济价值高的所有品种。养殖方式也由单一鱼类品种养殖,到鱼、蟹、贝等多品种综合养殖。养殖管理向自动化发展,普遍采用自动投饵、水质分析、水下监控、生物测量、鱼类分级、自动收鱼、垃圾收集等自动化装置。在苗种培养、鱼类病害防治和免疫、全价配合饲料、网箱材料抗紫外线、防污损等方面加速开发研究和推广应用。

我国的海水网箱养鱼起步于20世纪70年代末,广东率先试养石斑鱼获得成功,以后在海南、香港、福建、浙江及山东等地得到长足发展。养殖品种主要有石斑鱼、真鲷、黑鲷、平鲷、黄鳍鲷、尖吻鲈、花鲈、大黄鱼、小黄鱼、牙鲆和大菱鲆等40多种。鱼种主要来自天然鱼苗和人工繁殖培育,饵料多以低值小杂鱼为主,辅以配合饲料。近年来我国海水网箱发展较快,从南海到渤海,全国海水网箱总数已经超过80万只。

传统海水网箱抗击风浪的能力差,仅局限于避风条件较好的内湾,由于水体交换差,长期高密度养殖后,造成底质与水质恶化,导致鱼类生长缓慢、疾病流行,使网箱养殖很难持续发展。深水网箱设置在相对较深的海域,即通常在水深15m以上的海域设置网箱从事水产养殖生产活动,是近年来在我国沿海迅速发展起来的一种新兴的集约化养殖模式。自1999年海南从国外引进第一套深水网箱后,深水网箱以其高性能、高效益的优势,在全国沿海地区得到推广应用。据不完全统计,至2005年底,我国拥有高密度聚乙烯管(HDPE)浮式、HDPE升降式、蝶形升降式、大型浮绳式等深水网箱约3 200只,养殖水体约$2.99 \times 10^6 m^3$,其中HDPE类型网箱有2 108只,主要分布在东海、黄渤海和南海。养殖鱼类主要有大黄鱼、美国红鱼、军曹鱼、卵形鲳鲹以及鲷科鱼类和鲆鲽鱼类等。

一、网箱养鱼的特点

网箱养鱼与池塘养鱼、工厂化养鱼等养鱼方式比较,具有如下特点:

(1) 在自然水域中设置网箱进行鱼类养殖,比较接近自然水域的生态环境条件,鱼肉品质好。

(2) 网箱为养殖鱼类提供一个比较安全的生长场所,免受大型敌害生物的威胁,也易于控制竞争者和掠食者。

(3) 有利于高密度集约化养殖,放养密度大,提高了单位水体的产量。

(4) 网箱内外水流通畅、水质良好、含氧量较高,有利于鱼类生长,提高成活率。

(5) 自然水域中有一定数量的饵料生物,可供网箱鱼类摄食,减少了人工投饵量,降低养殖成本。

(6) 饲养管理方便,便于观察网箱中鱼类活动状况,如有异常,可及时采取措施。

(7) 网箱养鱼在同一水域便于进行多品种区域性混养,且可保持各网箱饲养管理上的独立性。

(8) 网箱养鱼具有机动、灵活的优点,设置网箱的水体一旦环境不适宜时,又可随时移动位置,所以又称为游牧式渔业。

(9) 便于实施机械化、现代化养鱼技术以及鱼类捕获作业。

二、网箱养鱼高产原理

1. 生态学原理

(1) **网箱养鱼水质清新** 网箱养鱼能够高密度放养并取得高产量,主要是由于水的流动保持了网箱内外的水体交换。大水域水体的流动主要有进、排水形成的吞吐流及风的作用形成的风成流,以及大气的温差形成的密度流,流速一般较小。网箱中鱼本身的活动,也能促进网箱内外水流的交换,这样就使网箱中的生态条件具有类似流水池的特性。要充分发挥网箱养鱼的生态学效应,必须从网箱的材料,网目的大小,设置的方式、场所和管理措施上着手,使其有利于网箱内外的水流交换。生产实践证明,只要有一定的水交换,网箱内外的水质无显著差异。

(2) **网箱养鱼的摄食效率高** 在不投喂的情况下,网箱内鱼类的食物丰歉主要取决于水流带入的饵料生物量。一般来说,水流交换次数越多,流入网箱中的饵料量就越大,网箱内鱼的摄食机会就增加。但是,水体的流通性和摄食的时空性决定了通过网箱的饵料生物的两重性,即被摄食和流出。流入网箱可被鲢、鳙等鱼类利用的浮游生物量 = (网箱外浮游生物量 − 网箱内浮游生物量) × (1 + 网箱内水体更新次数)。网箱投饵养鱼就是利用了水体交换的优越性和食物的可控性,大幅度提高了网箱养鱼的经济、社会和生态效益。

(3) **鱼类代谢产物和残饵能及时排除** 设在水域适宜位置的网箱,由于箱内的水体不断更新,箱内溶氧和天然饵料不断得到补充。鱼类的代谢产物(二氧化碳、氨)和残饵能及时排出箱外,箱内水质始终保持良好状态,只要保证足够的天然饵料或人工饲料,就能进行高密度饲养并获得高产。一般来说，在相同的密度下，网箱养鱼的生长速度比池塘养殖快，这与网箱中鱼的代谢物能及时排除，水中溶氧充足、水质良好有关。

（4）减少敌害生物侵袭　网箱水体环境是一个人为创造的生态环境，它把鱼类的活动限制在较小的范围内，避免了凶猛鱼类的危害和风浪的袭击，使它们的活动量减少，降低了能量消耗，增加了营养积累，有利于商品鱼的生长和育肥，降低饵料系数。

2. 生理学原理　网箱内的鱼类受到空间结构的限制，减小了运动量，能量消耗减少，蛋白质和脂肪的积累增加。表现在肌肉生化成分的组成上，相同规格的鲢、鳙鱼种肌肉中水分的百分含量网箱内的比网箱外的少，而蛋白质和脂肪的百分含量网箱内的高于网箱外的（表6-20）。胡传林等（1980）进行了网箱内外鲢、鳙鱼种肌肉中磷酸肌酸含量、血红素（Hb）、血球比容（Ht）等生理指标和网箱内外鲢、鳙鱼种肌肉生化成分的对比研究。磷酸肌酸是一种能提供高能量的磷酸化合物，在肌肉运动生理过程中起着很大的作用，行动敏捷或运动量增加时，肌肉作功增加，需要更多的磷酸肌酸来提供能量。研究结果表明，网箱外鲢鱼种肌肉中磷酸肌酸的含量比网箱内的高37.5%，鳙鱼种则高43.2%，若将鲢、鳙鱼种放入水槽中（流速为0.414～0.591m/s），让其奋力顶水60～120min，鲢的磷酸肌酸含量比网箱内增加67.9%，鳙增加53.5%；若在网箱中放入凶猛鱼类，则鲢磷酸肌酸含量增高5.5%，鳙增高3.4%。以上结果说明网箱内鲢、鳙受到的干扰少，活动强度下降，能量的消耗也就少了。研究表明，网箱内鲢、鳙鱼种的Hb和Ht均比网箱外的同种鱼低，同样证明网箱内鱼类的活动量比网箱外鱼类的活动量低。

表6-20　网箱内外鲢、鳙肌肉成分（%）的比较

项目	水分		粗蛋白		粗脂肪	
	鲢	鳙	鲢	鳙	鲢	鳙
网箱外	79.62	82.32	16.38	15.15	2.86	1.08
网箱内	78.66	81.75	16.90	15.61	3.46	1.59

三、淡水网箱养鱼

（一）网箱的结构

网箱的结构与装置形式很多，可以因地制宜的建造，实际选用时要以不逃鱼、经久耐用、省工省料、便于水体交换、管理方便等为原则。网箱的主要结构部分包括框架、箱体（网衣）、浮力装置、沉子及附属装置等，其中附属装置有栈桥、浮码头、工作房、投饵机、食台、固定装置等。

1. 网箱基本结构　箱体、框架、浮子、沉子及固定装置等是养鱼网箱的主体部分。

（1）箱体　由网线编织成网片，网片按一定尺寸缝合拼接成网箱。目前应用最普遍的是聚乙烯网片。网片的加工工艺有4种：①聚乙烯合股线手工编结网片。优点是伸缩性好，耐用。缺点是有结节，易擦伤鱼体，且耗材多，滤水性差。②非延伸无结节网片。该工艺生产快、省料、便宜，但横向拉力差，易破损。③延伸无结节网片。其拉力强、柔软、质轻，比有结节的网箱成本

低 3/4。④聚乙烯经编网片。无节光滑，不伤鱼体，网目经定型不走样，箱体柔软，便于缝合，不易开孔逃鱼，成本较低。

目前网箱网衣采用的聚乙烯纤维单丝直径为 0.1mm，相对密度 0.94～0.96，几乎不吸水，能漂浮于水面，在饱和状态时，吸水率 1.6%；具有强度较高，耐低温、耐酸、耐碱，价格便宜等优点。但长期在日光下曝晒易"老化"，强度也随之降低。表 6-21 为聚乙烯材料的一些参数。

表 6-21 聚乙烯网线规格与编结网衣网目

网 目	网线规格	直径（mm）	百米重（g）	破断强度（kg）	用 途
0.5～1	0.23/1×1	0.23	4.36	2.37	鱼苗培育
1～2	0.23/1×2	0.46	9.33	3.55	鱼苗培育
3～10	0.23/1×3	0.53	14.0	5.32	鱼种饲养
10～13	0.23/2×2	0.67	17.0	6.62	鱼种饲养
13～20	0.23/2×3	0.78	28.0	9.94	鱼种饲养
20～25	0.23/3×3	0.96	42.0	14.9	鱼种饲养
25～30	0.23/4×3	1.13	56.0	18.4	食用鱼饲养
30～40	0.23/5×3	1.29	67.0	23.0	食用鱼饲养
>40	0.23/10×3	1.94	140	46.0	食用鱼饲养

（2）框架　安装在箱体的上纲处，支撑柔软的箱体，使其张开具有一定的空间形状；同时，也有一定的浮力，充当浮子的作用。材料常选用毛竹、木材或无缝钢管等。若箱架的浮力不足，可在网箱四条边角系上浮球或浮桶。

（3）浮子和沉子　浮子安装在墙网的上纲，沉子安装在墙网的下纲。其作用是使网箱能在水中充分展开，保持网箱的设计空间。浮子的种类很多，应用最为普遍的是塑料浮子。一般选用直径为 8～13cm 的泡沫塑料浮子。沉子一般采用瓷质沉子，每个重 50～250g，要求表面光滑。铅、混凝土块、卵石、钢管等也可用作沉子。以钢管作沉子，还能将底网撑开，使网箱保持良好的形状和有效空间。此外，还要用铁锚固定网箱的位置，或用水泥桩、竹桩支撑、固定网箱。

2. 网箱形状　有长方形、正方形、圆柱形、八角形等。目前生产上常用长方形网箱，其次是正方形，因其操作方便、过水面积大，制作方便。

3. 网箱大小　最小的网箱面积 1m² 左右，通常 1～15m² 的网箱属小型网箱，15～60m² 的为中型网箱，大型网箱面积在 60～100m²，更大的有 500～600m²。一般来说，网箱的面积不宜过大，过大操作不便，抗风力差，但大网箱使用材料少、造价低。实践证明，在同样水域条件下，网箱越小，箱内水体交换次数越多，网箱养鱼的产量越高。网箱的高度依据水体的深度及浮游生物的垂直分布来决定。一般在水库中网墙的高度取 2～4m，湖泊取 1.5～2m 为宜。敞口式网箱的网墙应高出水面 70cm。但网箱底与水底的距离最少要在 0.5m 以上，以便底部废物排出网箱。

4. 网目大小　以不逃鱼、节省材料、箱内外水体交换率高为原则。例如，网箱养鲢、鳙，鱼苗育成夏花的网箱材料宜用 100 目/cm² 的聚乙烯网布；囤养夏花的网箱，以 6～8 目/cm² 的经编聚乙烯网布为好；对于夏花以上的不同规格鲢、鳙鱼种，其网目尺寸可参考表 6-22。

表 6-22 不同规格鱼种适用网目 (cm)

网 目	0.7*	0.8*	1.0	1.1	1.2	1.3	1.4	1.5	2.0	2.2	2.5	3.0
最小鱼种规格	2.7	2.9	3.0	4.0	4.6	5.0	5.4	5.8	7.7	8.5	9.6	11.5

* 为经编网，其余为聚乙烯结节网。

5. 箱盖 网箱顶部还需覆上用不透光材料制成的网箱盖。加盖目的是阻止阳光（特别是紫外线）进入网箱，不让鱼发现任何网箱上方的物体运动，这样可以减少不利于鱼类生长的光和惊恐等应激因素，还有利于鱼的免疫系统，提高生产性能。此外，加盖后的网箱也可防止肉食性鸟类的袭击。如加了遮光盖的网箱中的斑点叉尾鮰的生产性能比不加盖网箱提高 10%。

（二）网箱的种类

根据水域条件、饲养对象和网箱类型的不同，目前我国网箱装置的方法有如下三种：

1. 浮动式网箱 箱体的网片上纲四周绑结在用毛竹等扎成的框架上，网片下纲四周系上沉子，框架两端用绳子与锚系在一起，上口用网片封住，框架缚上浮子，飘浮于水面。浮动式网箱结构简单，用料较省，抗风浪能力较强，能随水位、风向、水流而自由浮动。一般设置在水面开阔，水位不稳定，船只来往较少的水面。该网箱有单箱浮动式和多箱浮动式两种。单箱浮动式是单个箱体设置一个地点，用单锚或双锚固定。优点是水交换良好，便于转箱和清洗网箱；缺点是抗风浪能力较差。多箱浮动式是将 3～5 个网箱串联成一列，两端用锚固定，每列网箱间距应大于 50m。此法占用水面相对少，管理相对集中，适用于大面积发展，但生产性能不如单箱浮动式。

2. 固定式网箱 一般为敞口式网箱，由桩和横杆联结成框架，网箱悬挂在框架上，上纲不装浮子，网箱的上下四角联结在桩的上下铁环或滑轮上，便于调节网箱升降和洗箱、捕鱼等。网身露出水面 0.7～1m，水下 1.5～2.5m。适用于水位变动小的浅水湖泊和平原型水库。优点是成本低，操作方便，易于管理，抗风浪能力强；缺点是不能迁移，难以在深水区设置。

3. 下沉式网箱 整个网箱沉没在水下预定的深度。优点是网身不受水位变化影响，网片附着物少，受风浪、水流影响小，适用于深水网箱养鱼以及风浪大的地点使用。缺点是操作不便。我国北方常作为冬季鱼种越冬时使用。

（三）网箱设置水域的选择

网箱养鱼依靠箱内外水体交换，保持网箱内有一个良好的生态环境。因此，网箱设置地点环境条件好坏，是网箱养鱼成败的关键。在同一地区的不同水域，甚至同一水域的不同地点，采用同样的网箱和养殖工艺，往往取得不同的养殖效果。

1. 设置区域 水面要相对宽阔，光照要充足。这样有利于鱼类生长，确保网箱安全，也可避免大风浪和急流造成鱼类能量消耗，减小残饵对网箱水质的影响。最好有外源性营养物质输入或水质较肥、浮游生物较丰富的区段。例如在内陆水库、湖泊中一般选择上游较开敞库湾处。水域底部要相对平坦，有机沉积物不能过多，以免影响箱内水质状况。设置区域还要求环境安静，避开旅游区、游泳场、航道以及工厂、城镇的排污口。此外，由于鱼种、饲料和成鱼等运输量很大，还需要有方便的水陆交通条件。

2. 水深 设箱区的水深应在 4～5m 以上，最低水位时水深不足 3m 的地方不宜设置网箱。

足够的水深有利于箱内残饵、鱼的代谢废物和粪便的排除。这些有机废物下沉水底后，距离网箱较深而不致影响网箱内水质。

3. 流速 设置网箱区水体的流速不应过大或过小。流速过大，鱼类会顶水而消耗过多的能量；流速过小则箱体内外的水流交换不充分，网箱养鱼的生态学原理不能充分体现。流速为 0.1~0.2m/s 为宜，微流水既利于箱内外水体交换，保持网箱内清新的水质，又不致因流速过大消耗鱼类体力。

(四) 网箱设置

1. 网箱设置的水层 网箱设置深度一般不超过 3m。因为浮游植物的分布在 2m 以内的水层中占 58.7%，而 2~4.2m 占 41.3%，特别是透明度小的水体浮游植物最丰富。浮游动物数量在水深 2~3m 处密度最大。凡水质肥、浮游植物丰富的水域，网箱应设置在较浅水层，但网箱底离水底应在 0.5m 以上。在水质较瘦的水域，以养鳙为主的网箱，可酌情设置在较深一些的水层内，但不宜过深。

2. 网箱的排列 网箱排列的原则是使每个网箱都尽量迎着水流的方向，既能保证每个网箱水流畅通、有利于鱼类生长，又便于管理、节约劳动力和材料。在这个原则下，可以用"一"字形、"品"字形、"非"字形和梅花形等（图 6-12）。

另一种方式是以 3m×3m×3m 的网箱 9 个组成一个鱼排，两个鱼排为一组（图 6-13），鱼排用旧车胎阻隔，缓解风浪的磨损，每组涨落潮头各打 3~4 个桩，桩与鱼排用缆绳连接。鱼排的布局应与潮流流向相适应。临潮头的第一只网箱所受的冲击力最大，然后依次减小，每只网箱可减缓潮流 20%~25%，到第 4 只网箱时，即使最大流速，也能保持网箱形状不变，但过多的组合鱼排，会影响网箱的水体交换，增加固定难度。在浮架外缚毛竹可提高鱼排的牢固性和抗风浪能力。

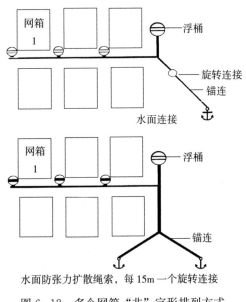

图 6-12 多个网箱"非"字形排列方式

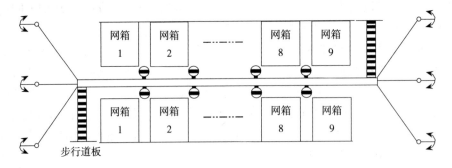

图 6-13 网箱的集中排列方式

(五)网箱养鱼技术

1. 网箱养鱼的方式 依投入的物质和能量可分为不投饲和投饲两种养殖方式。

(1) 网箱饲养不投饲的滤食性鱼类 利用天然饵料进行网箱养殖鲢、鳙鱼种或成鱼是我国网箱养鱼的一大特色。网箱养鲢、鳙投资小、效益高。

网箱饲养滤食性鱼类主要是利用水中的天然饵料生物,多以鲢、鳙为主,混养罗非鱼、鲤、鲫、鲮等。这种养殖方式的产量高低主要取决于水中浮游生物的种类组成及其生物量。国内有关单位网箱养鲢、鳙鱼种和成鱼的报道列于表6-23。可以看出,在浮游植物160万个/L以上,浮游动物2 000个/L以上的富营养水体,可放夏花鱼种200~600尾/m²,经60~80d培育,鱼种可达10~13cm,可生产鱼种200~500尾/m²;在一般营养型水体,夏花放养密度可控制在100~200尾/m²。网箱养殖滤食性鱼类,其鱼产力主要取决于天然饵料的丰度,其养殖密度应考虑天然饵料丰度、网箱容纳量、鱼种出箱规格、养殖技术水平等。

表6-23 水域浮游生物量与鲢、鳙养殖的关系
(陈金桂,1979)

地点	水温(℃)	饲养天数	浮游植物数量(万个/升)	浮游动物数量(个/升)	入箱密度(尾/m²)	入箱规格(cm)	出箱数量(尾/m²)	出箱重量(kg/m²)	出箱规格(cm)	备注
山东雪野水库	26~28	66	188.4	1 913	325	5	300	3.35	10	以设计面积计
湖北白莲河水库	27~34	55	392.1	3 000	611	5	573	24.35	14.3~15.3	以设计面积计
湖北白莲河水库		360			112	35~60g	96	60	625g	饲养成鱼
广东鹤地水库		55	161.6	14 726*	362	5.6	316	3.8	11.6	丹丰点15号箱
黑龙江新兴湖	17~25	53	198	35 630	250	6.6	200		9~11	
安徽佛子岭水库	26.5	146	197		79	14.6	78	12.65		成鱼箱10号

* 原生动物占95%。

(2) 网箱饲养投饲鱼类 投饲鱼类鱼种放养密度可比鲢、鳙鱼种的放养密度高,这主要取决于水的交换量、溶氧量的高低、饲料的供应和养殖的品种。水流动较大,流速在0.2m/s左右,水质优良、溶氧高、饲料充足,放养量可达1 000尾/m³。水交换量小、水质较肥的水域,放养密度不宜过大。不论网箱培育鱼种还是养成鱼,最好随着鱼的生长而及时更换不同规格的网箱养殖。一般从鱼种到养成鱼采用3个规格的网箱。这样,不但可以改善网箱中水的交换,而且可以节约网箱的成本。

2. 网箱的鱼种投放

(1) 网箱养殖对鱼种的要求 ①适应性强,网箱养鱼种应选择适应当地养殖水域理化特征和生态条件,同时经过锻炼能适应网箱密集环境和耐长途运输的鱼种。②生长快,饲养周期短,经一个周期饲养即能达到鱼种规格,这样有利于加速资金周转,提高经济效益。③肉质鲜美、营养

价值高，养殖鱼类必须具有较好的食用性。④体格健壮，无病无伤，抗病力强，对各种细菌、寄生虫的感染率低，成活率高。⑤体色鲜艳、游动活泼、无畸形、规格整齐。⑥培育技术容易掌握，苗种数量大，来源有保障。

(2) 鱼种入箱前的准备工作　网箱下水前应仔细检查是否有破洞、开缝。鱼种入箱前3～5d要提前将网箱安装好，放入养殖水域，网衣经浸泡和附生藻类后，可使网箱充分展开，并可避免擦伤鱼体。夏花入箱前10d，开始在原来池塘内拉网锻炼不少于3次，锻炼时密集的时间要逐次加长。宜选择晴朗、低温、无风的天气运输和进箱。

(3) 放养的品种和搭配比例　在湖泊、河沟、水库等进行网箱养鲢、鳙鱼种时，由于水域的天然饵料组成不同，其放养比例也不同。在水质较肥、透明度较小、浮游植物较多的水体，应以鲢为主、鳙为辅。浮游动物较多的水体透明度较大，应以鳙为主、鲢为辅。此外，要适当搭配5%左右的罗非鱼、鲫、鲤、鲴或团头鲂等杂食性、刮食性鱼类以清除网壁上的附着藻类等。

(4) 放养规格　一般鱼种养殖网箱，夏花放养规格要求3cm以上，宜大不宜小。要求规格整齐，体色健康，体质健壮，体表无损伤。

(5) 放养密度　网箱培育鱼种是高密度的养殖，其放养密度应依水质、养殖种类、商品鱼规格、产量、水体交换量、饲养管理技术水平和设备技术条件而定。一般水体夏花鱼种放养密度50～200尾/m^2，较肥水质可放200～400尾/m^2，特别肥沃的水质可放500～600尾/m^2，出箱规格13cm左右。培育鱼种时，一般每平方米放养10～13cm鱼种20～60尾。实际上，在一定的密度范围内放养密度增加可以提高鱼种群体生产量，但出箱鱼种个体规格较小；而适当降低密度，可相应提高鱼种出箱规格。

3. 网箱养鱼的饲养管理　网箱养鱼是高密度的养殖方式，严格的饲养管理是成功的根本保证。

(1) 日常管理　网箱养鱼日常管理工作应围绕防病、防逃、防敌害工作而进行。应有专人负责经常巡视，观察鱼的摄食及活动情况，一旦发现鱼病及时治疗，鱼病流行季节，要着重做好预防工作。结合清箱经常检查网箱是否破损，如有破损应立即修补。在汛期及台风季节，要加强防范措施，保证网箱安全。由于大风造成的网箱变形或移位，要及时整理，保证网箱内的有效空间和网箱间的合理距离。水位下降时，要及时移位，以免网箱着底。要经常检查网箱内是否钻入害鱼，有条件的应设置防止敌害的拦网。敞开式网箱要预防鸟害，还要定期检查鱼体，了解鱼类生长情况，分析存在问题，及时采取相应措施。记好网箱养鱼日志，积累经验，制订计划，提高技术水平。

(2) 投饵管理

①投饵方法。有人工和机械投饵两种方法。人工投饵虽劳动强度较大，但可根据鱼摄食情况随时调整投饵速度和投饵量，较机械自动投饵更机动灵活，目前仍普遍采用。在投喂方法上，应掌握"慢、快、慢"三字要领：开始应少投、慢投，以诱集鱼类上来摄食；当鱼纷纷游向上层争食时，则多投、快投；当有些鱼已吃饱散开时，则减慢投喂速度，以照顾弱者。投饵时要注意观察鱼的摄食情况，看投下的饵料是否能绝大部分被摄食。不可一次投量太大，以免鱼来不及摄食即散失网外，不仅造成浪费而且污染水质，这是网箱养鱼投饵之大忌。为减少投饵时饵料损失，网箱内可吊设饵料台，部分或全部饵料投入饵料台，以便观察摄食情况。在投饲技术上，还要遵

循定质、定量、定时、定位的"四定"投饵原则，以及看天气、看水色、看鱼情的"三看"原则。

②投饵次数。一般在鱼体较小时每天投喂3~4次，长大后可每天2次（上、下午各1次）。不同适温性的鱼类其投饵次数随季节的不同而不同。温水性鱼类，在高温季节每天投喂3~4次，冷水性鱼类每天1~2次；冬季投喂次数则减少。如在四川雅安地区养殖齐口裂腹鱼夏季每天可投喂3~4次，冬季则每天只投1次，或只在晴天中午投喂1次。

③最适投饵量。投饵量占鱼体重的百分比，称投饵率。投饵率因鱼的种类和水温状况而异，与水温呈正相关，与鱼体重呈负相关。投饵量最大限度为饱食量的70%~80%，鱼类一般吃到八分饱为宜，此时饵料系数最小，否则可能影响其下次投饵时的食欲。投饵时间长短主要看养殖对象摄食情况。投食时间一般应充分，但必须有一定限度，如果超过限度，反而对鱼类的健康有影响。如真鲷摄食比较缓慢，因此投饵时间就应相对延长。

（3）清洗网箱　网箱下水后，被一些藻类或其他生物所附着，严重时堵塞网眼，影响网箱内外水体交换。水质越肥，附着物（俗称青泥苔）越多；网目越小，着生程度越严重。一般在1m水层内最多，若不及时清洗容易造成箱内水质恶化、缺氧、缺饵，影响鱼类生长。清洗网箱是饲养管理中的重要措施之一。清洗网箱的具体方法，见海水浮筏式网箱养鱼的相关内容。

（4）鱼种出箱　鱼种养到一定规格，就可出箱，投放到湖泊水库之中。一般都在秋冬季出箱，以早出箱早放养为好。鱼种出箱前应适当密集锻炼，以免验收计数时造成伤亡。验收内容包括重量、规格、成活率、合格率、单产等，计数采用重量法，抽样不少于2次，每次2~2.5kg。当水温降至10℃左右时，鱼已基本停止摄食。这时暂不放养或出售，可按不同种类和不同规格分拣后，分别并箱囤养。囤养鱼种密度为1.5~2.5kg/m³。

（5）网箱越冬　为了提高大水面放养鱼种的规格和质量，减少越冬鱼池的负担，可利用网箱进行越冬。凡水质良好，水深超过3m以上，冬季水位相对稳定的水域，都可以进行网箱越冬。越冬用的网箱采用封闭式，网目2.0~2.5cm为好。网箱大小为8m×4m×2m或7m×4m×2m，也可与鱼种网箱兼用。

入箱前鱼种要经过锻炼。网箱培育的鱼种转入越冬箱时，稍加密集即可锻炼；池塘培育的鱼种应经过两次以上的拉网锻炼。入箱鱼种应在8.7cm以上，才能保证较高的成活率。入箱鱼种擦伤后，易感染水霉病而死亡，这是越冬鱼种死亡的主要原因之一。为避免伤害鱼种，操作中动作应细心，应在10℃左右的低温下进行操作。

越冬鱼种放养密度可按8~20kg/m³安排。如进行鱼种培育或以成鱼养殖为目的，密度应小些。以秋冬入箱一次放足为妥。越冬网箱不得沉底，至少应保持距水底0.5m以上距离。

4. 网箱养成鱼的放养模式

（1）网箱养成鱼的主要放养模式

①以养殖滤食性的鲢、鳙为主，搭配罗非鱼和其他刮食性鱼类5%~10%，不投饵或少投人工饵料。选择水质肥沃，浮游生物丰富，有水流的水域设置网箱。

②以高密度养罗非鱼为主，适当投喂饲料。选择水质特别肥沃，或浮游生物丰富的水域设置网箱。

③以放养草鱼、鳊、鲤、加州鲈、斑点叉尾鮰、鳜等优质鱼为主，搭配罗非鱼及鲢、鳙。鱼

类放养规格要大,放养量按水质状况、鱼种来源、饵料情况及养殖技术而定,每立方米放养20～200尾。全靠人工投喂精粗饲料,还要将精粗饲料按营养要求配合,加工制备成颗粒饵料投喂。在水质较好的水域里设置网箱。

(2) 成鱼养殖放养密度的确定　水质条件好、溶氧充足、水中生物饵料丰富、水体交换量好的水域,鲢、鳙的放养密度可适当增大;反之,应适当减小。耐肥和耐密养的草食性和杂食性鱼类的放养密度比相互残食的肉食性鱼类的放养密度高。例如,鳜的放养密度不及其他淡水鱼的1/10,多数海水鱼类的放养密度远比淡水鱼类低。在相近的条件下,产量比较高时,鱼种的放养密度较高,反之较低;鱼种的规格较大时,产量较高,放养密度应适当降低;鱼种规格小,成活率往往很低,饲养周期就要长。生产设施先进,管理科学而精细,生产经验较为丰富时,放养密度可适当增加。生产中多参考别人和自己的生产经验,依上市规格、预计产量及成活率按下式计算网箱的放养密度:

$$N = \frac{P}{S \times D}$$

式中,N 为网箱的放养密度(尾/m^2 或尾/m^3);P 为预计产量(kg/箱);S 为出箱时鱼的规格(kg/尾);D 为成活率(%)。

5. **网箱养殖的病害防治**　网箱设置在大水体中且鱼群密度很高,鱼病预防有其特点,不能照搬池塘养鱼的方法,如不宜使用全箱泼洒药物等方法,而主要有挂袋、药浴、拌饵和使用疫苗等。

(1) 用漂白粉、硫酸铜或中草药挂袋、挂篓　每只网箱(中、小型)用2～4只漂白粉篓,每篓装漂白粉100～150g,连续3d。硫酸铜挂袋,每只袋装100g硫酸铜,由于硫酸铜是重金属盐,遇水极易分解,一般在上午使用,下午水温高不宜使用。挂袋后瞬间单位面积内药物浓度升高,网箱密度大,要注意观察鱼的情况,挂袋后2～3d可能影响鱼类吃食。最好选用对鱼类毒害作用较小的敌百虫挂袋,杀灭寄生虫比较安全可靠。中草药挂袋最好每箱一个,挂在网中间,投饵时即撒在挂袋处以便鱼类摄入药物成分,如挂袋"三黄粉"、板蓝根等。

(2) 药浴　用药液浸洗鱼体,先将网衣连鱼群一起密集到网箱一边,再用白布做成的大袋从网箱底穿过,将鱼和网衣带水装入袋内,注意不要过分密集以免鱼体相互碰伤,准确计算水体,根据鱼病症状使用药液浸洗。

(3) 投喂药饵　这是网箱养殖预防鱼病最有效的方法,可以在鱼病发生前,制成药饵预防鱼病。

(4) 使用免疫疫苗　该方法是预防鱼病有效的途径,目前普遍使用的注射疫苗有草鱼出血病免疫疫苗和鲤几种常见病(烂鳃病、穿孔病、烂尾病)的口服免疫疫苗。

四、浅海浮筏式网箱养鱼

(一) 养殖海区环境的选择

1. **社会环境**　根据养殖规模和社会环境条件选择网箱养殖的地址十分重要。选址时,首先考虑的是养殖水域周围的社会环境和自然条件，原则上应远离风景名胜区、远离人类活动较为频繁的区域，诸如港口，大型工、矿企业或人口密集的居住区。这样一是可以避免人为的活动对养殖生产的干扰；二是可以减少养殖水体水质的污染。

2. 海区的物理环境

（1）避风条件好，风浪不大的内湾或岛礁环抱的海区，以免受风、暴、潮的袭击。

（2）海底地势平缓、坡度小、底质为沙泥或泥沙，便于固定、操作及污物的吸收。

（3）水流畅通、水体交换好、水质清新、有一定的流速，一般以0.3～0.8m/s为宜，流速过大，需要有阻流措施。

（4）有一定的深度，水深在6m以上，一般不超过15m。最低潮位时，箱底部与海底能保持2m以上的距离。

（5）海水无污染，附近无大型码头，无工厂，也不受集镇排放污水、农田排水及山洪影响。

（6）交通便捷，有电力供应，便于苗种、饵料、设施的供应以及产品的销售。

（二）网箱结构

浮筏式框架网箱是将网衣挂在浮架上，借助浮架的浮力使网箱浮于水的上层，网箱随潮水的涨落而浮动，而保证养鱼水体不变。它是当前世界上最广泛采用的一种网箱类型。其优点有：①由于箱体漂浮于水面，可以防止海底杂质的污染；②网箱内的水体体积不受水位波动的影响；③这种设置形式，既机动又灵活，可使箱体位置任意移动。④管理方便，易于捕捞、投饵、观察生长及摄食情况。其主要缺点是不能抗拒较大的风浪。所以，浮筏式框架网箱多设置于港湾内，或者是近海内湾潮流比较平稳的海区。

目前我国海水养鱼用网箱主要是浮筏式框架网箱，又称浮排式网箱，俗称鱼排。其中又包括两种类型：一是在中国南方较为流行的，适合于内湾等风浪较小海区使用的木结构组合式网箱；二是多在中国北方采用适合近海使用的钢结构三角形网箱。其基本结构都是由浮架、箱体（网衣）、沉子等组成（图6-14）。

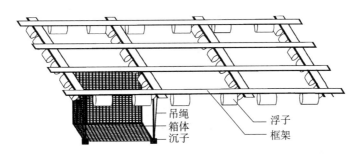

图6-14 浅海筏式网箱示意图

（1）浮架　浮架由框架和浮子两部分构成。内湾型的网箱多采用平面木结构组合式。如我国的福建、广东、海南等地流行这种框架。这种网箱常常6个、9个或12个组合在一起，每个网箱为3m×3m、4m×4m、5m×5m的框架。框架以8cm厚、25cm宽的木板连接，接合处以铁板和大螺丝钉固定。框架的外边，每个网箱加2个50cm×90cm的圆柱形泡沫塑料浮子（浮力

150kg），网箱内边每边（长3m）加1个浮子。架上缘高出水面20cm左右。

近海型的网箱由于海区比内湾风浪大，框架结构采用三角形钢结构。框架每边由3根平行的内径为0.03m或0.038m镀锌管构成，其横截面为三角形，四个边相连，使整体为正方形。边长（内边）为4m、5m、6m不等。4m×4m的框架每边均匀放置2个前述150kg浮力的浮子。

（2）箱体　亦即网衣，其材料有尼龙、聚乙烯或金属（铁、锌等合金）等，国内多采用聚乙烯网线（14股左右）编结。其水平缩结系数为0.707，以保证网具在水中张开，可用手工单死结编结，也可以从网厂购进。网衣的形状随框架而异，大小应与框架相一致。网高随低潮时水深而异，一般网高为3～5m。网衣和网目应根据养殖对象的大小而定，以尽量节省材料并达到网箱水体最高交换率为原则，最好以破一目而不能逃鱼为度，如体重50～100g的真鲷越冬后苗种，可采用3cm左右的网目。随着鱼体增大至200g左右时，可增加网目至4.5～5cm。

网衣的设置有单层和双层两种，一般采用单层者居多，水流畅通，操作方便，但不安全。双层网一般是里面一层网目小些，外面一层网目大些，以利水流畅通。在蟹类及海豚较多的海区，应使用双层网，以防破网逃鱼。网衣挂在框架上，一般要高出水面40～50cm，必要时可在网箱顶面加一盖网，以防逃鱼和敌害侵袭。

盖网多用合成纤维细网线编制而成，有的也用塑料遮光以减弱阳光的直射，降低藻类附生程度，增加摄食和安全感。网衣用网片装配而成，有的用6块网片缝合，其中上面一块网片网目大些；有的采用一长网片折绕成网墙，再加缝网底和盖网。网箱四周和上、下周边都要用一定粗度的网筋加固。上周边的大小与框架匹配，并用聚乙烯绳固定在框架内框的钢管上，最后将底框装在网箱底部。

（3）沉子　网衣的底部四周要绑上铅质、石头或砂袋沉子，以防止网箱变形。海水网箱的沉子，一般是在网衣的底面四周装上一个比上部框架每边小5cm的底框。底框可由0.025～0.03m镀锌管焊接而成，也可以在底框的四角各缚几块砖头或石块，以调节重力。

（三）网箱布局

统筹规划、合理布局。合理利用海域，防止过密养殖和单一种类养殖对海区生态环境造成破坏。养殖区水面积不能过大，不能超过使用海域面积的1/15～1/10。留出足够的区间距和沿岸流通道。尽可能发展鱼、虾、贝、藻综合养殖，使各种养殖生物之间在生态位上产生互补，海洋环境得到自然净化。在海域功能上，除了养殖还要综合考虑航道、停船等多种功能。

（四）养殖种类选择

（1）由于网箱抗浪能力较差，容易破损，因而在选择养殖种类时，应优先选择生长快，适应强的鱼类，短期养殖即可达到商品规格，便于安排短期的单季性生产，以减少由于网箱破损而造成的损失。

（2）由于网箱中放养鱼的密度较大，容易发生自相残杀，因而要尽量避免选择会自相残杀的种类。同时也要选择相容性较好的品种进行混养，提高水体空间利用率。

（3）由于网箱的制造成本与管理费用较高，应选取市场价格较高的种类，以确保养殖效益。

（4）由于养殖密度大，鱼的发病率也高，所以要优先挑选抗病力强，能在密集的条件下正常生活和生长的种类。

(5) 由于网箱养鱼主要靠投饵,要选择适于摄食人工饵料的种类。

(6) 养殖品种已可人工繁育,保证健康苗种供应充足。

(7) 市场前景广阔,易于加工的品种。

适于海水网箱养殖的鱼类品种约 70 余种。国内目前海水网箱养殖的鱼类主要有鲈、黑鲷、真鲷、牙鲆、黑鳍、鮸状黄姑鱼、石斑鱼、红鳍东方鲀、鰤、大黄鱼、六线鱼、花尾胡椒鲷、紫红笛鲷、红鳍笛鲷、卵形鲳鲹、尖吻鲈、黄鳍鲷、军曹鱼和大菱鲆等。

(五) 鱼种放养

1. 放养规格 放养鱼种规格大,绝对增肉率高,生长快,可以缩短养殖商品规格的养殖周期。放养规格要根据苗种来源、养殖对象、养殖条件、养殖技术及价格等因素综合考虑,没有统一模式。

2. 放养密度 海水网箱养殖中鱼种的放养密度,因鱼的种类、养殖环境(尤其是水温和水质)、苗种规格、商品鱼大小以及养殖技术和管理水平的差异而有所不同。一般为 $10 kg/m^3$ 左右。放养时也不必从鱼种到商品鱼一步到位,可以通过分级网箱逐步养成,既便于管理,又提高网箱利用率。表 6-24 是一些海水鱼类放养的参考密度。

表 6-24 几种网箱养殖海水鱼类的放养密度

放养种类	规格	密度(尾/m²)	放养种类	规格	密度(尾/m²)
鲈	2.5cm	500	大黄鱼	3cm	1 000
	10cm	45		15cm	30~80
	20cm	25		100g/尾	15~30
尖吻鲈	10~15cm	10~15	美国红鱼	3~5cm	1 500 以内
真鲷	20~50g/尾	120~300		6cm	30~100
	150~200g/尾	20 左右	军曹鱼	8~10 cm	80~100
黑鲷	越冬后鱼种	7~12kg/m²	石斑鱼	100~150g/尾	广东 65~90
					浙江 25~35
黄鳍鲷	20g/尾	40		7.5~10cm	台湾 100~150
黑鳍	5~55g/尾	3~6kg/m²		12.5~15cm	台湾 44
东方鲀	40~50g/尾	日本 37		20~30cm	台湾 40
	100g/尾	日本 25	牙鲆	3~5cm	667
	200g/尾	日本 19		15~20cm	250
	300g/尾	日本 12.5		20~25cm	54
	900g/尾	日本 7.2		30cm 以上	35

3. 放养方式 依据单个网箱内养殖种类数量的多少,分为单养与混养两种。单养是指同一网箱中只养单一种类的鱼种。它管理方便,产量高,鱼种生长整齐,是目前最常用的方法。混养是指同一网箱中放养两种或两种以上鱼种。一般以一种鱼作为主养对象。目前国内多采用黑鲷与鲈、鮸状黄姑鱼与石斑鱼等混养。混养方式可充分利用水域中的天然饵料及主养鱼类的残饵,提

高饵料利用率，改善海区环境，增加网箱产量并有较好的生态经济效益。可以根据不同鱼类的特性，进行混养，如鲷类、鲀类等对声音比较敏感，经过训练可建立起条件反射，因此可在投喂时重复某种声音，以使其迅速游集摄食；石斑鱼生性多疑，对静止的食物不敢贸然索食，致使部分饵料散落损失，而鲷类见饵即食，食性相对较杂，故在养殖石斑鱼的网箱中适当搭配一些真鲷、黑鲷、黄鳍鲷等，可带动石斑鱼摄食，以充分利用投入的饵料。同时，还可清理一些附着的生物和杂质，净化水质。

鱼苗进箱前，用 0.3～0.5g/kg 的二氧化氯浸洗鱼体 15～20min 或用 10～20g/kg 的高锰酸钾浸洗鱼体 5～10min。水温和盐度应调节一致，操作小心，以免弄伤鱼体。鱼苗进箱 3～5d 后，在网箱中央的饵料篮（台）投喂新鲜的鱼糜，让鱼苗摄食，日投 3～4 次，投饵率 15％～20％。

4. 放养时间　种苗放养尽量选择在小潮、平潮时刻，低温季节晴天午后，高温季节清凉早晚，水温在 15℃以上进行。苗种运到后，切不可直接倒入网箱，应将苗袋静置于网箱中片刻，然后开袋逐渐加入新水，操作须谨慎缓慢，待鱼苗适应新网箱环境，再移入网箱。

（六）饵料及投喂

1. 饵料类别　海水网箱养鱼的饵料可分为鲜活饵料、冰冻饵料以及配合饲料三大类。加工后按形态可分为粉状饲料、面团饲料、颗粒饲料、鱼糜饲料四类。粉状饲料仅在苗种培育阶段使用，面团饲料适合鳗鲡食用，用得最多的是鱼糜饲料和颗粒饲料。

2. 日投饵量　日投饵量的确定，应考虑鱼的习性、发育阶段、水温等诸多因子，并根据实际摄食情况灵活掌握。如鲈的投饵量可为鱼体重的 3％～12％；尖吻鲈日投饵量约为体重的 6％；石斑鱼为 3％～10％；真鲷平均体重自 30g 长到 1 000g，日投饵率自 12％渐降至 5％，而低温期（13～17℃）可低至 2％～3％；黄鳍鲷为 6％左右；大黄鱼为 5％～8％；美国红鱼为 3％～5％；红鳍东方鲀为 5％～15％；牙鲆由全长 4cm 生长到 35cm，其日投饵率由 10％渐降至 2.5％左右。

3. 投饵方法　投饵时间最好在白天平潮，若赶不上平潮，则应在潮流上方投喂，以减少饵料流失。鱼体较小时每天可投喂 3～4 次，长大后每天投喂 2 次；冬天最好在水温较高的中午投喂。

（七）养殖管理

1. 防止生物附着及附着物的清除　网箱设置在海水中，长期养殖后网衣上会附着许多生物，从而增加网箱的重量，影响网箱内水体的交换，加大网片压力，危害养殖鱼类。常见的附着生物有牡蛎、藤壶、海蛸、贻贝、水云、浒苔、附着硅藻等。如何清除和防止生物的附着，已成为网箱养殖中十分重要的问题。对于附着物，除平时经常洗刷网衣外，还必须定期换网，扩大网目，增进水流交换。一般每周洗刷网衣 1～2 次，3～4 周换 1 次网。但网目换至 4～5cm，一般可减少换网次数或暂停换网，因网目 4～5cm 时，网目一般不易堵塞，水交换正常。防止和清除网箱的附着物，国内外已引起足够重视，并采取了相应的措施和方法，归纳起来有以下几种：

（1）人工清洗　零星分布的网箱，常用人工清洗，每隔 5d 左右将网衣提起，用扫把、树枝、毛刷等洗刷或拍打。

(2) **机械方法** 定期洗刷网箱壁。手工劳动或机械冲洗。可用抖动、拍打、清扫和高压水泵冲洗等办法。

(3) **利用防附着剂** 将网衣放在防附着剂溶液中浸泡。防附着剂溶液配方为：硫酸铜3~4kg、甲酸10~15L，加淡水400L。网衣浸泡2~3d，取出用高压水龙头冲洗干净。检修备用。网衣预先用硫酸铜等处理，可预防或减轻藻类等着生。据报道，硫酸铜处理合成纤维网衣，可减少50%附着生物。日本在网线上涂抹一层碳酸钙粉末或贝壳粉等其他含钙化合物，也常采用防藻剂卡洒露和散拉因，减少网箱壁附着物。

(4) **生物方法** 生物控制是一种较好的方法。配养食草的蓝子鱼，箱体网衣上的着生藻类几乎全被吃光，附着生物一直比较少，效果较好。

(5) **使用新型材料制造网箱** 如合成纤维、不锈钢、增强塑料、钢合金、电镀材料、钛等制作网箱。

(6) **沉箱法** 将封闭式网箱沉入水下3~5m深处，使藻类在弱光环境中因光合作用不足而死亡脱落。如英国采用网箱四周装有可充气或排气的中空管子，使网箱沉浮或转动。

2. 分箱饲养 从鱼苗养到成鱼，随着个体生长，养殖空间相对减小，根据苗种生长情况需分箱疏苗，以保证养殖密度合理，规格平均，以免出现两极分化现象，造成相互残食和损伤。分箱方式有人工和自动化两种。国外有专门的吸鱼泵与分级机。手工分级应注意分级过程中放置时间不宜过长，密度不宜过高，谨防缺氧。人工分箱时可结合换网进行，操作需仔细，勿损伤鱼体。分箱时应事先准备好一移动小型网箱，将要分出的鱼放入移动小网箱内，再移动放入计划养殖的网箱。其间可结合一些病害预防工作进行。

3. 更换网衣 随着鱼体的增长，不断进行网衣更换，可以使水流畅通并能彻底清除网衣上的附着物。更换网衣，应首先将旧网解下三个边，拉向剩余一边，然后把新网衣放入框架中，从空出的三边开始拴好，仅留相对的一边。再将旧网衣移入新网衣中，将旧网衣拉起，鱼则游入新网中。更换网衣网目规格可以2倍鱼体高小于周长，两个单脚的网目长小于鱼体高为依据，最好以破一目而不逃鱼为度。如石斑鱼幼苗期网箱养殖，可用0.5cm网目的网衣；当鱼体长到6~8cm时，改用3cm网目的网衣；当体重长到150~200g时，则换成5cm网目的网衣。

更换的网衣应先在海水中冲洗干净，然后日晒和浸洗。方法是：用防附着剂浸洗网衣2~3d，取出冲净，然后放在阳光下晒2~3d，待晒干后用棍棒把网衣上的附着物拍打下来。也可使用防污涂料，达到防止生物附着的目的。目前国产和进口防污涂料种类繁多，养殖户可根据自身的经济条件选择使用。使用防附着涂料时，可将涂料稀释后用毛刷刷涂网衣，也可用桶浸泡网衣，待网衣风干后即可使用。换下来的网衣要及时检查，如有损坏及时修补好、整理好，以便下次再用。有条件的养殖场，网衣最好用淡水冲洗干净晒干后妥善保管待用。放置地方要防止网衣被老鼠等咬破或霉烂。另外，利用该海区的附着生物消长规律，通常在其消亡期安装深水网箱，对防止网箱生物附着有一定的效果。或者还可利用生物去除附着物，即在网箱中放养少量罗非鱼、鲻、鲷等刮食性鱼类，除去部分附着藻类和低等无脊椎动物。

4. 日常观测与记录 为了分析网箱养殖效益，进一步改善养殖技术，在网箱养鱼过程中，每天要进行观测并记录，内容包括：①水质海况。每天对海水温度、密度、溶氧、水色、透明度、天气、风浪等进行测量记录。测量水质,最好选定一个或几个网箱、固定位置和水层,以便逐日比较。②饵料投喂。记录每天的投饵时间、投饵种类和投饵数量。③鱼的活动。每天记录鱼类活动及摄食情况,记录病鱼数量及症状,用药等防治措施,记录死鱼数量,分析死亡原因。或将网箱移至洁净海域。除了在投饵时了解摄食状况外,还可通过饵料台检查摄食速度、摄食量。④鱼的生长。记录鱼种放养日期、种类、数量、规格和产地,定期测量鱼体生长情况,一般每半个月到1个月测量1次。测量方法为随机抽取30~50尾/箱,测量其体长、体重,动作要轻、快、准,避免伤及鱼体。根据测量数据,调整投饵量。鱼体测量最好在分箱、换网时一并进行。

5. 安全检查 网箱的检查可分为定期检查和临时检查。定期检查每周至少一次。临时检查是台风季节或其他特殊情况下所采取的必要措施。定期检查多在投饵摄食之后的上午风平浪静之际进行。主要检查箱体有无漏洞或破损。定期检查还要注意底框装配部分,装配欠妥或网衣缝合处被绳索磨损,遇微小冲击易断裂。因此,选择网衣和绳索可考虑同一种或不易磨损的材料。台风季节,风浪对网箱冲击严重。因此台风来临前,要检查网箱框架、锚链、锚绳等的牢固程度。发现问题,及时加固或采取措施。台风过后,再次检查,充分保证网箱各部件的安全性。

6. 病害防治 鱼类在网箱中养殖,一般不易生病。一旦生病,则危害严重。一般来说,大部分鱼病是由水质和饵料的不适引起的。水质和饵料的不适引起机体抗病能力下降,为病原体的入侵创造了条件。因此,要注意水质和饵料质量的管理。海水网箱养殖的防病措施包括:①改善网箱养殖环境。经常保持养殖水域的卫生,打捞网箱内的残渣污物,使水流畅通。②控制和消灭病原生物,鱼苗入网箱前,进行消毒。养殖期间,定期进行药物预防,包括挂袋消毒和投喂药物。此外,定期用淡水浸泡鱼体,可防治皮肤病和体外寄生虫病。③增强鱼体的抗病力。保持合适的放养密度,投喂充足的饵料,使鱼体快速生长,可提高鱼体抗病力。一旦发生鱼病,积极治疗,对于外用药物,施用的具体做法是:提起网箱,然后用帆布或编织布加工成与养鱼网箱等大的网箱套,从底部套在网箱外,保持水深0.5~1.0m进行药浴,效果较好,但操作较繁琐。更为简便的办法是待潮流平缓、水体相对静止时提起网箱,保持一定水深,尽量均匀地稀释、泼洒药物,以免局部瞬间浓度过高,可反复操作几次。因药物流失不可避免,治疗效果虽较之前法稍逊,但生产上较为常用。上述给药方法的优点是不必搬动鱼体,应激反应小,可减少不必要的损伤。

7. 灾害防护 灾害性天气是指风暴潮、暴雨及洪水、水温突变等突发性情况,如不引起重视,将会造成重大损失。

五、深水抗风浪网箱养鱼

随着近海经济鱼类资源的衰减,捕捞生产已呈下滑趋势,浅海养殖也趋于饱和,深水抗风浪网箱养殖有着广阔的发展前景。深水抗风浪网箱(antiwind-waves cage)是与传统浅海筏式网箱相比而言的,是指在相对较深,通常水深在20m以上的海域,设置和进行鱼类养殖的网箱。"深水"并不是海洋物理意义上的深海,只是相对于近岸网箱养殖而言,意指"离岸网箱(offshore cages)"。

世界深水网箱养鱼已有30多年的历史，在此期间，以挪威、美国、日本为代表的大型深水抗风浪网箱取得了极大的成功。目前深水网箱体积已向超大型化发展，产量逐年增加，如在挪威网箱体积由20年前的541 m^3 发展到现在的35 860 m^3（网箱周长150 m，深20 m），产量增至46万t。

近年来我国近海鱼类养殖迅猛发展，特别是网箱养殖发展迅速，至今已发展为100多万箱。我国目前15m等深线以内适于网箱养殖的水域已饱和，而15～40m的水域利用率不足1‰，40m等深线的深水域尚未利用。针对这一现状，发展深水抗风浪网箱养殖意义重大，既有利于渔民增收、渔村增效、调整渔业产业结构，也有利于生态环境保护，减少海水养殖自身污染。同时将网箱养殖面积和范围迅速扩大，由近海港湾海域扩大到深水20～30m的海域，减轻了浅海、港湾、滩涂的压力。

（一）深水抗风浪网箱养鱼优点

1. **拓展养殖海域，减轻环境压力** 10～200m水深海域都适合深水网箱养殖，有利于开发较深海域，改变目前浅海和内湾养殖过密、环境恶化的现状。

2. **优化网箱结构，抵御风浪侵袭** 深水网箱采用的均是抗拉力强、柔韧性好的新型材料，可抵御11～12级台风和5～6m高的大浪。有的经防紫外线抗老化处理，使用寿命均在15年以上。有的结构可自动升降，有效保证了网箱养鱼的安全性。

3. **养殖条件改善，养殖鱼类品质提高** 网箱内环境稳定、水体大、更接近自然，天然饵料多、投饵少，养殖的鱼类肉质更接近野生。

4. **鱼类生长速率快，减少疾病危害** 养殖鱼类活动范围广、成活率高、生长快、病害少。

5. **扩大养殖容量，提高生产效率** 周长50m的一只乙纶网箱，可产鱼20t，最多只1人管理，工作效率大大提高。

6. **科技含量高，管理自动化** 深水网箱配有自动投饵、自动分级收鱼、鱼苗自动计数、死鱼自动收集等自动化设施，防病采用疫苗注射。网箱大型化更有利于规范管理、强化管理与技术培训。

（二）深水抗风浪网箱养殖海区的选址

设置深水抗风浪网箱的海区除了要考虑社会环境、海区底质状况外，与浅海筏式养殖不同的是还要考虑海区的海流、水深与潮差等。

1. **海流** 一方面需要流速，另一方面流速又不能过大。一般来说，选择流速0.3～0.8m/s的海区较为理想。网箱本身对海流有阻碍作用，海流的流速会因网箱设置数量、鱼类放养密度和网衣的清洁程度而有变化。在流速过大的海区，必须选择阻流能力强的网箱类型。

2. **水深** 深水网箱必须设置于水深在15m以上的海域。这是因为水深处，不易把沉积于海底的残饵、排泄物等有机物泛起而污染网箱，且能使网箱与海底保持相当距离（如5m以上），有助于底部水流畅通，防止被底部杂物磨损，或被底栖蟹类咬破。但由于深水大型网箱有不同的类型，且某些网箱网衣高度可视需要而变化，所以对水深会有不同的要求。如重力式网箱，若海域比较深，网衣就可做得高些，单个箱体的容积就能扩大很多，单位水体的成本就会下降。

3. 潮差 深水网箱应设在潮差变化不大的海区，通常潮差变化范围不大于4m。潮差过大，网箱易着底或露空，有效养殖空间减少；潮差过小，水体交换不充分，不能体现网箱养殖的生态效应。

（三）大型深水抗风浪网箱的主要构件

由于深水网箱设置的水域环境与淡水湖泊、水库和浅海的水域状况有很大差别，因此深水抗风浪网箱与其他网箱相比，其结构有很多不同。

1. 框架

（1）高密度聚乙烯（HDPE）管架　管子通常直径为100～315mm，上部扶手及支撑架通常用直径125mm的管材，下部浮架用直径200～315mm的管2～3列，管内填入发泡苯乙烯材料，使管架自身具有浮力。多数制成圆形，直径12.5～57.3m（即周长40～180m），少数制成六角形。高密度聚乙烯塑料管架不会生锈，充分地把材料的柔韧性与高强度有机地结合起来，使箱架不仅可以随波逐流，还具有抗击台风巨浪的能力。在外力作用导致瘪变时，具有一定的复压能力。并可在材料中作抗老化、抗海水腐蚀的工艺处理，提高使用年限，一般使用寿命在10年以上。由于其特殊的性能，低廉的价格，在挪威全浮网箱、浮沉式网箱中被普遍采用。

（2）橡胶管框架　橡胶管内有聚脂增强层，管内充入空气。管子用圆筒形浮子的钢管法兰接头相接成六角形、八角形网箱。日本多数为边长16m的六角形网箱，边长最长为20m的八角形网箱，一般可抗风浪波高5～7m，最高可抗波高10m，但售价较贵。

（3）玻璃钢框架　在内径450mm、厚19mm的玻璃钢管内，充入发泡材料，再用玻璃钢接头使其连成一体而成。抗老化性能较好，具一定的抗风浪性能。但耐冲击性不如橡胶管，而价格与橡胶管相同。最近，开发成功复合式玻璃钢，即在由增强纤维和热固性树脂构成的玻璃钢上覆一层热塑性树脂而成三元复合材料，强度增加，成本价格下降至原价的1/5。

（4）钢架　分钢管、圆钢和型钢。一般多用镀锌钢管，以防海水腐蚀。有的在钢材外覆一层塑料或橡胶。最大直径（圆形）或边长（方形）可达15m。

（5）其他金属　主要为铝、钛。铝质材料抗风浪性能较差，若制成合金，强度提高，但价格也随之提高。钛不易被海水腐蚀，但价格稍贵。

2. 箱体　箱体材料的主要部分是网衣。现在使用的有下列几种材料的网衣：

（1）化纤网　常用的有锦纶线（PA）、涤纶线（PES）、乙纶线（PE）、丙纶线（PP）、维纶线（PVA）、氯纶线（PVC）。其中乙纶线网具已被全面推广应用。但化纤网易附着贝、藻类生物，耐热性差，网袋在水中易变形。在使用时，每年常需换几次网，侧网下部还需挂重锤或装置金属框，也有底网改用金属网，在风浪较大海区，上部网衣常用两层网。此外，化纤网衣不宜养殖牙齿锋利的鲀科鱼类。

（2）镀锌金属网　其优点是网袋不会变形，附着生物少，一般不需要换网，并可养殖包括河鲀、石鲷在内的所有鱼类。又因底网不会扭曲褶皱，也适合于养殖鲆、鲽等底栖鱼类。金属网的缺点是成本较高，不耐腐蚀，在有风浪处，金属老化和腐蚀加剧。适于沉式网箱，网箱直径一般限于15m之内。现已开发出锌铝合金线和铜合金（UR30）的金属网，耐腐蚀、防附着性能良好。

（3）龟甲网　由聚脂系合成纤维的单丝制成，优点是不生锈、耐腐蚀，比金属网轻（相对密度1.38），质地较硬，在风浪较大的海域，网袋也很少变形。防附着生物性能介于聚乙烯网与金属网之间，若能定期清扫网衣，可以不换网。

（4）钛网 钛的强度与不锈钢相同，但比铁轻（相对密度4.5），耐海水腐蚀性能可与白金相比。抗风浪磨损能力差，且价格较高。

3. 浮子 常用发泡苯乙烯或包上树脂的苯乙烯。发泡苯乙烯浮子的优点是浮力大、耐摩擦、不易损坏，一般用50cm×80cm的浮子，浮力为150kg左右。还有用树脂制的耐压浮子和硬质塑料桶，后者容易破漏，其浮力是依靠高密度聚乙烯管内的发泡苯乙烯及空气，美国碟形网箱的浮力是依靠中央柱内的空气。

4. 沉子 沉子可用陶瓷、混凝土、镀锌管等材料，其中以镀锌管沉子效果最好。通常将6分镀锌管弯成与网箱底形状相同的平面框架。淡水网箱的沉架每边长度比网箱内径边长短5～10cm，将沉架水平放入网箱内底部；海水网箱沉架规格与网箱内径相同，用粗网线固定于网箱底部外的四周。

5. 固定装置 网箱用桩或锚固定（图6-15）。锚的大小依水域的风浪、流速和鱼排的大小而定。海水网箱常用重50～70kg的铁锚；深水网箱锚还可用重几吨的混泥土块，如美国大豆协会推荐的单只深水网箱泊锚系统，一个水泥锚墩重5t。

6. 升降系统 无论碟形网箱、方形升降式网箱，还是HDPE框架升降式网箱，其升降原理都是相同的，即靠浮体进水，使沉力大于浮力而下沉。网箱的浮体即充气结构系统，主要包括：进水浮体、输气管道、控制阀门和充气装置等。要使网箱下沉时，必须先打开阀门。这时进水浮体、输气管道和阀门直通大气，水从浮体上的进水孔注入，随着浮体中的水慢慢充满，整个网箱就逐渐下沉到预定深度。但控制阀门必须与浮子系在一起，以便上浮时能与充气装置相连，才能充入压缩空气将浮体中水排出，使网箱上浮。充气装置包括空气压缩机和柴油机，必须根据网箱上升情况所需气量计算。整个气路循环系统应设置安全阀、单向阀、调压阀、放气阀、储气阀、压力表、高压软管等元件，以确保充气系统安全可靠地工作。

7. 附属设施

（1）工作平台 管理人员工作及休息的地方，也是小型仓库。挪威生产的饵料平台，是兼顾管理、监控、记录投饵、储藏、休息的地方。有的网箱间铺设1～4m宽的工作廊桥，便于行走和操作。

（2）监控设施 包括水质的自动监控、记录、水下监视设施等。后者用水下电视摄像设备，可以在陆上电视荧屏上直接观察到

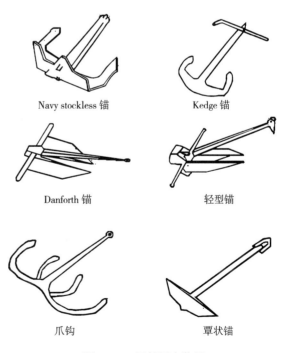

图6-15 网箱固定装置

鱼的活动摄食状态，以及是否有野杂鱼进入等。

（3）投饵系统　投饵由手工改为机械，现又提升为电脑自动控制。其主要特点有：①完全由电脑操纵；②可以精确地定时、定量、定点自动投饵；③根据鱼的生长、食欲、水温、气候变化、残饵多少，通过声呐、电视摄像及残饵收集系统，自动校正投饵量；④自动记录逐日投饵时间、地点及数量。

（4）死鱼、残饵收集　该设备各不相同。有用蛇形管与压缩机相连，在底部漏斗处收集，也有用与浮子相连的盒状收集器，可随流移动。

（5）水力洗网机　为及时清除网衣上的附着物，挪威网箱配以可使用海水的13.5hp（10.067kW）、HONDA引擎、2000kPa压力的高压水枪洗网机。

（6）分鱼、收鱼　有全自动分鱼机和收鱼机，前者用于鱼体在养殖后出现的个体差异，分级后继续饲养或收获，往往与后者同时使用，即先用收鱼机的吸鱼泵把鱼连海水一起从网箱吸出，然后分级或直接收获。有的收鱼设备兼具计数、称重、施药等多种功能。

（7）工作船　船上配备有起吊机，便于换网操作和起鱼收获，还可兼作人员、饵料及其他物资的运输。

8. **防风抗浪措施**　深水抗风浪网箱由于扩大网箱养殖海区，向外海推进，大风天气易引起网箱框架受力不均。而且海流对网箱的主要影响是使网箱变形导致体积缩小，减少养殖鱼类的活动空间，造成鱼类拥挤并易擦伤出血而引发鱼病。因此，深水抗风浪网箱设计中需要考虑防风抗浪措施。

（1）网箱设计因素　网箱设计与抗风浪能力密切相关，一般刚性四边形和六边形抗风浪能力较差。如果在设计安装网箱时改用柔性连接（如弹簧），可以克服弹性连接的缺点。有试验表明采用柔性连接的四边形深海网箱可以抵抗10级大风。

（2）利用网箱的形状和升降方式　根据海洋学理论，利用波浪强度随水深增加呈指数迅速衰减的规律，将浮式网箱沉降到水下一定深度抵御强风浪。当网箱沉降到深度为波长1/9时，此处波高仅为海面波高的50%。我国的沉浮式网箱采用进水排气和充气排水两个过程实现升降，台风过后再起浮于水面；另一种方式是把网箱沉于海底养殖，只在需要时再升浮至水面。黄海水产研究所研制的深海抗风浪网箱已成功利用太阳能供电，使用手机信号远程控制网箱自动升降。

（3）利用网箱材料自身物理性能　网箱常年受风浪潮流的影响，因此要求网箱材料有足够的强度来抵御波浪的冲击，有良好的柔韧性，吸收和分散风浪对网箱系统的作用力。

（4）网箱海上安装敷设固泊系统　目前主要采用打桩和下锚两种方式固泊网箱，为了减轻波浪对网箱的直接冲击力，一般不采用锚绳与网箱直接系泊的方式，而采用水下网箱的绳索框架布局。锚链和锚通过缆绳连接到缓冲网格上，网箱安置于每个网格中间，网箱通过支绳与每个网格的四角相连。特制铁制锄锚重400kg，锚链重200kg，缆绳用直径45mm的朝鲜麻（图6-16）。

（5）防风浪设施　在网箱布置海区，根据海况、流向、主要风向，在养殖场迎风、迎浪面前方安放浮式防波堤，利用浮式防波堤来缓冲波浪对网箱的直接作用力。主要有箱式浮堤和筏式浮堤。

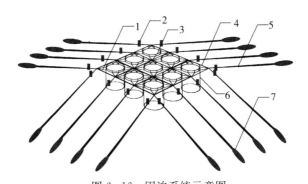

图 6-16 固泊系统示意图
1. 网箱固定缆绳 2. 缓冲浮体 3. 网箱框架
4. 缓冲装置主缆绳 5. 锚缆 6. 网衣 7. 锚

（四）深水网箱种类及布局

1. 国内外深水网箱主要类型

（1）重力式全浮网箱（PEH cage, gravity-type cage）以挪威为代表的重力式全浮网箱，基本是圆形，用 HDPE 材料，底圈用 2~3 道 250mm 直径管，用以成形和产生浮力，人可在上面行走。上圈用 125mm 直径管作为扶手拱杆，上下圈之间用聚乙烯支架。该类型网箱逐渐向大型化发展，现阶段流行的为直径 25~35m，即周长 80~110m，最大的周长甚至达 120m（目前更有 180m 的），深 40m，养鱼重量 200t，最大日投饵量 6t。PE-50 的相对密度为 0.95，可浮于水面。使用寿命在 10 年以上。设计性能为抗风能力 12 级，抗浪能力 5m，抗流能力小于 1m/s，网片防污 6 个月。

图 6-17 重力式全浮网箱

重力式全浮网箱利用底部金属网架，把网衣张开铺平，人可以站在网上作业，专用于鲆、鲽等底栖鱼类的养殖（图 6-17）。

重力式全浮箱可在等深线 20m 水深左右半开放性海域使用。该类网箱最大优点：操作和管理方便，投饵容易且可观察鱼群摄食，设备成本较低，但抗流能力相对较差，流速较大时会产生较大体积的损失。若采用封闭网箱，浮架上要设充气及进排水阀，可实现升降，且可增加抗流能力以及躲避水面污染等。

（2）浮绳式网箱 浮绳式网箱（图 6-18）是浮动式网箱的改进，相比之下，其特点是具较强的抗风浪性能。浮绳式网箱系统主要由浮绳、深水网箱和动力工作排等组成。

①主浮绳。由主缆绳和拖网浮子组成。主缆绳为直径 10cm、总断裂强度大于 28 000kg 的聚氯乙烯绳 2 根，长度均为 110m，相间 6m 平行排列。拖网浮子直径 20.5cm，高 23.3cm，浮力为 4.56kg。在 2 根主缆绳上各绑系拖网浮子 300 个，制作成具有相应浮力的主浮绳。主浮绳两端分别连接一组浮体，每组浮体由 18 个拖网浮子绑扎而成，其截面呈"品"字形。浮体的另外

一端连接主锚绳和主铁锚。主锚绳为直径 3cm 的尼龙绳。主铁锚在每根主浮绳的迎风面一端采用 3 枚，重量分别为 250kg、250kg、100kg；背风浪一端采用 2 枚，重量均为 100kg。

②副浮绳。由长度为 6m 的副缆绳系 18 个拖网浮子制作而成。副缆绳采用直径 3cm 的聚氯乙烯缆绳，每一深水网箱配置 2 根，用于连接 2 根主浮绳，组成四方形的支持框架。

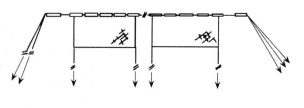

图 6-18 浮绳式网箱

③网箱的箱体。规格为 6m×6m×6m，采用网目为 56mm（2.2 英寸）的聚乙烯防蚝网片（日本 JFNIF 产品）裁减缝合装配而成。上缘纲采用直径 0.5cm 的尼龙绳，投饵口开设于盖网中间，圆形，绑扎充气大卡车内胎或大号救生圈，使之浮于水面，方便投饵，可扎紧或解开。网箱沉子采用直径 3.05cm（1.2 英寸）的镀锌水管制成四方形（6m×6m）沉架，用 113kg 胶丝绑系箱底四周。

④动力工作排。为木（柚木）结构，由 2 个 6m×6m 的工作框架、工作面和起重架等组成，以塑料桶为浮力装置，配置 2 台 PoooW 柴油发动机、2 个推进器和卷扬机。

(3) 蝶形深水沉降式网箱（sea station, central spar cage） 蝶形网箱（图 6-19）也叫中央圆柱网箱、海洋站半刚性网箱或自拉自稳式网箱。由浮杆及浮环组成，浮杆以一根直径 1m、长 16m 的镀锌钢管作为中轴，既作为整个网箱的中间支撑，也是主要浮力变化的升降装置。周边用 12 根镀锌铁管组成周长 80m、直径 25.5m 的十二边形圈，即浮环。用上下各 12 条超高分子质量聚乙烯纤维（dyneema）编结的网衣构成蝶式形状，面积 600m²，容量 3 000m³。箱体在 2.25 节流速下不变形，抗浪能力 7m。中央圆柱可进水、进气，以此来调节密度，并与底部悬挂的 15t 重水泥块平衡，使整个网箱上浮或者下沉，6～30min 可从海面沉到 30m 水深。网箱上部有导管便于放鱼苗及投饵，中上部网衣有一拉链入口，供潜水员出入，以便于高压水枪冲洗清洁网衣、收集死鱼、检查网衣破损。死鱼收储在网箱底部，由潜水员操作吸至船上。起鱼方式有多种，其中之一是用收网环将整顶网沿中间浮杆提起，鱼集中后由吸鱼泵吸出。

特点：网箱抗风浪性能好，可在水深 25m 以外的开放性海域使用，可控制下潜深度大于 5m，在 15～20min 以内潜至预定深度；最大受压流速 1.5m/s 时仍可正常作业，容积可基本保持不变，养殖容积损失少。但进口设备成本高，管理及投饵不便，常由潜水员操作。

3 种常见深水网箱的结构、优缺点和使用状况见表 6-25。

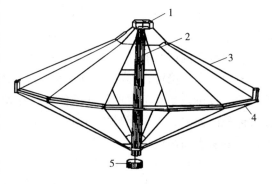

图 6-19 蝶形网箱
1. 工作平台　2. 中央铁管　3. 拉索
4. 镀锌铁管　5. 水泥块

表 6-25 目前 3 种常见深水网箱的主要性能比较

网箱名称	形状及主要结构	使用优点	不足之处	使用状况
重力式网箱	圆柱形，HDPE 管材解决成形、浮力及操作扶手	操作管理方便，观察容易，浮架中可安放沉浮装置	在水流作用下会有较大的体积损失	全世界网箱养鱼的一半以上产量来自该类网箱。挪威，智利使用较为成功
浮绳式网箱	方形，由绳索及网衣组成箱体，用浮子解决浮力	整体结构柔韧性好，对风浪有"以柔克刚"的作用，制作容易，成本低廉	无依托，管理、换网等较为困难，体积损失较大	日本发明，已在我国台湾、海南、广东、浙江使用，使用较广
蝶形深水沉降式网箱	蝶形，用铁制中央圆柱及周边 12 根铁管组成的十二边形环，用 12m 长 dyneema 绳相连组成自控自稳式网箱	适合流速较大的海域，抗流性能较好，可以移动，升降及快速收鱼	造价较高，组装复杂，需潜水管理，混水区管理有难度	美国研发，少量使用，已国产化研发

(4) 强力浮式网箱（farm ocean cage） 总体呈腰鼓形（图 6-20）。中间最大直径 11 m，底圈直径 9m，口部直径 3m。底圈至中圈高度为 12m，口部至中圈高 10m，总容量 3 500m³。通过侧面 8 根空管进排海水控制沉浮。口部上面有一管理台及饵料储藏罐。一周进饵料一次，自动投喂。

(5) 张力腿网箱（tension leg cage，TLC） 又称张力框架网箱（图 6-21），挪威制造。此网箱的形状恰为传统式网箱之倒置型。底部用拉索固于海底，箱体在水面 5m 以下不会有垂直拍打之波浪，可抵挡波高 10m、流速 2 节，强风浪下网箱体积缩小不超过 25%。

图 6-20 强力浮式网箱

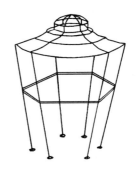

图 6-21 张力腿网箱

(6) 方形组合网箱（lang set） 日本石桥公司开发，用富有弹性的橡胶材质制成，可用螺丝组装，不需焊接，由每组 6 个，每个 15m×15m 方形网箱组合连接而成，箱与箱之间走道分别为 3m、2m、1m 等 3 种规格（图 6-22）。网箱一旦固定，可 360°旋转，设置海域要求 10 倍于网箱面积的海面，可抗风浪 4.3m。

(7) 海洋圆柱网箱 也叫海洋平台网箱，由 4 根 15m 长的钢制圆柱和 8 条 80m 长的钢丝边围成，圆柱依靠锚和网直立固定。网也用 dyneema 纤维制成无结节网。在恶劣气候下，整个海台被浸没在波浪下。由于圆柱浮力的变化，极易升降，用 30s 就可完成上升和降低过程。

(8) 其他 SEA 系统网箱，加拿大 Futuru cua 技术公司为有鳍鱼类的可控环境养殖而开发，网箱柔韧性好，圆形，用水泵向内供水。其他尚有俄罗斯 Sadco 全潜式网箱、以色列 Marine Industries 沉降式网箱、加拿大 New Seafern Systems 网箱、日本 Nichimo 公司的金属双重网箱和挪威 Seacon 网箱系统等。

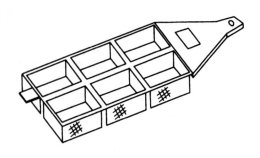

图 6-22 方形组合网箱

2. **网箱的设置与布局** 深水抗风浪网箱设置面积不宜超过养殖海区面积的 10%，布局应与流向相适应，可使潮流通畅。为便于操作和管理，可以两组并列排列，组与组间距 80~100cm，中间可设管理通道。列与列之间在 50m 以上，网箱距海岸 200m 以上。

（五）深水抗风浪网箱养鱼生物学技术

1. **鱼种的放养规格及密度** 鱼种的放养规格和密度直接影响出箱规格和产量。放养规格取决于养殖水域的气候条件、鱼的生长速度、养鱼周期和上市规格等。我国北方地区适宜生长期较短，当年上市的鱼类，鱼产量随鱼种规格的增大而增加。如浙江沿海放养规格，大黄鱼 200g，鲈 100g 以上，美国红鱼 100g 以上，黑鲷 150g 以上，石斑鱼 150g，鮸状黄姑鱼 100g。深水网箱的放养密度大多根据养殖经验确定。通常放养密度是 5~10kg/m^3，最大放养密度为 20~40kg/m^3。如放养大黄鱼的鱼种规格为 100~150g，放养密度为 30~50 尾/m^3，最终的养殖产量约在 15~25kg/m^3。一般养殖产量最高设计不超过 40~50kg/m^3。

2. **投喂** 目前深水网箱养殖的鱼类均为肉食性，新鲜的小杂鱼是其生长较理想的饲料，品种有青鳞鱼、圆鲹类、脂眼鲱、小公鱼等。在大的渔港和渔汛好的季节，小杂鱼饲料比较充足，但在养殖较多的海区由于渔汛不好或休渔期，小杂鱼供应困难，同时长期使用小杂鱼又破坏了渔业资源，因此应提倡使用人工配合饲料。

3. **苗种分箱** 随着鱼体的增长，密度增大，为避免出现两极分化现象，造成相互残食和损伤，根据苗种生长情况需分箱疏苗。分箱方式有人工和自动化两种。国外有专门的吸鱼泵与分级机。

4. **日常管理** 加强网箱养鱼日常管理的重点是：勤巡箱检查，认真作好记录测量，有规律地进行换箱去污，作好病害防治及防盗等工作。

（1）**建立日志** 每天记录水温、盐度、溶氧、水色、透明度和天气海浪等情况，以及投喂和鱼的摄食及生长情况。

（2）**巡箱检查** 鱼种放养后，在整个饲养期每天都要多次巡箱检查，发现问题及早解决。巡箱检查的重点是看鱼的活动、摄食、生长、病害、逃逸及被食情况。如发现鱼缓慢无力地游于箱边，受惊后无反应，或狂游乱跳，则是发病或有寄生虫的征兆。

（3）**水下检查** 深水抗风浪网箱养殖需配置 1~2 名潜水员，这对于升降式深水抗风浪网箱的用户尤为重要。检查工作从表面现状开始，网箱水面部分是否正常，特别是锚泊系统上的浮桶位置有无异常，一旦发现异常应立即潜水查明原因，及时采取适当维护措施。每天可利用水下视像设备进行网具检查，了解网箱的运行状态，注意观察鱼群的活动、摄食情况，检查有无病鱼、死鱼现象等。潜水员定期进行必要的养殖系统检查，包括网箱有无破损、盖网、固定装置、通道等，确保网箱在任何情况下都是安全可靠的，谨防逃鱼。

（4）防风措施　根据台风或热带风暴预报信息，一般在台风来临前1~2d将网箱稍沉入水中，台风过后及时将网箱升出水面并检查箱体及网衣有无损伤，观察鱼类活动情况，采取相应处理措施。

5. **病害防治**　大型深水抗风浪网箱养殖水体一般每个在1 000m³以上，网具高达7~8m，网箱内鱼类养殖密度高、容量大，因此，鱼病防治是保证养殖效益的头等任务，必须做到以防为主、防治结合，做到"无病先防、有病早治"。

6. **成鱼收获**　由于深水网箱养殖容量大，产量高，收获时应格外小心，通常可以用如下3种方法进行捕捞。

（1）大抄网捕捞　将鱼有限度地集结后，沿网囊边放入抄网至网底，再由绞车吊起。这种方法适宜箱内鱼产品分级多次上市，捕捞量可通过有效控制抄网完成。

（2）大拉网捕捞　将大拉网沿网囊一侧放下后拉向另一侧，达到捕捞目的。大拉网适合较大批量鱼产品上市，操作灵活，无需机械动力，鱼损伤较小。缺点是工作劳动强度大，操作时间较长。

（3）采用吸鱼泵捕捞　采用吸鱼泵捕捞箱内产品，工作效率高，捕捞量准确，劳动强度低，鱼体机械损伤小。目前已开发出的有真空吸鱼泵、射流式吸鱼泵、虹吸式吸鱼泵和离心式吸鱼泵等。养殖户可根据自身经济条件选用。

第五节　工厂化养鱼

一、工厂化养鱼概述

（一）工厂化养鱼的定义

工厂化养鱼是集土建工程、机械电子、仪表仪器、物理、化学、生物工程、自动控制等现代科技于一体，在半封闭或全封闭条件下，对养殖生产全过程的水质、水流、水温、投饵、排污、疾病预防、水处理、循环使用等实行半自动或全自动化管理的一种养殖模式。同时，对养殖鱼类的生长过程进行全面自动监控，使其能在高密度养殖条件下，自始至终维持最佳生理、生态条件，从而达到健康、快速生长、营养合理和最大限度地提高单位水体产量和质量，且不产生内外环境污染的一种高效养殖模式。一个完整的工厂化养殖系统包括养殖设施工程系统和养殖生物学技术两大体系。其中设施工程系统又分为养殖系统和水处理系统。

（二）工厂化养鱼的优点

近年来，自然经济鱼类资源衰减，我国水产养殖业由捕捞型向养殖型转变。由于工厂化养鱼具有占地面积少、劳动生产率高、养殖周期短、单位面积产量高、养殖用水量少、产品优质健康等特点,发展潜力巨大。

1. **节地** 工厂化养鱼为循环水高密度养殖方式,比传统的池塘养殖放养密度高几十倍,因此在获得相同的养殖产量时,所占土地面积大大减少。

2. **节水** 工厂化养鱼用水循环使用,系统换水率只有5%~15%,据研究平均生产每千克鱼用水量300L。

3. **可控程度高** 工厂化养鱼水质、水温都在全人工控制下,为养殖鱼类创造良好的生长条件,不受气候条件的限制,实现全年全天候生产。

二、工厂化养鱼的主要类型

(一) 半封闭式流水养鱼

1. **加温流水养鱼** 20世纪60年代初最早由日本发展起来的一种工厂化养殖模式,它利用天然热水(温泉水)、电热温排水、人工加温自然水源,经过简单处理后进入养殖池,用过的水不再循环使用。这种养殖方式,设备工艺简单、产量低、耗水量大,在美国、日本、德国、俄罗斯、丹麦等国较为盛行。在我国,加温流水养鱼模式近年来发展较快,尤其在沿海工厂化育苗方面。

2. **船式工厂化养鱼** 把养殖工厂建在船上,可将船开到外海去养殖,不占陆地,污水直接排到海里,不必人工处理。外海面积大,用旧船改造的养殖船在养殖过程中可随意移动,类似移动网箱,减少水质环境对养殖品种的危害,也能有效避免台风,并可将养殖品种运输到销售目的地。该模式具有很好的开发前景。

(二) 封闭式循环水养鱼

封闭式循环流水养鱼人工控制水环境,养鱼废水经曝气、沉淀、过滤、消毒、调温、增氧后,再重新输送到养鱼池中,反复循环使用。设计理想的水处理系统是该养殖类型的技术关键。此外,还需附设水质监测、流速监测、自动投饵、自动排污等装置,并由中央控制室统一进行自动监控。该种类型是目前养鱼生产中整体性最强、自动化管理水平最高,且无系统内外环境污染的高科技养鱼系统,是工厂化养鱼的最高级形式。目前世界上技术水平最高的地区是欧洲,一些国家已能输出成套的养鱼装置。我国山东、江苏等省已经建立了这种养殖模式。

三、工厂化养鱼的设施

(一) 鱼池系统

1. **场址选择** 场址的选择是工厂化养鱼场能否取得预期效益目标的关键因素之一。一个较好的养鱼场,场址应具备下列条件:

(1) **位置** 工厂化养鱼场址应选择在交通方便、水源和供电充足、社会配套设施齐全的地点。如能靠近余热大的电厂(如热电厂、炼钢厂、轧钢厂等)、温泉或有地热的地区则更佳。在海区则离海水水源要近，水源充足，并有一定量的淡水水源；且场区海拔较低，取水扬程最好小于10m。

(2) 水源、水量、水质　海水、湖水、河水或地下水均可作为养鱼用水。要求水量充沛，且供水量达5 000t以上。水质必须符合渔业用水标准。海水应根据各类养殖对象要求具体的盐度，淡水的盐度必须控制在0.5以下。地下水通常无污染，全年温度较稳定，透明度高。地下水含氧量低、含铁量高的，需曝气增氧后使用。有的地下水还含有硫、砷等矿物质，对鱼生长不利。因此，如用地下水作为水源，应进行水质分析后再确定能否应用。

(3) 土质　建造养鱼车间的土质要求硬实，以降低温室基础造价。对于室外池塘，土质要求壤土（含砂土63%~75%，黏土25%~37%）。壤土既能保水，又能排干，是养鱼的最适土质。

(4) 地形和环境　工厂化养鱼场要求土地平整，排灌自如，环境安静，无噪音，光照充足，背风向阳的环境。

2. 养鱼车间和养鱼池

(1) 养鱼车间　养鱼车间多为双跨、多跨单层结构，跨距一般为9~15m，砖混墙体，屋顶断面为三角形或拱形。屋顶为钢架、木架或钢木混合架，顶面多采用避光材料，如深色玻璃钢瓦、石棉瓦或木板等，设采光透明带或窗户采光，室内照明度以晴天中午不超过1 000lx为宜。根据工程结构，养鱼车间可分为塑料大棚和砖混结构温室。

①塑料大棚温室。塑料大棚用镀锌管、黑铁管或竹木等材料搭建成拱形或屋脊形骨架，其外覆盖塑料薄膜，塑料大棚可分为单栋大棚和连栋大棚。

单栋大棚一般长方形，长30~40m，宽8~12m，此种大棚耗材相对较多。连栋大棚由两栋或两栋以上的拱形或三角形单栋大棚连接而成，一般占地面积666.7~2 000m²。整个温室平面形状接近正方形，耗材最省，相对成本较低，棚内的气温和水温较稳定，但通风比单栋大棚差，故连栋数目不宜过多。

②砖混结构温室。温室平面近似正方形。一般为单跨四开间或双跨四开间，跨度为30~40m，每开间跨度为7~9m，长度通常不超过50m。墙体为双层墙，外墙半砖，内墙一砖，内外墙之间填充隔热保温材料，厚5cm。顶面按鱼池位置开设天窗，使冬季白天阳光能直射鱼池，天窗为双层玻璃，总面积为顶面的5%~7%。在温室的东墙和西墙上端安置2或3个排风扇。在南墙的下端也安装3~4个排风扇，同时开窗户，面积为南墙面积的5%~10%。窗户为双层玻璃结构，窗台最低端应高出鱼池顶20~30cm。

不同用途的养殖池要分车间或在同一车间内分区设置，且要符合养殖工艺流程，如产卵孵化池、饵料培育池、鱼苗培育池、鱼种培育池、养成池、亲鱼和后备亲鱼培育池等。进、排水系统要分设，严格控制池水串联，所排出的污水必须经处理后才能再次使用，以确保养殖生产的安全，防止疾病扩散。若排出的污水不再回收使用，而是流入自然水域或外环境，则必须经处理达到污水排放标准后再排放。

(2) 养殖池。养殖池的建筑材料有混凝土、砖石水泥、玻璃钢、帆布和无毒塑料等多种，可根据生产技术要求及投资大小、饲养用途选定。

养殖池的池形有长方形、正方形、圆形、八角形、长椭圆形等。长方形池具有地面利用率高、结构简单、施工方便等优点，以前多被国内外厂家采用。圆形池用水量少，中央排污，无死角，鱼和饵料在池内分布均匀，生产效益较长方形池好，但是对地面利用率不高，施工难度和要求较高。八角形池兼有正方形池和圆形池的优点，结构合理，池底边向池中央逐渐倾斜，比降3‰～5‰，池中央设排水口，利用池外溢流管控制水位高度。进水管沿池周切向进水，使池水产生切向流动而旋转起来，将残饵、粪便等污物旋至中央排水管排出。

养殖池的面积30～100m^2不等，池深1.0～1.5m。鱼池面积过大则水体交换不均匀，投撒的饵料不能均匀分布于水面，易造成鱼摄食不均。如韩国鲆鲽类养殖池多为8m×8m，中国多为6m×6m。

(3) 过道和进排水沟　车间内过道的宽度不应小于1.2m，可采用预制板或厚木板做盖板。过道下的进排水沟应满足各种管道铺设要求。排水沟比降应不小于0.3‰，车间内的地平面应向中央排水沟顺坡倾斜，以利于厂房内的地表水能够随时排干而不至于出现积水现象。

(二) 增氧与控温系统

工厂化育苗充气增氧一般多使用罗茨式鼓风机。罗茨式鼓风机风量大，省电又无油污染问题。为缩短养殖周期，加温养鱼十分必要，特别是在我国北方供热系统必不可少。加温方式可分电热式、汽热式和盘管式等。详见第四章。

(三) 生物饵料培养

饵料培养室分植物性饵料培养室和动物性饵料培养室两种。饵料室需建在靠近育苗室的地方，便于投喂，但两者应分开建造，间隔一定的距离，以防止污染。生物饵料培养室的面积要根据需要而确定，例如在苗种生产季节能提供足够的天然轮虫，饵料培养面积就不用太大，只是培养少量小球藻用来强化轮虫，培养轮虫的池子较少或只做孵化卤虫用。如果没有天然轮虫供给，则饵料培养室所占面积较大，约为育苗水体的60%。

1. 植物性饵料培养室　主要用来培养小球藻等单细胞藻类。要求能防雨、保温、调光和防止污染，光照要强，屋顶用透光率较强的玻璃或玻璃钢瓦覆盖并开设天窗，四壁设宽大的窗户，使室内晴天时光照强度能达到10 000lx以上，要设置人工光源。室内设藻种房、二级培养池和三级培养池。二级培养池为扩大培养池，面积2～10m^2，池深0.8～1.0m。三级培养池为生产性培养池，面积20～40m^2，池深1.0～1.2m。二、三级培养池均设有加温、充气设施，培养池底面最好粘贴白瓷砖。

2. 动物性饵料培养室　主要用来培养轮虫和孵化卤虫冬卵。屋顶一般用透光率稍差的玻璃钢瓦或石棉瓦，培养池面积为5～45m^2，池深1.4～1.5m。池内设有加温和充气设施，池底设排水口，便于排污和收集轮虫、卤虫幼体。生产中也可将部分育苗池用作轮虫培养池。轮虫、枝角类和桡足类培养池也可采用室外土池，面积为2/15～1/3hm^2，水深1.5m，有条件的应将池壁用砖石护坡。为了在低温季节也能生产动物性饵料，也可采用塑料大棚土池培养。卤虫卵的孵化可在玻璃钢或硬质塑料桶等孵化器内进行，孵化器容积一般为0.5～5m^3。

(四) 水质净化处理系统

工厂化养殖循环水处理系统包括沉淀池、曝气池、生物过滤池、过滤器、消毒装置、增氧设备等单元。图6-23是工厂化循环水养殖中水处理工艺的一般流程。水质具体净化处理方法详见第二章。

(五) 供水及供电系统

1. **水泵** 从海上提水常用离心水泵，室内用水常使用潜水泵。离心水泵需固定位置，置于水泵房中。通常一个水泵房有2台甚至多台水泵同时运行或交替使用。潜水泵体积小、较轻、移动灵活、操作方便，不需固定位置，但它的流量和扬程有一定限制。水泵的吸程应大于水泵位置和低潮线的水平高程，扬程必须大于水泵到沉淀池（或蓄水池）上沿的水平高程。

2. **进出水管道** 为铁管、塑料管、胶管或陶瓷管，严禁使用含有毒物质的管道。

3. **供电** 电能是工厂化养鱼主要的能源和动力。基本要求是安全、可靠、经济，养殖生产期间要不间断供电。若电厂供电得不到保证时，应自备发电机，以备停电时使用。

(六) 水质分析与生物观察室

为掌握育苗过程中水质状况及幼体发育情况，有条件的工厂化育苗场还应建有水质分析室和生物观察室，并备有常规水质分析和生物观察的仪器与药品。

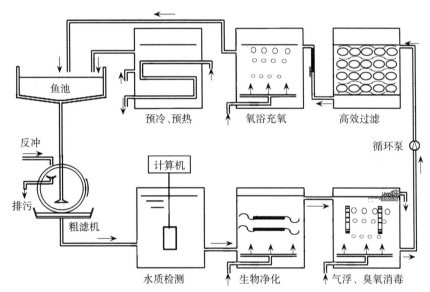

图6-23 标准水处理车间工艺流程图
（薛正锐，2006）

四、工厂化养鱼的生物学技术

(一) 鱼种放养

1. **准备工作** 各种养殖池在使用前都必须经过严格的洗涤和彻底的消毒处理。旧池一般使用浓度为50～100mg/L的漂白粉溶液或20～30mg/L的$KMnO_4$溶液浸泡和洗涤后，再用养殖用水冲洗干净即可。对于新建池塘，需提前1个月用淡水反复浸泡、洗涤或加少量盐酸以降低 pH 至 7.8~8.6，然后再消毒、冲净后备用，目的是让碱性物质充分溶出。车间养鱼池消毒后要进行整个养殖系统的试运行，发现问题及时解决。具有生物滤池的养鱼厂，要在养殖生产开始前放养少量鱼类或通过施肥方式培养滤床上的生物膜，待生物膜生长成熟后方可正式养鱼。

2. 养殖种类的选择与放养 工厂化养鱼是一种高投入的养殖模式，投资风险较大。在选择养殖品种时要以经济效益为中心，全面考虑下述几个方面的问题：①养殖生产的高效益。要选择名贵、市场价格高的品种，使养殖获得较高的投资回报。②选择养殖技术要求较高，一般条件不能养殖的品种，以获得较高的附加值。③利用水质可控的条件，养殖名贵品种的亲鱼，调整繁殖季节，进行反季节苗种生产。④进行冬季的苗种阶段养殖，缩短商品鱼生产周期。目前广泛养殖品种有鲆鲽类、鲷科、鮨科、石首鱼科、鮨科、军曹鱼等经济性状优良的种类。

对于放养的苗种要求是同一批育出的苗种，且规格整齐，健康活泼，无病无伤。目前工厂化养殖的多为肉食性凶猛性鱼类，若所放养的苗种规格差异较大，入池后会出现相互残食，导致成活率下降。尽量放养规格较大且能完全摄食配合饲料的苗种，为使苗种当年养成商品鱼、缩短养殖周期、加快资金周转，应选择放养全长 5cm 以上的大规格苗种。

工厂化养殖海水鱼类大都采用单品种养殖。在饲养过程中，个体间的生长差异较大，为充分利用养殖水体，可采取一放多捕、捕大留小或轮捕轮放等方式。饲养早期可适当加大放养密度，中后期捕大留小或将不同规格的鱼分池饲养，同时降低放养密度。

工厂化养殖海水鱼的放养密度一般都较高。国外高密度养殖的鱼水之比高达 1:3，国内一般为 1:10。放养密度与鱼池结构、水质、水流量、饵料质量、管理模式、基础设备、养殖种类及规格大小等有密切关系。表6-26、表6-27是工厂化养殖鲈和美国红鱼的放养密度，供参考。

表 6-26 工厂化流水养殖鲈放养密度

(居礼, 2004)

全长 (cm)	体重 (g)	放养密度	
		尾数 (尾/m²)	重量 (kg/m²)
3~5	1.4	800	1.2
8~10	18.0	150	2.7
15	67.5	80	5.4
20	150.0	40	6.0
30	470.0	15	7.1
35	710.0	12	8.5

表 6-27 工厂化流水养殖美国红鱼放养密度

(居礼, 2004)

全长 (cm)	体重 (g)	放养密度	
		尾数 (尾/m²)	重量 (kg/m²)
5	1.5	800	1.2
15	60	95	5.7
25	140	35	4.9
35	460	17	7.8
40	800	13	10.4

(二）饵料要求及投饵

1. 饵料要求　工厂化养鱼一般选用全价配合饲料，要求粒径大小适口，干燥度适中，并且有良好的水中稳定性，以减少饲料在水中的散失。

2. 投饵　投喂量应根据天气、水温、鱼类的活动和摄食等情况灵活掌握，一般投喂率为鱼体重的2%~15%，投饵量以鱼体饱食量的80%~90%为宜。每10~15d随机取样测量一次体重，根据测量情况进行调整。坚持多餐少投的原则，以均衡系统处理设备的各种负荷。

投饵方法一般是均匀撒于出水口前部，对鱼群密集外围的个体要适当给予照顾。投喂时可先将每次投喂量的60%全池投撒，剩余的40%再视摄食情况而定。投喂速度不宜过快，以饲料沉入池底前被抢食完毕为宜，喂完10min后，池底无残饵为最好。

（三）疾病的预防

工厂化养鱼中疾病预防非常重要，要确保不发生疾病，避免全军覆没。主要采取以下措施：入池前要对鱼池进行消毒处理；要选择健康无疾病史的鱼种；在处理系统中配置消毒杀菌设备；养殖过程中尽量减少环境变化对鱼类产生的胁迫，包括各种水质干扰、波动、水温的变化等；注意投饵的科学性，避免鱼类过饱现象；使用专用工具，并经常消毒。

（四）日常管理

目前国外先进的海水工厂化养鱼厂的日常管理工作，如水质监测、投饵、鱼的活动情况监测与记录等大都实现了全部或部分自动化管理；但我国目前的工厂化养鱼技术水平还较低，还需要进行人工管理。在日常管理工作中要重点做好以下几项工作：

（1）建立日志，记录好鱼种来源、生长情况、疾病发生与用药情况，及时汇总进行综合分析。

（2）每天早晚要巡池检查，观察鱼的活动和摄食情况，定期抽样测量，及时调整投饵量。

（3）定时测定主要的水质指标，及时调整水的流量及鱼水比，及时排污，防止水质骤变。

（4）观察鱼病发生情况，要注意观察鱼的体色是否正常，是否有离群及摩擦池边的现象发生等。当发现有病鱼、死鱼时要立即捞出，并进行鱼病的检查，及时做好病害防治工作；另外在鱼病的高发季节，还要经常进行池水消毒，在封闭式工厂化养鱼系统中，池水消毒用药要特别慎重，既要起到防病作用，又不毒害过滤池中滤膜上微生物的生长。

（5）要经常检查进、排水系统有无堵塞、破损及逃鱼等，设备运转是否正常，发现问题及时解决。

（五）养殖系统管理

在养殖过程中，整个系统的管理是一项复杂的工作，要经常检查系统各个部分是否正常运转，要注意养殖鱼类在养殖过程中的变化，要正确设定各项水质控制的指标，检测系统的变化情况。系统管理应该注意的问题：

（1）要有备用电源或备用氧气罐，以备停电时能及时补充水体溶解氧。溶解氧是系统停止运转时保证鱼类生命的主要因子，也是生物处理设备能够保持再运转的基本条件。一旦停止循环和供氧，鱼类在 15～20min 就会出现缺氧死亡，同时因缺氧生物膜会出现细菌的死亡、脱落，而重新挂膜又需 15～35d 的时间，打乱整个生产计划。

（2）要经常检查养殖池水位是否固定不变，如有减少应检查管路是否被污物堵塞。水体交换量的减少同样会引起缺氧。

（3）要在水体中加入一定量的 NaCl，保持 NaCl 含量在 0.02%～0.2% 范围内，缓解亚硝酸盐的毒性和渗透压力。

（4）注意鱼类的脱味工作，在循环式养殖中，养殖鱼类易产生一些特殊的腥味，这种现象普遍存在。一般情况下，在鱼类上市前换新水，降低温度，停喂几天到几周，就可以消除。

（5）在一轮生产结束，重新开始新一轮养殖前，要检修各种设备和管路，对系统进行全面清理和彻底消毒。

（6）要注意养殖鱼类的分级饲养，一般 20～30d 要进行一次分级，做到同规格同品种同池养殖。

第六节 水产养殖容量

水产养殖业的发展趋势是，一方面由于养殖技术水平的提高，由粗放型养殖向集约化养殖发展；另一方面，随着养殖规模不断扩大，受土地资源量的限制，由池塘精养向天然大水体精养发展，如"三网"（网箱、围拦、网拦）养鱼。集约化养殖是高密度、高投入、大量投饵的养殖方式，超负荷放养极易导致养殖水域的生态环境恶化。人们往往为了追求经济利益，片面强调高产，忽视了天然水域的生物承载能力。因此，为确保水产养殖业的可持续发展，保护水域生态环境，必须研究合理的水产养殖容量（carrying capacity）。

一、水产养殖容量的内涵

环境容纳量是生态学上的概念，来源于种群生态学的逻辑斯谛方程。环境容纳量是指在特定环境中种群瞬时增长率为零时的平衡密度。不同研究领域的学者对容纳量有不同的诠释，水产养殖容量是环境容纳量在水产养殖上的应用。Garver 和 Malle（1988）将贝类的养殖容量定义为对生长率不产生负影响并获得最大产量的放养密度。李德尚等（1994）把水库中投饵网箱养鱼的养殖容量定义为不破坏相应水质标准的最大负荷量。董双林等（1998）把养殖容量定义为单位水体内在保护环境、节约资源和保证应有效益的各个方面都符合可持续发展要求的最大养殖量。杨红生等（1999）把浅海贝类养殖业的经济效益与社会效益、生态效益结合起来，将养殖容量定义为对养殖海区的环境不会造成不利影响，又能保证养殖业可持续发展并有最大效益的最大产量。刘剑昭（2000）将养殖容量定义为特定水域单位水体养殖对象在不危害环境，保持生态系统相对稳定、保证经济效益最大，并且符合可持续发展要求条件下的最大产量。从上述定义可以看出，养殖容量的内涵在不断地丰富和完善。水产养殖容量是环境对养殖生物制约的具体体现，只要养殖生物或环境因素发生变化，养殖容量也就会发生相应的变化。因此，我们认为养殖容量可以定义为：在特定水域和养殖对象条件下，维持水域生态系统相对稳定，保持环境友好，采用科学的养殖技术和手段，实现养殖生物学安全，保证水域可持续利用的前提下，单位水体对增养殖对象的最大承载量。

二、水产养殖对自然水域生态环境的影响

（一）自然水域精养对水域生态环境的影响

1. **网箱养鱼** 网箱养鱼通常是在湖泊、水库、海湾、浅海等自然水域中设置网箱，进行高密度养鱼，需大量投饵。随着养殖规模的扩大和养殖时间的延长，许多养殖水域出现了局部或全局性的水质恶化现象。网箱养鱼向环境输出的废物主要包括残饵、化学药品、代谢与排泄废物与养殖生物尸体等（统称网箱排出物）。其成分除有鱼饲料含有的蛋白质、脂肪、糖类等各种营养物质外，还有鱼体排出的尿素等代谢产物，而对水环境起重要影响作用的控制性因素则是其中的氮、磷营养元素。网箱养鱼输入到养殖水域生态系统中的氮、磷超过了该生态系统的最大允许容纳量而产生水体富营养化。其主要表现：①水质恶化：TN、TP、COD 严重超标；上层水的溶氧量昼夜差值大，底层水的溶氧量极低。②蓝藻类浮游植物过量繁殖而形成巨大的生物量。一旦气候变化常引起蓝藻大量死亡腐败，急剧消耗水中溶氧，可造成鱼类等水生动物大批量窒息死亡。③在缺氧条件下厌氧细菌分解网箱排出物产生的甲烷、硫化氢等有毒物质，对水生生物和水环境的危害很大。

近年来，我国有些开展网箱养鱼的水域，因网箱养鱼负荷量过大造成水质恶化，发生大规模的水华或赤潮现象，不仅对渔业生产造成直接经济损失，还严重影响水体其他功能的正常发挥。

2. **围拦养鱼** 围拦养殖采取就地采捕天然饵料（水草、螺、蚬等）为主，颗粒饲料和其他饲料为辅的技术路线。相对而言，其投饵强度要低于网箱养鱼，但同样有残饵散失，鱼类代谢废物等对水体环境产生影响，在适度范围内可提高水体生产力。例如，滆湖青虾资源的增长即受益于围拦养殖的残饵散失所提供的丰富食物。1992—1994 年滆湖青虾年均捕捞量达 1 054.7t，占捕捞总量的 53.54%。但是围拦养殖超过一定规模后，即会加快水域的富营养化，造成水质污染（表 6-28）。如江苏五里湖（面积 400hm^2），是太湖的子湖，是以饮用水、旅游为主，兼顾养鱼、灌溉等多功能的湖泊。自 1983 年起开始围拦养鱼，利用水面 20hm^2，占全湖泊总面积的 5%，年鱼产量在 150t 左右。据测定五里湖因围拦养鱼而增加的氮、磷负荷分别为 3.0g/（m^2·a）和 0.69g/（m^2·a），均已超过了防止湖泊富营养化氮、磷负荷量标准的危险负荷量[N：2.0g/（m^2·a）；P：0.13g/（m^2·a）]。加上其他途径进入的有机物，使五里湖中营养物质积累日益增多（表 6-29）。水质的变化使浮游藻类的种类组成和生物量也起了显著变化，原来以硅藻为主变为以隐藻、蓝藻、硅藻居优，1988—1989 年浮游植物平均生物量达 25.1mg/L，比 1980 年增加 1.13 倍。每年夏季，湖中形成浓厚的微囊藻"水华"，聚集湖边腐烂、分解，造成水质严重恶化。

表 6-28 滆湖水质指标的比较（mg/L）

（朱成德等，1995）

年份	总氮	总磷	溶解氧	COD	pH
1985—1986	0.63	0.028	9.25	3.71	8.85
1993—1994	1.71	0.046	9.37	4.74	8.40

表 6-29 五里湖围拦内外主要环境因子的比较

（周万平等，1995）

区域	水质指标（mg/L）							底质（%）			浮游藻类（mg/L）	
	总氨	NO$_3$-N	NO$_2$-N	PO$_4$-P	COD	BOD	DO	有机质	总氮	总磷	叶绿素 a	生物量
养鱼区	0.15	0.25	0.016	0.004	2.76	1.75	6.29	0.237	0.169	4.742	4.31	3.064
网外区	0.12	0.29	0.012	0.005	2.69	1.50	6.47	0.180	0.126	3.461	2.69	2.640

（二）自然水域粗放式养殖对水域生态环境的影响

1. 浅海湾贝类养殖

（1）自然种群和底播养殖　贝类的自然种群和底播养殖群体通过生物过滤作用对水体中浮游生物及颗粒有机物质产生巨大的影响。在饵料密度较低时，过滤的饵料可以被贝类有效地摄食，但饵料密度超过一定阈值时，一部分饵料以及不适口或营养价值低的颗粒将以假粪形式排出。在高密度饵料水体中，贝类会产生大量的假粪，分泌更多的黏液，从而导致贝类的氮、碳损失。例如瑞典的 Laholm 湾的 *Cardium edule* 和 *Mya arenaria* 两种滤食性贝类每年产生的生物性沉积氮高达 2 000t，年平均碳沉积率为 29g/m^2。生物性沉积导致了有机沉积物的增加，减少间隙水中氧含量，增加氧的消耗，加速硫的还原，增强解氮作用。研究表明，由于微生物活动的增强，加速了贝床沉积物中营养盐的再生。营养盐再生的生态意义在于对浮游植物营养限制的缓解，从而提高初级生产力。在某些海区，滤食性贝类可以控制浮游植物的生物量，由于底播养殖区水体较浅，海水的滞留时间长，滤食性贝类的生物量很高，因此贝类摄食对海区浮游植物的控制尤为明显。

（2）浮筏式养殖　浮筏式养殖对养殖海区的影响主要是厌氧沉积物的形成。处于较封闭港湾的筏式养殖，由于养殖面积的扩大和筏架对海流的阻挡作用，养殖海区的流速明显减慢。Grenz（1989）指出，在 Thau 湾由于养殖贻贝的筏架过密，养殖海区的流速减少了一半，从而降低了饵料的可得性；在烟台套子湾贻贝海带养殖区里区流速始终小于中区和外区；蓬莱芦洋湾扇贝养殖面积由 1975 年 180hm^2 增加到 1990 年 480hm^2，其中心区的最大流速减少了近 3 倍，最小流速减少了 8 倍。养殖海区流速的减慢，使得筏式养殖区生物性沉积的悬浮、移动等作用比较弱，加剧了海底厌氧性沉积物的形成。我国浅海贝类筏式养殖已达 20 000hm^2，年产贝类近 100 多万 t。不少海区已超载运行，局部海区养殖贝类病害严重，并导致扇贝、牡蛎和贻贝等大批死亡。

2. 草食性鱼类放养与湖泊生态系统的退化

湖泊生态系统的退化是指湖泊在其自然演替和发展过程中，由于受人类活动的较强干扰，其结构与功能严重受损的变化过程。结构的退化主要是生物群落的受损和变化，如水草的消失，物种多样性下降，食物网结构简化，稳定性下降等。功能的退化主要是湖泊自净能力的衰减，主要表现为物质循环速率加快，系统对环境干扰的反应敏感。使湖泊生态系统保持良性运行的关键生物类群是水生高等植物，整个水体动植物的多样性的基础也在于水生高等植物。水生高等植物，尤其是沉水植物可储存大量营养物质，从而抑制浮游植物的生长，使水质清澈。当过量放养草食性鱼类时，水草吸收和储存的营养物质便通过草食性鱼类的摄食、排泄被大量释放到水中，加速了浮游植物的繁殖。然后因浮游植物生物量增加，降低了湖水透明度和补偿深度，又将进一步缩小水草的生存范围，如此恶性循环，沉水植物越来越少，直至消失。这类湖泊透明度小，自净能力差，水体的多元功能难以维系，造成湖泊富营养化。一个良性生态系统的湖泊演变成了生态系统退化的湖泊。

3. 滤食性鱼类放养与湖泊富营养化 水域生态学对于食物链有两个基本观点，其一是上行效应（bottom up effect），描述了水质变化及初级生产力水平对生物群落的影响，即水域理化因素→浮游植物→浮游动物→鱼类。其二是下行效应（top down effect），描述了食物链上层生物的变化对下层生物、初级生产力及水质的影响。其中下行效应的一个重要问题，就是滤食性鱼类如何通过对浮游生物的影响，进而对养殖水体的水质产生影响。

研究表明，鱼类摄食浮游动物，减缓了浮游动物对浮游植物的摄食压力，浮游植物生物量和初级生产力上升（Shapiro，1984；Carpenter，1987）；鱼类对浮游植物的大量摄食，并不能使浮游植物的生物量降低，这是因为更小型藻类得以增殖（Smith，1985）；滤食性鱼类加快了磷的释放速率或循环速率（Henry，1985）。因此，降低滤食性鱼类的数量，可以使植食性浮游动物生物量增加，浮游植物生物量减少，叶绿素浓度和初级生产力下降，透明度增加，湖泊中氮、磷的浓度降低（Shapiro，1984；Carpenter，1987）。

中国科学院水生生物研究所在武汉东湖的实验表明东湖浮游生物群落，特别是浮游生物体型的大小受滤食性鱼类所控制。具体表现为：①大型浮游植物生物量下降，小型浮游植物生物量上升。②小型浮游动物（原生动物、轮虫）数量大幅度上升，大型浮游动物如枝角类数量下降，桡足类则处于相对平衡状态，浮游动物的总数量也大幅度上升。这种情况表明，在鲢、鳙鱼种群的摄食压力下，浮游生物中的大型种类（尤其是枝角类）受到抑制之后，小型种类终究将占领大型种类所遗留下来的生态灶，由于小型藻类的大量发展，水质愈加恶化，湖泊富营养化的程度愈加严重。

三、水产养殖容量的研究方法

1. 根据养殖区的历史资料和环境条件来确定 根据养殖实验区历年的养殖面积、放养密度、产量以及环境因子的详细记录，推算适宜养殖容量。一个养殖实验区，在多年的常规经营中，养殖产量增加到一定数值后，增长速率变慢，其产量的极值可认为是该养殖实验区的养殖容量。例如，Verhagen 等（1985）、Herrat 等（1986）分别通过对贻贝和太平洋牡蛎的历年与现存量的关系，研究养殖容量；另有 Wiegert、Penas-Lado（1982）、Smaal（1986）利用浮游植物现存量与贝类生长的相互关系建立了贻贝的养殖容量模型。

2. 用 logistic 方程计算 描述种群增长的 logistic 方程：$\frac{dN}{dt} = rN \times \frac{K-N}{K}$，方程中 N 代表种

群大小，t 为时间，r 为瞬时增长率，K 为环境容纳量。该方程是具有密度效应的种群连续增长模型，随着种群密度的增高，密度抑制效应越来越明显；logistic 增长离指数曲线越远，逐渐趋于一个值（即方程中的 K 值），直至瞬时生长率为零。所以，当瞬时生长率为零时，种群增长达到了最高水平，可以认为此即养殖容量。

3. 以能量为基础的养殖容量模型 通过测定生物个体在生长过程中所需的能量，然后估算出养殖实验区供饵力或初级生产力的能量，可建立养殖生物的养殖容量模型。

（1）Herman 模型 Herman 以初级生产力、贝类摄食效率等为参数，在 Heip 湾对底栖滤食性贝类的养殖容量进行了估算：

$$\frac{dP}{dt} = P(u-m) - P(Cl_{ff})(B_{ff}) - \frac{P}{RT} + \frac{Pe}{RT}$$

据此可求得

$$B_{ff} = \frac{u-m}{Cl_{ff}} + \frac{P_e - P}{P \times Cl_{ff}} \times \frac{1}{RT}$$

式中，P 为浮游植物生物量（g/m³）；u 为浮游植物生长率（1/d）；m 为浮游植物因贝类摄食造成的死亡率（1/d）；Cl_{ff} 为贝类滤清率 [m³/(g·d)]；B_{ff} 为贝类潜在的生物量即养殖容量；RT 为系统内水交换时间；P_e 为系统外输入的浮游植物量（g/m³）。

（2）The Ecopath 模型 Ecopath 在假设所有饵料生物的生产力等于上一级消费者生物量、产量及系统输出总和的基础上，建立了固定水域多平衡食物链模型：

$$B_i(P/B)_i EE_i - \sum_{j=1}^{n} B_j(Q/B)_j DC_{ij} - Y_i - E_i = 0$$

式中，B_i、B_j 分别表示捕食者和被捕食者生物量；$(Q/B)_j$ 为单位捕食者生物量消费力；$(P/B)_i$ 为单位生物量生产力；EE_i 为食物链传递效率；DC_{ij} 为 i 在 j 胃含物中所占的平均百分比；Y_i 为产量；E_i 为系统输出。

（3）方建光模型 该模型以叶绿素 a 和初级生产力的有机碳作为计算贝类养殖容量的关键因子，估算养殖贝类或其他滤食性贝类的养殖容量。

$$C_c = [P - K \times C_{chla} \sum_{j}^{m}(F_{RFj} \times B_j)]/(K \times C_{chla} \times F_{RS})$$

式中 C_c 为所要估算贝类的养殖容量；P 为初级生产力 [mg(C)/(cm²·d)]；F_{RFj} 为非养殖不同种类滤食性贝类的滤水率（m³/个）；C_{chla} 为叶绿素 a 浓度；B_j 为非养殖滤食性生物生物量密度（个/m²）；F_{RS} 为养殖贝类滤水率；K 为浮游植物体内有机碳与叶绿素 a 质量比（40:1）；m 为滤食性生物总类数。

4. 生态动力学模型 Christensen 和 Pauly 等为了寻找全球海洋生物资源持续开发利用的依据，在 Polorina 生态通道模型基础上发展了生态通道Ⅱ，并根据 100 多个营养模型建立了全球模型，藉此估算世界海洋的容纳量。生态通道Ⅱ模型以营养动力学为理论依据，从物质平衡的角度估算不同营养层次的生物量，即从初级生产者逐次向顶级捕食动物估算生物量。Bacher 等曾于 1991 年对 Marennes-Oleron 湾太平洋牡蛎的养殖容量进行了研究，并提出箱式模型；1995 年，他又在法国的 Thau 湾，通过养殖对环境影响的氮动力学模型研究了太平洋牡蛎的养殖容量。

（1）营养动态估算 Parsons 和 Takahashi 营养动态模型是估算生态系统中不同营养层次的

生物量，模型表达式为：

$$P = K \times BE^n$$

式中，P 为估算对象生物量；B 为浮游植物产量，用年初级产碳量除以浮游植物含率表示；E 为生态效率；n 为估算对象的营养级；K 为贝类总重与组织鲜重的比值。

(2) Officer 模型　模拟系统内的各种要素及其之间的关系，并且考虑系统外的输入及输出，Officer 在 1996 年建立了浮游植物与底栖贝类生物量模型：

$$\frac{dC_m}{dt} = \left(K_m - \sum_{n=1}^{N} K_{mn} C_n - K_n\right) C_m + D_n C_{m0}$$

式中，C_m 为系统中任一要素的浓度；N 为变量数；C_{m0} 为外界输入系统中的要素浓度，t 为时间；K_m 为系统中除去自然死亡和呼吸的生产力；K_{mn} 为被上级捕食者利用的生产力；K_n 为水交换时间的倒数。

当只考虑生物要素，即考虑浮游植物和底栖滤食贝类时，该模型简化为：

$$\frac{dP}{dt} = K_p P - 24 \times 10^{-3} \frac{F}{h} BP; \quad \frac{dB}{dt} = -K_b B + 24 \times 10^{-6} \alpha \beta_1 \beta_2 FBP$$

式中，P 为浮游植物生物量（C_{chla}/L）；B 为底栖滤食性贝类生物量（kg/m^2）；K_P 为浮游植物生长率；K_b 为贝类死亡率；h 为水深；F 为贝类滤水率；α 为浮游植物转换效率（C_{chla}/W）；β_1 为贝类摄食率；β_2 为贝类同化效率。

求导得 $P = \frac{K_b}{\alpha \beta_1 \beta_2} \times \frac{10^6}{24}$；$B = \frac{K_p h}{F} \times \frac{10^3}{24}$

5. 海水网箱养殖容量　海水网箱养殖容量的估算主要是参考贝类养殖容量的研究和计算方法，利用数学模型估算环境的养殖容量。黄小平等（1998）通过计算单个网箱产生氮（N）和磷（P）的负荷量，并以水体富营养化的限制因子 N 和 P 的最高限制值作为控制值（以 P 为例），得

$$F_p = E \times E_p - Y \times Y_p$$

式中，F_p 为网箱内 P 负荷产生量；E 为相应的投饵量；E_p 为饵料中的含磷率；Y 为产鱼量；Y_p 为单位鱼体重的含磷率。

利用数学模型模拟公湾海域流场，并且利用现场实测海流和潮位资料对模型进行验证，确定所使用的模型与所研究海域实际情况基本一致。其公式为：

$$\frac{\partial (HC)}{\partial t} + \frac{\partial (HUC)}{\partial x} + \frac{\partial (HVC)}{\partial y} = \frac{\partial}{\partial x}\left(HD_x \frac{\partial c}{\partial x}\right) + \frac{\partial}{\partial y}\left(HD_y \frac{\partial c}{\partial y}\right) - KCH + SH$$

式中，C 为污染物质浓度；H 为混合水深；U、V 分别为 x、y 方向的垂向平均流速分量；D_x、D_y 分别为 x、y 方向的扩散系数；K 为衰减系数；S 为污染源强。

四、水产养殖容量的扩充

养殖容量是一个动态的变量，随着水域环境状况、养殖方式、养殖技术的变化而不断发生变化。如果养殖技术水平提高，水域养殖生物结构得到优化，养殖容量就可能得到扩大。

1. 选择良好的养殖水域　良好的水域生态环境可以为养殖鱼类提供优越的生存和生长条件，从而在一定程度上可以提高养殖容量。例如，网箱设置应选择泥沙底质、四季水位较稳定、水流

交换畅通、水体流动适中的区域。不同底质对污染物的吸附和释放能力是不同的。一般而言，黏土底质吸附污染物最快并且污染物被吸附后较稳定，粉砂底质吸附速度次之，泥沙底质吸附最慢；而在释放污染物方面，泥沙底质释放最快，粉砂底质次之，黏土底质最慢。所以，网箱设置区应选择泥沙底质。这样，底泥中的污染物不至于过分积累，可以保证网箱内的水质良好。

网箱设置区域的水位变化不宜过于剧烈，水深不能太小，最好在3m以上。要保证箱底始终不接触底泥，以便箱内残饵及鱼的粪便能随时排出箱外；但水深也不宜过大，过深易形成温跃层，沉积于水底的残饵、粪便等因缺氧分解缓慢。一旦出现上下层水对流时会造成水质败坏，故适宜水深为7～9m，这主要是对内湾网箱养殖设置而言。网箱设置区的流速以0.7m/s为宜，有利于污染物输出，保持养殖水域的环境良好。对于平均流速较小、半封闭的海湾来说，海流对沉于海底的残饵搬运能力较弱，大量有机物的累积将在底层形成缺氧环境。

2. 提高饲料利用效率 一方面，利用消化吸收效率高的饵料，减少生物代谢废物的数量；另一方面，要提高养殖经济动物的摄食效率，减少残饵数量。降低饲料对水体环境的污染，从而提高养殖容量。

3. 优化养殖生态结构 建立一个结构优化、功能高效的养殖生态系统，使所投入的物质得到充分利用，避免物质的浪费和对环境的污染。任何生态系统都是以生物种群结构为基础的，具备正常物质循环和能量流动的功能。养殖生态系统属人工生态系统，这种系统的结构比较简单，物质循环和能量流动在一定程度上会受阻或某些环节被切断，这就决定了它的生态缓冲能力低和功能上的脆弱性，在很大程度上要依靠人工调节来完善。养殖结构优化系统包括单一养殖系统内部结构的优化和复合养殖系统结构的优化两部分。前者是将在生态关系上基本不相互捕食，而在生境与饵料资源利用上有互补性的生物，以适宜的比例放养于同一水域，以提高空间和饵料的利用率；后者是将具有互补、互利作用的单一养殖系统合理组合配置在一定区域，减少或消除水产养殖对水域环境造成的负面影响，从而提高整个水体的养殖容量。

五、不同水域的养殖容量

1. 淡水投饵网箱养殖容量 李德尚等（1994）根据我国渔业水质标准中水温、透明度、pH、溶氧、化学耗氧量、生化需氧量与非离子氨等环境因子的要求，计算山东省19座水库网箱养殖鲤的最大负载力为3 000kg/hm²。若按网箱养鲤毛产量750 000kg/hm²为计算标准，则换算为养鱼网箱总面积占水库总面积的0.4%。并建议增加25%～35%的安全储备，最大载鱼量为1 800～2 300kg/hm²，面积比为0.24%～0.30%。陈义煊等（1992）利用Dillon-Rigler模型计算了四川省9座水库网箱养殖鲤的最大负载力为2 500～8 100kg/hm²，换算成最大网箱设置面积占养殖水面的0.16%～0.5%。

2. Schmitton的投饵量养殖容量 Schmitton认为，在大水面进行网箱养鱼时，当投饵量为15kg/（hm²·d）（0.27kgP_2O_5废物）时，水质有肉眼能发现的变化，因此这一投饵量被认为是水域环境的临界承载量。考虑到养殖技术水平和水域的生态功能，在饵料转换率为2时，8kg/（hm²·d）（0.13kgP_2O_5废物）可以作为一个合理的安全投饵水平。这个限制量是指在整个水域平均每公顷水面所用饵料的数量，据此可以计算出整个水域可允许的网箱养殖规模。

3. 海水投饵网箱养殖容量 徐君卓（2003）建议，海水水质在一、二类，水深大于15m时网箱面积与海区面积比小于1/30，水深10~15m时小于1/45；对于三类水来说，水深大于15m时网箱面积与海区面积比小于1/45，水深10~15m时小于1/60；对于四类水，网箱面积与海区面积比小于1/60。

第七章　鱼类资源增殖与保护

> **教 学 一 般 要 求**
>
> **掌握**：经济鱼类人工放流与引种（移殖）驯化的方法；人工鱼礁的种类和投放技术要求。
>
> **理解**：禁渔区、禁渔期和负责任渔业概念；引种（移殖）驯化的意义及影响因素。投放人工鱼礁对鱼类资源增殖的意义。
>
> **了解**：我国自然水域资源和鱼类资源的分布特点以及开发利用过程中所面临的主要问题。

第一节　我国自然水域与鱼类资源

一、我国自然水域资源

（一）我国内陆淡水资源

1. **河流**　陆地上经常有水流动的泄水凹槽称为河流，河水的主要来源是降水的汇集。许多河流对地下水补给有重大意义，但地下水也是降水渗入土壤中形成的。由于水流本身的重力作用，不断地切割和冲刷河床，加上沿途的旁向侵蚀，使河床渐渐扩大，最初的小沟，渐变成小溪，再由小溪发展成小河，直到大江大河。地面水和地下水汇入河流并补给河水的区域称为集水区，其面积称集水面积。如果只汇集地表水的区域也可称为地表集水区。集水区有时很难确定，而以分水岭为界限确定的面积称为流域面积。流域内大小河流系统称为水系。直接流入海洋和内陆湖泊的河流叫干流，流入干流的叫支流。凡最后流入海洋的河流叫外流河（exterior river），如黄河、长江等。在大陆腹地，由于远离海洋，或因地形特殊，河流不是流达海洋，而是汇集于洼地、深谷形成湖泊；或因地处干旱少雨，蒸发量远大于降水量的荒漠之中，所形成的河流逶迤于荒漠而逐渐渗于地下。这些最终不能归宿到海洋的河流就叫内流河（interior river），也叫内陆河。如新疆的塔里木河、青海的格尔木河等。河流从开始到终了，沿途都在不断变化，因此可根据河流各段的特性，把它分为河源、上游、中游、下游及河口等 5 个部分。

中国是世界上河流最多的国家之一。中国有许多源远流长的大江大河。其中流域面积超过1 000km² 的河流就有1 500多条。中国的河流，有最终注入海洋的外流河，也有与海洋不相沟通的内流河，还有流经多个国家和地区的国际河。中国外流区域与内流区域的界线大致是：北段大体沿着大兴安岭—阴山—贺兰山—祁连山（东部）一线，南段比较接近于200mm的年等降水量线（巴颜喀拉山—冈底斯山），这条线的东南部是外流区域，约占全国总面积的2/3，河流水量占全国河流总水量的95%以上。西北部是内流区域，约占全国总面积的1/3，河流总水量还不到全国河流总水量的5%。

（1）外流河　我国的河流中，流入太平洋的有长江、黄河、辽河、黑龙江、珠江、海河、滦河、淮河、钱塘江、闽江、澜沧江等；流入北冰洋的有额尔齐斯河。长江、黄河、松花江、珠江、辽河、海河及淮河，构成中国外流区的七大水系（表7-1）；还有东南沿海的钱塘江（浙江省第一大河）、瓯河（浙江省第二大河）、闽江（福建省第一大河）和九龙江（福建省第二大河）等水系。此外广东、广西、山东和辽宁河流虽多，但都比较短小。

表7-1　我国七大水系

（王占忠，2003）

水系	干流与支流		长度（km）	流域面积（km²）	年平均流量（m³·s）	年径流量（亿m³）	注入海域
长江	干流		6 379	1 808 500	32 400	10 218	东海
	主要支流	汉江	1 577	159 000	1 710	539	
		嘉陵江	1 120	159 800	2 120	669	
		大渡河	1 048	90 460	1 470	464	
		乌江	1 037	87 920	1 650	521	
		沅江	1 033	89 163	2 145	677	
		湘江	827	94 600	2 260	713	
		赣江	766	83 500	2 177	687	
		岷江	711	135 880	2 830	892	
黄河	干流		5 464	752 400	1 500	473	渤海
	主要支流	渭河	818	134 766	323	102	
		汾河	694	39 471	48	15	
		洮河	673	25 527	168	53	
		伊洛河	477	18 881	119	38	
		湟水	374	32 863	146	46	
松花江	干流		2 309	556 800	2 394	755	黑龙江
	主要支流	嫩江	1 370	282 748	713	225	
		第二松花江	803	74 345	538	170	
		牡丹江	725	36 700	301	95	

(续)

水系	干流与支流		长度（km）	流域面积（km²）	年平均流量（m³·s）	年径流量（亿m³）	注入海域
珠江	干流		2 197	453 690	10 647	3 360	南海
	主要支流	郁江	1 152	90 800	1 610	580	
		柳江	755	58 398	1 630	514	
		东江	520	27 040	938	295	
		北江	468	46 710	1 535	482	
辽河	干流		1 430	219 600	498	157	渤海
	支流	浑河	415	11 481	93	29	
		太子河	413	12 883	106	33	
海河	海河		1 090	317 900			渤海
	滦河		888	44 750	147	46	渤海
淮河	淮河		1 000	91 174	1 404	443	长江
	沂沭泗河		288	78 109	532	168	黄海

（2）内流河（又称内陆河） 我国内流河主要分布在西北地区的新疆、青海和内蒙古。据不完全统计，我国内流河有独立出口和长流水的600余条，此外还有数以千计的小内流河。小内流河一般都比较短，多是有头无尾，有的是雨季有水、旱季干枯的季节性河流，称时令河。如青海省既是我国著名江河——黄河、长江及澜沧江的发源地，也是我国内流河比较多的地区；我国最大的咸水湖——青海湖，就汇集了50多条内流河。新疆内流河更多，并有我国最大的内流河——塔里木河。

（3）国际河 在中国960万km²的国土上，有80余条流经多个国家或地区的国际河。我国西南地区大小国际河流就有40多条，大多发源于青藏高原。如雅鲁藏布江是西藏最大的河流，也是世界上海拔最高的大河，其流经的雅鲁藏布大峡谷是世界上第一大峡谷。雅鲁藏布江向南流出国境，进入印度，是印度最大河流——恒河的最大支流。还有发源于青藏高原的澜沧江和怒江，澜沧江出境流入老挝被称作湄公河；怒江出云南进入缅甸、泰国后称萨尔温江，最后注入印度洋。新疆维吾尔自治区的国际河流有30多条，主要有伊犁河、额尔齐斯河和阿克苏河。额尔齐斯河出境后最终在俄罗斯汇入鄂毕河，注入北冰洋，额尔齐斯河是我国唯一进入北冰洋水系的河流。

2. **湖泊** 陆地表面蓄水的洼地叫湖泊。湖盆是在内力和外力相互作用下形成的。由内力作用形成湖盆后，又不断受外力的影响改变湖盆的外貌，外力作用形成的湖盆，也可受构造运动、地震等内因的作用而改变其外貌，因此对不同的湖泊或同一湖泊的不同历史时期要进行具体分析其成因。

（1）湖泊的类型 根据湖泊的起源可分为以下几种类型：①构造湖（tectonic lake）。由地壳的构造运动（褶皱或断裂）形成的盆地蓄水而成，通常比较深，也比较大，地球上的大湖多属于此类。如非洲的坦噶尼喀湖、亚洲的贝加尔湖、我国的滇池和洱海等。②火山口湖（crater lake）。位于死火山口，湖泊多呈圆形，湖岸较陡，深度较大。如白头山天池，湖水深度达300m

以上。③堰塞湖（barrier lake）。由于熔岩流、地震、山崩阻塞河谷而形成，如1941年、1942年，我国台湾阿里山两次山崩，在嘉义县境内造成深达120m的湖泊。1932年，岷江一次地震在上游山崩造成大小海子两个。黑龙江的五大连池和镜泊湖都是火山喷出物阻塞而成的湖泊，镜泊湖又在天然坝的基础上进行了人工加高，提高了水位，建成了水库。④牛轭湖。由旧河曲形成的湖泊。有斜长形、新月形等，深度较小，多沿河谷分布，在我国长江中游较多。⑤溶蚀湖（solution lake）。在可溶性石灰岩、白云岩等分布地区，由地下水溶蚀岩石形成。我国云贵高原多这种湖泊。⑥冰川湖。由冰川磨蚀作用和冰碛物堆积形成，湖岸曲折，形状多样，这种湖泊主要分布在我国的青藏高原。⑦风成湖（windering lake）。由风蚀洼地形成小而浅的湖，随水源的变动而移动，又称游移湖，新疆、内蒙古有这种湖泊。⑧泻湖（lagoon）。本来是海湾，由于泥沙沉积与海洋分离而成，如江苏的太湖。

（2）湖泊的形态　湖盆可分三部分：①沿岸带（littoral zone）。是指湖底遭受波浪和河流作用的沿岸部分。②深水带（profundal zone）。水深，波浪作用不能直接使湖底形成波状起伏。③亚沿岸带（sublittoral zone）。是前两者的过渡地带。浅水湖泊可能没有深水带，因为整个湖底都为波浪所及且丛生水生植物，湖中露出水面的陆地称为岛屿，水面突入陆地的部分称港湾。

（3）我国的湖泊　中国是一个湖泊众多的国家，面积大于 $1km^2$ 的湖泊有2848个，总面积为80 645 km^2，约占全国国土面积的0.8%。其中内流区的约占55%，多为咸水湖；外流区的约占45%，绝大多数为淡水湖。青海湖是我国面积最大的咸水湖，鄱阳湖是我国面积最大的淡水湖。湖泊具有灌溉、防洪、航运、养殖等功能，湖泊是可多功能利用的地表水资源，对调节气候具有重要的作用。全国湖泊可分为5大湖区。

①东部平原湖区。包括长江中下游平原，如鄱阳湖、太湖、洞庭湖、洪泽湖、巢湖是我国5个面积最大的淡水湖（表7-2）。其总面积达10 349.5 km^2，约占全国湖泊总面积27.5%。本区气候湿润，降水充沛，属于吞吐湖，与河流关系密切。人口密集区，接纳农田排水，水质肥沃，是主要产鱼区。

表7-2　中国五大淡水湖形态度量特征*

湖名	面积（km^2）	湖长（km）	平均宽（km）	水深（m） 平均	水深（m） 最大	容积（$\times 10^8 m^3$）	流域面积（km^2）
鄱阳湖	2 933	170.0	17.3	5.51	29.19	149.6	162 000
洞庭湖	2 625	143.0	17.01	6.39	23.5	167.0	257 000
太湖	2 425	68.0	35.7	2.12	3.30	51.4	36 500
洪泽湖	1 597	65.0	24.6	1.90	4.5	30.4	158 000
巢湖	769.5	61.7	12.47	2.69	3.77	20.7	9 258

* 计算时水位按：鄱阳湖湖口水位21.68m；洞庭湖岳阳水位33.5m；太湖水位3.14m；洪泽湖水位12.5m。

②青藏高原湖区。如青海湖、纳木湖、色林湖等分布密集，总面积占全国湖泊面积的46.6%。多属咸水湖和盐湖，深度一般较大，冰期长。多集中分布在藏北高原和柴达木盆地周围干旱闭流的高原腹地，往往形成内陆水体的尾闾或汇水中心。一些大中型湖泊多在断裂带上形成，少数为冰川湖和堰塞湖。这里地势高，气候寒冷干燥，湖水多靠融水补给。湖泊沿岸多有古湖岸遗迹，说明湖泊处在普遍退缩之中。这里也有一部分淡水湖，如黄河上游的扎陵湖和鄂陵

湖，黄河水从湖中通过。有些内陆水系与两个以上湖相连，盐分积累在归宿湖，中途湖并不积贮盐分，矿化度并不高，如青海海西蒙古族藏族自治州的托素湖为归宿湖，矿化度高，不适于养鱼，其上游的可鲁克湖（高2 873m），矿化度只有790mg/L，放养鲤、鲫、草鱼等，生长良好。

③蒙新高原湖区。蒙新高原地处内陆，气候干旱，但河流与潜水易向洼地积聚，亦能发育成湖，大型湖泊常成为孤立的最后归宿湖，易发育成咸水湖或盐湖，水面常随气候变化而波动。本区较大的湖泊有达赉湖、乌伦古湖等。吐鲁番盆地的艾丁湖的湖盆最低点位于海平面以下155m，为中国大陆最低点。本区湖泊面积占全国湖泊总面积的19.7%。

④东北湖区。占全国湖泊总面积的4.6%。东北地区有3个比较大的国际湖——中俄界湖兴凯湖、中蒙界湖贝尔湖及中朝界湖白头山天池。白头山天池最深处有373m，为我国最深的湖泊。本区气候湿润，冬季长而寒冷，湖底沉积物含较多的有机质，小型湖泊冬季易出现缺氧死鱼。

⑤云贵高原湖区。本区的湖泊如滇池、洱海、杨宗海、草海等。含盐量不高，湖深水清，湖盆多沿褶皱断裂方向排列。本区湖泊占全国湖泊总面积的4.6%。

我国湖泊水资源主要在青藏高原、东部平原和云贵高原3个区，其淡水储量共达1 940亿m^3，约占湖泊淡水储量的90%。

3. **水库** 又称人工湖，是在一定的地理条件下，为了防洪、发电、灌溉、航运和供水等经济目的而建造的人工建筑物。水库是面积较大的人工水体，属于内陆大水面静水水体的一种类型。其水文及水质条件从河流变成湖泊而发生剧烈变化。据不完全统计，全国已建成水库8.6万座，总库容约4 504亿m^3，其中库容量1亿m^3以上的大型水库855座，库容量3 252亿m^3；库容1 000m^3到1亿m^3的中型水库2 462座，总库容681亿m^3；1 000m^3以下的小型水库及蓄水塘坝约8万座，蓄水量670亿m^3。我国多中小型水库，这种水库鱼产力高，管理也方便，这无疑对渔业生产是有利的。

水库按库容或面积大小分为巨型、大型、中型、小型和山塘等5种类型（表7-3）。

表7-3 水库按库容或面积分类

水库类型	巨型	大型	中型	小型	山塘
面积（hm²）	>6 667	666.7～6 667	66.7～666.7	<66.7	6.67左右
库容（m³）	>10亿	1亿～10亿	1 000万～1亿	10万～1 000万	<10万

根据水库所在地区的地貌、淹没后库床及水面的形态，分为以下4种类型：

（1）山谷河流型水库 建造在山谷河流上的水库。拦河坝横卧于峡谷之间，库周群山环抱，岸坡陡峻，坡度常在30°～40°以上；水库涧水延伸距离大，长度明显大于宽度；库床比降大，水位落差大；一般水深为20～30m，最大水深可达30～90m。如三峡水库（10.84×10⁴hm²）、浙江的新安江水库（4×10⁴hm²）、安徽的梅山水库（5×10⁴hm²）、甘肃的刘家峡水库（1.06×10⁴hm²）等。

（2）丘陵湖泊型水库 建造在丘陵地区河流上的水库。库周围山丘起伏，但坡度不大，岸线较曲折，多库湾，涧水延伸距离不大，新敞水区往往集中在大坝前一块或数块地区；最大水深15～40m，淹没农田较多，水质一般较肥沃。如河南南湾水库（5 666.7hm²）、江苏沙河水库（1 373.3hm²）、浙江青山水库（566.7hm²）。

（3）平原湖泊型水库　在平原或高原台地河流上或低洼地上围堤筑坝而形成的水库。库周围为浅丘或平原，水面开阔，敞水区大，岸线较平直，少湾汊；与山谷水库相比，单位面积库容较小，水位波动所引起的水库面积变化较大，常有较大的消落区；库底平坦，多淤泥，最大水深在10m左右。如河南宿鸭湖水库（$1.49×10^4 hm^2$）、安徽蜀山湖水库（$1 733.3 hm^2$）。

（4）山塘型水库　是为农田灌溉而在小溪或洼地上修建的微型水库，其性状与池塘相似。

（二）我国的海水资源

中国大陆东南部濒临渤海、黄海、东海、南海，海洋总面积约$354.73×10^4 km^2$，其中水深小于200m的大陆架面积为$14×10^4 km^2$。大陆海岸线北起辽宁省的鸭绿江口，南至广西壮族自治区的北仑河口，长达18 000km（表7-4）。大陆和岛屿岸线蜿蜒曲折，形成了许多优良的港湾。大陆沿岸和较大的海岛上的江河年入海流量超过18 800亿m^3，夹带着大量的有机质和营养盐，有利于海洋生物的繁衍生长。沿海潮间带滩涂面积为$186×10^4 hm^2$，10m等深线的浅海面积为$733×10^4 hm^2$，15m等深线浅海面积$1 200×10^4 hm^2$。

表7-4　中国海洋水域资源状况
（中国自然资源丛书编撰委员会，1995）

海区	海域面积（km^2）	占全国海域（%）	渔场面积（km^2）	占全国渔场（%）	海岸线长（km）	滩涂面积（万hm^2）	占全国滩涂（%）	浅海面积（万hm^2）	占全国浅海（%）	平均每千米海岸线拥有面积（hm^2）滩涂	浅海
渤海	8.2	2.9	8.24	2.9	2 937	51	26.4	10.8	22.0	227	733
黄海	43.6	12.1	35.37	12.6	3 927	55	28.7	13.4	27.4	140	507
东海	86.5	24	55	19.6	5 745	49	25.7	14.2	29.0	93	393
南海	216.3	61	182.3	64.9	5 792	37	19.2	10.6	21.6	76	330
合计	354.6	100	280.91	100	18 401	192	100	49	100	536	1 963

1. 渤海　渤海为半封闭内海，其北、西、南面为陆地所环抱，东面以辽东半岛与山东半岛的蓬莱角一线为界与黄海沟通。海域面积（亦渔场面积）$8.24×10^4 km^2$，海岸线长2 937km，滩涂面积$50×10^4 hm^2$，平均每千米海岸线占有滩涂面积$227 hm^2$，浅海面积约$730 hm^2$，居各海区之首。渤海海底地形平坦，中部微凹，平均水深18m，海峡处较深，最大水深78m。渤海底质在近岸的三大海湾处较细，中部及海峡北部附近、河北东部、辽宁西部和辽东半岛的近岸区为粗粉沙质。表层水温变化幅度为21～27℃，表层实际水温冬季0～1℃，夏季25～26℃。海水表层盐度26～30。渤海湾内为著名的鱼虾产卵场。

2. 黄海　黄海是中国和朝鲜之间的陆缘浅海，面积$43.6×10^4 km^2$，渔场面积$35.37×10^4 km^2$，海岸线长3 927km，滩涂面积$55×10^4 hm^2$，浅海面积$218×10^4 hm^2$。平均每千米海岸线占有滩涂面积$140 hm^2$，浅海面积$507 hm^2$。黄海区海底地形平坦，平均水深44m，最大水深位于济州岛北侧，为140m。海区北部形成向南开口的盆地，盆地中央为泥质——粉沙质的堆积平原，近岸沉积物较粗，而中部较细，南部自海岸起向东逐渐变细，江苏沿岸至长江口附近较粗，为细沙质。表层水温年变化幅度在黄海南部及北部沿岸渔业区为20～40℃，南黄海中部为16～19℃；海水表层实际温度，冬季5～10℃，夏季25～27℃。海水表层盐度为30。黄海的海洋岛、鸭绿江口、烟威外海、石岛、海州湾等地形成良好渔场。

3. 东海 东海是西北太平洋西北部一个较开阔的陆缘海，西接中国大陆，北与黄海相连，东北面由济州岛经五岛列岛至长崎南端的连线为界，并以朝鲜海峡与日本海相通，东面隔日本的九州岛、琉球群岛和中国的台湾岛与太平洋相接，南面通过台湾海峡与南海相连。海域面积 $86.54 \times 10^4 km^2$，渔场面积 $55 \times 10^4 km^2$，海岸线长 5 745km。滩涂面积 $49 \times 10^4 hm^2$，浅海面积 $212 \times 10^4 hm^2$。平均每千米海岸线有滩涂面积 $107hm^2$，浅海面积 $212hm^2$。东海海底平坦，大部分水深为 60~140m，平均水深 72m。从日本琉球群岛至中国台湾岛一带西侧水深由 200m 增至 1 000~2 000m，形成东北—西南向的陡坡和海槽。海区底质自沿岸向东逐渐变细，到深度较大的近岸区则变粗，黏土质软泥呈南北阔带状，分布于舟山群岛的东南和东北。东海水文环境较复杂，主要受黑潮暖流分支、大陆沿岸水和黄海冷水团的影响。表层水温变幅，东海大陆架和闽、浙沿岸渔区为 12~19℃；海水表层实际温度，冬季 10~20℃，夏季 27℃。表层海水盐度为 29~34，长江口为 15.4，钱塘江口为 12.4。

4. 南海 南海似长轴状东北—南西方向的盆地。北部与台湾海峡相连，南至印度尼西亚，位于太平洋与印度洋之间。海域面积为 $216.34 \times 10^4 km^2$，渔场面积 $182.35 \times 10^4 km^2$，海岸线长 5 792km。滩涂面积 $37 \times 10^4 hm^2$，浅海面积 $160 \times 10^4 hm^2$。平均每千米海岸线占有滩涂面积 $76hm^2$，浅海面积 $320hm^2$。盆地处于西沙—中沙与南沙群岛之间，是一个深度在 4000m 以上的深海平原。海区地形中间凹下，自四周边缘向中心略呈阶梯下降。南海底质较复杂，分别为细粉砂、黏土质、粗粒砂质、细砂粒、砾砂、软泥以及砾石、贝壳、珊瑚、岩石及石枝藻等。表层水温变化幅度在海南岛以东沿岸渔区为 10~16℃，北部湾 7~14℃，北部大陆架沿岸渔区以南 7~10℃，西、中沙群岛 5~7℃，南海中部 4~6℃，南部为 4℃以下。海水表层温度冬季为 20~25℃，夏季 27~29℃。海水表层盐度 33.5~34，珠江口为 10。海区气温高，浮游生物繁殖快，鱼虾等种类繁多，是中国重要的热带渔场。

二、我国自然鱼类资源

（一）中国淡水鱼类区系组成和分布

我国水域辽阔，江河湖泊纵横交错，水库池塘星罗棋布，多种多样的地理、气候等自然条件孕育了多样性的水生生物资源，是世界上最大的淡水渔业国。我国多数的河流大体是与纬线相平行自西向东流向大海，各自处于不同的气候带内。气候是影响鱼类分布的重要环境因素，所以各水系鱼类区系组成有较大的差异。从主要水系的鱼类组成来看，我国地处温带、亚热带和热带，绝大部分鱼类是温水性，自然分布于我国的土著淡水鱼类有 804 种。鲤形目鱼类种类和数量最多，种类达 623 种，分别隶属于 6 科 160 属，占内陆水域鱼类总数的 77.2%；此外，鲇形目鱼类占 10.4%；鲈形目鱼类占 6.9%，鲑形目鱼类占 2.7%。主要的经济鱼类绝大多数属于鲤科鱼类是我国淡水鱼类资源的一个显著特点。

我国主要捕捞与养殖的湖泊均集中在长江、黄河和黑龙江流域，湖泊鱼类组成也以鲤科鱼类为主，不少鱼类属于洄游或半洄游性，专门生活于湖泊中的鱼类不多。

黑龙江水系约有鱼类 100 种，其中大部分为我国东部江河平原的种类，如鲤、鲫、草鱼、青鱼、鲢、翘嘴鲌、鲂、长春鳊、鳡、鳜等。黑龙江水系地处温带和寒温带，气候寒冷，适于低温水环境中生活的鱼类很多，具有代表性的冷水性鱼类有哲罗鱼（Hucho taimen）、细鳞鱼（Brachymyssax lenok）、乌苏里白鲑（Coregonus ussuriensis）、池沼公鱼（Hypomesus olidus）和江鳕（Lota lota）等。还有我国北方特有的史氏鲟（Acipenser schrenckii）、鳇（Huso dauricus）、银鲫（Carassius auratus gibelio）等。此外，还有著名的洄游性鱼类大麻哈鱼（Oncorhynchus keta）。

黄河水系的鱼类约有 140 种。上游的种类很少，仅 10 余种，都是适应于青藏高原特殊环境的鲤科裂腹鱼亚科和鳅科条鳅亚科的种类。中游的种类较多，主要有鲤、鲫、赤眼鳟、东北雅罗鱼、鲇以及此地特产的著名的北方铜鱼。黄河下游鱼类种类和数量都有增加，多为江河平原类型的种类，经济鱼类有鲤、鲇、鲫、翘嘴鲌、赤眼鳟、黄颡鱼、鳊、黄尾鲴、乌鳢、鳜等。

长江水系 370 种鱼类中，纯淡水鱼类 294 种，咸淡水鱼类 22 种，河口鱼类 54 种。长江上游的经济鱼类主要为鲤、圆口铜鱼（Coreius guichenoti）和铜鱼（C. heterodon），产量占上游捕捞量的一半以上。洄游性鱼类在上游不多见。长江中、下游的鱼类资源相当丰富，经济鱼类的种类很多，盛产草鱼、青鱼、鲢、鳙以及鲤、鳡、鳤、鯮、鳊、鲂、黄尾鲴、赤眼鳟、长吻鮠、鲇、鳜等。洄游性鱼类在中、下游的渔业中占有相当的比重。鲚（Coilia ectenes）大量产于下游江段，暗纹东方鲀（Takifugu obscurus）也是多见于下游，而凤鲚（Coilia mystus）和前颌间银鱼（Hemisalanx prognathus）则主要是在河口江段捕获的。松江鲈（Trachidermus fasciatus）以黄浦江的支流松江所产出者最为著名。白鲟（Psephurus gladius）和胭脂鱼（Myxocyprinus asiaticus）是我国特有的珍稀鱼类，主要出产于长江，长江上、中、下游皆有其分布，但多数是栖居于上游的干流和主要支流中。长江水系不仅鱼产丰富，而且盛产草鱼、青鱼、鲢、鳙等主要饲养鱼类的天然鱼苗。

我国的湖泊很多，大多数湖泊是与大的水体相通，鱼类可以进行江湖间洄游，所以种类组成与所属江河基本相似。其共同特点为：一是鲤科鱼类占优势，大约占到每个湖泊鱼类种类的 50% 以上。二是有一定数量经济价值很高的降河洄游鱼类。它们通过长江进入湖区繁殖或肥育。三是湖泊都有相当面积流速平缓的敞水区和生长水草的沿岸带，分别栖息有银鱼、鲚、鲌等敞水性鱼类和鲤、鲫、鳊、鲂等喜草性鱼类，这些鱼类在湖泊渔业产值中占有很大比重。但是在我国的西藏、青海、内蒙古和新疆等地，湖泊多为内流水系，鱼的种类不同。而在云南的一些湖泊，虽与外流水系相连，但有明显的生态隔离，因而具有特殊的鱼类区系。较著名而有特点的有青海的青海湖，西藏的羊卓雍湖，云南的滇池、抚仙湖等。青海湖是我国最大的咸水湖，鱼类仅有 5 种，经济鱼类只有青海湖裸鲤（Gymnocypris przewalskii）。羊卓雍湖是一个咸水湖，鱼类只有数种，经济鱼类为高原裸鲤（Gymnocypris waddellii）。滇池鱼类有 23 种，如中鲤（Mesocyprinus micristius）、多鳞白鱼（Anabarilius plylepis）、云南鲴（Xenocypris yunnanensis）、金线鲃（Sinocyclocheilus grahami）、黑斑云南鳅（Yunnanilus nigromaculatus）等。

（二）中国海洋鱼类区系组成和分布

鱼类的生长和繁殖都需要适宜的温度和盐度条件，这是鱼类对环境条件综合因子长期适应的结果。中国海域（包括大陆架外缘和大陆斜坡）的环境条件在不同的海区差异很大，如冬季（2月份）表层的平均水温，在南海南部高达28℃以上，而渤海的北部则低至0℃左右；渤海和黄海都是大陆架浅海，而东海和南海都是具有大陆坡和深海槽的海区。因此渤海、黄海、东海、南海都拥有各自的优势鱼种，其种类与区系组成也各不相同。据统计，4个海域共有鱼类约1 694种，隶属37目、243科、776属；其中软骨鱼纲175种，占10.3%；硬骨鱼纲1 519种，占89.7%。在上述种类中，南海诸岛海域有523种，南海大陆架海域有1 027种；东海大陆架海域有727种；黄、渤海共有289种。我国南海的鱼类种类最多，而黄、渤海种类最少。

1. 渤海区 从主要经济鱼类资源生物种的适温性来说，以暖温性为主。由于该海区有较多的河川径流入海，构成了渤海区鱼类资源最重要的产卵和肥育场所的自然条件。由于渤海特殊的海况条件，使其主要资源可分为两大类：

（1）季节性资源 鱼类来此产卵、索饵，是构成渔汛的基础，如春季的小黄鱼、带鱼、鲻渔汛，只因近年资源衰退，渔汛已不复存在。蓝点马鲛、银鲳等虽仍有渔汛高峰，渤海群体亦急剧下降。相反，黄鲫、青鳞鱼、斑鰶等小型鳀、鲱鱼类，过去是经济鱼类的饵料，现在却大量繁生，成为渤海渔业的主要捕捞对象。

（2）当地资源 渤海的地方性鱼类主要有鲈、孔鳐、鮟、黄盖鲽、半滑舌鳎等，年产量只有几百吨。

2. 黄海区 黄海为半封闭海区，沿岸海域的盐度低，多种鱼虾在此产卵。北部是黄海冷水团潜在的海区，南部有黄海暖流沿黄海槽北上流入黄海，在北上的过程中逐渐变化充分混合，冬季成为多种鱼虾的越冬场所。

（1）北部渔业区 传统上称烟威渔场和海洋岛渔场。历史上是鲐、竹筴鱼、鳕、高眼鲽、太平洋鲱的产卵场或越冬场，也是蓝点马鲛、小黄鱼、带鱼的洄游通道。目前上述资源多已衰退，但尚有一些次生资源在此生息，构成捕捞群体。烟威渔场主要鱼类有鳀、细纹狮子鱼、小黄鱼等，海洋岛渔场的主要鱼类是鳀、玉筋鱼、细纹狮子鱼和鰤等。

（2）中部渔业区 乳山渔场和海州湾渔场以盛产带鱼闻名，是带鱼、小黄鱼、鲻、蓝点马鲛等的产卵与索饵场，石岛渔场和连青石渔场则为小黄鱼、带鱼、黄海鲱、高眼鲽、细纹狮子鱼、玉筋鱼等的产卵、索饵和越冬场。目前资源均已衰退，低质速生的次生资源构成主要的捕捞对象。

（3）南部渔业区 吕泗渔场为沿岸渔场，历史盛产小黄鱼、大黄鱼、鲻、鲳，近年除鲐外，均以次生小型鱼类为主要资源。大沙渔场是上述海产鱼类著名的越冬场。冬汛期间，小黄鱼、大黄鱼、带鱼和各种底层鱼类均可大量捕获，但近年亦均衰退，仅靠小型次生种类维持其渔业。此外黄海南部鳀资源十分丰富，是本区渔业发展的重要支柱。

3. 东海区 东海区的鱼类区系组成以暖水性种占优势（占61.0%），暖温性种类次之（占37.0%），冷温性种类最少，仅8种，只占东海鱼类渔获种类的1.8%，冷水性种类只有秋刀鱼一种，而且仅出现在冬季东海北部外海。东海区鱼类区系属于亚热带性质的印度—西太平洋区的中—日亚区。东海区各区域的鱼类适温性组成，均以暖水性和暖温性鱼类种类为主，东海外海的暖水性和暖温性种类高于东海近海，以东海北部外海的暖水性和暖温性鱼类种类数最多。

4. 南海区 南海沿岸渔业区历来是广东和港澳渔民的主要作业渔场，主要种类有石斑鱼、鲷科、笛鲷科、舌鳎科的鱼类等，上述鱼类中的名贵鱼类均以开发过度而衰退。近海渔业区鱼类资源种类繁多，主要有绒纹单角鲀、大眼鲷、蛇鲻、蓝圆鲹、印度双鳍鲳、鲱鲤、金线鱼、三长棘鲷、红鳍笛鲷、石斑鱼、鲷等。本区是广东、福建和港澳拖网作业的主要渔场，捕捞强度过大，各主要经济鱼种资源皆以衰退，仅中上层鱼种还有一些潜力。本区的中上层鱼类资源有较大潜力，同时底层，特别是一些深水鱼类如鳞首方头鲳和脂眼双鳍鲳等资源亦有开发前景。

北部湾的沿岸区经济鱼类有蓝圆鲹、二长棘鲷、鲻、断斑石鲈、真鲷、马鲛、海鳗、脂眼鲱等30多种，但皆已过度开发。近海渔业区鱼类资源种类多达500多种，主要经济鱼类种类有蓝圆鲹、金线鱼、多齿蛇鲻、大眼鲷、马六甲鲱鲤、红鳍笛鲷、五棘银鲈、带鱼、马鲛、二长棘鲷、海鳗、马面鲀等。本区底层鱼类资源亦已充分利用，但中上层资源尚有一定潜力。

东沙群岛渔业区是南海诸岛中位置最北、面积最小的一群岛礁。底质为沙质，不利于拖网作业，但有较为丰富的蓝圆鲹、狭头鲐、红背蓝圆鲹等中上层鱼类资源。西沙—中沙群岛周围上升流较发达，礁盘及浅滩上分布有梅鲷、鹦嘴鱼、刺尾鱼、红鳍笛鲷、石斑鱼等。礁盘以外的海区，广泛分布着金枪鱼，以黄鳍金枪鱼较多，外海有飞鱼、遮目鱼等资源。南沙群岛渔业区内，经济价值较高的鱼类有黄鳍金枪鱼、鲣、旗鱼、康氏马鲛、金带梅鲷、扁舵鲣、白卜鲔、鹦嘴鱼、青干金枪鱼、黑纹狮子鱼、红鳍笛鲷、四带鲷、花点石斑鱼、斑条鲆等。

三、水域与鱼类资源开发利用面临的问题

随着我国经济社会发展和人口不断增长，水产品市场需求与资源不足的矛盾日益突出。受诸多因素影响，目前我国自然水域鱼类资源严重衰退，水域生态环境不断恶化，部分水域呈现生态荒漠化趋势，外来物种入侵危害也日益严重。

（一）自然鱼类资源开发利用方面

1. **过度捕捞，鱼类资源急剧衰退**　捕捞过度的特点是总渔获量下降，单位网次产量降低，高龄鱼减少，低龄鱼增多，平均体长、体重减少等。从我国目前渔业资源状况看，近海大部分资源品种均出现数量下降、低龄化、低质化的现象；捕捞产量增长主要是靠低质鱼类增产，而优质鱼产量逐年下降。20世纪80年代的渔获量较60～70年代提高近1倍，但是单位捕捞渔获量却为原来的一半。渔获物中主要经济鱼类，如大黄鱼、小黄鱼、带鱼、鳓等不仅产量比重大幅度下降，而且年龄结构低龄化，个体小型化现象十分严重。相反，低质鱼类，如绿鳍马面鲀、鲐、鲹类等的产量比重明显增加。内陆淡水水域过捕现象同样存在，而且更为严重，由于对大中型经济鱼类的选择性捕捞，加上这些种类大多系江—湖洄游性种类，当其入湖通道截断之后，资源日渐减少，其生态空间迅速为生命周期短、繁殖潜力强的小型低值鱼所占据，如太湖、巢湖、镜泊湖、鄱阳湖、洞庭湖等均以鲚在渔获物中占优势。大中型经济鱼类需依赖人工放流得到一定数量的补充，但大多也以低龄个体作为主要捕捞对象。在单位捕捞努力量渔获量下降、经济鱼类比重下降、种群结构低龄化和小型化的情况下，各地还在添船增网加马力，这种状况亟待改变。

2. **濒危物种增多，生物多样性下降**　生态环境条件的变迁和过大的捕捞压力，导致水生动物物种的加速消亡。例如，鲥是名贵的洄游性鱼类，主要分布在长江、钱塘江、珠江。鲥在长江

下游过去一般年产量在500t左右。20世纪80年代后期，长江鲥已极其稀少直至近于绝迹。长江江豚已由90年代初的约2 800只锐减到现在的不足1 400只，种群数量一直以每年7.3％的速率下降。类似的情况，还有中华白鳖豚、白鲟、中华鲟、大麻哈鱼、海龟、海牛、扬子鳄等。造成鱼类濒临灭绝和物种数量锐减的主要原因是航运、非法捕鱼、水质污染等人类生产活动，破坏了鱼类生殖、索饵洄游通道和场所等。盲目引种，使当地土著种类受到抑制或灭绝也使我国濒危物种增多。人们曾将东部平原地区的经济鱼类引入其他地区的湖泊中，如青藏湖区的可鲁克湖，蒙新湖区的岱海，云贵湖区的滇池、洱海等。有的湖泊的引种试验遭到了失败，有的湖泊取得了成功，形成了新的渔业，如20世纪60年代滇池鱼产量以引进的草鱼、鲢、鳙、鲤等放养鱼类为主。20世纪80年代末90年代初滇池引种太湖新银鱼成功。这些鱼类的引入，与当地土著鱼类发生食物、空间等方面的竞争，造成了土著鱼类种群数量的减少，甚至绝迹。据不完全统计，黄河原有鱼类150多种，年捕捞量超过70万kg。目前至少已有三分之一的种群绝迹，捕捞量下降40％左右。目前黄河鲤、黄河刀鱼、北方铜鱼等黄河名贵鱼类已在大多数河段绝迹。河南省境内黄河支流上的洛河鲤和伊河鲂，曾有"洛鲤伊鲂贵似牛羊"的美称，如今也已基本绝迹。

3. 水利工程建设，鱼类栖息地破坏 目前在我国大江、大河上已建成几万座大中小型水利工程（发电站）。黄河、长江上较大的有长江三峡水利枢纽工程、葛洲坝水利枢纽工程、黄河小浪底水利枢纽工程、龙羊峡水电站等。长江上游约2 300km的河段上共要修建14座水利枢纽；黄河上中游干流河段已建和在建水电站共有26座。这些水利工程的建设破坏了鱼类所适应的栖息生境，阻断了鱼类洄游路线。例如，中华鲟是一种大型的溯河洄游性鱼类，平时生活在我国东部沿海，性成熟后洄游入江河繁殖，产卵场主要分布在长江，另在珠江也发现有少数中华鲟产卵。在长江葛洲坝水利枢纽修建前，中华鲟的产卵场位于长江上游干流和金沙江的下段，由于葛洲坝枢纽的阻隔，不能溯游到上游产卵场的中华鲟，在紧接葛洲坝下的宜昌长航船厂至万寿桥附近约7km江段上，形成了新的产卵场，面积大约330hm^2。为了补偿葛洲坝工程对中华鲟的不利影响，成立了宜昌中华鲟研究所，从1983年起每年向长江放流人工繁殖的幼鲟，但由于培育技术和养殖规模的限制，每年只能培育出长度为8～10cm、重3～5g的达到设计规格的幼鲟1万尾左右。因此，中华鲟种群的补充，主要依靠在宜昌产卵场自然繁殖的幼鲟。中华鲟的产卵期在10月中旬至11月上旬，当长江三峡工程建成运行后，水库水位从145m提高到175m，使下泄流量显著减少，10月平均流量减少了41％，这将使本来就不大的中华鲟宜昌产卵场的面积进一步缩小，使中华鲟的自然繁殖受到更为不利的影响。达氏鲟和白鲟都是纯淡水鱼类，前者主要栖息于上游江段，而后者在全江的干流和主要支流的下游都有分布。目前这两种鱼的数量已非常稀少，特别是白鲟，每年只见数尾。

（二）自然水域资源开发利用方面

1. 自然水域污染日益严重

（1）淡水 2006年中国水资源状况公报指出，对约14×10^4km河流水质进行评价，Ⅰ类水河长占3.5％，Ⅱ类水河长占27.3％，Ⅲ类水河长占27.5％，Ⅳ类水河长占13.4％，Ⅴ类水河长占6.5％，劣Ⅴ类水河长占21.8％。黄河、辽河、淮河、松花江和海河5个区水质较差，符合和优于Ⅲ类水的河长占42％～30％。对43个湖泊的水质进行评价，水质符合和优于Ⅲ类水的面积占 49.7%，Ⅳ类和Ⅴ类水的面积共占 15.3%，劣Ⅴ类水的面积占 35.0%。对 43 个湖泊的营养状态进行评价，17 个湖泊处于中营养状态，25 个处于富营养状态。国家重点治理的太湖、滇池和巢湖全湖总体处于富营养状态。对 327 座水库评价，水质优良（优于和符合Ⅲ类水）的水库有 260 座，占评价水库总数的 79.5%；水质未达到Ⅲ类水的水库有 67 座，占评价水库总数的 20.5%，其中水质为劣Ⅴ类水的水库有 11 座。主要超标项目为总磷、总氮、高锰酸盐指数、化学需氧量和氨氮。对 275 座水库的营养状态进行评价，2/3 的水库处于中营养状态，1/3 的水库处于富营养状态。

（2）海水　2006 年中国海洋环境质量公报指出，我国海域总体污染形势依然严峻。近岸海域污染状况仍未得到改善。全海域未达到清洁海域水质标准的面积约 $14.9×10^4 km^2$，其中中度污染海域和严重污染海域面积分别约为 $1.7×10^4 km^2$ 和 $2.9×10^4 km^2$。严重污染海域依然主要分布在辽东湾、渤海湾、长江口、杭州湾、江苏近岸、珠江口和部分大中城市近岸局部水域。渤海海域污染依然严重。未达到清洁海域水质标准的面积约 $2.0×10^4 km^2$，占渤海总面积的 26%。严重污染海域主要集中在辽东湾近岸、渤海湾和莱州湾。黄海未达到清洁海域水质标准的面积约 $4.3×10^4 km^2$。严重污染海域主要集中在江苏沿岸和鸭绿江口。东海未达到清洁海域水质标准的面积约 $6.7×10^4 km^2$。严重污染海域主要集中在长江口、杭州湾和宁波近岸。主要污染物是活性磷酸盐、无机氮和石油类。受长江上游来水量减少等因素影响，长江口严重污染海域面积略有减小。南海未达到清洁海域水质标准的面积约 $1.8×10^4 km^2$。严重污染海域主要集中在珠江口和湛江港水域。各区主要污染物是无机氮、活性磷酸盐和石油类等。

2006 年，中国海域共发生赤潮 93 次，较 2005 年约增加 13%，累计面积约 19 840 km²。其中发生 100 km² 以上的赤潮 31 次，累计面积 18 540 km²；超过 1 000 km² 的赤潮发生 7 次。赤潮高发区集中在东海海域；大面积赤潮主要出现在渤海湾、长江口外和浙江中南部等海域。引发赤潮的生物种类主要为具有毒害作用的米氏凯伦藻、棕囊藻和无毒性的中肋骨条藻、具齿原甲藻、夜光藻等。

2. 地下水过量开采　地下水是水循环过程中的一个中间状态，在整个水循环中起到重要作用，它以吸纳大气降水形式补充地下水，更以向地表水形式补充河川径流，形成水循环。其中承压水（封闭含水层）基本上属于稳定静止状态，不参与循环。近年来，我国沿海地区，一方面淡化养殖南美白对虾大量开采地下水，导致海水入侵；另一方面利用地下盐水进行海水鱼、虾、蟹育苗。调查表明，目前我国已形成了多个超过上万平方千米的地下水位大幅度下降的漏斗区。山东省因地下水位下降，漏斗面积达 $115×10^4 km^2$，导致海水入侵面积达 400 km²。

3. 工农业用水浪费现象严重　由于受传统习惯的影响和经济技术条件的限制，我国用水效率远低于国际水平。目前我国水产养殖基本上是大排大灌模式，养殖用水循环使用比例极低，而发达国家陆基型全循环水养殖的比例占到 75% 以上。我国 80% 的农田灌溉属于高耗水的自流引水类型，水利用系数较低，在 30%～40% 之间。我国工业用水利用效率也只有 40%，而发达国家工业水利用率较高，如日本 1982 年已达到 73.18%，美国 1985 年已达到 75%。

第二节　鱼类资源的保护与利用

我国海域辽阔，鱼类资源比较丰富，可以发展海水养殖业。内陆江河纵横交错，水库、湖泊、池塘星罗棋布，可利用淡水养殖的面积也很大。充分合理地利用这些资源，提供质优量多的水产品，是渔业资源管理的重要任务。但是，从全局来看，我国渔业管理仍然是一个薄弱环节，破坏水域生态环境和水产资源的状况仍未得到有效遏制。渔业资源管理是通过渔业限制和调整捕捞活动的实施而实现的。目前普遍采用的措施是控制渔获对象的最小体长，这是一项定性的间接管理的办法，属初级管理手段，该管理办法从划定禁渔期和禁渔区、禁止某些渔具渔法、限制网目尺寸等方面入手。此外，内陆水域产卵场保护和海洋人工鱼礁建设也是鱼类资源保护和合理利用的有效措施。

一、禁渔区和禁渔期

《中华人民共和国渔业法》第三十条规定："……禁止在禁渔区、禁渔期进行捕捞。禁止使用小于最小网目尺寸的网具进行捕捞。捕捞的渔获物中幼鱼不得超过规定的比例。在禁渔区或者禁渔期内禁止销售非法捕捞的渔获物……"。

"长江渔业资源管理规定"第七条规定："严禁捕捞入江上溯的鲥鱼亲体和降河入海的鲥鱼幼体。每年5月15日至8月31日从长江口至九江江段，禁止使用双层和三层刺网作业。每年6月1日至7月31日从赣江新干到吉安江段的幼鱼主要产卵场实行禁捕。江西省鄱阳湖口幼鱼出湖入江高峰期内，实行禁捕；禁捕时间不得少于10天；具体禁捕时间由长江渔业资源管理委员会、江西省渔政局、长江渔业资源监测站确定，由江西省渔政局实施……"。

设置禁渔区和禁渔期就是针对重要鱼类的产卵场、索饵场、越冬场、洄游通道等主要栖息繁衍场所及繁殖期和幼鱼生长期等关键生长阶段，设立禁渔区和禁渔期，即在一定时间内对特定水域严禁一切捕捞活动，对其产卵群体和补充群体实行重点保护，以恢复资源。因为，多数鱼类在繁殖季节都集群活动，且行动迟钝，容易捕捉，鱼类繁殖季节是水产捕捞的旺季。为了保护鱼类资源，使鱼群不受干扰地生长和繁殖，必须实行渔业控制，限制捕捞努力量，减少捕捞死亡率，以保证有一定规模的繁殖群体参与繁殖活动，保障种群的补充和繁衍。我国于1979年实行《水产资源繁殖保护条例》以来，尽管违规现象仍普遍存在，但禁渔区、禁渔期对保护幼鱼、产卵亲鱼和缓解沿岸小型渔业和底拖网渔业的冲突等方面起到了明显的作用，这些传统渔业管理措施应该得到切实执行。

禁渔期是根据禁捕对象在生殖、生长过程中对增殖资源数量和质量起决定作用的阶段，从时间上加以规定的一种资源保护措施。如黄海鲱的可捕期为2月1日至4月30日，其他时间禁止捕捞。在吕泗海域，每年5~7月期间禁止捕捞正在产卵的大黄鱼；产卵小黄鱼则规定每年4~6月期间禁止捕捞。上述禁渔期的决定，有的不仅根据鱼类生物学特性加以规定，甚至还根据不同类型的作业方式和社会经济情况，在有利于保护渔业资源的原则下，通过多方面的协商，然后再确定禁捕期或开捕期。沿海定置渔具禁渔期也是根据沿海海域各种鱼类洄游时期生物学特性的差异而规定。

由于鱼类产卵后孵出的幼鱼往往与成鱼（或亲鱼）在同一渔场进行索饵或越冬活动，这时候仅仅采用限制渔具数量或规定网具的最小网目尺寸等措施来保护幼鱼资源，还是不够的，要完善地保护好渔业资源，还得采用渔场、渔期等多种保护措施互相配合才能奏效。设立禁渔区（或保护区、休渔区等），把未性成熟的进行索饵、肥育阶段的幼鱼栖息区域、繁殖场所和亲鱼的产卵场划为禁止捕捞的区域，即称禁渔区。我国目前已经规定的主要禁渔区，如国务院1955年公布的"渤海、黄海及东海机轮拖网禁渔区的命令"；1975年签订的"中日渔业协定"，有关机轮拖网禁渔区、保护区、休渔区的规定；1980年又划定了"南海区禁渔区线（包括北部湾禁渔区线）"和"福建省沿海机动渔船禁渔区线"等。在机轮拖网禁渔区内，是全年禁止渔轮以捕捞底层水产动物为对象的拖网进行作业的。为保护和修复长江渔业资源，农业部于2002年起试行《长江中下游春季禁渔制度》（简称"春禁"），禁渔期为4～6月，禁渔区为葛洲坝以下至河口启东嘴至南汇嘴连线以内。2003年又将禁渔区范围扩大到整个长江干流及其一级支流（包括洞庭湖和鄱阳湖）。云南省德钦县以下至葛洲坝以上水域，禁渔时间为每年的2～4月。

休渔措施是根据渔业资源的休养生息规律和开发利用状况，划定一定范围的禁渔区、保护区、休渔区，规定禁渔期、休渔期，确定禁止使用的渔具渔法的一系列措施和规章制度的总称。它不仅保护鱼类的产卵场，也保护某些特定鱼类的幼鱼，一定程度上还可以控制或减少捕捞强度。1955年，国务院发布了"关于渤海、黄海及东海机轮拖网禁渔区的命令"，并明确规定了禁渔区的范围，这是休渔措施在我国实施的标志。自此，我国开始在东、黄海实行伏季休渔制度，并在1999年把我国的伏季休渔措施推广到全部海域，根据实施的具体情况，有关部门和相关专家对休渔方案做了多次调整，至2003年休渔方案基本趋于稳定。具体规定为：

渤海 休渔时间为6月16日12时至9月1日12时；禁止除网目尺寸90mm以上的单层流刺网和钓钩外的其他所有作业类型。

黄海 35°N以北海域，休渔时间为6月16日12时至9月1日12时；休渔类型为拖网和帆张网作业。35°N～26°30′N海域休渔时间为6月16日12时至9月16日12时；休渔类型为拖网和帆张网作业。

东海 26°30′N以南的东海海域休渔时间为6月1日12时至8月1日12时；休渔类型为拖网和帆张网作业。从2003年起对黄海和东海的部分海域休渔时间和禁止的作业类型做了适当调整，35°N以北区域休渔时间向前平移半个月；从2007年起将东海的灯光围网作业全部纳入禁止范围。

南海 12°N以北的南海海域（含北部湾）休渔时间为6月1日12时至8月1日12时；休渔类型为除刺网、钓业和笼捕外的其他所有作业类型。闽粤交界海域：22°30′N～23°30′N、117°E～120°E的闽粤交界海域休渔时间为6月1日12时至8月1日12时，除执行东海、南海有关规定外，所有灯光围网作业同时实行休渔。

20世纪90年代以来，南海北部的捕捞能力已大大超过最适捕捞强度。过度捕捞已导致渔业资源严重衰退，底拖网渔获率明显下降，渔获物以幼鱼和小杂鱼为主，捕捞生产严重亏损。为了遏制渔业资源和捕捞生产状况的进一步恶化，自1999年起，渔业管理部门在南海北部实行伏季休渔，规定在南海12°N以北水域除刺钓以外的所有捕捞作业类型于6月1日至8月1日实行休渔。伏季休渔制度的实施已对减轻捕捞强度，特别是减轻对幼鱼的捕捞压力，延长幼鱼生长期起到明显的作用。初步调查表明，休渔措施已使南海北部严重衰退的渔业资源得到一定程度的恢复，大陆省区休渔后的8、9月各种作业的单产和总产比1998年同期均有明显的增长，渔汛持续时间也有所延长，捕捞业经济效益也有显著的提高。

目前我国的休渔制度存在着诸多的问题。从时间上具有效果的阶段性。禁渔后全面丰收的景象只维持了1个月左右，9月份近海渔场产量又恢复到禁渔期前的水平，而且还有开捕后大批底拖网渔船进入禁渔区线内捕捞，较短时间内就把2个月的禁渔成果抵消了。从禁渔区域范围来看，主要对近海包括南海禁渔区实现禁渔制度。休渔区及其资源具有公共性，禁止远海捕捞船只、我国台湾地区、邻国渔民在边缘或直接进入禁渔区作业的监督成本高昂，而且禁捕的渔业资源具有流动性，不利于禁渔目标的实现。从禁渔对象来看，休渔渔具主要对象是拖网、围网，有的地方把罩网列为休渔对象，刺网、钓船、定置、蟹笼等渔具渔法不在休渔之列。对渔民来说，禁渔并没有因为短期捕获量增加而增加收入，捕获量与上市量增加，价格下降，收入并不与产量成正比例增加；相反，禁渔期2个月闲置所减少的收入，在开捕后并没有得到完全补偿。

二、负责任渔业

1. 负责任渔业行为守则　鉴于全世界渔业资源，特别是重要的商业鱼种资源出现严重过度捕捞，生态环境遭到破坏，造成渔业生产出现亏损，又给水产品贸易带来一系列问题的状况，1995年10月31日，联合国粮农组织第28届大会一致通过了《负责任渔业行为守则》（简称"守则"）。

"守则"规定："各国和水生生物资源使用者应当养护水生生态系统。捕捞权利也包括了以负责任的方式从事捕捞的义务，以便有效地养护和管理水生生物资源。""应当进一步切实可行地发展和应用具有选择性、无害环境的渔具的捕鱼方法，以便保持生物多样性，保护种群结构、水生生态系统和鱼的质量。在已经存在适宜的选择性和无害环境的渔具的捕鱼方法的地方，在制订渔业养护和管理措施时应予以承认和重视。各国和水生生态系统的使用者应当尽量减少浪费和对目标鱼类和非鱼类物种的捕获量以及对与之相关或从属物种的影响。""各国应当采取适宜的措施来减少浪费、遗弃物导致的资源的损失、非目标种的捕获和与之相关或从属种，尤其是对濒危物种的消极影响。在适当的情况下，这类措施可以包括有关鱼的大小、网眼规格或渔具、禁渔期和禁渔区以及某些渔业尤其是手工渔业的保留地等技术措施。这类措施应当酌情应用以保护幼鱼和产卵鱼。各国和分区域或区域渔业管理组织和安排应当在切实可行的范围内促进研究和使用有选择性的、无害环境和效益高的渔具的捕鱼方法。""各国应当在切实可行的范围内要求，渔具、捕捞方法和技术应当具有足够的选择性以尽量减少因浪费、遗弃物、非目标种的捕获量、对与之相关或从属种的影响，并不得采用技术手段来规避有关条例的规定。在这方面，捕捞者应当进行合作发展具有选择性的渔具和捕捞方法。各国应当确保向所有捕捞者提供关于新发展和新要求的情况。"

综上所述，"负责任渔业"的概念是指：在协调的环境中渔业资源的持续利用；采用不损害生态环境、资源或确保渔获质量的捕捞和养殖方式；采取符合卫生标准的加工方法，增加鱼品价值；开展贸易活动，使消费者能享受到良好质量的鱼品。

1989年以来，我国一直是世界上最大的渔业生产国。在渔业生产快速发展的同时，为了实现可持续发展，我国采取了许多保护资源的措施，诸如伏季休渔、放流增殖。2002年采取的长江春禁以及捕捞渔业实现零增长政策等，都表明我国一直致力于成为一个负责任的渔业国家，对世界、对我国本身是负责任的，对可持续的捕捞渔业都是非常重要的。但是必须注意到，我国海洋渔业资源的形势仍然非常严峻，有几个问题值得我们注意和研究：

（1）毁灭性渔具　近年来，我国加大了渔政检查的力度，在取消电、毒、炸鱼等毁灭性渔具方面做了许多工作，但是，这些毁灭性渔具违规作业的现象仍然屡禁不止。我们不但需要采取更多的方式去向社会宣传这种作业方式的破坏性，同时需要研究新的作业方式去代替目前的渔具。

（2）渔具的选择性　毫无疑问，伏季休渔是目前最适合国情的一项重要的保护渔业资源的制度。但是单独执行这一制度显然是不充分的。最明显的原因是伏季休渔的成效在开捕之后的一两个月之内则被消耗殆尽。这说明在网具的选择性方面做的研究工作还不够，无论是规格的选择还是种类的选择都是非常重要的。只有从网具选择性着手的同时推进伏季休渔制度，才能更有效地保护渔业资源。

（3）非本意欲捕获种类和废弃　我国不是单一种类捕捞目标国家，在绝大多数情况下，是混合捕捞，即多捕捞目标。由此可见，我国同样存在非本意欲捕获种类和废弃问题。

（4）幽灵捕　幽灵捕指的是被遗弃的网具，包括被抛弃和在水下已经丧失了其商业捕捞功能的网具，这些渔具脱离人力控制，继续导致水生生物的死亡。解决幽灵捕的对策：一是防止渔具遗失；二是取回丢失的渔具或者使其丧失捕捞功能；三是设计能够自然分解的网具。

（5）捕捞能力过剩　这个问题目前已经引起我国渔业主管部门和渔业学者的广泛关注，诸如正在讨论中国渔业权制度、渔船报废制度和转产转业等。但是渔业对内地过剩的农业劳动力仍有着较强的吸引力，这个问题应该给予充分重视，防止捕捞能力的反弹。

2. 合理捕捞　《负责任渔业行为守则》明确了国际间海洋捕捞业的责任，为保护渔业资源和生态环境，应使用安全捕捞技术，改进渔具选择性，做到负责任捕捞。一些区域性渔业组织在其管辖水域也制定了相应的捕捞规定，严格限制破坏资源的渔具或要求安装释放装置以保护鱼类资源。

限额捕捞。即在每个捕捞季节开始，以相应的科学建议为基础，确定捕捞限额。然后，通过给渔民发放捕捞许可证，限制捕捞船只、网具和捕捞量来分配这些限额。

限制捕捞规格。幼鱼是扩大渔业生产的物质基础，保护幼鱼，使其生长、成熟、繁衍后代，然后合理加以利用，是保证鱼类资源增殖的重要环节。确定最小捕捞规格，通常以首次性成熟个体大小为标准。因为通常鱼类首次性成熟期与生长拐点一致，这样既保护了鱼类在快速生长阶段之前不被捕出，又保证了鱼类最少有一次生殖机会，以保护鱼类资源。

水域合理捕捞的中心问题是正确地决定起捕规格（年龄）和捕捞量（捕捞强度）。确定合理捕捞规格和捕捞量的方法有多种，常用的是经验法和剩余渔获量模型等。

（1）经验法　这类方法适用于鱼类资源量较大，鱼类的生物量或密度已经影响鱼类生长的水域。从理论上讲，对于放养充足或鱼类资源足够大的水域，即其资源量接近最大负载量的水域，捕捞量应使其资源量减少至最大负载量的1/2，使得鱼类种群保持最大的生长速度。但实践中，用初级生产力来估计鱼产力的各种方法还不完善，而且每年的鱼产力变化很大，获得准确的天然负载力较为困难，最佳捕捞量很难算出。所以用来指导捕捞生产还有相当的距离，目前，对这类水域还应凭经验靠试错法对捕捞量进行逐步调整，最后接近最大持续渔获量。

在一般大水域渔业经营中，如发现鱼类生长速度减缓，性成熟推迟，鱼类的食谱增广以及单位渔获量较高,就表示渔获量偏低了,应适当提高。捕捞不充分水体的特征是所有年龄组都具有高的存活率而生长迟缓,只有少数高龄鱼达到捕捞规格。计划捕捞或凶猛鱼压力大及水位波动较大的水体中产生的鱼类群体,其全体成员迅速达到较大的规格。如捕捞强度过大,会使群体变小,年龄与规格降低,渔获量降低,这在渔业上称为"滥捕现象"。滥捕现象在面积小或资源薄弱的内陆水域更易发生。捕捞过度,水体中成鱼饵料充分,幼鱼数量多,在转变为成鱼食性之前,生长缓慢,多数鱼不合捕捞规格。

鱼类生长规律正像 Von Bertalanffy 方程所描述的那样,低龄鱼或小规格鱼生长强度大,在性成熟后对饵料的利用效率就显著降低,生长也延缓下来,最后生长几乎停滞,所以养殖老龄化的鱼是不合算的。对于自然死亡率较低,鱼类密度又较大的水域,如多数放养鲢、鳙的水域,捕捞规格的确定应考虑饵料利用率、生长速度、商品价格和鱼种培育费用等。幼龄鱼虽饵料利用率高、产量高,但肥满度往往不够,商品价格低;同时,过早捕出从鱼种费用方面考虑也不一定合理。具体的捕捞年龄或规格应根据具体条件而定,不能规定很死

(2) 剩余渔获量模式 当某一水域的鱼类种群尚未被人们利用时,种群自身具有维持平衡的调节能力。在稳定的自然条件下,种群不断地增长,直到其饵料和空间等环境因子所能容纳的最大限度为止,也即大致符合种群有限增长规律;当被人们适当开发利用后,其种群数量仍能维持一定水平。对鱼类种群资源不利用,或利用不充分,并不能使资源增加,这是对资源的一种浪费;但当人们对资源利用过度,超过种群的恢复能力,则其自然平衡就可能遭到破坏,以致造成资源下降,失去渔业利用价值,甚至造成资源严重衰竭,以至于灭绝。

合理利用鱼类资源,就是希望持久利用某一鱼类种群,在不危害种群资源再生产的前提下,获得稳定的最大渔获量,即寻求最大持续渔获量 MSY 或 Y_{max}(maximum sustainable yield);通过对资源的科学管理,达到最适持续渔获量。对某一鱼类种群的合理利用要达到这一要求,关键在于控制捕捞强度。如果任何一年,从某一种群中捕出鱼的数量等于其自然增长量,种群大小基本维持不变,这一年所捕出的鱼的数量就是剩余渔获量(surplus yield)或称平衡渔获量(equilibrium yield)。

三、人工鱼礁

海洋人工鱼礁是为了增加和聚集鱼类及其他动植物的种群,达到提高渔获量或保护水产生物的目的,在水深 100 m 内沿岸海底设置的有一定形状的礁状物。最早是人们发现沿海的沉船周围及礁石附近聚集许多鱼类,后来人们为了有系统地实施近海渔场更新改造工作,有效防止渔场老化,并改善海域底层环境,以提高海域生产力,大量制造礁状物投放到各类增殖水域中,视为人工鱼礁。

1. 人工鱼礁的渔业作用

(1) 人工鱼礁本身的结构、堆放后的重叠效应及其表面附着性生物所造成的孔隙、洞穴,成为底栖鱼类、贝类、甲壳类及仔稚鱼栖息、避敌场所,发挥增殖资源的效果,从而提高资源量。鱼礁表面及隐蔽处,可以让许多鱼类的黏性卵附着孵化,孵化后的仔稚鱼也可以获得庇护成长的环境。

(2) 人工鱼礁会产生多种流态，上升流、线流、涡流等。造成水体的上下混合，搅拌海底营养盐类，促进浮游生物的生长繁殖，为幼鱼提供优质饵料，良好的水文条件也是某些鱼类性腺发育以及产卵所要求的必要的自然生态条件，成为鱼类繁殖的场所。

(3) 人工鱼礁礁体巨大的表面为许多附着性生物（如藻类和腔肠、海绵、软体、环节等无脊椎动物）提供附着、生长、繁殖的场所，从而引诱来很多小鱼小虾形成一个饵料场，形成鱼类极佳的摄食场所，吸引洄游性鱼类的聚集、滞留。

(4) 在禁渔区设置人工鱼礁能真正起到禁捕作用。鱼礁区不能拖网，也不能围网和刺网，只能用手钓，而手钓产量有限。

2. **设置人工鱼礁区规划应该考虑的主要条件** 人工鱼礁设置前，必须对海区进行本底调查，主要是了解海区生态环境和渔业资源状况。其主要内容包括海区的渔业状况，天然鱼礁与已设置人工鱼礁的分布状况，海域的底质、潮流、波浪状况，鱼类、贝类、甲壳类的分布及其繁殖与移动状况，海域受污染的状况以及本海区沿岸渔场利用的方向。人工鱼礁设置的位置最好位于鱼类洄游通道上或其栖息场所。可以选择过去资源较好，现已衰退的渔场，也可选择现在资源较好的水域，目的在于扩大作业渔场。

3. **设置人工鱼礁的海区的主要条件**

(1) 海区水质没有被污染而且将来不易受到污染。人工鱼礁往往投入较大，其作用的显现也需要比较长的时间，选择建造人工鱼礁的海区，应考虑在未来相当长时间内，海区不会受到污染。

(2) 建造人工鱼礁的海区，一般水深在 20～30 m 之间，不超过 100 m。如果增殖对象是浅海水域的海珍品，应选择水深 10 m 以内的海区，而鱼类增殖礁则以水深 20 m 左右的海区为宜。

(3) 海区的底质以较硬的海底为好，如坚固的石底、沙泥底质或有贝壳的混合海底。海底宽阔平坦，风浪小，饵料生物丰富的海区比较理想。

(4) 除了以扩大天然渔场为目的，人工鱼礁应尽量远离天然鱼礁，与天然鱼礁之间的距离至少应在 930m 以上。

(5) 避开河口附近泥沙淤积海区、软泥海底及潮流过大和风浪过大的海区，这样的海区会影响人工鱼礁起作用的时间。

(6) 海区透明度良好，不混浊。流速不应超过 0.8 m/s。

(7) 避免选择航道及海防设施附近作为人工鱼礁的设置海区。

在地形地貌和流态方面，要求设置在海底突起部位，具有上升流的地方或投礁后容易形成上升流处。浅海增殖礁的环境条件，必须适于增殖对象的生存、生长和繁殖。为了提高人工鱼礁的效果，还需要结合放流、引种等其他增殖手段，才能获得明显的增殖效果。

4. **人工鱼礁的种类和设计要求** 人工鱼礁的种类多种多样，到目前为止尚未有标准的划分方法。

(1) 按适宜投礁水深范围划分 ①浅海养殖鱼礁。投放在水深 2～9 m 的沿岸浅海水域，并以水产养殖为主的小型人工鱼礁。②近海增殖、保护幼鱼、渔获型鱼礁。在水深 10～30 m 近海水域投放的各种类型的鱼礁。③外海增殖、渔获型鱼礁。在水深 40～99 m 外海水域投放的各种类型的鱼礁。

(2) 按建礁目的或鱼礁功能划分 ①养殖型鱼礁是以养殖为目的,根据养殖对象的生活习性来设计和设置的鱼礁。②幼鱼保护型鱼礁是以保护幼鱼为目的而设计和投放的鱼礁。③增殖型鱼礁(图7-1)是以增殖水产资源和改善鱼类种群结构为主要目的而设计的鱼礁。④渔获型鱼礁(图7-2)是以提高渔获量为目的而设计的鱼礁,一般设置于鱼类的洄游通道,主要为诱集鱼类形成优良渔场,以达到增加捕捞产量目的。⑤浮式鱼礁(图7-3)主要是为诱集中上层鱼类而设计的鱼礁,也属于渔获型鱼礁种类之一。⑥游钓型鱼礁,专为旅游者提供垂钓等娱乐活动而设计和投放的鱼礁,这类鱼礁一般设置于滨海城市旅游区的沿岸水域,供旅游及钓鱼等活动之用。

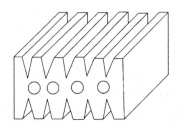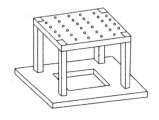

图7-1 山东鲍鱼礁和广东养蚝礁
(杨吝,2005)

(3) 按制礁材料划分 ①混凝土鱼礁。以混凝土为主,中间以钢条或硬性竹条为筋作原材料而制成的鱼礁。②钢材鱼礁。以钢质材料制成的框架式鱼礁。③木竹鱼礁。渔民用木材钉成框架,中间压以石块,沉放于沿岸、近海海底成为一种沉式人工鱼礁;也有些渔民把竹、木捆扎成筏,漂浮于海面上或悬浮于水中,以其阴影来诱集鱼类,然后围而捕之,成为浮式人工鱼礁。④塑料鱼礁。以塑料或塑料构件为原材料制成的鱼礁,此类材料大多数应用于浮式鱼礁。⑤轮胎礁体。将废旧轮胎捆扎成塔形、方形等所需的形状,投放于预定海域作为人工鱼礁,实现废物利用,又能降低造礁成本。⑥石料鱼礁。以天然块石作为礁体,直接投放于海底堆叠成一定形状的鱼礁,或者预先将天然块石加工成条石料,然后砌(搭)成所需类型的鱼礁。除了上述常用的建礁材料外,还有许多其他材料也用于建造人工鱼礁,例如矿石鱼礁、砖瓦鱼礁、煤灰鱼礁等。

(4) 按鱼礁结构和形状划分 常见的有箱型鱼礁、方型鱼礁、十字型鱼礁、三角型鱼礁、圆台型鱼礁、框架型鱼礁、梯型鱼礁、塔型鱼礁、船型鱼礁、半球型鱼礁、星型鱼礁、组合型鱼礁等(图7-4)。

(5) 礁体设计时应该考虑的主要因素 ①结构具有稳定性,能适应不同潮流、波浪、底质状况,而礁体不

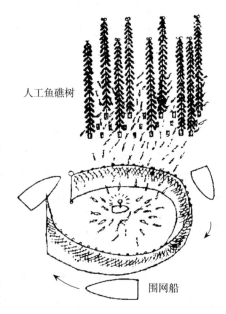

图7-2 广西渔获性鱼礁
(杨吝,2005)

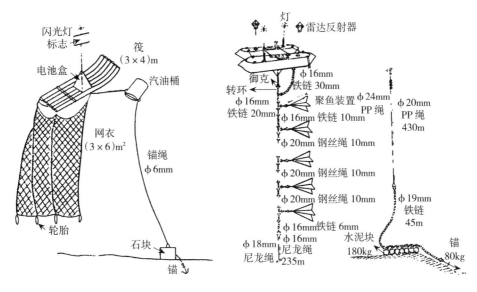

图 7-3　台湾塑胶浮体和双船浮体的人工浮式鱼礁
（杨吝，2005）

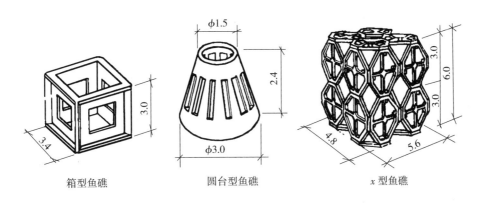

图 7-4　鱼礁结构型式
（张怀慧，2001）

至于发生滑动、倾覆、埋没、潜屈等现象。②礁体结构强度能承受搬运、沉设、堆叠等需求而不破损。③符合拟聚集或保护的鱼类、贝类、甲壳类的生态习性需要。④使用的材质除能充分发挥预期功能外，应经济可行，而且不会造成海域污染。配合礁区作业的渔具渔法，能避免渔网、渔具发生缠绕、挂钩等情况，维持鱼礁的正常功能。随着人工鱼礁技术和鱼类增殖技术研究的不断深入，人工鱼礁和放流、引种等其他增殖手段的结合日益受到人们的重视，人工鱼礁除了其本身聚集海洋生物，提高水域生产力，形成渔场的作用外，在整个鱼类增殖活动中的重要作用也日益显现。目前，国际人工鱼礁的研究主要集中在鱼礁的设计及建筑材料、鱼礁的结构和布局、鱼礁的投放地点和投放方法以及鱼礁渔业效果的评估等几个方面。

第三节　鱼类资源增殖

鱼类资源的更新和繁荣，必须以有效的补充群体来保障。通常，鱼类有极高的繁殖力，但仍然不能保证资源的补充达到令人满意的程度，因为从卵子产出、受精、孵化发育到幼鱼阶段这一过程中，死亡率极高。渔业实践与资源生物学研究表明，单纯依靠自然补充以恢复已被破坏的资源，速度很慢，有时甚至不可能实现。资源增殖问题，实质是人为地增加资源补充量，补偿由各种原因遭受的损失，缓和资源的波动，并以此为基础，发挥各类养殖水域的生产潜力。提高鱼类资源补充量有两个途径：一是针对衰落或已被破坏的鱼类资源，采取人工繁殖的办法培育苗种，然后放流，使其自然生长，迅速加入现存资源量的行列，这一做法称为人工放流。二是将其他水域中更优良、又适于这一水域生长和繁殖的种类引进来，使其迅速形成自然鱼群，这一做法叫做引种和驯化。

一、经济鱼类的人工放流

放流增养殖业（又称栽培渔业），是近 20 多年发展起来的一种新型渔业，它是资源恢复、增殖和捕捞为一体的生产方式，就是在人工管理下来提高渔业生产。具体是指通过人工培育苗种、放流增殖，然后进行合理捕捞的一种渔业。人工放流就是把鱼类苗种培养到一定大小，使它可以进行独立生活，具有抵抗敌害的能力，然后放到自然海域（江河）中索饵、生长、发育。也就是有养、有放，借以增加资源，提高捕捞量。但在育苗场里养的时间较短，而放到自然水体（淡海水水域）里的时间较长。这同陆地上的放牧业有些相类似，主要是利用自然水域的生产力增值资源。虽然这种放流效果比人工养殖效果差。但由于放流面积广阔，因而有一定的意义。通过人工放流，改变区系组成，提高食物链短的和经济价值高的种类的比例，同时必须采取措施使某些种类得到较好的发展，而抑制某些种类的生存竞争能力。

世界上最早进行人工孵化放流工作的国家是法国，于 1842 年将人工授精孵化鳟幼鱼放流于河川之中。美国每年把数百亿尾鱼苗放流到北太平洋和西北大西洋海域。俄罗斯在远东堪察加、库页岛等地建立有数百处增殖场、放流站，每年放流到北太平洋的大麻哈鱼苗也有数百亿尾。我国黑龙江、乌苏里江、绥芬河、松花江、图们江都是注入日本海、北太平洋的河流。日本海、北太平洋中溯河或降河产卵，其部分生命周期在中国上述江河中度过的经济鱼类，除大麻哈鱼外还有鲟鳇鱼类、七鳃鳗、滩头鱼和香鱼等。我国除严格保护大麻哈鱼、七鳃鳗等在我国河流中的繁殖外，每年也培育并放流上百亿尾鱼苗进入日本海、北太平洋。作为日本海、北太平洋大麻哈鱼、鲟鳇等鱼类的鱼源国和放流国，中国既有增殖、保护资源的义务，也应享有分配捕捞份额的权利。

（一）鱼类人工放流的主要步骤

1. 放流对象的选择

（1）食物链短，以草食性或杂食性鱼类较理想，这样有利于发挥初级生产力的潜力，可从水域中获得数量较多的水产品。

(2) 生长快，性成熟早，经济价值高，渔获量多，社会需求量大。这样达到商品规格的周期缩短，自然繁殖率相对提高，经济效益好。

(3) 选择适应性强、底栖性、回归性强及活动性较小的鱼类。栖息于内湾、底栖及岩礁等鱼类，其移动范围较小，增殖放流回捕率较高。

(4) 优质的地方性种或种群。选择地方性种群在于保护管理措施容易生效。

(5) 应选择育苗技术比较成熟，苗种易解决的鱼类。这样可以大量供应放流增殖的苗种。

2. 放流水域（海区）的选择

(1) 饵料生物丰富，敌害种类较少。

(2) 有一定数量的水草丛生的港湾，并有天然鱼礁。

(3) 对于海区，外海水能进入，潮差大，海水交换比较好。

(4) 对于洄游性鱼类，要有洄游通道。

3. 对放流水域非生物环境和生物资源状况进行调查 研究放流增殖对象的生活习性、种间关系，确定放流规格、数量、放流时间及地点。

(二) 人工放流的主要鱼类

1. 洄游性鱼类的人工放流 大麻哈鱼属、鲑属和鲟属鱼类是世界上最早进行人工放流且有较好成绩的种类，至 20 世纪 80 年代中期，这些鱼类每年全世界放流种苗已超过 30 亿尾。主要种类有：大麻哈鱼、细鳞大麻哈鱼、马苏大麻哈鱼、红大麻哈鱼、银大麻哈鱼、大鳞大麻哈鱼、大西洋鲑、小体鲟、欧洲鳇、俄罗斯鲟、闪光鲟、大西洋鲟、美洲鲟、短吻鲟、匙吻鲟、湖鲟、中华鲟、达氏鲟、史氏鲟、西伯利亚鲟、裸腹鲟、黑龙江鳇、白鲟以及香鱼等。

2. 鲤科鱼类的人工放流 由于我国绝大多数通江湖泊筑坝建闸，使原来形成的江—湖复合生态系统遭到破坏，导致河湖洄游性鱼类资源在湖和河中都在显著下降。因此在我国不少大中型湖泊中也每年人工放流大量鲢、鳙、草鱼、鲂、鲤等大中型经济鱼类的鱼种。这种做法在我国水产界也叫做人工放流，它与实质意义上的人工放流是有所区别的。起源于欧美的鲑鳟鱼类和鲟鱼类的人工放流，其目的是增加幼鱼的降海数量和提高成鱼的回归率，以恢复和增殖资源，增加商业性捕捞量和发展游钓业；同时又依赖回归的亲鱼让其进行自然繁殖和采用人工繁殖的手段，以维持种群的繁盛。而国内的鲤科鱼类的人工放流，主要作用是人工补充水库、湖泊中这种无法行自然繁殖的种群后代，充分利用天然饵料生产大型经济鱼类。当其生长达商品规格即予捕捞，这些渔获对象通常为未达性成熟的个体。它们也无法在湖泊静水条件下自然繁殖，需要每年人工投放鱼种。从这个意义上而言，其实质与粗放式养殖是相同的，因此严格地说，应该是人工放养，但是，其中有些种类，如鲤、鲫、团头鲂、鳊等，可以在湖泊中自然繁殖，这些鱼类经放流之后可依赖其自然繁殖增加和积累种群的丰度。不过，在捕捞强度非常大的湖泊（如太湖），放流的鱼种绝大多数在当年即进入了渔获群体，这些鱼类种群的维护还需主要依靠人工放流。

3. 海水鱼类的人工放流 我国可供放流的海水鱼类较多，如遮目鱼、鲅、鲻、斑鰶、鲥、鲕、凤尾鱼、石斑鱼、真鲷、平鲷、黑鲷、牙鲆及黄盖鲽等。大黄鱼和小黄鱼虽然是肉食性鱼类，但原为东海或黄渤海的优质地方种群，可考虑资源恢复的增殖工作。从 20 世纪 80 年代初，我国胶州湾、莱州湾陆续进行牙鲆、真鲷、黑鲷、东方鲀及黄盖鲽等鱼类的放流增殖工作。广东大亚湾 1990 年 5 月放流真鲷 1.2 万尾。浙江省 1987 年放流全长 3～18 cm 石斑鱼 3 万余尾。1990 年放流黑鲷 10 余万尾，其中标志放流 2 800 尾。福建省大黄鱼年育苗量已超过百万尾，使大黄鱼的放流增殖成为可能。

二、经济鱼类的引种（移殖）驯化

（一）引种（移殖）驯化的概念

以前将移殖和引种作为两个概念区分开来，其中，移植（transplantation）是将国内或同一地理分布区的鱼类或其他水生生物从一个水域引入另一水域；引种（introduction）是把鱼类或其他水生生物从一个国家或地区引入另一国家或地区。现在倾向于将国外或外地区的现有优良品种引入到本地区水域的活动均称为引种。水生生物引入到与原栖息地自然条件不同的新水域后，要在某种程度上改变自身的形态构造、生态与生理习性，以适应新的水域环境，这一过程称为驯化（acclimatization）。

驯化可分两个时期，第一个时期称单生命周期，如引入的是当年鱼，到当地发现新生的当年鱼为止。单生命周期又可分 3 个阶段：

1. **存活阶段**　是生理适应阶段，如果引入鱼不能繁殖，驯化到这一时期就中止。如鲢、鳙、草鱼引入没有大型河流的水库、湖泊，一般繁殖都不能成功，这种引种方式，只能算作育肥饲养或阶段放养。

2. **繁殖阶段**　有些种类可以在新水域正常产卵，但不能成活。如鲢、鳙、草鱼在大中型水库，因为河道不长，其产卵场距河口很近，产出的卵很快就流入静水中，因溶氧不足或被泥沙掩埋而死亡。

3. **后代成活阶段**　引入种不仅能够生存、繁殖，并且后代可以成活。例如将团头鲂引入有水草的水库、湖泊，一般可以繁殖后代并能成活；引入产漂流性鱼卵的鱼类，偶尔也有后代成活的可能。完成以上 3 个阶段就构成了一个完整的单生命周期，即引种获得了"生物学效应"。

多生命周期是指引种（移殖）驯化工作不仅获得了生物学效应，而且还形成稳定的经得起捕捞的种群，有了渔业效应时，才算达到了目的，这种结果称为归化（naturalization）。如云南滇池等水域，从太湖引种太湖新银鱼，形成了稳定的渔业资源，产生了巨大的经济效益。

（二）引种（移殖）驯化的目的

1. **作为水产养殖的对象**　由于某种水产生物的经济价值较高，养殖技术较成熟，可以在人为控制的水域（池塘、网箱）中作为养殖对象，如虹鳟、鲤。

2. **提高水域鱼产量**　水域中原有的鱼类不能充分利用饵料资源，因此该水域的鱼产量远低于它的生产力。通过引种，让鱼类利用这些闲置的饵料资源，大幅度提高该水域的鱼产量。我国许多水库、湖泊放养鲢、鳙之所以能增产，就是因为鲢、鳙利用了这些水域中的浮游生物。同样道理，放养鲴亚科鱼类可以利用水库或湖泊中的腐屑，将这些饵料资源转化为鱼产量。

3. **替代原有种类** 水域中原有鱼类的经济价值不高,因此渔业的经济效益不佳,如能以经济价值较高的种类代替或部分代替原有鱼类,则可大大提高这类水域的经济效益。如我国青藏高原一些外流的淡水湖泊,由于地史原因,仅栖息着一些生长缓慢的裂腹鱼亚科鱼类和条鳅等,可以考虑通过引种,用一些食浮游生物和底栖无脊椎动物且耐寒的优质鱼类,如白鲑属、红点鲑属、虹鳟等鱼类代替它们。

4. **水域环境发生变化后形成新的鱼类区系** 由于某些原因,水域生态环境发生了变化,环境条件变得不适于原有鱼类生存,必须选择一种或多种适宜于变化后的环境条件的鱼类引入。

5. **提供饵料鱼** 水域中栖息有经济价值较高的肉食性鱼类,但其饵料基础不足,因此向该水域引入适当的其他鱼类或饵料生物,以改善其营养条件。

6. **恢复水域的原有种类** 某种鱼类以往曾栖息于该水域,但由于某种原因而绝迹,如果水域条件还没有变化,可以从其他水域引入这种鱼类,使之在原有水域重新恢复起来。我国一些水库水位变化大,在干旱年份甚至将死库容以下的水抽出用于灌溉,或有的水库大修时,水全部放干,致使一些经济鱼类绝迹。在这种情况下,就应在重新蓄水后,将原有的经济鱼类恢复起来。

7. **用于生物防治** 为了抑制水域中的非养殖鱼类,利用鱼类的某种习性进行生物防治。如用草鱼来抑制过于茂盛的水草,用食蚊鱼来吞食蚊子的孑孓,用鲢来控制因藻类大量繁殖而引起的"水华"等。

8. **发展游钓业和观赏鱼类** 为了发展旅游业和游钓业,有意识地向某些指定水域引入一些观赏鱼类和供垂钓的鱼类。随着旅游业的发展,这种性质的引种在全国各地正在开展。

(三) 引种(移殖)驯化工作的步骤和措施

为了保证引种工作尽可能达到预期的目标,克服盲目性,必须有计划地进行,制定切实可行的实施方案。

1. **对象的选择** 对拟引入种的生物学特性和经济价值进行全面的调查研究,收集、分析有关资料,诸如食性、生长、繁殖、洄游、对环境适应能力、食用价值等。对引入肉食性凶猛鱼类要特别慎重,以免"引狼入室"。

2. **水域的调查** 须对拟引种水域进行全面的调查和分析,其内容应包括生物环境和非生物环境,非生物环境渔业状况,食物关系,补充外来生物的必要性,选择迁入种的生物学依据,饵料资源的储量和潜力,迁入种各发育阶段的敌害和竞争者,经济上的合理性等方面进行综合评估,并预测对该水域未来渔业的效果等。

3. **迁入对象发育阶段的选择** 一旦确认了引入物种的必要性,并确定了具体对象后,对引种对象的发育阶段也应根据其生物学特性和迁入水域的具体情况来确定。运输鱼卵和仔鱼的方法较简单,相对数量较多,费用较省,带入疾病和敌害的可能性较小,但缺点是形成种群的持续时间较长,逃避敌害的能力较差。引种生命周期短的鱼类对环境的适应速度快,驯化的时间也短,引种生命周期1年的鱼(如银鱼),约2年就可以看出效果;生命周期2年的鱼,3~4年或3~5年可看出效果;而引种生命周期4~5年的鱼,要10~16年才能看出其驯化效果。因此引种生命周期短的鱼宜用鱼卵和仔鱼。对于生命周期长的鱼(如鲟鱼类,要30年左右才能驯化),为了缩短引种成功的时间,就以亲鱼为宜;对于鲑、鳟鱼类,生命周期不算长,幼鱼和亲鱼因需氧量高，运输有一定困难，而它们的鱼卵、胚胎发育缓慢，便于长途运输，为了避开其敏感期，一般选择处于发眼期的受精卵。

在区系组成比较复杂，敌害较多的水域，引种鱼卵或仔幼鱼难以奏效，只得引种亲鱼或大规格鱼种，但传播疫病的可能性较大，如草鱼的九江头槽绦虫、肠炎和鲢的疯狂病就是随鱼种的运输而自南向北蔓延的。对于那些因缺氧、干涸或其他因素造成的鱼类区系组成非常简单的水域，或者一些蓄水初期的水库，敌害生物本来不多，使用鱼卵和仔幼鱼也可获得较好的效果。而在一般情况下，把鱼卵或仔鱼从原产地运到拟引入地后，先在池塘、水泥池或库湾、湖汊中饲养，养到适当大小再放入拟引种水域中，是一个行之有效的好方法。

4. 时间、地点和数量的确定 引种的具体时间决定于引入鱼类的生物学特性和水域的具体条件。亲鱼应避免接近产卵期，因亲鱼在临近产卵期时，对环境条件的变化比较敏感，一旦损伤，就没有足够的时间恢复；鱼卵应避开其敏感期，冷水性鱼类可选择在秋季，此时温度比较合适，敌害鱼类活动较少，允许恢复体力的时间较长。

放入水域的具体地点，应根据鱼类不同发育阶段的特性，选择与时间相适应的地点。例如：晚秋放入深水区域，以便鱼类尽快进入越冬场所；产卵前要放入产卵场附近。应选择几个地点，以免个别地点选择不当造成引种失败。

鱼类经过长途运输，体力消耗较大，放入新水域后，往往成团打转，对新环境的反应迟钝，避敌能力差，因此，放入鱼类的地点最好先采用多种手段驱捕或杀灭害鱼、害鸟、猛兽等，尽量减少损失。如能先在清过野的库湾、湖汊中暂养，待体力恢复、摄食正常后再放入大水域，会取得比较好的效果。

引种数量的多少虽不是决定引种成败的关键因素，但一般情况下数量愈多，效果愈好。在条件（经费、运输能力等）许可的范围内，数量尽可能多些，这样会较快地形成可捕捞的种群。

5. 重视清野、检疫和消毒工作 要严格进行清野工作，将那些非引种对象剔除，严防野杂鱼混入新水域，尤其对鱼类区系组成单调的水域应需特别重视，为此曾造成国际上引种工作一度中断。为了避免可能产生的种种弊端，应创造条件将从国外引入的鱼类在与外界隔离的试验性养殖场内试养，进行检疫，并对其习性进行观察和研究，对其优点和缺点进行评估，确认无误后才能放入新水域中。对于引种数量很大的鱼类，最好先在池塘、库湾或湖汊中进行消毒治病等工作。

总之，对引种对象详尽地进行生理、生态学方面的研究，对水域条件进行全面的调查了解，是做好引种（移殖）驯化工作的前提。调查论证一般可归纳为三个方面：

（1）地理学方面 根据气候，迁入和迁出水域理化特性（水温、盐度、溶氧等）的比较，指出对象被引种（移殖）驯化的可能性。通常地理纬度相差不大，气候条件比较相似的地区或者水域，引种（移殖）驯化成功的可能性较大。

（2）生态学方面 查明迁入水域对于引种（移殖）驯化对象所有发育阶段所需食物的储备状况。水域有无和它类似的种类，可能的竞争者和敌害等生物因子，要查明引种对象在生命周期中（繁殖、仔鱼的发育、越冬、度夏等）对各种生态条件的临界要求，以及水域所具备的条件。

（3）经济学方面 预先估计引入对象的渔业价值，包括食用价值、群体可能规模、可能的捕捞收获和加工方法等。

(四) 影响引种（移殖）驯化成败的因素

1. 引种生物的基本属性 要充分了解一种生物的起源、历史和分布现状，考虑引种生物遗传保守性和可塑性，即这种生物在不同环境条件下的适应能力。分布广的多态种比特化的地区种、残留种容易在新条件下成活。

多态种对产卵基质（附着物）的要求不严，对温度的适应范围较广，在不同生态环境下食谱较广，洄游性的可变为定居性（陆封型）等，这样的生物在新环境中较易驯化。

有些特化种，如裂腹鱼亚科鱼类是高寒地带的特化种，它们适应严酷的自然环境的能力虽强，但种间斗争能力却很弱，往往容易被其他鱼类所排斥。如新疆博斯腾湖在引种长江流域和额尔齐斯河流域的一些鱼类后，使当地土著的扁吻鱼和塔里木裂腹鱼受压制逐渐绝迹的现象就是一个实例。

分布区狭窄的地区种长期不能自然移迁或扩大其分布区，其原因可能是适应能力较差。而分布广泛的种类，如鲤、鲫等鱼类，一般都有较大的适应能力，引种容易成功。

有许多残遗种曾经在历史上广泛分布过，后来由于气候的变化或新生物种的排挤而缩小了分布区，这类生物的遗传性通常比较保守，可塑性很小，没有能力与起源晚的生活力很强的物种对抗。在外来物种引入后，本地原有的残遗种往往会遭受排斥。如非洲的马达加斯加岛、澳大利亚和新西兰等地与主大陆隔绝的年代久远，进化上比较低级的脊椎动物残遗种保留较多，一旦外来种迁入，不少原有物种遭到灭绝。除了考虑物种分布区的狭窄或广阔外，其种群密度的大小也要加以考虑。分布区虽广而数量有限的种类，说明其生存竞争的能力较差，在种间竞争激烈的水域，难以达到引种目的。而有些起源历史较短，还没有来得及分布到更多水域的适应力强的种类，引种成功的可能性一般说来要高得多。如鲢、草鱼等原分布区仅限于北到黑龙江流域，南至越南红河流域的平原地区，但它们的适应能力强，许多国家从中国引种后，在当地能很好地生长和繁殖。

追溯引种对象物种形成的历史，不仅有助于了解其适应新环境的能力，也有助于判断这一物种在某些特殊水域有没有驯化的可能，因为许多动物往往在潜在状态下保持其祖先的特征。如虹鳟可以在咸水湖生长，也可以在海水中养殖，就是因为虹鳟本来就是一种溯河洄游性鱼类的缘故。罗非鱼的系统发育也与海水有关，所以适应盐度的范围很广。另外，还要考虑引种对象的生殖能力、生长速度等因素。卵胎生的、对后代有保护能力的、生殖率高的、孵化期短的和生长迅速的鱼类都是引种容易成功的因素。

2. 非生物环境因素

（1）温度 水温直接影响鱼类的生活、生长繁殖，是鱼类引种（移殖）驯化的一个重要的限制因子。各种鱼类所能适应的温度范围差异极大，以产卵为例，雅罗鱼4℃产卵，鲛10℃，鲷15℃，鲤18℃，罗非鱼24℃。广温性鱼类可耐受较宽的温度范围（如鲤为0~35℃），而狭温性鱼类则只能在较小的温度范围内生存。有些鱼类适应高温，有些鱼类则耐低温，如罗非鱼适温范围为16~35℃，其临界水温为10℃和45℃；当水温超过22℃时鲢则会死亡。每一种鱼都有其最适的温度范围，所以，在选择引种对象时，不仅要考虑到水体的温度变化幅度，还需要了解引种对象对温度条件的适应限度。

(2) 盐度　对于大多数鱼类来说，盐度也是一个限制因子。除少数洄游性鱼类属于变渗透压种类外，大多数为恒渗透压种类。它们分为淡水定居型和咸水定居型。也有些种类能在有一定盐度的水中生活。如原来生活在海水中的鲻、鲮、遮目鱼，原来生活在淡水的鲤、鲫、团头鲂、罗非鱼、草鱼、鲢、虹鳟等，都可适应于半咸水中。草鱼及鲢可生存于盐度为9～10的咸水中，鲤则可耐受盐度为13的咸水，这些鱼类为海边滩涂养殖、内陆半咸水湖泊的放养提供了对象。

(3) 氧气　各种鱼类对水中溶解氧浓度的降低表现不同的敏感程度。氧气不仅能维持鱼的生命，而且对生长、发育、繁殖等均有影响，是个不容忽视的重要因子。如法国曾将红点鲑引入隆伏依的一些湖中，结果却因这些湖的富营养化造成的溶氧下降而完全失败。不同种的鱼类需氧量是不同的，耐受力也有区别。因此在引种前对被引种的鱼类需氧量的要求必须了解清楚，以判断它们对新环境溶氧条件的适应力。

(4) 产卵基质和水文条件　各种鱼类在进行生殖活动时，对产卵基质和水文条件有不同程度的要求。如鲑科鱼类要在水流冲刷的砂砾底产卵，没有这种场所，自然产卵就不能有效地进行；鲤、鲫、狗鱼等要在有水草或被淹没的陆草上产卵，附着基质的有无对它们的产卵有一定的影响；雅罗鱼属鱼类、鲔属鱼类和某些鲌属鱼类，对产卵基质要求不苛刻，砂砾、水草或漂浮的草根上都可以产卵；鲢、鳙、草鱼等敞水中繁殖的鱼类，不仅要求一定的流速和水位上升，也需要一定的流程。如果流速和水位变化满足其产卵要求，但流程太短，发育中的胚胎进入静水区而沉入淤泥中或漂流入海，则仍然不能孵化和存活。水位波动太大的水库、湖泊，草上产卵鱼类虽然在浅水处产下了卵，但往往因为水位退得太快，部分胚胎来不及孵化出膜而被干死，有些移动缓慢的贝类等无脊椎动物，这样干死的现象更为常见。

3. 生物因素

(1) 饵料基础　饵料基础对引种（移殖）驯化有一定的影响，特别对引种生物能否发展成优势种群，从而产生较好的经济效益具有重要的作用。在一个水域中，如果有某种饵料尚未被利用，引种吃这种饵料的鱼类就较易获得成功。我国许多水域多缺乏食腐屑、浮游生物、周丛生物和水草的鱼类，如鲢、鳙、鳊、鲂和鲴亚科鱼类等，因此引种这些鱼类获得成功的可能性较大。

(2) 病原生物　两个不同地区的鱼类存在着不同的疾病，本地区的鱼类对本地区的某些病原体往往有一定的适应性。对本地区危害不大的病原生物，遇到外地区的鱼类，就有可能暴发为严重的疾病，造成鱼类的大量死亡。这是因为在新环境下，病原体及其宿主，还没有产生相互适应，包括引入鱼对新水体病原生物的适应和新水体的鱼对引入鱼类带来的病原生物的适应，宿主可能被消灭。另外，引种鱼类进入新水域由于环境的剧变，反馈能力降低也易招致急性病虫害。所以引种前要对原水系和拟引种地水域的鱼类病原体做系统的调查，如发现可疑的病原体，就要进行隔离检疫和消毒工作。如果病原生物危险较大，则最好以携带病原体可能性较小的鱼卵和仔鱼作为引种材料，或将鱼卵孵化、仔鱼在池塘培养较大再放入引种水域，这样能够避免或减少病原生物传播的威胁。一般地说，生活史愈简单的寄生虫愈易于传入新水域。

(3) 竞争者　鱼类引入一个新水域后，与原有鱼类间的相互竞争、排斥是异常激烈的。竞争的范围很广泛，如饵料、繁殖场所、栖息空间等。种间竞争往往是一个复杂的问题，通常情况下，一种鱼类在竞争中占优势，另一种鱼类占劣势，但在不同的条件下会有不同的结果。

(4) 敌害生物　在引种工作中敌害生物的影响不容忽视。一般鱼类都会不同程度地危害鱼卵、仔鱼和稚鱼，而凶猛鱼类则会吞食个体较大的幼鱼。在高纬度和中亚高原区自然条件严峻，鱼类对自然环境条件的适应也是一个主要方面。

如果土著种的压力很强，水域中敌害生物很多，引入种需要的小生境为某些土著种所占据，驯化可塑性小的种类容易失败；而发生过缺氧或干涸的水域（通常凶猛鱼类先死掉），以及由于历史原因鱼类区系组成贫乏的水域会有压力微弱的情况，引种容易成功。在所需小生境无敌害也无竞争者的水域，引种最易成功，甚至放仔鱼都可得到良好的结果。土著种压力强大，引种可塑性强的种类，虽然生物环境困难，仍会获得成功。

(五) 国内外引种和驯化的主要鱼类

1. 国际上引种工作的成果　世界范围鱼类和其他水产生物的引种工作，可以追溯到中世纪（公元476—1640年），限于当时的交通和信息传播条件，引种工作主要在欧洲和亚洲大陆之间进行。大规模地开展这项工作是从19世纪中叶开始的，20世纪50年代至70年代最为活跃。这与信息传播技术的进步、交通运输工具的发展、养殖技术的提高、载运水产生物设备的进步有密切的关系。据联合国粮农组织（FAO）的资料，截止1985年全世界已有237种内陆水域的水产生物（包括鱼类、甲壳类、两栖类等）被140多个国家和地区引种。其中原产欧亚大陆的鲤、北美太平洋沿岸的虹鳟、非洲的罗非鱼属的一些种类已被广泛地移殖到世界各地。此外，我国的草鱼、鲢、鳙、北美的西鲱、美洲红点鲑、食蚊鱼、胭脂鱼、欧洲的河鳟和大西洋鳟等也被广泛地引种。例如斯里兰卡在1950年引进罗非鱼，18年后使淡水鱼产量提高了将近20倍。20世纪50年代前苏联从我国引进了草鱼和鲢，1979年这两种鱼已占内陆水域鱼产量的1/4。由此可见，引种的经济效益十分可观。

2. 我国大陆引入的主要鱼类　我国比较重视鱼类引种工作，新中国成立后从国外引进了不少优良鱼种。截止1998年，我国相继从国外（或境外）引进的经济鱼类（不包括小型观赏鱼类）共计63种，隶属11个目、26个科。

3. 国内开展引种（移殖）驯化的鱼类　国内引种广泛且较为成功的鱼类主要有鲤科的鲢、鳙、草鱼、团头鲂、鲤、鲫；鲴亚科的细鳞鲴、圆吻鲴、黄尾密鲴和扁圆吻鲴；银鱼科的大银鱼、太湖短吻银鱼、近太湖新银鱼、寡齿新银鱼、白肌银鱼和乔氏新银鱼；胡瓜鱼科的池沼公鱼等。通过引种（移殖）驯化这些鱼类，使我国水库、湖泊的鱼类产量获得了大幅度的提高，从而促进了水库、湖泊渔业的发展。

(六) 引种（移殖）的主要教训

各地区鱼类区系组成是长期相互竞争与相互适应的结果，加入了外来的鱼类就会打乱其原有的生态平衡。引种往往不一定按照人们期望的方向发展，反而造成无法弥补的损失，不恰当的引种造成的危害有以下几个方面。

1. 生态入侵　所谓生态入侵，顾名思义就是外来物种对生态环境的入侵，由此造成的生物多样性的丧失或削弱。人类有意或无意地把某种生物带进新的地区，倘若当地适于其生存和繁衍，它的种群数量便开始增加，分布区也会逐渐扩大，这就是生态入侵过程。原产亚马孙河流域的"食人鲳",以及"清道夫"鱼、福寿螺、水葫芦、薇甘菊等,引入我国后严重威胁着我国的生态安全。再如北美洲的鲤是1831年从法国引入的,在欧洲它本是一种普通的食用鱼,到北美洲后迅速扩展其分布区,现在已分布到美国各主要河流和加拿大的大部分地区且数量非常多。但是北美居民嫌其刺多,不愿食用,而且这种鱼吞食其他鱼的卵,又喜欢搅动底泥把水弄混,使当地许多鱼种因此灭绝。

2. 土著种边缘化 接受新鱼类的地区往往鱼类区系贫乏或长期处于封闭状态,当地种缺乏种间竞争的能力。例如我国新疆、云南,由于高山阻隔和降水缺少,区系组成简单,往往这些地区引进鱼类特别容易成功,成功后产量也高,但对当地的鱼类危害也最大。如滇池放养家鱼前只有鱼类24种,放养家鱼后,还带进一些清野不彻底留下的小杂鱼,使鱼类的总数猛增至50种,外来鱼一方面吃鱼卵,一方面吃掉一些当地鱼赖以生存的水草(供黏性卵附着),使滇池12种固有鱼类消失了。新疆博斯腾湖和塔里木河的扁吻鱼(*Aspiorhynchus laticeps*)的濒临灭绝也与外来鱼引进有关。许多种动物还未经充分研究其对生态系统或人类的生存可能有的作用,它们的灭绝对人类的损失目前尚无法估计。

3. 种间捕食关系 银鱼和公鱼不仅摄食同样的食物,而且公鱼噬食银鱼卵,大银鱼在低温下孵化,时间很长,在3.0~4.0℃时,大银鱼受精卵需128 h孵化,而且平泳前的仔鱼(活动胚胎)也毫无避敌的能力,即使平泳以后避敌的能力也很弱,而这时正值公鱼产卵前大量索饵时段,大银鱼卵和幼鱼长期暴露在公鱼的威胁之下,其后果是可以想象到的。

总之,经济鱼类和其他水产生物的引种(移殖)工作,在许多情况下是必要的,尤其是对那些由于历史因素的影响,鱼类区系组成非常单调的水域,更是如此。由于移殖后,水域生态系统中加入了外来的成分,促使水域中生物与生物之间的关系,生物与非生物的关系发生了变化,原有的平衡关系被打破了,经过一番适应和竞争后,才能达到新的平衡。移殖工作的实践证明,成功的可以获得很大的经济效益和社会效益;失败的则不但不能如愿以偿,反而会造成不良的后果,如带入病害、造成凶猛鱼类的肆虐、扰乱生物种质资源、恶化生物群落以至整个水域环境。因此,在工作过程中要进行严格的科学分析,聘请有关专家对实施方案进行必要的论证,主管部门应当严格把关审批。只有确信生物学上和经济学上都合理时才能付诸实施。

第八章 活鱼运输

> **教 学 一 般 要 求**
>
> **掌握：** 封闭式运输、开放式运输、湿法运输、低温无水运输的活鱼运输方法。
> **理解：** 鱼的种类和规格、鱼的体质、水质环境、运输密度与鱼类运动等因素与运输鱼类成活率的关系。
> **了解：** 运输工具，以及各种活鱼运输方法应注意的问题。

鱼类养殖生产过程中，苗种生产与销售、商品鱼的上市、不同国家和地区间的引种、野生亲鱼的采捕以及观赏鱼类等都涉及活鱼运输。因此提高鱼类运输成活率，降低运输成本等关键问题是鱼类养殖生产中不可或缺的重要环节。

第一节 影响运输鱼类成活率的因素

一、鱼的体质

运输鱼类的体质是决定运输成败的关键性因素，要运输的鱼类必须健康、无病、无伤。伤病及体弱的鱼类难以忍受运输过程中剧烈的颠簸和恶劣的水质环境，运输会加剧其伤病，易于死亡。运输鱼类出池前须进行拉网锻炼，并集中蓄存于网箱中 3~6 h，称为"吊养"，促使其排出粪便和代谢黏液，避免运输过程中代谢产物分解，大量耗氧同时排出大量的二氧化碳，恶化水质环境，降低运输成活率（表 8-1）。但由于鱼苗体内储存能量较少，不宜进行拉网锻炼。运输鱼类至少提前 1 d 停食，使消化道完全排空。具残食习性的肉食性鱼类，如胡子鲇等，应在起运前 3~4 h 停食，防止其弱肉强食；食用鱼及亲鱼在运输前 3~4 d 停止投饵，并经拉网锻炼或蓄养。

表 8-1 锻炼对运输鲢亲鱼的影响

处理方式	体重（kg）	平均呼吸频率（次/min）	溶氧（mg/L）	二氧化碳（mg/L）	CO_2 呼出率 [mg/（kg·h）]	运输途中鱼体动态
不锻炼	6.8	18.3	8.98	183.6	7.5	排出粪便多，水混浊，126 h 死亡
锻炼	7.0	18.8	14.40	140.8	4.2	粪便少，120 h 正常

二、水质环境

1. 溶解氧 运输水体较高的溶解氧水平是保证运输成功的关键因素。水中溶氧不足会使鱼类在运输过程中无法正常呼吸,若严重缺氧,还会造成鱼类窒息死亡,从而影响成活率。一般运输时,水中溶解氧应保持在 5 mg/L 以上。影响运输鱼类耗氧量的因素有运输鱼类密度、水温、运输鱼类的状态、鱼类的种类和规格等。运输鱼类密度越大、水温越高,耗氧量越大。水温升高 10℃,耗氧量会增加 1 倍。Piper et al(1982)研究指出水温每降低 0.5℃,鱼载量可提高 5.6%。Luck 和 Krcal(1974)认为处于兴奋状态的鱼体耗氧量会提高 3~5 倍,如鲢鱼苗受到刺激后需要经过几小时,耗氧量才会恢复到正常水平。水体溶氧充足,鱼会处于安静状态,耗氧也会保持在较低水平。不同种鱼类的耗氧率有种间差异,应根据不同鱼类的耗氧率,确定其在单位容积水体的合理装运量。不同规格的鱼类耗氧率随体重的增加而相对地降低。

2. 水温 鱼类是变温动物。体温随水温的变化而变化。各种鱼类都有自身的适温范围,超出适温范围就容易死亡。在适温范围内,水温越高,鱼类代谢强度越大,对氧气的需求量也越大,同时代谢废物也增多(表 8-2),易造成水质污染,使鱼体活力下降。因此,降温是提高鱼类运输存活率的一个有效措施。春秋两季冷水性鱼类运输的适宜水温为 3~5℃,温水性鱼类为 5~8℃。夏季冷水性鱼类运输的适宜水温为 6~8℃,温水性鱼类为 10~12℃,一般以温差不超过 5℃为宜。夏季气温太高,可在水面上放些碎冰,使其渐渐融化,达到降低水温的目的。冬季水温太低,要采取防冻措施。

表 8-2 温度对鱼类运输的影响

鱼类	体重(kg)	水温(℃)	平均呼吸频率(次/min)	DO(mg/L)	CO_2(mg/L)	CO_2 呼出率 [mg/(kg·h)]	运输途中鱼类活动情况
鲢	1~1.5	8	22.5~25.9	9.6~10.8	110~123	6.1~10.2	120 h 均正常
	1.1	15	39.5~44.6	2.1~4.2	186.5~190.4	16.4~23.8	72~105 h 死亡
草鱼	1.5	8	36	13.4	93.2	5.2	120 h 均正常
	0.85	15	46	5.4	158.4	15.5	120 h 死亡

注:试验均在塑料袋充氧密封条件下进行。

3. pH 与二氧化碳 随着运输时间的延长,鱼体呼吸作用释放的二氧化碳会使 pH 降低。二氧化碳含量升高、pH 降低会对鱼体产生有害影响。鱼类和微生物代谢产物——二氧化碳会酸化水质,会使血液载氧能力下降。正常情况下,鱼体消耗 1 mL 氧气会产生 0.9 mL 二氧化碳。随着运输时间的延长,容器中的二氧化碳含量会逐渐升高。Pecha 和 Kouril(1983)建议,密闭容器中 CO_2 的临界浓度,暖水性鱼类为 140 mL/L,冷水性鱼类为 40 mL/L。Kruzhalina 等(1970)也给出了密闭运输鱼类时的 CO_2 临界浓度,建议鲢成鱼为 60~70 mL/L,成熟鲟为 40 mL/L 以及鲟鱼苗 20 mL/L,成熟草食性鱼类为 140~160 mL/L,草食性鱼类鱼苗为 100 mL/L,而仔鱼为 80 mL/L。

4. 氨 运输过程中鱼类蛋白代谢和微生物对排泄物的分解作用会产生氨,长时间会出现氨积累。降低运输水温可以降低鱼类的代谢率、减轻鱼类运动,减少氨的排放量。还可以通过在运输前长时间停食和排空肠胃内容物以降低微生物产氨量。因此运输水温和最后投喂的时间是影响氨产生的重要因素。例如，在1℃时鳟的氨排放量是11℃时的34%；而运输前停食63 h饥饿鳟稚鱼，氨排放量是投喂稚鱼的一半。体长10 cm以上必须饥饿48 h，20 cm以上需饥饿72 h（Piper *et al*，1982）。

三、运输密度

鱼类运输密度通常以鱼体总重量与水体体积比值为参考指标。对于稚、幼鱼，运输的鱼体与水体体积比不要超过1∶3。亲鱼可以按1∶2～3的鱼水比运输，但小个体稚鱼需要降低为1∶100～200（Pecha *et al*，1983）。在换气良好、水温8～15℃、运输时间1～2 h时，建议运输鱼体重与水体积比率为：商品鲤1∶1，鲤亲鱼1∶1.5；商品虹鳟1∶3，虹鳟亲鱼1∶4.5；狗鱼亲鱼1∶2；草食性鱼类1∶2。

第二节 运输的准备和运输工具

一、运输的准备

在运输前要进行认真地准备，制订科学的运输计划，以保证顺利完成运输任务。

1. **运输计划** 根据运输鱼类的数量、规格、种类和运输的里程等情况，确定运输工具和方法，并与交通部门洽谈有关运输事宜。

2. **准备好运输工具** 主要是交通工具、装运工具及增氧换水设备。检查运输工具和充气装置，以免运输途中发生故障。

3. **了解途中换水水质** 调查了解运输途中各站的水质情况，联系并确定好沿途的换水地点。

4. **运输前的苗种处理** 要选择规格整齐、身体健壮、体色鲜艳、游动活泼的鱼苗进行运输。待运鱼苗应先放到网箱中暂养，使其能适应静水和波动，并在暂养期间换箱1～2次，使鱼苗得到锻炼。鱼种起运前要拉网锻炼2～3次；起运前1 d停止投饵，使其排空粪便。

二、运输工具

目前鱼类运输常用的运输容器主要有塑料袋、橡胶袋、活鱼箱（车）、活鱼船等。

1. **塑料袋** 塑料袋用透明聚乙烯薄膜热加工而成，主要用于苗种运输。常用规格为（0.7～1.1）m×（0.35～0.45）m。容积约为20～50 L。运输过程中，塑料袋的外面要有防止机械损伤的防护包装。外包装要与运输袋体积相当，便于操作并具有保温作用。

2. **橡胶袋** 用厚度为1.5 mm的橡胶制成，宽0.8～1.5 m，长2.0～2.5 m。橡胶袋具有不易破损、容积大、可重复使用的优点，但橡胶袋造价较贵，适用于较大规格鱼类的运输。

3. **活鱼箱（车）** 活鱼箱容量大，操作简便，非常适于食用鱼的运输。活鱼箱是安载于载重汽车上用钢板或铝板焊接而成的特殊容器。箱内配有增氧、制冷降温装置、水质调控设施与水泵等。国产活鱼箱有 SF、HY、SC、HTHY、SC、SW 等型号。SF 型增氧系统以喷水式为主，射流式为辅；HY 型采用射流增氧系统；SF 与 HY 型均属于开敞式运输方式，活鱼箱上端均留有 30 cm 舷，箱顶设有限位的金属拦鱼网，以免溢水，活鱼箱容积没有充分利用；SC 型则采用纯氧增氧，其运输效果好，运行时间长，成活率高，可充分利用鱼箱容积，但造价较高。

4. 活鱼船 在水网地区，活鱼船仍然被广泛用于食用鱼及亲鱼、苗种的运输，目前均已配有动力。活鱼船的载鱼舱水体通过船体运动与环境水体进行交换，因此也称为活水船。

第三节 活鱼运输方法

活鱼运输的方法，可归纳为封闭式运输、开放式运输、无水湿法运输及药物麻醉运输等。

一、封闭式运输

封闭式运输是将鱼和水置于密闭充氧的容器中进行运输的方式。运输容器主要有塑料袋、运输水槽等。通常用于仔幼鱼和亲鱼运输。在世界各地，充氧塑料袋运输仔鱼是最常用、最有效的方法。

封闭式运输容器体积小、重量轻；单位水体中运输鱼类的密度大；管理方便；运输过程中，鱼体不易受伤，成活率高。但是封闭式运输对于大规模运输成鱼和鱼种操作效率较低，运输途中发现问题不容易及时解决；并且塑料袋易破损，不能反复使用；运输时间不宜超过 30 h。

（一）聚乙烯塑料袋

1. 塑料袋制作 密封袋的制作过程非常简单。塑料袋一般用白色透明、耐高压、薄膜厚度为 0.1~0.18 mm 聚乙烯制作，长 80~90 cm，宽 55~60 cm，容积为 60~90 L。选择宽塑料卷筒材料，根据长度要求截取一段塑料桶后，一端用电热形成热融痕封闭，或打褶、系结后经火融定型（图 8-1）。

2. 塑料袋鱼类运输操作步骤 体积为 50 L 聚乙烯袋，加入 20 L 水，加水过多不仅增加了运输重量，且减少了充氧空间。装进一定数量的鱼苗，把袋中的空气挤出，同时把与氧气瓶相连的橡皮管或塑料管从袋口通入，扎紧袋口，即可开启氧气瓶的阀门，徐徐通入氧气，压力达到 0.02~0.04 MPa 后抽出通气管，实际操作时，用手指挤压后，袋体立即恢复膨胀即可。将袋口折转并用橡皮筋扎紧，平放于纸箱或泡沫塑料箱中，使包装袋的水和氧气有较大的接触面，平时也不易破裂。

空运运输时间不宜超过 12 h。鱼类在运输前 1 d 应停止喂食，以免在运输途中反胃吐食及排泄粪便造成污染水质，缺氧死亡。包装时使用砂滤海水或洁净淡水，水温应根据季节自然水温情况，适当予以调节。夏季气温较高时，泡沫箱内应适当加一些碎冰以防中途水温升高。鱼苗运抵目的地后，不要立即拆袋放苗，应先将装鱼苗的袋子放在池塘中浸 30 min，使袋内外水温接近（一般温差不宜超过 5℃），然后解开扎口加水逐渐缩小温差，再放鱼苗入池，否则鱼苗容易发生死亡。

3. 运输密度 根据运输鱼苗的个体大小、运输时间、运输温度和实践经验确定合理装运密

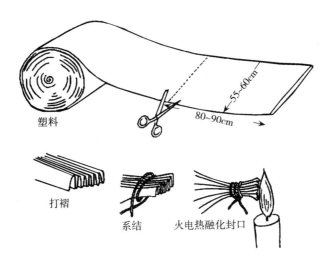

图 8-1 密封袋现场制作过程
(Woynarowich 和 Horváth，1980)

度。用 70 cm×40 cm 的塑料袋，加水 8~10 kg，在水温 25℃时装运鱼苗、鱼种的密度可参考表 8-3。

表 8-3 塑料袋装运鱼苗、鱼种的密度

(浙江省淡水水产研究所，1976)

运输时间（h）	鱼苗（万尾）	夏花鱼种（尾）	8.3~10 cm 鱼种（尾）
10~15	15~18	2 500~3 000	
15~20	10~12	1 500~2 000	300~500
20~25	7~8	1 200~1 500	
25~30	5~6	800~1 000	

（二）橡胶袋囊运输

橡胶袋囊一般体积较大，小型为 0.5 t，大中型为 3~5 t。适用于大规格鱼种和食用鱼运输。橡胶袋囊的运输水质稳定，中途可换水充气，成活率较高。常见种类运输密度见表 8-4。

表 8-4 橡胶袋囊运输鲤鱼种和食用鱼密度

(王武，2000)

胶囊体积（m³）	装水量（kg）	装鱼（kg）	运输时间（h）
4~5	2 000~2 500	300~400	25~30
		500~600	12~15
		700	7~10
8~9	4 000~5 000	1 000~1 200	25~30
		1 500~1 800	12~15
		2 000~2 500	7~10

二、开放式运输

开放式运输是将鱼和水置于非密封的敞开容器中进行运输。开放式运输可以是短途运输的小型容器,也可以是大型的运输槽车或船。开放式运输必须配有持续性供应空气或氧气的设施。运输时间超过半小时以上,必须将容器装满水以防飞溅和由于水体晃动造成的鱼体创伤。开放式运输具有简单易行;可随时检查鱼类的活动状况,发现问题可及时采取换水和增氧等措施;运输成本低,运输量大;运输容器可反复使用或"一器多用"的特点。但用水量大、操作劳动强度大、鱼体容易受伤,特别是对于成鱼和亲鱼。

(一) 开放式运输设备

开放式运输容器多数是采用泡沫材料、玻璃钢或塑料制品。泡沫和塑料材料密封性良好、吸水量小,比较受欢迎。使用的容器形状多数为直角形,但近年来有向椭圆形或部分圆形发展的趋势。椭圆形或部分圆形处理的容器可以改善水混合与水循环。

1. 小型运输设备 小型运输罐是一种开放式小型鱼类运输设备(图8-2、图8-3)。其体积为 50~150 L,配备容量为 2 L 氧气瓶,运输 30 h 以内不需要换氧气罐,氧气由罐底部气室对水体充氧。体积稍大的小型运输容器一般由玻璃钢或塑料制成,可以放入小型车辆内连续运输少量鱼类。运输槽有独立水泵,由汽车电力带动,水流量约为 1 800 L/h。

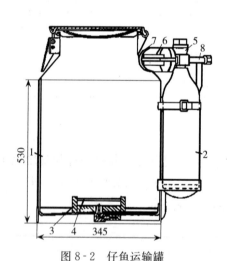

图 8-2 仔鱼运输罐
1. 铝材料罐体 2. 氧气瓶 3. 充气室
4. 分流罩 5. 阀门 6. 压力表 7. 保护罩
8. 氧气管
(Gilev 和 Krivodanova, 1984)

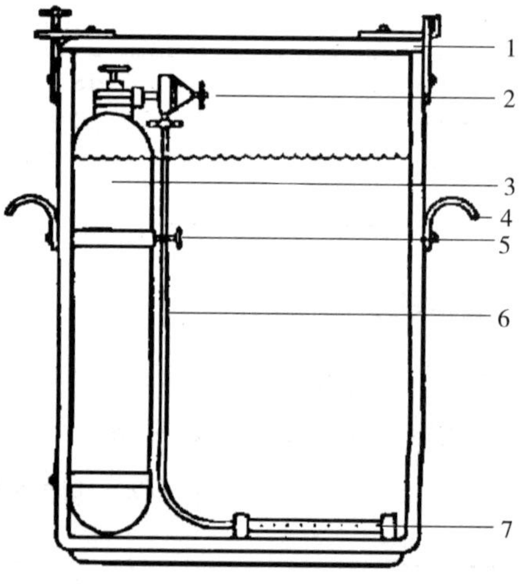

图 8-3 用于运输仔鱼的容器
1. 开口 2. 控压阀 3. 氧罐 4. 挂钩
5. 固定环 6. 压力管 7. 气体分配器
(Vollmann 和 Schipper, 1975)

2. 大型运输水槽 大型运输水槽的种类很多。水槽一般设有通气筏、双层底、过滤器和水流分配器、独立充气机、温度绝缘层等。大型水槽底部设有阀门以排出混浊水体。一般的大型运输水槽配有一个大闸门用来放鱼,也可以加有漏斗的排放管。漏斗的直径在 30~60 cm 之间不等,视鱼体大小而定。

3. 专用运输卡车 用于活鱼运输的卡车有很多类型。根据卡车的运载能力一般容积有 11 400 L、5 400 L、2 700 L 和 1 700 L。水槽均有保温设施,大水槽配有制冷系统,小水槽用冰块降温。新型卡车配有发电机为制冷机和循环水提供电力保障。水泵和制冷机由发电机独立供电,1 800 L 水箱两端由车载电机提供电源。充气装置由水泵和分水喷头组成,底层水经充氧制冷后流回水箱,水体不断循环利用。由于不使用外界空气增氧,箱内温度相对稳定,也可用金刚砂气室充入纯氧。大型卡车的成本很高,而且结构复杂,因此操作时要严格执行有关规定。在美国,运输鲑仔鱼采用的是运输能力更强的卡车。为降低由于水循环出现的水温升高,配置了制冷系统。另外,采用氧气作为动力的气提泵进行水循环。提水经由水体上部的过滤板回流。过滤板以物理和化学方式除去含蛋白物质以及其他废物。除去水体中含氮物质,可以将氧饱和水平提高 2.5 倍。

4. 活鱼船 普通活鱼船的船体隔为 5~7 个舱,前后两舱不载鱼。中部为鱼舱,其两侧下部开有 2~3 排圆形水孔,孔径约 2.5 cm,配有木塞,可以塞闭。各舱上都配有活动舱板。

活鱼船舱也可只分为 3 个舱,中、后两舱不装鱼,用以控制船体吃水深度,前舱为鱼舱。活鱼舱前端底部两侧为一方形水门,水门上设有拦鱼栅,配有木栓,可以关闭。鱼舱后部两侧各开 2 个出水孔,也配有拦鱼栅及木栓,可以启闭。活鱼船行进时水从前端水门进入,后部两侧水孔排出,使舱内水体得以交换。由于此类活鱼船没有增氧等专用设备,如船在污水区域航行时,其进出水门必须关闭,时间过长,鱼类生存会受到严重威胁,因此其航线受到严格限制;同时鱼的装载量也很低。

在普通活鱼船的活水舱内安装喷淋式增氧装置即为喷淋增氧活鱼船。该装置由柴油机、水泵、喷水管、阀门等组成。由柴油机驱动水泵,将鱼舱底部的水抽吸上来送至喷水管,通过喷水管再喷洒于鱼舱水面进行增氧。广东至香港的活鱼船都安装有这种装置,夏季鱼水比为 1:3,冬季为 1:2。运输时间为 10 h 左右。船在内河航运时,打开前、后进出水阀门进行鱼舱换水,同时开动增氧装置进行增氧。进入海区后,则关闭进出水阀门,单靠喷淋增氧装置进行增氧。目前,不少活鱼船已采用射流增氧装置代替喷淋增氧。

5. 铁路运输 作为鱼类运输的一种重要方式,铁路运输曾经广泛使用。目前来看这种方式已经逐渐被其他运输形式所取代。由于公路运输的迅猛发展,铁路运输的劣势显现出来(运输时间长,铁路、陆路间转运复杂),但运输费用相对低廉。运输水槽见图 8-4。这种水槽一般用来运输 8~12 t 商品鲤科鱼类。一般没有配置制冷设备,因此水

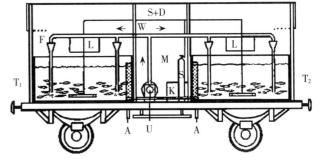

图 8-4 运输水槽

M. 乘员与设备空间　U. 泵、空气压缩机　T_1、T_2. 水槽　S. 氧气瓶
A. 排水孔　F. 充气孔　L. 载物台　W. 循环水分配系统
S+D. 氧气与压缩空气分配系统　K. 工具箱

(Vollmann 和 Schipper,1975)

温直接决定着运输密度。

（二）开放式运输密度

鱼类的安全运输密度取决于运输鱼的种类、规格、运输时间、水温和设施的性能。运输量可以根据水温和运输时间的变化相应调整。一般情况下，运输密度随水温的升高和运输时间的延长而下降。

运输量可以根据水体条件变化做相应的调整。如18℃水温，1 L水体运输体长40 cm叉尾鲖0.5 kg；水温每降低5℃，运载量增加25%，水温上升同比例降低。如果运输时间超过12 h，载鱼量需下降25%；超过16 h，载鱼量要降低50%或彻底换一次水。冬季运输鱼类的水温应保持在7~10℃，夏季应保持在15~20℃。体长20~28 cm虹鳟运输时间8~10 h，最大运输量为3.0~3.1kg/L。

三、湿法运输

湿法运输，即鱼不需盛放于水中，只要维持潮湿的环境，使鱼的皮肤和鳃部保持湿润便可运输。大多数鱼类的皮肤呼吸量很小，不能进行"无水"湿法运输。只有那些具有较大皮肤呼吸量的鱼，如鳗鲡、鲇、鲤、鲫等有较大的皮肤呼吸量，其皮肤呼吸量超过总呼吸量的8%~10%（表8-5）。鱼类利用皮肤呼吸的比值，随年龄的增长和水温的升高而降低。黄鳝、乌鳢、斑鳢、泥鳅等都具有辅助呼吸器官，能呼吸空气中的氧，只要体表和鳃部保持一定的湿度，即可进行"无水"湿法运输。

表8-5　不同鱼类的皮肤呼吸量

（王武，2000）

种　类	体重（g）	水温（℃）	皮肤呼吸量[mg/（kg·h）]	皮肤呼吸占总呼吸量（%）
当年鲤	20~30	10~11	29	23.5
鲤	40~240	17	8.2	8.7
2年鳞鲤	300~390	8~11	7.9	11.7
3年镜鲤	300	8~9	5.9	12.6
鲫	28	19.5	25.5	17.0
鳗鲡	90~330	8~10	19.9	9.1
鳗鲡	100~570	13~16	7.9	8.0

"无水"湿法运输的技术关键是必须使鱼体皮肤保持湿润。为此，应经常对鱼体淋水或采用水草裹住鱼体等方法以维持潮湿的环境。一般运输时间不宜过长（不超过12 h），有条件可配以低温。如目前广泛使用的泡沫塑料运鱼箱，容积为60 cm×40 cm×30 cm。箱分两层，用有孔塑料板分隔。底层高5 cm，供盛水用，上层放鱼。一般每箱可放5~8 kg鱼，其箱顶板内侧粘2~3个冰袋（有孔塑料袋装冰500 g左右，据运输季节有所增减）。利用冰块融化后的水滴，使鱼体保持湿润，并使箱内温度始终保持在5~8℃。这种运输方式主要用于食用鱼运输，也用于苗种运输，例如，鳗鲡的"无水"湿法运输（图8-5）。

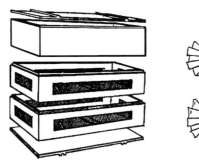
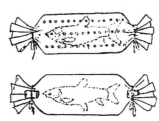

图 8-5　鳗鲡的"无水"湿法运输
（王吉桥，2000）

运输鳗苗的苗箱一般分上层冰箱、中间装苗箱和下层底盘。装苗箱由木板制成。其规格为 50 cm×35 cm×8 cm，箱底和四周镶钉 20 目聚乙烯网片。水温在 20℃ 以上时，在上层冰箱里装满冰块，融化的冰水漏入苗箱，既可降温，又可湿润鳗苗。每层苗箱中各装鳗苗 1～2 kg，然后同底盘一起捆扎运输。这种方法运输 30 h，成活率可达 90% 以上。

四、低温无水运输

鱼虾贝等冷血动物存在一个区分生与死的生态冰温零点，或叫临界温度。冷水性鱼类的临界温度在 0℃ 左右，低于暖水性鱼类。

从生态冰温零点到结冰点的这段温度范围叫生态冰温。生态冰温零点很大程度上受环境温度的影响，把生态冰温零点降低或接近冰点是活体长时间保存的关键。对不耐寒、临界温度在 0℃ 以上的种类，驯化其耐寒性，使其在生态冰温范围内也能存活。在生态冰温范围内，经过低温驯化的鱼类，即使环境温度低于生态冰温零点，也能保持"冬眠"状态而不死亡。处于冰温"冬眠"的鱼类，呼吸和新陈代谢极低，为无水活鱼运输提供了条件。表 8-6 是部分鱼类的临界温度和结冰点。

表 8-6　几种鱼类的临界温度和结冰点（℃）
（王吉桥，2000）

种类	河鲀	鲔	沙丁鱼	鲷	大黄鱼	牙鲆	鲽
临界温度	3～7	7～9	7～9	3～4	3～4	−0.5～0	−1.0～0
结冰点	−1.5	−2.0	−1.2	−1.2	−1.2	−1.2	−1.8

鱼虾贝类当改变其原有生活环境时会产生应激反应，导致鱼虾贝类死亡，因此，宜采用缓慢降温方法，降温梯度一般不超过 5℃/h，这样可减少鱼的应激反应，提高成活率，可采用加冰降温和冷冻机降温两种方法。活鱼无水保活运输器一般是封闭控温式，当处于休眠状态时，应保持容器内的湿度，并考虑氧气的供应。数量少不用水而将鱼暴露在空气中直接运输时，鱼体不能叠压。低温无水运输步骤如下：

1. 暂养　鱼类消化道内食物基本排空，降低运输中耗氧量、应激反应，延长其保活时间。

如牙鲆在低温无水运输前应先停食暂养 48 h 以上。

2. **降温**　在低温无水运输前,牙鲆的降温速率为:10℃以上时,降温幅度在 4℃/h 以内;1～10℃,在 1℃/h 以内;1℃以下,应在 0.5℃/h 以内。

3. **装运**　将鱼类移入双层塑料袋中,加入少量冰水,充纯氧扎口后,再移至保温箱中。控制箱内的温度是运输的关键。保证运输过程中温度保持在 0.5～1.5℃。

4. **放鱼**　运输到达目的地后,将鱼放到 5℃左右的清水中,加水慢慢升温至 10～14℃,大约 20 min 就会恢复正常。

五、化学试剂在鱼类运输中的应用

利用对鱼类无毒副作用的化学试剂处理是提高鱼类运输成活率的重要措施之一。可以用于鱼类运输处理的化学试剂有:麻醉剂、化学增氧剂、抗生素、缓冲剂和除沫剂等。

1. **麻醉剂**　运输过程中,使用麻醉剂可以使鱼类处于安静状态,减少氧耗量。但对于亲鱼、食用鱼运输使用麻醉药物需要符合相关规定,不得使用限制性药物。

麻醉药物多在运输亲鱼时使用。方法是:首先将运输鱼放入含有常规剂量麻醉剂的水体中镇静,然后用水稀释 1 倍用来运输。亲鱼在稀释水体中会保持良好的安静状态。由于鱼类对麻醉药物的敏感度和耐受力不同,所以运输前应试验测定合适的麻醉剂量。有时相近种类对麻醉药物反应差异很大。一般认为运输水温低于 15℃,使用麻醉剂作用不大。

常用麻醉剂有烷基磺酸间位氨基苯甲酸乙酯(Ms-222)、喹哪啶(15～30 mg/L)、苯氧乙醇(30～40 mL/L)、叔戊醇(1.2～10.5 mL/L)、甲基戊炔醇(0.4～2.6 mL/L)和二氧化碳(0.5 g/L)等。Ms-222 是一种中度镇静剂,鱼类即使经过较长时间的麻醉也能很好地恢复过来。表 8-7 是不同鱼类的使用剂量。

表 8-7　不同鱼类用 Ms-222 的使用剂量

(Rzanicanin 和 Baler,1973,1974)

鱼类	鲤	草鱼	鲢	鳙	鲇
Ms-222 (mg/L)	20	20	10	35	35

2. **氯化钠和氯化钙**　运输水体中加入 NaCl 和 $CaCl_2$ 可以降低鱼类的应激反应。钠离子可以减少黏液产生,钙离子可以调节渗透压和防止代谢紊乱。Dupree 和 Huner(1984)建议添加 0.1～0.3 mg/L NaCl 与 50 mg/L $CaCl_2$。对于耐受力较强的鱼类,如条纹鲈、罗非鱼、鲤,NaCl 可以添加到 5 mg/L。

3. **化学增氧剂**　常用的化学增氧剂是过氧化氢。Huilgol 和 Patil(1975)指出以过氧化氢作为鲤仔鱼运输时的氧源,水温 24℃时 1 滴过氧化氢溶液(6%,1 mL=20 滴)加入到 1 L 水中可以使溶氧升高 1.5 mg/L,而 CO_2 和水体 pH 没有变化。

4. **抗生素**　抗生素可以用于防止运输过程中的细菌生长,使鱼体的抵抗力有所提高,但抗菌效果很可能不大,只有在体表感染病菌时,抗生素才会产生作用。常用的广谱抗生素有呋喃西林(10 mg/L)、吖啶黄(1～2 mg/L)、土霉素(20 mg/L)与硫酸新霉素(20 mg/L)等。

5. **缓冲剂** 一些缓冲剂，如三羟甲基氨基甲烷，可以用来调节 pH。运输过程中二氧化碳的积累会使 pH 下降，因此适当加入缓冲液会改善水体的酸碱度。

6. **氨吸附剂** 长时间运输时沸石粉可以降低运输水体氨浓度。研究表明，添加 14 g/L 的沸石可以将非离子氨控制在 0.017 mg/L 以下，而不加沸石的水体非离子氨浓度可达 0.074 mg/L。

第九章 鱼类越冬

> **教学一般要求**
>
> **掌握：** 主要养殖鱼类的安全越冬技术和提高越冬成活率的方法。
> **理解：** 越冬池的环境条件和主要养殖鱼类越冬期死亡的原因。
> **了解：** 主要养殖鱼类越冬生理状况。

我国北部十三个省、市、自治区每年都有一定的冰冻期，尤其是东北、西北地区，冬季气候寒冷（黑龙江、内蒙古最低气温达$-32℃$以下），冰层厚，封冰期长。封冰期的长短随纬度不同而异。漫长寒冷的冬天，引起越冬鱼类生活环境和生理状况的显著变化。生活在自然水域中的部分鱼类，为适应这种变化，随着水位和水温的下降，从较浅的附属水域向较深的江河进行越冬洄游；生活在人工养殖水域中的鱼类，由于越冬池塘长期冰封，鱼类体质及生态条件的不断变化，给安全越冬带来很大的威胁，影响了越冬成活率（鱼类越冬死亡率高达15%～20%）。因此，安全越冬是渔业生产的一个重要环节。

第一节 越冬池的环境条件

鱼类越冬期间，水面冰封，越冬水体同外界（空气）隔绝，随气温下降和冰层加厚，水体温度逐渐降低，水体中有机物质分解、生物的呼吸作用，使水体DO不断下降，CO_2、H_2S等有害气体含量增加；CO_2和有机酸的积累会降低pH，导致越冬水体酸性化。这一系列水体生态条件的变化，对鱼类的安全越冬造成了不利胁迫。

一、水文和物理状况

1. 水位 一般越冬水体的最低深度应在2.5～4.0 m之间；流水池冰下水深不低于70 cm；有新水补充的静水池不低于1.3 m，没有补给的不低于1.5 m。在越冬期间应分期注水2～3次；每次注水量以充分补充水体流失量为宜。

2. 水源（水质） 越冬水源要求水量充足、水质清新（DO$\geqslant$6～8 mg/L，pH7.0～8.4，$CaCO_3\geqslant$150 mg/L，$CO_2\leqslant$50 mg/L，$H_2S\leqslant$0.0025 mg/L，$NH_3\leqslant$0.5 mg/L，Fe$\leqslant$0.2～0.3 mg/L，COD$\leqslant$20 mg/L），注水量应易于控制。

3. 水温 越冬水体表面封冰后，水温受天气和阳光的影响很小，冰下水温依据离冰层距离的远近呈垂直分层现象。接近冰层的水温 0.1~0.3℃，距冰层越远，水温越高。

4. 透明度 冰下水层的透明度通常比明水期大，一般为 50~100 cm。这是因为水温低和缺少营养盐，致使浮游生物量下降的缘故。

5. 冰下照度 只要冰上积雪厚度小于 50 cm，冰下水层都有一定的光照。光强与冰的透明度密切相关。明冰透光率为 30%~63%；乌冰透光率 10%~12%；冰上覆雪 20~30 cm，透光率大大降低，仅 0.15%。通过越冬水体的透明度来估算浮游植物的现存量，对生物增氧越冬具一定的指导意义。若按越冬池的最适浮游植物生物量 25~50 mg/L 计算，越冬池的最适透明度应为 48~66 cm。

二、水质化学状况

越冬水面结冰后，阻碍了正常的气体交换，因此，封冰期和明水期水体气体组成差别较大。

（一）溶解氧

1. 光合产氧 冰下越冬水体的溶氧，完全来源于水体植物光合作用。水中溶氧在封冰期的变化趋势，取决于浮游植物产氧量和生物、底质等耗氧量的平衡状况。水体浮游植物光合作用的毛产氧量随月份变化呈一定规律，一般 12 月最低，依次为 12 月<1 月<2 月<3 月<11 月。浮游植物较少的越冬水体溶氧在越冬期逐日减少。及时补充富含浮游植物的池水并适当施肥，有利于溶解氧的迅速提高。

2. 水呼吸耗氧 水呼吸耗氧指越冬水体中浮游生物、细菌等呼吸耗氧和有机物分解耗氧。水呼吸耗氧量和浮游植物现存量呈正相关，越冬池水呼吸耗氧的主要因子是浮游植物。

3. 底质耗氧 越冬池淤泥耗氧可达 0.37~0.45 g/（m²·d），若以越冬池水深 2.0 m 计算，则其每天耗氧量约 0.17 mg/L，故越冬水体缺氧现象通常先从底层水开始，这是由于底层的腐殖质和其他有机物质分解耗氧造成的。池底的淤泥和杂草，以及野杂鱼每年应彻底清除，从而减少耗氧因素。

4. 鱼类耗氧 在冬季，鱼类的耗氧率不及夏季的 1/6，当水体温度降低时，鱼类的呼吸频率减慢，心脏节律降低，新陈代谢下降，因此减少了对溶氧的消耗。越冬期间，鱼类平均耗氧量为 8~10 mg/（kg·h）；遇光照加强和受惊等情况，越冬鱼类活动加剧，呼吸次数增加，耗氧率提高。鱼类越冬缺氧的危险期一般为"元旦"、"春节"和"融冰"前等三个时期。静水越冬水域，从 12 月份开始采取补水、补氧的措施，防止"雪封泡吊死鱼"现象。

5. 大型低等动物耗氧 越冬池大型动物主要是桡足类。剑水蚤在水温 2~3℃时耗氧率为 33 mg/（g·d），若其密度为 1 mg/L（约 30 个/L），则相当于越冬水体要承担 0.033 mg/（L·d）的耗氧量。当越冬水体中溶氧降到 1.8~2.6 mg/L 时，在冰眼附近可看到剑水蚤、松藻虫、水斧虫等水生昆虫。因此打开冰眼时，观察"冒眼水"有无这些水生昆虫上游，是推断越冬水体中溶氧高低的一个标志。

6. 现存溶氧量 越冬池现存溶氧量取决于产氧和耗氧的矛盾运动。其实际变化图像多趋双峰型：封冰时一般接近饱和（11~13 mg/L），封冰不久，溶氧有所上升，在 12 月上旬达第一次高峰（14～16 mg/L），"冬至"与"元旦"前后溶氧大幅度降低；而后，翌年 2 月到 3 月上旬溶氧再次达高峰（15～20 mg/L），后又迅速下降。越冬池溶氧的这种变化，反映了日照长短对浮游植物光合作用产氧量的影响。另外，少数以适应低温、低光照浮游植物为优势的越冬池中，溶解氧可能持续上升或比较稳定。

7. 溶解盐类　越冬池采取生物增氧技术补充水体溶氧，但由于浮游植物消耗水体中的溶解盐类，致使越冬水体中氮、磷含量不高。如哈尔滨地区越冬池氨氮含量平均为 0.2～0.5 mg/L；硝酸氮平均为 0.102 mg/L；亚硝酸氮极少，通常检不出；活性磷平均为 0.04 mg/L，部分越冬池检不出。

（二）二氧化碳

越冬水体中 CO_2 主要来源于有机物的分解和水生动植物的呼吸作用。主要养殖鱼类即使在溶解氧充足的情况下，当 CO_2 含量达 80 mg/L 时，也会出现呼吸困难；当 CO_2 含量达 100 mg/L 时，会引起 CO_2 中毒，呈昏迷或仰卧等麻痹症状；当 CO_2 含量超过 200 mg/L 时，导致鱼类死亡。因为越冬水体中 CO_2 浓度的增加，改变了鱼类血液的呼吸机能，鱼类血液碱性升高、pH 上升，血红蛋白结合 CO_2 的能力也随之提高。由于血液 CO_2 的大量积累，减少了血红蛋白与氧亲和的能力，阻碍了对氧的运载能力；同时 CO_2 积累，使得鱼体血液 pH 下降、酸性增加，麻痹呼吸中枢，降低呼吸频率，导致 CO_2 中毒死亡。

（三）硫化氢

越冬池封冰后在缺氧的情况下，由于还原细菌的作用，水体中硫酸盐还原和有机物（蛋白质）分解产生 H_2S。H_2S 对鱼类有毒害作用，通过与血红素中的铁结合，降低血红素的含量，且对鱼类的皮肤还有刺激作用；同时降低了血液运送氧气的功能，致使鱼类发生呼吸困难。

三、底质状况

越冬池封冰后，底质对水质的影响主要表现在水体气体状况和 pH 两方面。底质的有机物分解消耗 O_2，放出 CO_2，产生 H_2S，使水体气体组成改变，同时也使 pH 降低。越冬水域底质分为全淤化、半淤化和未淤化三类。越冬试验证明：全淤化和半淤化底质越冬池一般自 12 月至翌年 1 月就出现缺氧现象，CO_2 积累较多，pH 下降较快，鱼类越冬有危险；只有未淤化底质的池塘才可作为鱼类越冬池。

四、生物状况

1. 浮游植物　我国北部地区冬季寒冷，越冬水域中生物种类和数量普遍减少，只有一些适应低温的浮游植物存在。常见的浮游植物有光甲藻、小球藻、衣藻、棕鞭藻、单鞭藻、针状菱形藻、角刺藻、壳虫藻、眼虫藻等；而喜高温和强光照藻类在冰下不能生长。浮游植物的光合作用强度与冰层透明度密切相关。同时，越冬池扫雪对提高鱼类越冬成活率有重要作用。

2. 浮游动物 冰下浮游动物主要有轮虫、原生动物、桡足类、底栖动物和水生昆虫。其中轮虫种类较多,常见的有犀轮虫、多肢轮虫和臂尾轮虫。原生动物常见种类有侠盗虫、喇叭虫、钟形虫、草履虫和似袋虫等。桡足类主要是剑水蚤及其幼体。

第二节 越冬鱼类的生理状况

一、摄食与肠道充塞度

越冬期间,冰下水温为1~4℃,大多数养殖鱼类停止摄食或很少摄食,活动减少,新陈代谢减缓,生长缓慢或停止。草食性鱼类在越冬水体内有天然饵料条件下,可少量摄食,其肠管充塞度一般在2~3级,其他鲤科鱼类在越冬期间一般很少摄食。

北方地区鱼类越冬期肠内含物多为有机碎屑、藻类、水草、底栖生物及泥沙。不同越冬水体,不同鱼类肠内含物组成及充塞度差别很大,在保证食物充足的条件下,越冬鱼类体重会不同程度地增加。所以,在鱼类越冬过程中,根据各种鱼类摄食特点,适时、适量科学投喂,可增强越冬鱼类的体质,促进增重,提高成活率。以滤食性鱼类为主的越冬池,注意培养浮游生物;草食性鱼类越冬期间,可每15 d投喂少量嫩草;杂食性鱼类越冬期间,应投喂少量饲料。

二、鱼类体重的变化

养殖鱼类在不同地区,冬季的生理活动存在差别。我国南方由于水温较高鱼类仍摄食少量食物,体重继续增长;在寒冷的北方鱼类则很少摄食,其新陈代谢活动的能量来源于体内积存的营养物质。因此,鱼类经过一个冬季到翌年春天,体重大都减轻。一般体质好的鱼种,越冬前体内脂肪占体重4%左右,蛋白质占12%左右。在越冬期鱼体内脂肪消耗50%以上。

越冬鱼类体重的变化情况与所在地区、越冬条件、鱼类体质、鱼的规格和种类等密切相关。在静水越冬池中,滤食性鱼类越冬后体重略有增加,而肉食性鱼类越冬后体重不同程度地降低,这可能与越冬水体中的天然饵料数量有关。一般而言,鱼种规格大且肥满度高,越冬效果好。

三、鱼体组织成分变化

越冬鱼类不同组织及其组织成分的变化也不同。Sykora和Valenta(1982)发现,10月份至第二年3月份间鲤肌肉和肝脏中总脂和胆固醇减少20%~30%,而脑中的减少幅度低;10月份至11月份间鱼体中饱和脂肪酸减少较多,不饱和脂肪酸减少较少,而12月份至翌年3月份则相反。影响这种变化的因素与越冬鱼类死亡之间的关系,还需进一步研究。

四、鱼类的耗氧速率

鱼类耗氧率与种类、温度、规格大小密切相关。一般水温高,耗氧率大,水温低,耗氧率小；鱼体规格大，耗氧率低，鱼体小，耗氧率高。养殖鱼类冬季耗氧率比夏季低 5~10 倍，只要适当选择优良越冬水体和采取补氧措施，即可避免缺氧造成的不利影响。越冬池溶氧过低会使鱼类窒息死亡，但溶氧过高会使池鱼代谢异常，患气泡病而死亡（史为良等，1978）。气泡病多发生在融冰前后，解决的方法是逐渐向池中注水（以含氧量低的井水为好），以便缓慢提升水中溶氧量。

第三节 鱼类越冬死亡的原因

鱼类在越冬期间出现死亡，是由于越冬池环境条件差、鱼类本身对不良水环境的适应能力低、越冬期间缺乏管理等多种因素综合作用造成的。因此，必须全面分析鱼类越冬死亡的原因，采取相应的有效措施，预防鱼类越冬死亡，提高越冬成活率。

一、越冬鱼类规格小、体质差

越冬鱼类规格小（如鱼种体长≤10cm），体内储存脂肪等营养物质少，不够越冬期消耗，造成鱼体消瘦死亡。当年 6~10 g 鱼种越冬成活率 38%，25~30 g 鱼种成活率 78.7%，30~50 g 鱼种成活率 86%，50 g 鱼种成活率 94.2%（杨德华，1989）。试验证实，越冬鱼类规格≥12 cm，鱼种体重 95 g 左右为宜。针对大水面而言，大规格鱼种不仅可提高越冬成活率，还可避免被凶猛鱼类捕食。

鱼种体质差，拉网并池过程中受伤后感染疾病，也是引起越冬死亡的原因之一。北方温水性鱼类越冬，在 100~180 d 的越冬期内一般不摄食，维持鱼体代谢的能量主要来源于体内储存的脂肪，故要求一龄鱼种肥满度为 2.4~2.5 以上。

二、越冬池耗氧因子多引起缺氧

温水性鱼类越冬消耗体内储存脂肪的 94% 以上，蛋白质 68.5%，糖类 78% 左右，甚至水分和灰分也相应减少（杨德华，1989）。环境条件骤变、病害以及流水越冬池的流速过大等，均对越冬鱼类造成不利影响，使其过度消耗能量，导致鱼体消瘦甚至死亡。

一般认为越冬水体严重缺氧是引起鱼类死亡的主要原因。如水体清瘦，浮游植物数量少，光合作用产氧量则少；水底淤泥太厚，水中溶解有机物较多，分解消耗大量氧气；水中浮游动物过多，消耗大量氧气；池塘放养密度过大；扫雪不及时或扫雪面积过小，透光度差；底泥中各种生物作用，使硫化氢、甲烷、氨氮等有害气体不断蓄积，导致水质恶化等。

三、水温太低引起鱼类代谢失调

越冬池长时间水温过低，影响鱼类的中枢神经系统，致其丧失呼吸机能死亡。鲤在水温突降到 2℃ 以下时发生麻痹，体表密布黏液，失去活动能力，器官机能发生紊乱，呼吸代谢水平急剧降低。如水温突降到 0.5℃的时间较长时，鱼鳃颜色加深，鳃丝黏结，末端肿大，血液中的红细胞数量也较少。

四、病害与营养不良

越冬水体中各种病原或其孢子、休眠卵、幼虫等随水温升高而逐渐发育，大量繁殖；越冬前鱼病未治愈；越冬前未杀虫；某些病毒性鱼病在冬末春初易发病等因素均影响鱼类越冬成活率。

越冬前，长期投喂添加促生长剂的饲料，造成体内物质代谢障碍等症状的鱼类，抗应激力低，越冬死亡率高。此外，饲料配方不合理，其营养成分不能满足鱼类最低维持需要，鱼体免疫功能降低，造成鱼体瘦弱，而体质差的鱼类抵抗疾病和不良环境的能力较差，感染疾病机会增加。鱼体内所蓄积的营养不足，难以保证整个越冬期间的需要，到越冬后期，鱼类就会因为体能消耗殆尽死亡。

第四节 鱼类越冬技术

一、温水性鱼类越冬

(一) 越冬池的准备

越冬池的准备包括越冬池的选择、清淤、清杂、消毒等内容。

1. 越冬池的选择 选择长方形、东西走向、保水性好，面积 1.0~1.33 hm²，淤泥厚度小于 20.0 cm 的越冬池。要求越冬池注满水时的水深为 3.0~4.0 m，冰下水深 2.0~2.5 m。

2. 清淤 越冬池淤泥厚度应保持在 20.0 cm 以下为宜，以减少越冬期间底泥耗氧。

3. 清杂 越冬池的清杂，一是清除越冬池内杂物，二是在越冬池注满水前把池坡上的杂草、杂物清除掉，以防止杂草在越冬期间腐烂、耗氧和恶化越冬水体的水质。

4. 越冬池的消毒 越冬池必须进行严格的药物消毒，以杀死池中的敌害生物、野杂鱼和病原体，改善池底的透气性，加速有机物的分解与矿化，减少鱼病发生。消毒药物最好选用刚出窑的生石灰。

(二) 越冬池水的处理

北方地区鱼类越冬池的池水来源多数为原池水和井水两种。

1. 原塘水越冬

(1) 排出老水（排水） 将作越冬池的原塘水排出 1/2~2/3，使越冬池平均水深达 1.0 m 左右。

(2) 净化池水（净水） 越冬池平均水深 1.0 m 时，每 666.7 m² 用生石灰 25.0~35.0 kg 化浆全池泼洒，净化越冬池水（最好在越冬鱼类并池之后进行），使越冬池水体处于微碱性。

(3) 杀死浮游动物（杀虫） 在封冰期前 15~20 d 越冬池水用 1.0~2.0 mg/L 的晶体敌百

虫杀死池中的浮游动物,尤其是桡足类和轮虫,同时对池中病原微生物、体外寄生虫也有很好的杀灭作用。

(4) 消灭病原菌(灭菌) 越冬池水用晶体敌百虫等药物处理3~5d后,用漂白粉消毒池水和鱼类,以便控制和治疗鱼类的细菌性疾病,并进一步消灭水中的病原菌,防止二次感染。

(5) 加注新水(加水) 越冬池水消毒3~5d后加注新水(最好选用井水)直至注满为止,使越冬池水深达3.0~4.0 m,冰下水深达2.0~2.5 m。

(6) 培养浮游植物(肥水) 在越冬池冰封期前5~10 d施入无机肥,促进越冬池水体中浮游植物的生长。无机肥施用量为:越冬水体平均水深1.5 m,每666.7m² 施硝酸铵4.0~6.0 kg、过磷酸钙5.0~7.0 kg。北方地区封冰的越冬池禁止施用有机肥。

(7) 施用水质改良剂 在越冬池封冰前3~15 d内施用水质改良剂,消除越冬池水体中的有害物质,改善越冬期间的越冬水体的水质;还可预防融冰时鱼类出血病和暴发性疾病的发生。最为经济的水质改良剂是沸石粉,施用量为每666.7m² 15~25 kg。

2. 井水越冬 井水是较为理想的鱼类越冬用水,但采用井水越冬时要注意井水的含氧量、含铁量和硫化氢的含量。解决方法是加大井水的流程,使其曝气增氧,同时除去井水中的硫化氢和使氧化二价铁沉淀,减少对越冬鱼类的毒害作用。另外,注意增加井水越冬的水体肥度,方法是施入无机肥,无机肥施用量为:平均水深1.5 m时,每666.7m² 施硝酸铵5.0~7.0 kg和过磷酸钙4.0~6.0 kg。

(三)越冬鱼类规格和密度

一般越冬池鱼种规格要求在10cm以上,微流水越冬池鱼种规格最好在15 cm以上。越冬鱼类放养一般在水温不低于5 ℃时进行。

鱼类越冬密度:①当越冬池冰下平均水深2.0 m以上时,鱼类越冬密度为1.0~1.5 kg/m²;冰下平均水深为1.5~2.0 m时,鱼类越冬密度为0.7~0.9 kg/m²;冰下平均水深为1.0~1.5 m,有补水条件时,鱼类越冬密度为0.5~0.6kg/m²。②有效越冬水深1.0 m以上的流水越冬池,密度为0.5~1.0 kg/m³(越冬体长10 cm的鱼种每666.7m² 4万~8万尾,或体重2.5~3.5 kg的亲鱼100~180尾)。③利用天然中小水面越冬时,有效越冬水深1.0 m,包括原有鱼类,密度不超过0.5 kg/m²。④利用鱼笼或网箱(设置于江河或水库)越冬,密度为0.5~1.0 kg/m³。⑤温室越冬,可根据越冬期间补水、补氧以及供暖条件具体掌握,一般密度为2.5~3.5 kg/m³。

(四)提高越冬鱼类成活率的技术措施

1. 培育体质健壮的鱼类

(1) 提高鱼类肥满度 鱼类在越冬前要精养细喂,增加鱼体脂肪的储存,提高鱼类肥满度。一般饲养较好的鱼种,越冬前体内脂肪的储存可占体重的2%~4%,蛋白质占体重的12%左右。

(2) 选择及培育耐低温和耐低氧鱼类品种 有计划地选择和培育耐寒的优良品种,以适应北方地区气候严寒、封冰期长的环境条件,提高越冬成活率。

(3) 严把消毒和疾病检疫关 严格做好检疫和消毒工作，保证越冬鱼类体健无伤。

(4) 减少鱼体损伤 越冬鱼类在出池、入池及运输等操作过程中，要小心操作，减少碰伤。还要减少"挂浆鱼"（因打网次数多，将底泥搅起，使鱼体表和鳃黏满淤泥，呼吸困难且易感染疾病），"挂浆鱼"越冬成活率一般只有30%左右。

2. **改善鱼类越冬的水体环境** 改善与创造良好的鱼类越冬环境条件。面积较小的越冬池，应设置挡风设施，降低冰层厚度。渗水严重的越冬池，要采取措施减少渗漏，保障水源供应。"雪封泡"时，应在晴天及时于深水处打开冰层，捞出乌冰，或用水泵冲开冰面，使其重结明冰。对采用地下水越冬浮游植物缺乏的情况，可接种一些藻类，增加光合作用。及时清除冰面积雪，越冬池越冬前应尽可能多储水，割除池坡杂草。

3. **合理的放养密度** 越冬水体的放鱼量，主要依据有越冬水中含氧量的多少、鱼体规格的大小、鱼类种类、越冬水面大小以及管理措施等。同时，还要特别注意越冬池的渗水情况，冰冻最大限度时的有效越冬水面，耗氧因子的多少及越冬期的长短等具体因素的影响。

4. **生物增氧** 一些越冬池营养盐类含量低，应在12月份追施无机肥。根据越冬池水量按1.5 mg/L有效氮和0.2 mg/L有效磷，将硝酸铵和过磷酸钙（或相应的氮和磷肥）混合装入细眼布袋，挂在冰下。实际施用量相当于每666.7 m² 面积平均2 m水深用硝酸铵5.0~6.0 kg和过磷酸钙3.0~4.0 kg。

5. **扫雪** 越冬水体结冰时应保证出现明冰，若遇雨雪天气，结乌冰时应及时破除，使越冬水体重新结为明冰。无论是明冰还是乌冰上的积雪都应及时清除，使冰下有足够的光照，扫雪面积应占全池面积的80%左右。扫雪时不要惊动鱼类，以免鱼窜边搁浅。

6. **控制浮游动物的数量** 当封冰越冬池发现浮游动物（如剑水蚤数量在100个/L以上）较多时，可用1.2~1.5 mg/L的晶体敌百虫处理；若出现大量犀轮虫（数量在1 000个/L以上）时，用2.0 mg/L的晶体敌百虫处理；若出现大型的纤毛虫，此时池水溶解氧下降到4.0~5.0 mg/L以下时，从越冬池中抽出部分底层水，加注井水或临近越冬池含氧量高、浮游植物丰富的水。

7. **适当补水增氧** 越冬池由于渗漏，水量会逐渐减少，同时冰层下降，给鱼类越冬带来不便。因此，适当补加新水不但可保持水位，还可以稀释有毒物质的浓度和带入氧气。在加补新水时一次不宜过多（10~20 cm），以免溢出冰层，影响冰面的透明度；也不要注水时间过长，防小鱼类顶流、能量消耗过大。如原池导水增氧，时间不宜过长（一般不超过3 h/d），防止水温下降过快。

8. **融冰期管理** 北方地区3~4月份越冬池开始融冰，此季节风大，冷热空气交替进行，造成越冬池水体混浊；再加上鱼类经过整个越冬期的消耗，体能和抗病力均下降；越冬池水质老化，随越冬水体水温升高，水体中病原菌的数量增多，易出现缺氧和鱼病。早春开化后尽快分池处理，将越冬鱼类放养到水质环境良好、密度适宜的鱼池中，进行"早放养、早开食"，提高越冬鱼类的体质。

(1) 防止春季暴发性鱼病的发生 防止暴发性鱼病采取的措施有：①早出池，出池时进行鱼体消毒；②放出池水2/3，向池中泼洒药物消毒；③当温度回升到5℃时应及时投喂饵料，最好是维生素含量高的鲜活饵料；④如不能及时出池，可向越冬池加注1/3的新水；⑤病害防治用药;达到消毒的目的,并使鱼类恢复体表黏液层。

(2) **抵御大风、低温天气** 北方地区越冬池开春解冻时,常出现大风,造成浅水池塘水温骤降或水体混浊,所以,遇寒冷、刮大风天气时,要加注新水,增加池塘水深,或放置防风浪排等。

(3) **及早分池处理** 早春越冬池开化后,应及早进行分池处理。①及时清除漂浮于水面的死鱼和杂物。②水深 1.0 m 时每 666.7 m² 用生石灰 15~25 kg 全池泼洒,调节水质、降低混浊度、增加透明度。③用晶体敌百虫(90%)1.0~1.2 mg/L 或漂白粉(有效氯为 30%)1.0 mg/L 全池泼洒,杀灭病原体。④适当投喂维生素、蛋白质含量高且易消化的饲料,恢复鱼类体质。

9. **缩短越冬时间** 鱼类越冬的成活率与越冬的时间长短有直接关系,应尽可能缩短越冬期。秋季时越冬鱼类一直喂到停食为止。春季早融冰、早分池、早投喂。早出越冬池,对亲鱼培育和早繁殖也有一定作用,当然,也可提高商品鱼的规格。

(五) 越冬期间的管理

1. **测氧** 根据越冬池溶氧量的变化规律,要求定期测氧(一般 3~5 d 测一次)。冬至至元旦、春节前后要求每 1~3 d 测氧一次,找出越冬水体溶解氧降低的主要原因,及时采取增氧措施。

2. **及时补水** 整个越冬期间要补水 2~4 次,每次补水 15.0~20.0 cm,补水以深井水为宜。

3. **控制浮游动物** 注意观察越冬水体中浮游动物的种类和数量,如发现有大量的剑水蚤、犀轮虫和大型纤毛虫,一方面应抽出越冬池部分底层水,加注井水或临近越冬池含浮游植物丰富、含氧量高的水体;另一方面可用药物杀死越冬水体中的浮游动物。

4. **补充营养盐类** 越冬期间如发现越冬池水透明度增大、浮游植物生物量减少、溶解氧偏低时,可采用冰下施用无机肥的方法培养浮游植物进行冰下生物增氧。

5. **扫雪** 扫雪面积应占越冬池面积的 80% 以上,以保证冰下越冬水体有足够的光照,使浮游植物进行光合作用制造氧气。

6. **防治鱼病** 越冬期间经常观察冰层下鱼类是否有异常或贴近冰层游动现象,要根据情况进行病理检查。若发现有鱼病发生,应选择适当的药物及时进行治疗。如果越冬期间不能将鱼病完全治好,在翌年开春融冰期间要尽早使冰融化,及早分池并进行药物处理,防止引发暴发性疾病。冰封越冬水体杜绝使用硫酸铜,以免影响越冬水体中浮游植物的生物量,造成缺氧。

7. **增氧** 越冬池缺氧时,常用打冰眼增氧、注水增氧、循环水增氧、化学药物增氧、生物增氧、充气增氧等方法。

(1) **打冰眼增氧法** 在以往的鱼类越冬生产实践中,常用打冰眼方法增加越冬池水中的溶解氧含量。空气中的氧气通过冰眼向水中扩散的速度很慢,打冰眼增氧,仅能作为一种应急措施。

(2) **注水增氧法** 这是小型的靠近水源的越冬池和渗漏较大的静水越冬池一种较好的补氧方法,但采用地下水进行补氧时要特别注意水质,必须经过曝气、氧化和沉淀。

(3) **循环水增氧法** 在越冬池水量充足或缺少越冬水源的静水越冬池,发现池水缺氧后可采用原池水循环的方法补氧。如用水泵抽水循环补氧,或利用桨叶轮补氧。补氧应按照"早补、勤补、少补"原则进行,使水温稳定在 1.0 ℃ 以上。

(4) **生物增氧法** 利用冰下适宜低温、低光照的浮游植物，创造条件促使其大量繁殖进行光合作用制造氧气，补充越冬水体溶解氧含量不足，达到鱼类安全越冬的目的。

(5) **化学药物增氧法** 当静水小越冬池、温室越冬池发生缺氧时，可采用化学药物增氧法。常用的增氧药物有：过氧化钙、双氧水。如向越冬水体施入 1.0 kg 的过氧化钙，产氧量可达 77 800 mL，并在 1～2 个月内不断放氧。过氧化钙的施用量，平均水深 1.5 m 的越冬池每 666.7m^2 为 7.0～8.5kg。

(6) **充气增氧法** 利用风车或其他动力带动气泵，将空气压入设置在冰下水中的胶管中，通过砂滤使空气变成小气泡扩散到越冬池水中，以增加水体中的溶解氧含量。

(7) **强化增氧法** 强制性地使空气中的氧和水搅拌，向越冬池输送高氧水。如用射流增氧机、饱和式增氧器等，在水泵的水管上接入一个进气管也有增氧的效果。

(8) **生化增氧法** 使用各种光源促使越冬池水中的浮游植物进行光合作用，增加溶氧量。常常利用碘钨灯、大功率电灯泡等作为光源。

二、热带鱼类越冬

热带鱼类（如罗非鱼、淡水白鲳等）越冬受水温限制，需要一定的条件及采取相应的保温措施，才能安全越冬。当越冬时间较长时，可能出现鱼类病害、水质环境变化及气候异常等情况，影响鱼类越冬成活率，因此，需要一套科学的越冬管理技术，确保鱼类越冬安全。

（一）越冬方式

越冬方式因地域条件不同，主要有以下几种类型，既可以单独利用，亦可配合使用。

1. 利用工厂余热越冬 主要利用发电厂或工厂排放的余热水或蒸气引入越冬池塘，进行保温越冬。根据热水供应量，确定越冬规模，同时要考虑热水的稳定供应与水温调节的冷水源问题。并且适当投喂，可保证越冬鱼有良好的体质，减少鱼病的发生，越冬结束后可得到较大规格的种苗；如果热源不足或不稳定，则应考虑配备加热设备或设防风棚，保证越冬水温稳定性。

2. 塑料大棚及玻璃温室越冬 塑料大棚及玻璃温室越冬是利用太阳能保温达到鱼类安全越冬的目的。建造越冬池或温室应考虑水源、越冬品种、越冬规模及采光等因素。寒冷地区，可在温室加盖一层塑料薄膜，并配备红外线加温器。为防止越冬期间缺氧，越冬池应有增氧设施，并注意天气转好时开窗通气。

3. 利用地热水越冬 利用符合渔业用水标准的温泉水和深井水。温泉和深井水源水温恒定，高达 29～30℃，是很好的越冬水源。根据水温、水量及越冬种类确定鱼类越冬规模，结合设置塑料大棚或防风棚可取得良好越冬效果。温泉水、深机井水曝气后再入越冬池塘，水温过高则用冷水调节。

4. 利用小型锅炉越冬 主要是利用锅炉并结合塑料大棚达到保温效果，只是在特别寒冷的时候才使用锅炉加温，对越冬池水温的提高快捷有效。

(二) 越冬管理

1. 越冬准备

(1) 清塘消毒　放养越冬鱼种的池塘要进行彻底清淤，然后每 666.7 m² 用 150 kg 生石灰、150g 晶体敌百虫（90%）同时使用进行消毒，待 8~10 d 残毒消失、水色转绿、试水后方可放鱼。

(2) 鱼种入塘　在南方一般 10 月中旬至 11 月初进行鱼种入塘，鱼种放养前应将水温提高，利于投饲驯食，帮助恢复体质。自繁自养越冬鱼种应体质健康、规格整齐、不带病菌，入塘前停喂并拉网锻炼 2~3 次，增强鱼种抗逆力。外地运回的鱼种要严格检查，发现病菌要作相应的处理。鱼种放养密度应根据自身的越冬条件而定，温水供应充足且稳定的，密度可大些。在温室及塑料大棚越冬，则应考虑水温、水质因素，适当少放些。另外，不同鱼种及不同规格，放养密度也应作适当调整。

2. 水温、水质调节

越冬期间水温、水质的变化和调节直接影响越冬效果。各种温、热带鱼类，越冬的安全水温及临界水温因种类而不同。越冬期间按不同的鱼种设定最低水温（表 9-1），避免冻伤或冻死。如越冬池水达不到安全水温，要利用加热设备（如太阳灯、加热器等）进行加热，提高越冬池水温。热源充足的地方，可将池塘水温升至 20℃ 左右，有利于越冬鱼种继续摄食，可减少鱼病发生，越冬结束后可获得规格大、体质健壮的鱼种。

越冬期间要关注水质的变化，特别是投饲较多的池塘，防止有机物累积，耗氧过多，引起鱼种浮头。因此，根据水质及气候的变化情况，更换越冬池水，保证水中足够的溶氧量。当水质老化时，除更换池水外，还可采取泼洒生石灰（每 666.7m² 施 15~20 kg）及开增氧机曝气的措施对水质进行调控。

表 9-1　常见温、热带鱼类鱼种越冬技术指标

项　　目	淡水白鲳	尼罗罗非鱼	奥利亚罗非鱼	土鲮	革胡子鲇
临界水温（℃）	10	8	7	10	9
致死水温（℃）	8	6	4	7	7
越冬适宜水温（℃）	18	16	16	18	18
放养密度（尾/m³）	120~150	120	120		

3. 投饲

投饲需遵从"四定"原则。正常情况下，每天上、下午各投喂一次，依不同越冬方式有所区别：用温水及工厂余热，且水量充足、水温稳定，可保持连续投喂；利用塑料大棚或温室越冬，水体较小、水质易受污染，应控制好投喂量，低温天气应停止投喂。

4. 鱼病防治

温、热带鱼类在越冬期间，受水温、水流量、水质条件、鱼类越冬密度、残饵、病原体等因素影响，容易发生疾病。各地实践证明，冬季水温偏低，用药治疗效果较差，发生鱼病时往往造成不同程度的损失。根据这一情况，越冬期间必须坚持"以防为主，治疗为辅"的原则，从水质、投饲及药物使用等各个环节着手，减少鱼病发生。

主要参考文献

钟麟等.1965.家鱼的生物学和人工繁殖［M］.北京：科学出版社.
中国水产杂志社.1993.中国经济水产品原色图集［M］.上海：上海科学技术出版社.
中国水产科学院珠江水产研究所.1992.广东淡水鱼类志［M］.广州：广东科技出版社.
中国海洋渔业区划编写组.1990.中国海洋渔业区划［M］.杭州：浙江科学技术出版社.
张扬宗，谭玉钧，欧阳海.1989.中国池塘养鱼学［M］.北京：科学出版社.
张雅芝.2003.饲养密度和饵料密度对花鲈稚鱼生长及存活的影响［J］.集美大学学报：自然科学版，8（1）：1-7.
张怀慧，孙龙.2001.利用人工鱼礁工程增殖海洋水产资源的研究［J］.资源科学，23（5）：6-10.
伊玉华，南春华.1990.光合细菌在对虾养殖上的应用［J］.大连水产学院报，5（1）：66-69.
于伟君，姚福相，侯玉成，等.1991.光合细菌在对虾养殖中应用的初步试验［J］.水产科学，10（1）：16-18.
殷名称，鲍宝龙.1999.真鲷仔鱼早期阶段的摄食能力——发育反应和功能反应［J］.海洋与湖沼，30（6）：591-596
殷名称.1997.鲢、鳙、草鱼、银鲫卵黄囊期仔鱼的摄食、生长和耐饥饿能力［C］.鱼类学论文集（第六辑）.北京：科学出版社：69-79.
叶富良，张健东.2002.鱼类生态学［M］.广州：广东高等教育出版社.
杨兴丽，周晓林，穆庆华，等.2004.暗纹东方鲀含肉率及肌肉营养成分分析［J］.水利渔业，24（3）：27-28.
杨吝，刘同渝，黄汝堪.2005.中国人工鱼礁理论与实践［M］.广州：广东科技出版社.
杨红生，张福绥.1999.浅海筏式养殖系统贝类养殖容量研究进展［J］.水产学报，23（1）：84-90.
徐君卓.2003.深水网箱养鱼（Ⅱ）［J］.齐鲁渔业，20（4）：44-45.
肖慧，林小涛，梁旭方.2000.鲟鱼人工繁殖技术［M］.广州：广东高等教育出版社.
夏连军，施兆鸿，王建钢，等.2006.温度对黄鲷胚胎发育的影响［J］.上海水产大学学报（2）：163-168.
王占忠，郑美文.2004.生命之水：纵谈水资源［M］.北京：中国环境科学出版社.
王绪峨，孙昭兴，刘信艺，等.1994.光合细菌在扇贝人工育苗中的应用［J］.水产学报，18（1）：65-68.
王武.2000.鱼类增养殖学［M］.北京：中国农业出版社.
王卫民，谢从新，陈昌福，等.1994.三道河水库浮游生物现状其及鱼产力的估算［J］.湖泊科学，6（1）：46-54.
吴伟.1997.应用复合微生物制剂控制养殖水体水质因子初探［J］.湛江海洋大学学报，17（1）：17-20.
王清印.2003.海水健康养殖的理论与实践［M］.北京：海洋出版社.
王吉桥，赵兴文.2000.鱼类增养殖学［M］.大连：大连理工大学出版社.
王焕校.2000.污染生态学［M］.北京：高等教育出版社.
唐启升.1996.关于容纳量及其研究［J］.海洋水产研究，17（2）：1-5.
苏锦祥.1993.鱼类学与海水鱼类养殖学［M］.北京：中国农业出版社.
史为良.1996.内陆水域鱼类增养殖学［M］.北京：中国农业出版社.
申玉春，熊邦喜，叶富良，等.2007.虾—鱼—贝—藻养殖结构优化试验研究［J］.水生生物学报，31

(1): 30-38.

尼科里斯基.1962.鱼类生态学[M].唐小曼译.北京：农业出版社.

麦贤杰,叶富良,王云新,等.2005.海水鱼类繁殖生物学和人工繁育[M].北京：海洋出版社.

孟庆闻,苏锦祥,缪学祖.1995.鱼类分类学[M].北京：中国农业出版社.

楼允东.2000.我国鱼类引种研究的现状与对策[J].水产学报,24(2):185-192.

刘双江,孙燕,岑运华,等.1996.采用光合细菌控制水体中亚硝酸盐的研究[J].环境科学,16(6):21-23.

刘同渝.2003.国内外人工鱼礁建设状况[J].渔业现代化(2):36-37.

刘筠.1992.中国养殖鱼类繁殖生理学[M].北京：农业出版社.

刘建康,何碧梧.1992.中国淡水鱼类养殖学[M].第三版.北京：科学出版社.

刘剑昭,李德尚,董双林.2000.关于水产养殖容量的研究[J].海洋科学,24(9):28-29.

刘佳英,黄硕琳.2006.我国水产养殖管理中实施《负责任渔业行为守则》的研究[J].中国渔业经济(1):28-32.

刘焕亮.1999.中国水产业及其养殖业的发展与科技成就——庆祝建国五十周年[J].大连水产学院学报,14(3):1-63.

林浩然.1999.鱼类生理学[M].第二版.广州：广东高等教育出版社.

李卓佳,张庆,陈康德.1998.有益微生物改善养殖生态研究Ⅰ.复合微生物分解底泥及对鱼类的促生长效应[J].湛江海洋大学学报,18(1):5-8.

李秀珠,黄美珍,陈超群,等.1993.海洋光合细菌的分离培养研究[J].福建水产,57(2):14-18.

李荣升,赵善伦.2002.山东海洋资源与环境[M].北京：海洋出版社.

李加儿,区又君.2000.深圳湾沿岸池养黄鳍鲷的繁殖生物学[J].浙江海洋学院学报（自然科学版）,19(2):139-142.

李德尚,张美昭.1989.论水库施肥养鱼[J].水利渔业(2):3-6.

李德尚,熊邦喜,李琪,等.1994.水库对投饵网箱养鱼的负载力[J].水生生物学报,18(3):223-229.

黎祖福,陈刚,宋盛宪,等.2006.南方海水鱼类繁殖与养殖技术[M].北京：海洋出版社.

雷衍之.2004.养殖水环境化学[M].北京：中国农业出版社.

雷霁霖.2005.海水鱼类养殖理论与技术[M].北京：中国农业出版社.

雷慧僧.1981.池塘养鱼学[M].上海：上海科学技术出版社.

居礼,王玉堂,蒋宏斌,等.2004.海水鱼类集约化养殖技术[M].北京：海洋出版社.

贾晓平.2005.深水抗风浪网箱技术研究[M].北京：海洋出版社.

黄朝禧.2005.水产养殖工程学[M].北京：中国农业出版社.

湖南省水产科学研究所.1980.湖南鱼类志[M].修订重版.长沙：湖南科学技术出版社.

韩英,范兆廷,王云山,等.2004.黑龙江中游与乌苏里江大麻哈鱼生殖群体的比较[J].东北农业大学学报,35(1):25-29.

窦鸿身,姜加虎.2003.中国五大淡水湖[M].合肥：中国科学技术大学出版社.

董双林,潘克厚.2000.海水养殖对沿岸生态环境影响的研究进展[J].青岛海洋大学学报,30(4):575-582.

董双林,李德尚,潘克厚.1998.论海水养殖的养殖容量[J].青岛海洋大学学报,28(2):253-258.

崔竟进,丁美丽,孔文林,等.1997.光合细菌在对虾育苗生产中的应用[J].青岛海洋大学学报,27(2):191-194.

陈有铭.2001.紫红笛鲷人工养殖及育苗技术研究报告[J].福建水产,91(4):31-38.

陈瑞明.1999.鳜鱼苗的生物学及开口期培育技术[J].淡水渔业,29(10):28-30.

陈毕生,柯浩军.1999.军曹鱼的生物学特征及网箱养殖技术[J].现代渔业信息,14(9):16-19.

蔡煜东，汪列，姚林声.1995.水质富营养化程度的人工神经网络决策模型［J］.中国环境科学，15（2）：123-127.

鲍宝龙.1998.延迟投饵对真鲷、牙鲆仔鱼早期阶段摄食、存活及生长的影响［J］.水产学报，22（1）：33-38.

Woynarowich，E. and L. Horváth. 1980. The artificial propagation of warm-water finfishes a manual for extension ［M］. FAO Fish. Tech. Pap （201）：138-147.

Shapiro J. 1990. Biomanipulation：The next phase-making it stable ［J］. Hydrobiologia，200/201：13-27.

Piper，R. G.，et al. 1982. Fish hatchery management ［M］. Washington，D. C.：U. S. Department of the Interior，Fish and Wildlife Service,：348-371.

Kruzhalina E. I.，I. Averina and G. 1970. Vol'nova. Ispytanie zhivorubnykh emkostei（Investigation on live-fish capacities）［J］. Rybov. Rybolov，13（5）：13.

Huilgol N. V. and S. G. 1975. Patil. Hydrogen peroxide as a source of oxygen supply in the transport of fish fry ［J］. Progr. Fish-Cult.，37（2）：117.

Garver C E A，Mallet A L. 1988. Assessing the carrying capacity of a coastal inlet in terms of mussel culture ［J］. Aquaculture：39-53.

Dupree H. K. and J. V. Huner. 1984. The status of warm water fish farming and progress in fish farming research ［R］. Washington D. C：U. S Fish and Wildlife Service：165-176.

Ciereszco A.，Dabrowski K. 1995. Sperm quality and ascorbic acid concentration in rainbow trout semen are affected by dietary vitamin C：an across season study ［J］. Biol Reprod（52）：982-988.

Chou Y. H.，Liou C H.，Lin S C，et al. 1993. Effects of highly unsaturated fatty acids in broodstock diets on spawning and egg quality of black porgy（Acanthopagrus schlegeli）［J］. J. Fish Soc Taiwan（20）：167-176.

Buckley L J. 1984. RNA/DNA ratio：an index of larval fish growth in the sea ［J］. Marine Biology，80（3）：291-298.

FAO Fisheris Department. 2006. The state of world fisheries and aquaculture. Rome.

图书在版编目（CIP）数据

鱼类增养殖学/申玉春主编．—北京：中国农业出版社，2008.6（2024.6重印）
全国高等农林院校"十一五"规划教材
ISBN 978-7-109-12107-2

Ⅰ．鱼… Ⅱ．申… Ⅲ．鱼类养殖—高等学校—教材
Ⅳ．S961

中国版本图书馆 CIP 数据核字（2008）第 070079 号

中国农业出版社出版
（北京市朝阳区农展馆北路 2 号）
（邮政编码 100125）
责任编辑　曾丹霞

北京中兴印刷有限公司印刷　新华书店北京发行所发行
2008 年 7 月第 1 版　2024 年 6 月北京第 10 次印刷

开本：820mm×1080mm 1/16　印张：20
字数：471 千字
定价：44.00 元

（凡本版图书出现印刷、装订错误，请向出版社发行部调换）